HEINRICH VOGEL

Zum philosophischen Wirken Max Plancks

HEINRICH VOGEL

ZUM PHILOSOPHISCHEN WIRKEN MAX PLANCKS

Seine Kritik am Positivismus

AKADEMIE-VERLAG · BERLIN · 1961

Außer einem Bündnis mit konsequenten Materialisten,
die nicht der Partei der Kommunisten angehören,
ist es für die vom streitbaren Materialismus
zu bewältigende Arbeit nicht minder wichtig,
wenn nicht gar wichtiger, ein Bündnis mit Vertretern
der modernen Naturwissenschaft zu schließen,
die dem Materialismus zuneigen und sich nicht scheuen,
ihn gegen die in der sogenannten „gebildeten Gesellschaft"
herrschenden philosophischen Modeschwankungen
zum Idealismus und Skeptizismus hin zu vertreten
und zu propagieren.

W. I. Lenin in dem Aufsatz:
Über die Bedeutung des streitbaren Materialismus

INHALT

VORWORT

Engels und Lenin haben in ihrem theoretischen Schaffen stets sehr aufmerksam die philosophischen Äußerungen der Naturwissenschaftler studiert und ausgewertet. Sie sahen darin eine wichtige Aufgabe im ideologisch-weltanschaulichen Kampf der Arbeiterklasse. Das ist heute nicht anders. Der Kampf der Hauptrichtungen der Philosophie spiegelt auch hinsichtlich der philosophischen Deutung und Grundlegung der Naturwissenschaften die Ideologien und Bestrebungen der feindlichen Klassen der Gesellschaft wider. Auf die Parteilichkeit aller Philosophie, auch der sogenannten Naturphilosophie, hat Lenin ausdrücklich hingewiesen.[1]

Diese Parteilichkeit besteht weniger in der subjektiven Absicht der betreffenden Denker als vielmehr in der objektiven Auswirkung der betreffenden philosophischen Gedanken im ideologischen Kampf. Diese Parteilichkeit existiert objektiv auch dann, wenn sie dem betreffenden Gelehrten nicht bewußt, ja vielleicht von ihm subjektiv gar nicht beabsichtigt oder gewollt ist. In der Epoche des Imperialismus ist es meist so, daß bürgerliche Naturwissenschaftler auf Grund ihres sozialen Milieus, ihrer Herkunft und Erziehung und auf Grund des Einflusses der herrschenden Ideologie philosophische Auffassungen vertreten, deren objektive ideologische Wirkung im Klasseninteresse der Bourgeoisie liegt. Man kann aber bei den meisten nicht sagen, daß es von vornherein ihre bewußte Absicht gewesen sei, die imperialistische Gesellschaft zu rechtfertigen, zu verteidigen und ihr zu dienen. Ungewollt ist aber die objektive ideologische Wirkung ihrer philosophischen Ideen meistens gerade diese. Es gibt aber auch umgekehrte Fälle.

Lenin maß der marxistischen Analyse der philosophischen Ansichten der Naturwissenschaftler aus den dargelegten Gründen, also wegen ihrer objektiven ideologischen Auswirkungen, große Bedeutung bei. In den Werken von Engels und Lenin gibt es viele wertvolle und lehrreiche Beispiele dafür, wie beide prinzipiell Stellung nahmen zu den philosophischen Veröffentlichungen und Auffassungen in den Kreisen der Naturwissenschaftler, wie sie kritisierten, zurückwiesen, aber auch freudig unterstrichen und bejahten. In diesem ideologischen Kampf war ihnen

[1] Vgl. W. I. Lenin, „Materialismus und Empiriokritizismus", Berlin 1949, S. 349.

keine Äußerung, keine Randbemerkung von Naturwissenschaftlern zu gering, um sie nicht auf ihren philosophischen Gehalt zu prüfen, um sie nicht zu bekämpfen, oder als wenn auch noch so kleine Unterstützung materialistischen Denkens zu begrüßen.

Inhalt und Ziel der vorliegenden Arbeit ist es, das philosophische Wirken eines der bedeutendsten Naturwissenschaftler des 20. Jahrhunderts, des deutschen theoretischen Physikers Max Planck, darzustellen, zu würdigen und kritisch einzuschätzen. Bei der kritischen Einschätzung der philosophischen Auffassungen Plancks geht der Verfasser vom Standpunkt des dialektischen Materialismus aus und läßt sich besonders von den prinzipiellen Hinweisen Lenins in dessen Aufsatz „Über die Bedeutung des streitbaren Materialismus" leiten. Im Mittelpunkt der Darstellung steht der philosophische Kampf Plancks gegen den Positivismus, der sich wie ein roter Faden durch alle philosophischen Schriften Plancks zieht und in dem der Verfasser das Bedeutsamste und Wertvollste im philosophischen Schaffen Plancks erblickt. Gerade diese Probleme wurden in den bürgerlichen Darstellungen der Persönlichkeit und der philosophischen Ansichten Plancks meist nur kurz angedeutet oder gar nicht erwähnt. Das von der bürgerlichen Literatur geschaffene Planck-Bild ist bewußt einseitig gehalten. Sein prinzipieller Kampf gegen den Positivismus ist noch nicht eingehend gewürdigt worden.

Die vorliegende Arbeit beschränkt sich bewußt auf die Darstellung und Einschätzung des direkten philosophischen Schaffens Plancks. Sie will vor allem die Stellung Plancks im Kampf der verschiedenen philosophischen Richtungen an Hand seiner eigenen Darlegungen untersuchen und die Bedeutung seines philosophischen Schaffens umreißen. Die Arbeit stellt keine Spezialuntersuchung der philosophischen Bedeutung der physikalischen Entdeckungen Plancks dar, auch wenn diese zuweilen erwähnt werden. Es kam dem Verfasser besonders darauf an, den materialistischen Gehalt der philosophischen Ansichten Plancks herauszuarbeiten und so umfassend wie möglich zu belegen. Damit verbunden war die Absicht, den Leser weitgehend mit den wesentlichsten Zügen des philosophischen Denkens Plancks bekannt zu machen. Aus diesen beiden Gründen wurde Planck häufig im Original und ungekürzt zitiert, um seine Gedankenführung direkt wirken zu lassen und jedem möglichen Verdacht der Einseitigkeit (der bei starken Kürzungen von Zitaten oder gar nur indirekter Wiedergabe entstehen könnte) den Boden zu entziehen und dem Leser die Prüfung der vom Verfasser gegebenen Einschätzung einzelner Textstellen zu erleichtern. Aus diesem Grunde wurden bewußt einige Längen in Kauf genommen.

Es liegt in der Natur des Themas begründet, daß die Untersuchung sich auf sehr verschiedene philosophische Fragen bezieht, vor allem auf ontologische und erkenntnistheoretische Probleme, die natürlich als solche ebenfalls nicht erschöpfend behandelt werden konnten.

Um die Kritik Plancks am Positivismus verständlicher zu machen, hielt es der Verfasser für angebracht, im 1. Kapitel in zusammengefaßter und systematischer Weise das Wesen, die Grundgedanken und die gesellschaftliche Funktion des Positivismus darzustellen. Da sich Plancks Kritik speziell gegen die naturphilosophisch orientierte Richtung des Positivismus (Ernst Machs Empiriokritizismus und der Neopositivismus der sogenannten Kopenhagener Schule) wendet, wurden nur diese Richtungen behandelt und auf eine Erörterung des sprachphilosophisch und logisch orientierten Positivismus (Schlick, Carnap u. a.) verzichtet. Die Darstellung und Kritik des naturwissenschaftlichen Positivismus ist stets in den Grenzen der Aufgabenstellung dieser Arbeit gehalten und kann daher nicht vollständig und gründlich genug sein. Die Arbeit soll im einzelnen folgende Aufgaben erfüllen:

1. die Darlegung der grundlegenden philosophischen Ansichten des naturwissenschaftlichen Positivismus und den Nachweis ihres subjektiv-idealistischen Charakters,
2. die Darstellung der entsprechenden Auffassungen Plancks und besonders seiner prinzipiellen Kritik an den wichtigen philosophischen Auffassungen des Positivismus im einzelnen, sowie den Nachweis des naturwissenschaftlich-materialistischen Gehalts dieser Kritik (an Hand eines Vergleichs mit der Polemik Lenins in „Materialismus und Empiriokritizismus") und
3. die kritische Einschätzung und Würdigung der Kritik Max Plancks (ihrer Stärke, Schwächen und Grenzen) und dabei eine Abgrenzung seiner philosophischen Position vom dialektischen Materialismus.

In der Ausführung war der Verfasser zugleich stets bestrebt nachzuweisen, daß aus den reinen, an sich neutralen Ergebnissen physikalischer Experimente keineswegs notwendig positivistische Folgerungen zu ziehen seien, daß eine Ablehnung des Positivismus absolut nicht die Ablehnung der Quantenmechanik einschließe — wie z. B. Jordan seinen Lesern glauben machen will (vgl. „Physik des 20. Jahrhunderts", 1949, S. 132) —, sondern daß im Gegenteil gerade die Ergebnisse der modernen Naturwissenschaft, insbesondere der Physik, in glänzender Weise die philosophischen Grundgedanken der Begründer des dialektischen Materialismus bestätigen. Es sind dies Gedanken, die Marx, Engels und Lenin schon vor 100 bzw. 50 Jahren erarbeiteten und formulierten, die zwar im Detail zuweilen den Stempel des Standes der Wissenschaft ihrer Zeit tragen, die aber in ihrem Grundgehalt voll bestätigt wurden. Gerade die Kritik Plancks am Positivismus läßt das deutlich werden und widerlegt die Behauptungen Jordans und anderer.

Der Verfasser bearbeitete dieses Thema mit dem Wunsche, der Öffentlichkeit und besonders der lernenden Jugend zu zeigen, daß Max Planck nicht nur ein großer Physiker, sondern auch ein tiefer philosophischer Denker war, der materialistisches Gedankengut bei der Interpretation der modernen Physik verteidigte und dessen philosophisches Schaffen die materialistische Tradition der deutschen Naturwissenschaft bereicherte. Dadurch gewinnt das philosophische Erbe Max Plancks und die kritische Auseinandersetzung mit ihm aktuelle Bedeutung im gegenwärtigen weltanschaulichen Meinungsstreit, gewinnt es Bedeutung beim Ringen um ein modernes materialistisches Weltbild der Naturwissenschaftler.

I. DAS WESEN UND DIE GESELLSCHAFTLICHE FUNKTION DES POSITIVISMUS

1. KAPITEL

DIE WURZELN DES POSITIVISMUS UND SEINE GESELLSCHAFTLICHE ROLLE

Der Positivismus entstand als relativ selbständige philosophische Strömung in der zweiten Hälfte des 19. Jahrhunderts. Philosophiegeschichtlich geht der Positivismus bis auf Hume und Berkeley zurück. Er ist eine (unter anderen) philosophische Variante ihrer subjektiv-idealistischen Grundgedanken. Der Begriff „positiv" als besonderer philosophischer Terminus wurde von Comte (1798–1857) eingeführt. Nach ihm galt alles als „positiv", was im Gegensatz zum Metaphysischen, Absoluten, Transzendenten steht. Positiv ist das, was wirklich, unmittelbar sinnlich gegeben ist. Darauf müsse man sich beschränken.

Der Wiener Physiker Ernst Mach hat dann positivistische Gedanken in der Naturphilosophie und Erkenntnistheorie entwickelt. Von Machs Empiriokritizismus leiten sich zwei Strömungen der zeitgenössischen bürgerlichen Philosophie her:

1. Der logische Positivismus (auch logischer Empirismus genannt) (Wiener Kreis um Schlick, Carnap u. a.) und Berliner Kreis (Reichenbach, Kraus u. a.).
2. Der naturwissenschaftliche Positivismus, dessen Kern die Kopenhagener Schule um Niels Bohr bildete.

Die Entstehung einer so verbreiteten und verzweigten Strömung im philosophischen Denken kann nicht das zufällige Werk eines einzelnen Denkers sein, sondern muß tiefere, allgemeinere Ursachen haben. Die Entwicklungstendenzen im geistigen Leben einer Epoche werden nicht bestimmt durch die zufälligen Einfälle und Ideen einzelner Menschen, sondern durch allgemeine Entwicklungstendenzen in der Basis der Gesellschaft. Das trifft auch für den Positivismus zu. Seine Entstehung und Verbreitung ist ein Teil jenes Umwandlungsprozesses im geistigen Leben der bürgerlichen Gesellschaft des 19. Jahrhunderts, der sich aus dem Übergang des Kapitalismus der freien Konkurrenz in das monopolistische Stadium der kapitalistischen Gesellschaftsordnung ergab.

Das ausgehende 18. und insbesondere das 19. Jahrhundert war das Jahrhundert des endgültigen Sieges der Bourgeoisie über den Feudalismus in Europa gewesen. Die Bourgeoisie dehnte ihre Herrschaft über den gesamten Erdball aus. Sie hatte ihre Aufgabe erfüllt und das Zenit ihres historischen Wirkens erreicht.

Die kapitalistische Gesellschaftsordnung wandelte ihren Charakter: War sie vorher das historisch Neue und Fortschrittliche, das die gesamte Gesellschaft voranbrachte, so reiften jetzt ihre inneren Widersprüche heran und kündeten davon, daß die historische Entwicklung beim Kapitalismus nicht stehenbleiben würde. Das erste selbständige Auftreten des Proletariats in den Revolutionen von 1830 und 1848 ließ auch schon die gesellschaftliche Kraft sichtbar werden, die die Entwicklung der menschlichen Gesellschaft über das Stadium des Kapitalismus hinaustreiben würde.

Diese Entwicklungstendenzen im materiellen Sein der Gesellschaft drückten dem gesellschaftlichen Bewußtsein jener Epoche ihren Stempel auf, bestimmten die Grundtendenz seiner Veränderung. Das kommt in allen Bereichen des gesellschaftlichen Bewußtseins, in der Wisssenschaft (besonders der Philosophie und Gesellschaftswissenschaft), in den politischen und juristischen Ideen und Praktiken sowie auch in Moral und Kunst zum Ausdruck. Die objektive gesellschaftliche Lage der Bourgeoisie erforderte jetzt offene Apologetik. Sie setzt sich zuerst in der Gesellschaftswissenschaft durch. „An die Stelle uneigennütziger Forschung trat bezahlte Klopffechterei" schrieb Marx.[1]

Uns interessiert in diesem Zusammenhang besonders, welche Tendenzen in der Philosophie diese Entwicklungslinie des gesellschaftlichen Seins verursachte. Dabei darf man natürlich die grundlegende Erkenntnis des historischen Materialismus, daß das gesellschaftliche Sein das gesellschaftliche Bewußtsein bestimmt, nicht vulgär und mechanistisch auffassen. Der Einfluß des gesellschaftlichen Seins auf die verschiedenen Bereiche des Bewußtseins vollzieht sich nicht unmittelbar, die Beziehungen zwischen materieller Seite und ideeller Seite im gesellschaftlichen Leben sind kompliziert und vielschichtig, liegen nicht klar vor Augen. Es bedarf schon tieferer Analyse, um diese objektiven Zusammenhänge aufzudecken.

Als die Bourgeoisie den Feudalismus bekämpfte und schließlich beseitigte, führte sie einen intensiven Kampf gegen die feudale Ideologie. Mit viel Scharfsinn und Kühnheit griffen die bürgerlichen Aufklärer das scholastische Denk- und Lehrgebäude an, kritisierten schonungslos das objektiv idealistische System der katholischen Philosophie und Theologie und fügten der religiösen Weltanschauung manche Niederlage zu. Die revolutionären bürgerlichen Ideologen jener Zeit entwickelten den mechanischen Materialismus, stützten sich auf die Naturwissenschaft und gaben ihr starke Impulse, sie lehnten jegliche Religion ab, verspotteten die Anbeter übernatürlicher Wesen, sie arbeiteten wertvolle Gedanken über den Humanismus und den Fortschritt aus, betonten den Wert rationalen Denkens, bemühten sich, die objektiven Gesetzmäßigkeiten des Geschehens zu entdecken und waren voller Optimismus hinsichtlich der Fähigkeiten und Möglichkeiten der wissenschaftlichen Erkenntnis und ihrer praktischen Anwendung zum Wohle der Menschen. So spiegelte sich die objektiv fortschrittliche Rolle der Bourgeoisie im bürgerlichen Bewußtsein der revolutionären Jugendjahre der Bourgeoisie wider. In dieser Epoche gab es keine gesellschaftliche Bedingung für das Entstehen positivistischen Denkens.

---

[1] K. Marx, „Das Kapital", Bd. I, Berlin 1951, S. 13.

In dem Maße aber, wie der Kapitalismus ausreifte, die inneren Widersprüche sich entfalteten, wie die Entwicklung weiterdrängte, verblaßten die revolutionären Gedanken der Bourgeoisie, ergaben sich für ihre Ideologen neue, andere Aufgaben, wandelte sich das gesellschaftliche Bewußtsein. Es ist eine vielfältig belegte und erhärtete Erkenntnis aus der Geschichte der Philosophie und des geistigen Lebens verschiedener Epochen, daß revolutionäre vorwärtsstrebende Klassen optimistisch und diesseitsgewandt, d. h. letztlich materialistisch denken, während jene Klassen, die die bestehende Ordnung gegen die revolutionäre Woge verteidigten und rechtfertigten, die um ihre Existenz kämpften, zu Pessimismus neigen, über das Jenseits und höhere Wesen philosophieren, objektive Gesetze leugnen, über die Grenzen und die Ohnmacht des menschlichen Wissens und Erkennens sprechen, und sich bemühen, solche Gedanken in die Volksmassen zu tragen, um ihre Aktivität, Entschlossenheit und Zuversicht zu lähmen, um mit Hilfe der Religion Schicksalsergebenheit und passives Hoffen zu erreichen. Eine solche Wandlung vollzieht sich im Laufe eines halben Jahrhunderts sehr allmählich und langsam, zuerst fast unmerklich, in verschiedener Weise und in Abstufung in allen Bereichen. Die einzelnen Denker, die diese Wandlung mit vollziehen helfen, sind sich ihrer klassenmäßigen Funktion und der historischen Tendenz ihres Schaffens oft selbst nicht recht bewußt, sie meinen, einen ganz persönlichen originellen Beitrag zur Entwicklung des menschlichen Denkens beigetragen zu haben. Objektiv aber ist der Klassencharakter ihrer Wirkung nachweisbar durch die konkrete soziologische Frage: Cui bono?

Der Positivismus entstand als Teil jener geistigen Strömungen der bürgerlichen Ideologie in der zweiten Hälfte des 19. Jahrhunderts, die vom Materialismus weg zum Idealismus und der Religion hintendierten. Seine Begründer und Vertreter erfüllten — ob sie es beabsichtigten oder nicht — ein gesellschaftliches Bedürfnis der Bourgeoisie. Die besondere Funktion des Positivismus bestand darin — zusammen mit dem Neukantianismus —, den zähen materialistischen Geist in der Naturwissenschaft einzudämmen und dem Idealismus und der Religion das Tor zu öffnen. Das war besonders wichtig, weil materialistisches Denken durch die Naturwissenschaft in breite Kreise des Volkes gelangte.

Die Bourgeoisie hatte die feudalen Fesseln der Naturwissenschaft gesprengt. Das war objektiv notwendig gewesen. Ohne freie naturwissenschaftliche Forschung konnte die Bourgeoisie nicht die Produktivkräfte entwickeln. Gleichzeitig brauchte sie Arbeitskräfte, die einige elementare naturwissenschaftliche Kenntnisse besaßen, um Maschinen bedienen und reparieren zu können. So kam es, daß breite Kreise mit den naturwissenschaftlichen Entdeckungen seit Kopernikus, Galilei und Newton bekannt wurden. Mit diesen Kenntnissen tauchten viele weltanschauliche Fragen auf, Zweifel an religiösen Dogmen wurden laut, aufgeweckte Schulkinder stellten sogar im Religionsunterricht zweifelnde Fragen. Vielen Menschen wurde zum ersten Male ein Teil der Widersprüche zwischen den naturwissenschaftlichen Erkenntnissen und den religiösen Lehren bewußt. Die Kirche fürchtete um das Seelenheil ihrer Gläubigen; sie trat sogar gegen diesen damals sehr bescheidenen Teil naturwissenschaftlichen Unterrichts auf, denn selbst mit der doppelten Zahl von Religionsstunden gelang es den Pfarrern nicht, den weltanschaulichen Einfluß der Naturwissenschaftler zu paralysieren. Das Interesse war geweckt. Was die Schule nicht bot, wurde vielfach zu Hause gelesen. Die neuen Entdeckungen (kosmologische Hypothesen Kants und Laplaces, Erhaltungssätze, die Zellentheorie und vor allem Darwins Lehre von der Entstehung und Entwicklung der Arten mit ihren naheliegenden Konsequenzen für die Entstehung des Menschen) wurden vielfältig erörtert und beeinflußten das weltanschauliche Denken. Naturwissenschaft galt damals von vornherein als materialistisch und atheistisch. Die Schriften der Naturwissenschaftler der damaligen Zeit geben dieser Einschätzung recht. Selbst bürgerliche und religiöse Autoren müssen das zugeben. Zuerst kämpfte nur die Kirche gegen diesen Einfluß an. Die Bourgeoisie verhielt sich liberal. Obwohl ein Teil der Bourgeoisie sich schon bald nach ihrem historischen Sieg über den Feudalismus von der konsequenten atheistischen Haltung ihrer revolutionären Jugendjahre distanzierte und sich der Religion und Kirche wieder zuzuwenden begann, wurde das 19. Jahrhundert besonders in Mitteleuropa – trotz der klassischen deutschen idealistischen Philosophie – ein Höhepunkt kämpferischer, bürgerlicher antireligiöser Aufklärung. Sie fand in Deutschland ihre Krönung in der tiefen und breiten Wirkung der Schriften Ernst Haeckels und auch der sogenannten Vulgärmaterialisten (Büchner, Vogt und Moleschott); so berichtet z. B. A. Einstein, daß er als Gymnasiast durch Büchners „Kraft und Soff“ und ähnliche Bücher zum Atheismus bekehrt worden sei. Die Vertreter der Religion, besonders die Jesuiten, denken mit Schrecken an jene Zeiten einer kämpferischen bürgerlichen Freidenkerbewegung zurück. Es gab damals noch keine geschlossene ideologische Front der Bourgeoisie gegen den Materialismus und Atheismus. Erst als die fortgeschrittensten Teile der Arbeiterklasse ihre eigenen Schlußfolgerungen zogen, über die Ziele der bürgerlichen Freidenkerbewegung hinausgingen, als die Auffassung „Es rettet uns kein höheres Wesen, kein Gott, kein Kaiser noch Tribun, uns aus dem Elend zu erlösen, das können wir nur selber tun“ machtvoll auf den Straßen erklang, als die antireligiöse Aufklärung bürgerlicher Wissenschaftler konsequent vertieft und fortgesetzt wurde im marxistischen Atheismus, der zum ersten Male die klassenbedingten Wurzeln und Funktionen von Religion und Kirche schonungslos enthüllte, da schwenkte die gesamte Bourgeoisie erschrocken um und verteidigte mit allen zur Verfügung stehenden Mitteln (einschließlich des „Gotteslästerungsparagraphen“) die religiöse Weltanschauung. Die bürgerliche Ideologie hatte nun dieser Aufgabe zu dienen. Kampf dem Materialismus auf der ganzen Linie war die Forderung. Wie aber sollte man den materialistischen Geist der Naturwissenschaft überwinden? Diffamierung angesehener antireligiöser Naturwissenschaftler – wie z. B. Ernst Haeckels – half nicht viel. Aber es kam für die Bourgeoisie darauf an, kein Bündnis zwischen Marxismus und bürgerlicher Naturwissenschaft zuzulassen. Zu diesem Zweck mußte der Naturwissenschaft ihre antireligiöse Spitze genommen werden, mußte sie Schritt für Schritt mit der Religion versöhnt werden. Das war ein objektives ideologisches Bedürfnis der Bourgeoisie zur geistigen Sicherung ihrer Herrschaft. Es galt erst einmal, dem Idealismus in der Naturwissenschaft Eingang zu verschaffen und damit die Tür für die Religion zu öffnen. Die klassische deutsche idealistische Philosophie hatte keine rechte Verbindung zur Naturwissenschaft. Sie — wie auch die ihr vorangegangene und folgende idealistische Professorenphilosophie — hatte sich speziell den „edlen Geisteswissenschaften“ zugewandt. Schon seit Jahrhunderten hatte die idealistische Philosophie die „minderwertige“ Materie dem Materialismus und der Naturwissenschaft als Forschungsgegenstand überlassen. Erst jetzt traten die Folgen dieser „Unterlassungssünde“ zutage. Die idealistische Philosophie als solche vermochte den Hauptteil dieser bedeutenden ideologischen Aufgabe nicht zu erfüllen. Die spekulative und romantische Naturphilosophie, die in der zweiten Hälfte des 19. Jahrhunderts nach dem Vorbild Hegels und Schellings betrieben wurde, stieß die Naturforscher ab, da sie die Ergebnisse der Naturwissenschaft in ein starres vorgefaßtes Schema zu pressen versuchte. Das führte zum Teil zu einer ausgesprochenen Feindschaft großer Teile der Naturwissenschaftler gegenüber der Philosophie überhaupt. Trotzdem hatten natürlich diese Naturwissenschaftler philosophische Ansichten. Meist handelte es sich um einen elementaren Materialismus; es war eine spontane, ungeformte materialistische Einstellung, in die die Vertreter des Idealismus leichter Einbrüche erzielen konnten als in einen bewußt durchdachten und entwickelten Materialismus, wie er in Form des dialektischen Materialismus seit der Mitte des 19. Jahrhunderts existierte. Diesen wissenschaftlichen Materialismus kannten die Naturwissenschaftler jener Zeit nicht. Zwar erwies sich der spontane Materialismus stark genug, offene Frontalangriffe des Idealismus abzuwehren, aber er war schwach gegenüber getarntem Eindringen des Idealismus in die Naturwissenschaft. Gerade auf diese Weise drang der Idealismus dann auch ein.

Die materialistische Naturwissenschaft konnte nur von innen heraus zersetzt werden. Die Idealisten knüpften an zweideutige philosophische Bemerkungen bedeutender Naturwissenschaftler an (z. B. bei R. Claudius an seine These vom Wärmetod, bei H. v. Helmholtz an dessen Hieroglyphentheorie, bei W. Ostwald an seine Energetik usw.) Johannes Müller schuf gleich ein ganzes System, den sogenannten „physiologischen Idealismus“. Doch eine gewisse für die Bourgeoisie erfreuliche Wende zum Idealismus in der Naturwissenschaft vermochten erst Mach und Avenarius am Ende des 19. Jahrhunderts in Aussicht zu stellen.

Bei diesen Bestrebungen, den Idealismus in der Naturwissenschaft zum Durchbruch zu verhelfen, spielte der Mechanizismus eine besondere Rolle. Anfangs war der mechanische Materialismus die stärkste Barriere für idealistisches Denken in der Naturwissenschaft gewesen. Am Ende des 19. Jahrhunderts war sein weltanschaulicher Rahmen zu eng geworden; die mechanistische Naturanschauung konnte nicht mehr alle neuen Erkenntnisse philosophisch verallgemeinern. Die Naturwissenschaft war der dialektischen Beschaffenheit der Natur immer mehr auf die Spur gekommen. In dieser Situation verwandelte sich der Mechanizismus aus einem Hemmnis des Idealismus zu einem Geburtshelfer desselben. Mancher Naturwissenschaftler sah nur noch im subjektiven Idealismus einen Ausweg. Metaphysisch-mechanisches Denken — so materialistisch es auch sein mochte — wurde zur Quelle des Idealismus, dem auf diese Weise ein unerwarteter Helfer erwuchs. Die mechanische Naturanschauung, einst das Neue und Fortschrittliche gegenüber dem idealistisch-religiösen Denken, war allmählich zu etwas Altem, Überlebtem geworden. An ihr selbst dokumentierte sich der dialektische Zug jeder Entwicklung. Das Neue war in der zweiten Hälfte des 19. Jahrhunderts der dialektische Materialismus. Von diesem aber wurden die Naturwissenschaftler auf Grund ihres gesellschaftlichen Milieus getrennt. Die marxistische Philosophie war doch die Philosophie der „vaterlandslosen Gesellen".

So versuchten sich einige Naturwissenschaftler, insbesondere der Physiker Ernst Mach, selbst zu helfen. Sie wollten den Mechanizismus überwinden und gerieten dabei in den Idealismus, obwohl sie das selbst subjektiv nicht von vornherein beabsichtigt hatten. Objektiv betrachtet aber hatten sie gerade jene philosophische Richtung innerhalb der Naturwissenschaft begründet, die die bürgerlich-idealistische Philosophie so sehnlichst brauchte. Die Idealisten und die Anhänger der Religion unternahmen alles, um diese Auffassungen zu verbreiten und in ihrem Sinne auszunutzen.

Als die Lückenhaftigkeit des mechanischen Materialismus, die Unhaltbarkeit des Mechanizismus immer deutlicher wurde, erlangte die Philosophie Ernst Machs in den Kreisen der Naturwissenschaftler allmählich größeren Einfluß. Auf diese Weise drang der Idealismus in Form des Empiriokritizismus in die Naturwissenschaft ein.

Kennzeichnend für die Stärke des Materialismus in der Naturwissenschaft jener Zeit ist es unter anderem, daß Mach und Avenarius den Idealismus keineswegs offen einzuführen und den Materialismus offen hinauszudrängen vermochten. Sie gaben ihre Philosophie als Überwindung des alten Gegensatzes von Materialismus und Idealismus aus und konnten mit ihrem Gerede von der ungeheuren Bedeutung der Erfahrung so manchen philosophisch wenig gebildeten Naturwissenschaftler verwirren, da ja in der Naturwissenschaft — wie in jeder Wissenschaft — die Erfahrung tatsächlich eine große Rolle spielt. Lenin weist an manchen Stellen daraufhin, daß Mach „ohne Bedenken" auch einmal materialistische Brocken in seine Erkenntnistheorie einschiebt.[2]

Die entscheidenden Ursachen für den Einfluß der Philosophie Machs in der Naturwissenschaft sind diese materialistischen Elemente aber nicht gewesen, wie F. Herneck annimmt. Er überschätzt die Bedeutung dieser materialistischen Brocken.[3] Charakteristisch für Machs Philosophie ist der subjektive Idealismus, nicht die materialistischen Zugeständnisse, mit denen er zum Teil sogar den subjektiven Idealismus verdeckt.

Die tieferen Zusammenhänge und die philosophischen Quellen dieser neuen Philosophie des Empiriokritizismus erkannten die wenigsten. Auch das Verständnis für die philosophische und gesellschaftspolitische Bedeutung dieser naturphilosophischen

---

[2] W. I. Lenin, „Materialismus und Empiriokritizismus", Berlin 1952, S. 54.

[3] Vgl. F. Herneck, „Über eine unveröffentlichte Selbstbiographie Ernst Machs" in: „Wissenschaftliche Zeitschrift der Humboldt-Universität zu Berlin", Mathematisch-naturwissenschaftliche Reihe, Nr. 3—1956/57, S. 215.

Richtung fehlte bei materialistischen Philosophen, ja selbst bei bedeutenden marxistischen Theoretikern, wie z. B. bei Karl Kautsky und G. W. Plechanow sowie auch bei August Bebel.

Es ist das große Verdienst W. I. Lenins, das subjektiv-idealistische Wesen, die philosophischen Quellen und die gesellschaftspolitischen Hintergründe dieser „neuen" Philosophie durch sein 1909 erschienenes Werk „Materialismus und Empiriokritizismus" erschöpfend nachgewiesen zu haben. Damit hat Lenin zugleich den beginnenden Einfluß dieser neuen idealistischen Modephilosophie der bürgerlichen Welt auf die internationale marxistische Arbeiterbewegung abgewehrt. Er ist allen revisionistischen Bestrebungen, die Philosophie von Marx und Engels durch die Philosophie Machs zu „ergänzen" und zu „bereichern", scharf entgegengetreten, hat diese Versuche zerschlagen und damit die weltanschauliche Grundlage der marxistischen Arbeiterbewegung reingehalten. Diese theoretische Arbeit Lenins über scheinbar weit vom politischen Klassenkampf entfernte abstrakte naturphilosophische und erkenntnistheoretische Fragen war von großer politischer Bedeutung; dieser Kampf Lenins war wichtiger ideologischer Klassenkampf um den Sozialismus: man stelle sich eine russische Arbeiterpartei und ihre Aktionsfähigkeit auf der ideologischen Basis der empiriomonistisch-machistischen Philosophie eines Bogdanow, Basarow & Co. vor! Lenin lehrt uns, daß man die Beschäftigung mit solchen abstrakten Problemen nicht als nutzloses Theoretisieren ansehen darf (wozu manche Marxisten auch seinerzeit neigten), sondern als wichtigen Teil des Kampfes der Arbeiterklasse um den Sozialismus; denn jede Revision der weltanschaulichen Grundlage des Marxismus wirkt sich früher oder später folgerichtig schädlich im Klassenkampf aus.

Lenin entlarvte das Wesen dieser bürgerlichen philosophischen Offensive des Empiriokritizismus, indem er ihr Ziel nachwies: Versöhnung der Naturwissenschaft mit dem Idealismus und dann mit der Religion, um die Volksmassen besser in geistiger Botmäßigkeit halten zu können:

> „Die raffinierten erkenntnistheoretischen Schrullen eines Avenarius bleiben eine Professorenerfindung, ein Versuch zur Gründung einer kleinen ‚eigenen' Philosophensekte, *tatsächlich* aber ist bei der allgemeinen Konstellation des Kampfes zwischen den Ideen und Richtungen der modernen Gesellschaft die *objektive* Rolle dieser erkenntnistheoretischen Pfiffigkeiten einzig und allein diese: dem Idealismus und Fideismus den Weg freizulegen, ihnen treue Dienste zu leisten."[4]

Herneck schwächt in seiner genannten Arbeit diese objektive Rolle des Positivismus ab, er bezichtigt gerade die Gegner des Positivismus des Verrats der modernen Naturwissenschaft an die Religion.[5] Eine solche Darlegung ist nicht richtig. Gewiß war es nicht Machs subjektive Absicht, die Religion zu fördern. Lenin aber betonte gerade, daß die *objektive* Rolle des Positivismus in jener historischen Situation darin bestand, eine Bresche für den Fideismus zu schlagen. Das kann von den Gegnern Machs nicht gesagt werden. Gewiß gab es später auch objektiv-idealistische Naturphilosophen (z. B. Bavink), die von ihrer Seite die geschlagene Bresche erweiterten.

---

[4] *W. I. Lenin*, a. a. O., S. 332. [5] *F. Herneck*, a. a. O., S. 217.

Das ist aber kein Einwand gegen Lenins richtige Einschätzung der objektiven historischen Rolle des Empiriokritizismus als des ersten Bahnbrechers des Idealismus und der Religion in der Naturwissenschaft am Ende des 19. Jahrhunderts. Lenin bringt das eindeutig zum Ausdruck:

„Die Neutralität eines *Philosophen* in dieser Frage (Materialismus oder Idealismus und Religion – H. V.) *ist schon* Lakaientum gegenüber dem Fideismus, und über die Neutralität kommen die Mach und Avenarius nicht hinaus und können in Folge der Ausgangspunkte ihrer Erkenntnistheorie auch nicht hinauskommen.

Sobald Ihr die uns in der Empfindung gegebene objektive Realität leugnet, habt Ihr schon jede Waffe gegen den Fideismus eingebüßt...“[6]

„Die objektive, die Klassenrolle des Empiriokritizismus besteht ausschließlich in Handlangerdiensten für die Fideisten in deren Kampf gegen den Materialismus überhaupt und gegen den historischen Materialismus insbesondere.“[7]

Zusammenfassend kann man sagen:

Auf Grund zunehmender Widersprüche zwischen naturwissenschaftlichen Fakten und der alten mechanistisch-materialistischen Naturanschauung entwickelten einzelne Naturwissenschaftler – besonders Ernst Mach – in Anlehnung an gewisse existierende Strömungen in der Philosophie (Berkeley/Hume) positivistische Auffassungen in Form des sogenannten Empiriokritizismus. Soweit spielen die erkenntnistheoretischen Wurzeln eine Rolle.

Diese einzelnen Ansichten wurden zu einem philosophischen System und zu einer ganzen Strömung, weil sie den ideologischen Klasseninteressen der sich zum Imperialismus entwickelnden kapitalistischen Gesellschaftsordnung und ihrer herrschenden Klasse entsprachen und daher von ihr gefördert und propagiert wurden. Das schließt nicht aus, daß zuerst ein Teil der konservativen liberalen bürgerlichen Theoretiker den Machismus ablehnten, weil sie selbst noch nicht voll die neuen ideologischen und politischen Erfordernisse der herrschenden Klasse begriffen und weil sie sich eine andere Art Idealismus gewünscht hatten. Der Kapitalismus war aber nicht mehr Kapitalismus der freien Konkurenz, sondern wurde mehr und mehr Monopolkapitalismus. Seit 1871 – der Pariser Kommune – war der Kampf gegen den Marxismus, die Weltanschauung und Theorie der Arbeiterklasse, immer mehr zur Hauptaufgabe aller bürgerlichen Ideologie geworden. Alles was in irgendeiner Weise den Marxismus an irgendeinem Punkt angriff oder untergrub, wurde unterstützt und publiziert.

Eben das tat der Empiriokritizismus, ungeachtet dessen, ob Mach das subjektiv gewollt und begrüßt hat oder nicht.

Deshalb wurde er zu einer ganzen Strömung entwickelt. Es gelang zwar nicht, die Mehrzahl der Naturwissenschaftler zu gewinnen, es bestand aber immerhin eine Gruppe positivistischer Naturwissenschaftler, die ihre Ideen aktiv propagierte und dabei sehr unterstützt wurde. Das sind die sozial-ökonomischen Wurzeln der Entstehung und Verbreitung des Positivismus. Die Bourgeoisie erhoffte sich, daß der Atheismus und Materialismus der Naturwissenschaft überwunden würde und

---

[6] *W. I. Lenin*, a. a. O., S. 335. [7] Ebenda, S. 349.

daß zum anderen von hier aus die philosophische Grundlage des Marxismus allmählich revidiert und er so seines revolutionären Gehalts beraubt werden könnte. Das war eine Aufgabe, die die Revisionisten in den sozialdemokratischen Parteien bald nach Engels Tod zielstrebig zu erfüllen trachteten. Lenin hat ihnen allerdings dabei einen Strich durch die Rechnung gemacht.

Er konnte sogar 1908 noch feststellen, daß die Mehrzahl der Naturwissenschaftler noch immer einen elementaren naturwissenschaftlichen Materialismus vertrat, obwohl Mach und seine Anhänger schon über drei Jahrzehnte wirkten. Auch Mach stellte 1909 im Vorwort zur 2. Auflage seiner Arbeit „Die Geschichte und die Wurzel des Satzes von der Erhaltung der Arbeit" betrübt fest, daß die Zahl seiner Anhänger unter Naturwissenschaftlern nur gering sei.

Der Empiriokritizismus Machs und Avenarius' war nach 1900 sehr revisionsbedürftig. Die neuen Erkenntnisse nach der Jahrhundertwende ließen dies seinen Anhängern immer deutlicher werden. Mach selbst bequemte sich in seinen letzten Lebensjahren noch dazu, die Realität der Atome anzuerkennen, die er lange Zeit beharrlich geleugnet hatte. Die neuen Entdeckungen der Naturwissenschaft erzwangen die Aufgabe dieser Machschen These. Überhaupt führten die neuen Entdeckungen (H. Hertz' Entdeckung der elektromagnetischen Wellen [1888], die Entdeckung der Röntgenstrahlen [1895] und der Radioaktivität [1896] und andere, besonders aber die Entdeckung des diskontinuierlichen Charakters der Strahlung durch M. Planck [1900], die daraus folgende Errechnung des Planckschen Wirkungsquantums, ferner die spezielle und die allgemeine Relativitätstheorie Einsteins [1905 und 1916], die naturwissenschaftlichen Fortschritte bei der Erforschung des Innern der Atome und anderes mehr) zunächst zu einem Nachlassen des Interesses der Naturwissenschaftler an positivistischer Philosophie. Sie wurde bei den neuen Entdeckungen nicht gebraucht. Lediglich Einstein sprach einmal davon, daß ihn Machs Kritik an der mechanischen Naturanschauung angeregt habe.

Wie kam es angesichts dieser Fakten, daß nach dem 1. Weltkrieg in den 20er Jahren immer stärker positivistische Gedanken wieder auftauchten, von Physikern etwas modifiziert erneut vertreten und wieder stark von der bürgerlichen Propaganda als angeblich „neueste Erkenntnis der Naturwissenschaft" verbreitet wurden?

Auch bei der Beantwortung dieser Frage muß man wieder beide Wurzeln des Positivismus — die erkenntnistheoretischen und die sozialökonomischen — sehen. Beide waren wieder bzw. noch wirksam. Nach dem ersten imperialistischen Weltkrieg trat die kapitalistische Gesellschaftsordnung in das Stadium der allgemeinen Krise ein. Der parasitäre Charakter trat klarer zutage. Die Krisensituation wirkte sich auf alle Bereiche des gesellschaftlichen Lebens in der bürgerlichen Gesellschaftsordnung aus. Die allgemeine Tendenz zur Reaktion auf allen Gebieten trat noch schärfer hervor; stand doch der kapitalistischen Gesellschaftsordnung der Sozialismus nicht mehr nur theoretisch als Ideologie und Kampfziel der Arbeiterklasse gegenüber, sondern als realer gesellschaftlicher Prozeß auf einem Sechstel der Erde! Der Kampf gegen diesen Sozialismus und seine wissenschaftliche Theorie beherrschte die imperialistische Politik und Ideologie seit 1917. Noch stärker als vorher wird jede Idee, jede Anschauung, die irgendwie gegen den Marxismus gerichtet ist, gefördert und verbreitet. Die Anstrengungen der Bourgeoisie, ihren ideologischen Einfluß zu verstärken, werden immer vielfältiger und intensiver. Die Variabilität der Systeme und Strömungen wird breit gehalten. Jeder Denker hat seine „Freiheit" — entscheidend ist, daß es gegen den Marxismus geht. Gerade darin besteht die gesellschaftliche Funktion des modernen Positivismus, der sich in den 20er Jahren entwickelte und schließlich — im Unterschied zum Machschen Positivismus — eine sehr weite Verbreitung und Anerkennung unter bürgerlichen Naturwissenschaftlern, besonders Physikern, fand.

Die umwälzenden Ergebnisse der Physik haben die Physiker selbst stärker und direkter als im 19. Jahrhundert an philosophische Probleme herangeführt. Es gibt fast keinen unter den bedeutenden Physikern unseres Jahrhunderts, der nicht zu philosophischen Fragen Stellung genommen hätte. Ihre philosophischen Ausführungen stießen und stoßen auf sehr starkes Interesse nicht nur in Kreisen ihrer Fachkollegen, sondern weit darüber hinaus.

Die Errungenschaften der Naturwissenschaft unseres Jahrhunderts und ihre für jeden Menschen in Gestalt der Sputniks, Mondraketen u. a. sichtbaren technischen Resultate führen zu einem immer stärkeren Interesse aller Menschen an naturwissenschaftlichen Fragen und den mit ihnen untrennbar verbundenen weltanschaulichen Verallgemeinerungen und Schlußfolgerungen. Hier mündet das philosophische Schaffen der Naturwissenschaft direkt in das weltweite geistige Ringen unserer Zeit ein, dessen Wesen durch die Auseinandersetzung zwischen Sozialismus und Kapitalismus bestimmt ist.

Dieser Zusammenhang besteht objektiv, auch wenn ihn manche Wissenschaftler nicht sehen oder nicht beachten, auch wenn mancher Autor diesen Zusammenhang leugnet bzw. als Erfindung der Marxisten hinstellt. Von diesem Zusammenhang kann man bei der Behandlung philosophischer Fragen der modernen Naturwissenschaft und bei der kritischen Erörterung philosophischer Ansichten bedeutender Naturwissenschaftler nicht absehen, ohne einseitig, also unwissenschaftlich zu werden.

Oft wird von Naturwissenschaftlern eingewandt, man tue ihren Kollegen Unrecht. Diese hätten mit keinem Gedanken an ideologischen Klassenkampf gedacht, sie hätten nicht die leiseste Absicht gehabt, eine bestimmte Gesellschaftsordnung geistig zu unterstützen oder gar reaktionäre Bestrebungen zu fördern.

Wir werden in der Darstellung noch im einzelnen belegen, daß viele Naturwissenschaftler doch ganz bewußt eine bestimmte Gesellschaftsordnung, ja Staatsordnung und ihre reaktionäre Politik unterstützt haben und noch unterstützen. Aber das widerlegt den erwähnten Einwand nur zum Teil. Es gibt tatsächlich viele Naturwissenschaftler, die nicht daran denken, reaktionäre gesellschaftliche Tendenzen zu unterstützen, die auch gar nicht in die geistige Auseinandersetzung zwischen Bourgeoisie und Arbeiterklasse eingreifen wollen. Subjektive Absicht, subjektiver Wille des einzelnen ist jedoch die eine Seite — die objektive Wirkung seiner Schriften und Gedanken eine andere. So sehr man die subjektiven Absichten anerkennen und beachten muß, so kommt es doch stets weit mehr auf die Untersuchung der objektiven Wirkung des philosophischen Schaffens der betreffenden Naturwissenschaftler an.

Es kann ernsthaft nicht bestritten werden, daß in der Auseinandersetzung zwischen sozialistischer und bürgerlicher Ideologie weltanschauliche Fragen eine große Rolle spielen. Darauf haben die Begründer und Führer der Arbeiterbewegung stets eindeutig hingewiesen. Die bedeutsame programmatische Moskauer Erklärung der kommunistischen und Arbeiterparteien vom November 1957 unterstreicht ebenfalls die Bedeutung einer dialektisch-materialistischen Weltanschauung beim Kampf um den Sozialismus. Nicht umsonst rufen auf der anderen Seite Staatsmänner und Politiker der Bourgeoisie zum Kreuzzug gegen den dialektischen Materialismus auf, geben sie Millionen für eine Flut von Propagandaschriften gegen die wissenschaftliche Weltanschauung der Arbeiterklasse und ihrer Verbündeten aus. Sie versuchen dabei sehr intensiv die Unterstützung von Naturwissenschaftlern zu erlangen bzw. sich auf deren philosophische Publikationen zu stützen, ganz gleich, ob es dem betreffenden Gelehrten angenehm ist oder nicht. Jede für sie brauchbare Textstelle werten sie gebührend in Büchern, Zeitschriften und sogar Zeitungen aus und verbreiten sie. Ohne diese Zusammenhänge zu beachten, kann man nicht verstehen und nicht erklären, weshalb in den kapitalistischen Ländern gerade eine bestimmte Art philosophischer Ideen so intensiv propagiert wird und andere Ansichten im Verborgenen bleiben. Die kapitalistische Presse, das Verlagswesen, die bürgerlichen Schulen und Universitäten sorgen dafür. Hinter ihnen stehen jene gesellschaftlichen Kräfte – nämlich die herrschende Klasse, insbesondere die imperialistische Bourgeoisie –, die dafür sorgen, daß jene Ideologie, die ihren Klasseninteressen entspricht, auch die herrschende ist und am stärksten verbreitet wird. Wenn irgendein bedeutender Naturwissenschaftler einmal materialistische Gedanken äußert – und das tun fast alle gelegentlich –, so nimmt man davon wenig Notiz. Ganz anders dagegen, wenn idealistische Auffassungen dargelegt werden. Dieser Mechanismus der Propaganda ist eindeutig klassenbedingt, er schert sich auch nicht um die oft vorhandene ehrliche und anders gemeinte Absicht des einzelnen Wissenschaftlers. Gleichzeitig wird durch eine massive Propaganda, wie es in den letzten Jahren besonders in Westdeutschland zu sehen ist, ein geistiger Druck ausgeübt, so daß sich ein westdeutscher Naturwissenschaftler angesichts des harten ideologischen Klassenkampfes zwischen dialektischem Materialismus und bürgerlicher Philosophie in Deutschland gar nicht mehr traut, einen seiner philosophischen Gedanken als „materialistisch" eingeschätzt zu wissen und sich sofort beeilt, solche Einschätzungen von marxistischer Seite zu dementieren und abzulehnen, um nur ja nicht in den Verdacht zu kommen, mit der verfemten und in der „freiheitlichen" Ordnung Bonns strafrechtlich verfolgten „kommunistischen Ideologie" zu sympathisieren. Antiidealistische Einstellung wird schon als gesellschaftlicher Makel betrachtet.

Jene Naturwissenschaftler, die in den 20er Jahren an Machs Gedanken anknüpften bzw. sich ihrer wieder erinnerten, als sie die Ergebnisse ihrer physikalischen Forschung interpretieren wollten, haben in der Mehrzahl diese soziologischen Zusammenhänge weder gewünscht noch überhaupt begriffen. Es war ihnen weder bewußt, daß sie schon von vornherein von einer bestimmten Ideologie beeinflußt waren, noch daß sie mit ihren philosophischen Ansichten der imperialistischen Ordnung ideologisch dienten. Für sie und ihre Kollegen standen vielmehr im Blickpunkt jene erkenntnistheoretischen Probleme, die ihre physikalischen Forschungsergebnisse aufwarfen. Da hatten Mathematiker und theoretische Physiker am Schreibtisch Gleichungen und mathematische Beziehungen errechnet, ohne daß sie wußten, ob und was dem in der Wirklichkeit entsprach. Der mathematische Apparat war höchst abstrakt. Jede Anschauung versagte. Lag nicht der Gedanke nahe, das seien eben „freie Schöpfungen des menschlichen Geistes“? Da zeigten mikrophysikalische Experimente einmal Wellen-, das andere Mal Korpuskeleigenschaften. Was war das Elementarteilchen denn wirklich? War sein Wesen vielleicht gar nicht faßbar? Oder hat etwa die Einwirkung des messenden, experimentierenden Forschers erst diese Züge in die Natur gebracht? Partikel stießen zusammen und waren plötzlich „verschwunden“. Die mechanischen Kausalitätsvorstellungen, viele Grundbegriffe der klassischen Physik versagten. Wo führte das hin? Wie war es zu erklären, zu deuten?

Das waren die philosophischen Probleme, vor denen die Naturwissenschaftler standen. Das waren die erkenntnistheoretischen Wurzeln des modernen Positivismus.

Solche Fragen stehen in der positivistischen Literatur im Mittelpunkt und geben ihr das wissenschaftliche Gewand. Von gesellschaftlichen Wurzeln, von klassenbedingter Funktion merkte der unkritische Leser nichts.

Bei seiner Analyse des sachlichen Gehalts der wortreichen philosophischen Ausführungen Machs ging Lenin von der von Engels formulierten Grundfrage der Philosophie aus. Sie berührt das Grundproblem allen Philosophierens und gestattet bei jeder philosophischen Strömung hinter allen philosophischen Darlegungen den Grundgehalt des Systems zu erkennen. „Die höchste Frage der gesamten Philosophie“, schrieb F. Engels, „ist die Frage nach dem Verhältnis von Denken und Sein, des Geistes zur Natur“.[8] Diese Frage hat zwei Aspekte. Der erste besteht in der Frage „was ist das Ursprüngliche, der Geist oder die Natur“. Es ist die Frage nach dem Primat der Materie oder des Geistes. Ist die Materie unabhängig vom Geist oder nicht? Gibt es eine Realität, die unabhängig vom Bewußtsein existiert oder ist jede Realität untrennbar mit dem Bewußtsein gekoppelt oder gar von ihm erst geschaffen? In der Naturwissenschaft (besonders der Physik) ist dieses Problem der objektiven Realität auch als Frage nach der Existenz einer realen Außenwelt formuliert, oder als Subjekt-Objekt-Problem. Es geht jedenfalls stets um die gleiche Grundfrage: Existieren die Naturvorgänge und ihre Gesetze unabhängig von unserer Beobachtung und Wahrnehmung, von unserer Auffassung über sie, oder existieren sie nur in unseren Empfindungen und Vorstellungen, sind Gesetze nur Konstruktionen des menschlichen Geistes?

[8] *F. Engels*, „Ludwig Feuerbach und der Ausgang der klassischen deutschen Philosophie“, Berlin 1946, S. 16.

Die Anerkennung eines Seienden, einer Wirklichkeit schlechthin ist keine Antwort, denn zum Seienden, zur bloßen Realität schlechthin zählen ja auch Empfindungen und Ideen. Damit ist das Grundproblem nicht gelöst. Das Grundproblem besteht tatsächlich in dieser Grundfrage aller Philosophie, in der Gegenüberstellung von Materie und Bewußtsein und der Beantwortung der Frage nach ihrem gegenseitigen Verhältnis.

Die materialistische Position in dieser Frage besteht darin, die Materie als unabhängig und außerhalb des Bewußtseins existierend aufzufassen, ihr also das Primat zuzuerkennen. Mit anderen Worten: Der Realität wird objektive Existenz zugeschrieben, Existenz unabhängig davon, ob sie empfunden und vorgestellt wird oder nicht. Die Anerkennung einer objektiven Realität bedeutet ihre Ursprünglichkeit und Unabhängigkeit gegenüber jeglichem Geistigen, gegenüber dem menschlichen Denken und Empfinden und sonstigen ideellen Prinzipien anzuerkennen, heißt also der Sache nach letztlich, einen materialistischen Standpunkt beziehen und vertreten (auch wenn es manchmal gar nicht so bezeichnet wird und sich einzelne bürgerliche Naturwissenschaftler mit Händen und Füßen sträuben, eine solche Bezeichnung zu akzeptieren. Als „Materialisten" wären sie eben in einem imperialistischen Land gesellschaftlich unmöglich und verdächtig). Hinzu kommt, daß die meisten bürgerlichen Naturwissenschaftler unter „Materialismus" nur den alten mechanischen Materialismus verstehen und vom modernen, konsequenten wissenschaftlichen Materialismus, dem dialektischen Materialismus, gar keine oder nur geringe Sachkenntnis haben.

Wenn wir heute des öfteren die teilweise Übereinstimmung der erkenntnistheoretischen Ansichten einzelner Physiker (z. B. Max Borns, ja in letzter Zeit sogar einzelner Äußerungen Heisenbergs — worauf noch eingegangen wird) mit dem dialektischen Materialismus feststellen können, so handelt es sich nicht um eine Annäherung des dialektischen Materialismus an die Ansichten dieser Physiker, sondern umgekehrt um deren Annäherung an den dialektischen Materialismus. Das läßt sich an Hand eines Vergleiches mit den Ansichten von Engels und besonders denen Lenins nachweisen. Daß Lenin dialektischer Materialist war, dürfte keinem Zweifel unterliegen. Lenin formulierte die grundsätzliche materialistische Linie in der Auseinandersetzung mit Mach 1908 folgendermaßen:

„Der Materialismus betrachtet die Natur als das Primäre, den Geist als das Sekundäre, er setzt das Sein an die erste, das Denken an die zweite Stelle. Für den Idealismus gilt das Umgekehrte."

Und:

„Der Materialismus überhaupt erkennt das objektiv reale Sein (die Materie) als unabhängig von dem Bewußtsein, der Empfindung, der Erfahrung usw. der Menschheit an."[9]

Beim Idealismus unterscheiden wir subjektiven und objektiven Idealismus.

Während der subjektive Idealismus die Abhängigkeit der Realität auf das menschliche Bewußtsein, auf Empfindungen, Beobachtungen usw. bezieht, bezieht der objektive Idealismus die Abhängigkeit der Wirklichkeit auf eine angenommene

---

[9] *W. I. Lenin*, a. a. O., S. 88 und 316.

außermenschliche, übernatürliche geistige Wesenheit, auf Gott, die absolute Idee, die Weltvernunft oder ähnliches. Beide Formen sind also Varianten des Idealismus, jenes Grundgedankens vom Primat des Geistigen, von der Abhängigkeit alles Materiellen vom Ideellen (dabei ist vorerst zweitrangig, ob dieses Ideelle als Sinnesempfindung und Wahrnehmung oder als Gott bzw. absolute Idee und dergleichen verstanden wird).

Der zweite Aspekt der Grundfrage der Philosophie ist die Frage nach der „Identität von Denken und Sein" (Identität ist hier nicht im Sinne der Wissenschaft der Logik als absolute Gleichheit, sondern im Sinn von Übereinstimmung gebraucht). Es ist also die Frage, ob unser Denken, unser Bewußtsein in Übereinstimmung mit der objektiven Realität gebracht werden kann, ob wir die unabhängig von unserem Bewußtsein vor sich gehenden Prozesse in Natur und Gesellschaft adäquat erfassen können oder nicht. Engels formuliert:

„Ist unser Denken imstande, die wirkliche Welt zu erkennen, vermögen wir in unsern Vorstellungen und Begriffen von der wirklichen Welt ein richtiges Spiegelbild der Wirklichkeit zu erzeugen?"[10]

Die konsequente materialistische Antwort ist ein grundsätzliches Ja. Der Mensch kann das Wesen der objektiven Realität (also sowohl der Natur wie auch der Gesellschaft) und die in ihr herrschende Gesetzmäßigkeit erkennen und sie in seinem Interesse ausnutzen. Die Geschichte der menschlichen Entwicklung ist ein fortdauernder Beweis dafür. Das durch die Praxis geprüfte Wissen der Menschen ist zuverlässiges Wissen, ist objektive Wahrheit. Es gibt in der Welt keine prinzipiell unerkennbaren Bereiche. Andererseits wird der Mensch auch nie in die Lage kommen, sagen zu können: Jetzt ist alles erkannt. Aber er wird auch nie objektiv gezwungen sein, festzustellen: Hier ist die Grenze des Erkennbaren, dahinter liegt das prinzipiell Unerkennbare.

Diese Bemerkungen über die grundsätzliche Auffassung des philosophischen Materialismus von den genannten Problemen sei vorausgeschickt, um von vornherein einen gewissen Einschätzungsmaßstab für die entsprechenden positivistischen Ansichten zu haben.

Den durch die Grundfrage der Philosophie aufgeworfenen Fragen ist in der Geschichte des menschlichen Denkens stets große Bedeutung beigemessen worden. Jeder Denker hat zu diesen Fragen Stellung genommen, ganz gleich, ob er ihre überragende Bedeutung für alle anderen Fragen erkannt hatte oder ob er meinte, diese Fragen seien unwichtig oder „metaphysisch".

Aber erst Marx und Engels haben in dieser Frage die Grundfrage aller Philosophie erkannt, die den Schlüssel bietet

1. für eine richtige weltanschauliche Orientierung des Menschen in der ihn umgebenden Welt, die sein Verhältnis zur objektiven Realität klarlegen kann und daher auch das Grundproblem jeder Weltanschauung ist,
2. für alle anderen philosophischen Fragen, die durch die Beantwortung der Grundfrage schon von vornherein auf eine bestimmte wissenschaftliche oder spekulative

[10] *F. Engels*, a. a. O., S. 17.

Ebene gestellt sind und daher in ihrer richtigen oder falschen Lösung wesentlich mit von der Beantwortung der Grundfrage abhängen,

3. für die Analyse jedes beliebigen philosophischen Systems, da die Art und Weise der Beantwortung dieser Grundfrage die verschiedensten philosophischen Systeme letztlich auf zwei Grundrichtungen reduziert: auf den philosophischen Materialismus und den philosophischen Idealismus.

So vielfältig die Varianten in der Beantwortung der Grundfrage aller Philosophie sein mögen, so verschiedenartig andere philosophische Fragen zu lösen versucht wurden, stets ist der Grundgehalt eines philosophischen Systems bestimmt durch seine Antwort auf die Grundfrage. Und diese läßt letztlich nur zwei verschiedene Antworten zu: eine materialistische oder eine idealistische. Wir werden bei der Darstellung der philosophischen Grundkonzeption des modernen Positivismus noch im einzelnen nachweisen, daß ihr Anspruch, über Materialismus und Idealismus erhaben zu sein, genauso wenig stichhaltig ist wie der diesbezügliche Anspruch des Machschen Positivismus. Es gibt keine dritte philosophische Richtung. Auch wenn die Grundfrage als metaphysisches Scheinproblem hingestellt, als sinnlos bezeichnet wird, wenn versucht wird, sie nicht zu beantworten, so ist doch in den geäußerten philosophischen Ansichten stets eine bestimmte Antwort auf diese Grundfrage der Philosophie implizit enthalten und nachweisbar.

Man kann beim Philosophieren dieses oder jenes philosophische Problem umgehen oder nicht behandeln, aber man kann nicht das alle Fragen durchziehende philosophische Grundproblem, das Verhältnis von Materie und Bewußtsein, auslassen. Wer überhaupt philosophiert, nimmt dazu Stellung. Wir werden das auch beim alten und modernen Positivismus sehen.

Das philosophische Wesen des Empiriokritizismus ist insgesamt erschöpfend in Lenins Werk „Materialismus und Empiriokritizismus" nachgewiesen, analysiert und kritisiert worden. Es ist unangebracht, das alles in diesem Zusammenhang ausführlich wiederholen zu wollen. Es seien deshalb nur einige kurze Bemerkungen gemacht und wenige, aber das Typische charakterisierende Zitate Lenins angeführt, die nötig sind, um die enge Verwandtschaft des Machschen Positivismus mit dem modernen Positivisnus erkennen zu lassen und die Kritik Max Plancks am alten Positivismus (die im 2. Abschnitt ausführlich dargestellt wird) besser in ihrem materialistischen Gehalt an Hand des Vergleiches mit Lenin verstehen zu können.

Vom Positivismus des 19. Jahrhunderts wird dabei nur der Empiriokritizismus (also Mach, Avenarius, Duhem, Poincaré sowie deren Anhänger) erwähnt, da ja Mach der „populärste Vertreter" (Lenin) dieser Richtung war, und z. B. Comtes Bedeutung weit hinter der Machs zurückbleibt.

Mach erhob den Anspruch, die „Philosophie der Naturwissenschaft des 20. Jahrhunderts" geschaffen und den alten Gegensatz von Materialismus und Idealismus überwunden zu haben. Einige Theoretiker der rechten Sozialdemokratie (z. B. F. Adler) behaupteten, der Empiriokritizismus sei ein anders und besser formulierter Materialismus, um den man den Marxismus „bereichern" müsse. In seiner gründlichen Analyse und Kritik des Empiriokritizismus kam Lenin zu anderen Ergebnissen:

„Aber hier handelt es sich einstweilen nicht um die eine oder andere Formulierung des Materialismus, sondern um die Gegenüberstellung von Materialismus und Idealismus, um die Unterscheidung der beiden philosophischen Grund*linien*. Sollen wir von den Dingen aus zur Empfindung und zum Gedanken gehen? Oder vom Gedanken und von der Empfindung zu den Dingen? An die erste, d. h. die materialistische Linie hält sich Engels. An die zweite, d. h. die idealistische Linie hält sich Mach. Keine Ausflüchte, keine Sophismen (und wir werden noch einer Unmenge solcher begegnen) werden die klare und unbestreitbare Tatsache aus der Welt schaffen, daß die Lehre Ernst Machs von den Dingen als Empfindungskomplexen subjektiver Idealismus, einfaches Wiederkäuen des Berkeleyanismus ist."[11]

Das philosophische Wesen der besonders von F. Adler[12] groß angepriesenen „Weltelemente" Machs charakterisierte Lenin:

„Jawohl, man kann und muß von Idealismus sprechen, wenn die 'Elemente der physischen Erfahrung' (d. h. das Physische, die Außenwelt, die Materie) für identisch mit den Empfindungen erklärt werden, denn dies ist nichts anderes als Berkeleyanismus."[13]

Oft wurde behauptet, Mach und Avenarius hätten sich in späteren Jahren grundsätzlich von ihrem anfänglichen Idealismus distanziert. Lenin kommentierte solche Ansichten mit der Bemerkung:

„...Die von Mach und Avenarius vorgenommene Korrektur an ihrem ursprünglichen Idealismus reduziert sich ganz auf die Zulassung halber Zugeständnisse an den Materialismus. An Stelle von Berkeleys konsequentem Standpunkt: Die Außenwelt ist meine Empfindung, kommt zuweilen der Standpunkt Humes heraus: Ich schalte die Frage aus, ob hinter meinen Empfindungen etwas ist. Dieser Standpunkt des Agnostizismus aber verurteilt einen unausbleiblich zum Schwanken zwischen Materialismus und Idealismus."[14]

---

[11] *W. I. Lenin*, a. a. O., S. 31.

[12] Es gab besonders in Österreich in jener Zeit sozialdemokratische Theoretiker, die im Positivismus einen modernen Materialismus sehen, ihn mit den Marxismus verbinden wollten und dabei glaubten, den Marxismus weiter zu entwickeln. Es ist das Verdienst Lenins, wenn solche Bestrebungen in der marxistischen Arbeiterbewegung keinen Erfolg hatten. Zwar wurde diese philosophische Richtung in den opportunistischen Parteien der II. Internationale eine Zeitlang verbreitet, aber dank des theoretischen Kampfes Lenins wurde die marxistische Philosophie von solchen Einflüssen rein gehalten.

Allerdings wurde auch von Seiten einiger bürgerlicher Philosophen der Positivismus tatsächlich zeitweilig als verkappter Materialismus bekämpft, besonders auch deshalb, weil er in sozialdemokratischen Kreisen verbreitet wurde. Die meisten naturwissenschaftlichen Positivisten wollten indessen nicht einmal mit der doch in der bürgerlichen Welt recht salonfähigen und gemäßigten sozialdemokratischen Bewegung zu tun haben (Mach ist hier eine Ausnahme); sie betonen bis heute, daß der Positivismus mit Materialismus und Marxismus nicht das mindeste gemein habe. (Vgl. *P. Jordan*, „Der gescheiterte Aufstand", S. 13/14).

[13] *W. I. Lenin*, a. a. O., S. 48.

[14] Ebenda, S. 56.

In diesem Zusammenhang wies Lenin auch den Anspruch von Avenarius zurück, mit seiner Prinzipialkoordination einen naiven Realismus zu vertreten und zeigte den idealistischen Charakter dieser These:

„Eine Erkenntnistheorie, die sich auf den Satz von der unauflöslichen Zusammengehörigkeit des Objekts mit der menschlichen Empfindung gründet ... verfällt unvermeidlich in den Idealismus.“[15]

Abschließend bemerkt Lenin:

„Die Grundidee der in Rede stehenden Schule der neuen Physik ist die Leugnung der objektiven Realität, die uns in der Empfindung gegeben ist und in unseren Theorien widergespiegelt wird, oder der Zweifel an der Existenz einer solchen Realität. Hier trennt sich diese Schule von dem *nach allgemeinem Eingeständnis* unter den Physikern vorherrschenden *Materialismus* (der ungenau Realismus, Neomechanismus, Hylokinetik genannt und von den Physikern selber in einigermaßen bewußter Form nicht entwickelt wird), sie sondert sich ab als Schule des ‚physikalischen' Idealismus.“[16]

Lenin hat in seinem Werk „Materialismus und Empiriokritizismus“ eindeutig und hinreichend bewiesen, daß der Empiriokritizismus eine besondere Form des subjektiven Idealismus ist und keinerlei dritte Richtung neben Materialismus und Idealismus darstellt. Seine Berufung auf die moderne Naturwissenschaft ist nicht stichhaltig. Die Thesen Machs folgen keineswegs zwingend aus den Ergebnissen der neueren Physik, sie stellen kein besonderes Hilfsmittel weiterer Forschung dar, sondern sind im Gegenteil geeignet, die weitere Forschung zu hemmen und irrezuführen (worauf, wie im 2. Kapitel noch dargestellt wird, auch Planck hinwies).

2. KAPITEL

DIE PHILOSOPHISCHE GRUNDKONZEPTION DES MODERNEN NATURWISSENSCHAFTLICHEN POSITIVISMUS

Wir wollen in der Folge ausführlich nachweisen, daß der moderne Positivismus im Grunde dieselben Ansprüche und Thesen vertrat und daß sie genau so unhaltbar und unbegründet sind wie beim alten Positivismus Ernst Machs.

Der Begründer und Senior des modernen naturwissenschaftlichen Positivismus ist der dänische Professor der theoretischen Physik in Kopenhagen, Niels Bohr (geb. 1885, Nobelpreis 1922). Bohr hat sich große Verdienste um die Atomphysik erworben. Er war der erste, der das Plancksche Wirkungsquantum und die damit verbundene neue Anschauungsweise der Diskontinuität der physikalischen Prozesse sinngemäß in die Atomphysik einführte und 1913 das Rutherfordsche Atommodell weiterentwickelte zum sogenannten Bohrschen Atommodell, das durch die Hypothese der gequantelten Energieniveaus und -bahnen der um den Kern kreisenden Elektronen gekennzeichnet war. Wenn es auch heute nur als eine historische Ent-

[15] Ebenda, S. 63. [16] Ebenda, S. 294.

wicklungsetappe in der Erkenntnis des Atoms gelten kann, so war es damals doch ein echter Schritt nach vorn, mit dem manche Ergebnisse mikrophysikalischer Experimente und manche rätselhafte Erscheinung dabei theoretisch geklärt werden konnten. Die Einführung des Postulats der stationären Bahnen der Elektronen im Atom klärte die Elektronenbewegung um den Atomkern besser als bis dahin, die Ursache der Periodizität der chemischen Elemente wurde aufgeklärt und verschiedene Fakten der Atomspektren (H-Linien) erhielten eine bessere theoretische Deutung. Große Verdienste erwarb sich Bohr durch seine Mitarbeit an der Kernspaltungstheorie, sowohl vor, am Ende und nach dem zweiten Weltkrieg. Niels Bohr hatte sich geweigert, für die deutschen Faschisten zu arbeiten; er konnte sich 1943 durch eine abenteuerliche Flucht dem Zugriff der Gestapo entziehen und arbeitete dann auf Seiten der westlichen Allierten an der Endphase des Atombombenprojekts mit.[17] Niels Bohr ist auch der Schöpfer des sowohl physikalisch als auch philosophisch heiß umstrittenen Komplementaritätsprinzips, von dem im Abschnitt über die Kausalität noch näher die Rede sein wird.

Der deutsche Atomphysiker Prof. Dr. Werner Heisenberg (geb. 1902, Nobelpreis 1932) ist der Begründer der modernen Quantenmechanik auf der Grundlage der Matrizenmathematik, mit der es möglich wurde, gewisse atomphysikalische Vorgänge (Schwingungszustände von Elementarteilchen) abstrakt-mathematisch zu erfassen und zu berechnen. Zur selben Zeit (1926/27) formulierte er die Unschärferelationen. Heisenberg hatte bei Sommerfeld und Pringsheim studiert, als Assistent bei M. Born gearbeitet und war dann als Rockefellerstipendiat zu N. Bohr nach Kopenhagen gegangen. Dort hat er sich in so starkem Maße Bohrs philosophische Ansichten zu eigen gemacht, daß er lange Zeit nach Bohr als der bedeutendste Repräsentant der Kopenhagener Schule galt. Seit 1927 arbeitet er wieder in Deutschland. Der amerikanische Atomphysiker Goudsmith nennt ihn den „größten deutschen theoretischen Physiker, dessen Beiträge zur modernen Physik mit denjenigen Einsteins verglichen werden können."[18]

Niels Bohr ist Begründer der Kopenhagener Schule; seine engen Beziehungen zum Wiener Kreis mögen Anlaß gewesen sein, daß er als erster positivistische Gedankengänge in der modernen Physik wieder aufnahm. Er und Heisenberg haben dem modernen naturwissenschaftlichen Positivismus in Mittel- und Westeuropa und darüber hinaus zu Ansehen verholfen. Ihnen hat sich ein Großteil der Physiker direkt angeschlossen oder sympathisiert teilweise mit ihren Auffassungen. Ihre Ideen wurden besonders breit in allgemeinverständlichen Werken über die moderne Physik dargelegt.

Die Kopenhagener Schule erhebt den Anspruch, eine neue besondere Erkenntnistheorie zu begründen, die sich speziell aus der Quantenphysik ergäbe. Heisenberg schreibt in seinem Aufsatz: „50 Jahre Quantentheorie" in „Die Naturwissenschaften" 1951:

> „Die philosophische Erschließung der erkenntnistheoretischen Grundlagen der Quantentheorie haben wir in erster Linie Bohr zu verdanken."

[17] Vgl. *G. Dogigli*, „Entfesselte Naturkraft", Frankfurt/Main 1950, S. 137/38.

[18] Ebenda, S. 179.

Obwohl viele positivistisch denkende Naturwissenschaftler sich darin gefallen, über die Philosophie zu schimpfen, sie als überflüssige Metaphysik ihrer „positiven" Denk- und Forschungsmethode gegenüberzustellen, sind ihre eigenen philosophischen Ansichten weit mehr als eine heuristische Methode, sie sind ein ganzes philosophisches System, das zwar nirgends geschlossen dargelegt worden ist, das aber dennoch in den Werken der naturwissenschaftlichen Positivisten auffindbar ist. Die Begründer des modernen naturwissenschaftlichen Positivismus haben das zum Teil selbst ausgesprochen. So schrieb W. Heisenberg 1956 rückblickend:

„Was im Jahre 1927 in Kopenhagen entstand, war ja nicht nur eine eindeutige Vorschrift zur Interpretation von Experimenten, sondern auch eine Sprache, in der über die Natur im atomaren Bereich gesprochen wurde, und insofern ein Teil Philosophie. In der Tat war die Art, wie Bohr seit 1912 über die atomaren Erscheinungen nachgedacht hatte, immer ein Mittelding zwischen Physik und Philosophie gewesen, und nur durch die Verbindung von prinzipieller Fragestellung mit den praktischen Problemen des Experiments war ihm die atomtheoretische Ordnung des periodischen Systems der Elemente gelungen. So formte sich ihm die neue Deutung der Quantentheorie auch in der philosophischen Sprache, an die ihn der Umgang mit den Atomen in 15 Jahren gewöhnt hatte und die den Problemen am besten angemessen schien. Aber dies war nicht die Sprache einer der traditionellen philosophischen Richtungen: Positivismus, Materialismus, Idealismus; sie war in ihrer Substanz anders, wiewohl sie Elemente aller dieser Denksysteme enthielt."[19]

Wir finden hier also die Behauptung, daß eine spezielle Philosophie der Atomphysik entwickelt worden sei, die etwas ganz Neues sei, weder Materialismus noch Idealismus, ja nicht einmal Positivismus. Unsere ausführliche Analyse wird zeigen, was davon zu halten ist.

Auffallend ist in letzter Zeit, daß Heisenberg wiederholt betont, keinen positivistischen Standpunkt zu vertreten, daß er den Positivismus sogar ablehnt und seit einigen Jahren sogar auch sachlich viel öfter philosophische Ausführungen macht, die z. T. materialistisch, z. T. objektiv-idealistisch sind. Hier drückt sich ein gewisser Wandlungsprozeß aus, der nicht ohne Interesse ist, auf den in diesem Zusammenhang aber nicht näher eingegangen werden kann. Es zeigt sich eben, daß selbst die Begründer des naturwissenschaftlichen Positivismus sehen, daß der Stern dieser philosophischen Strömung im Sinken ist. Ihr teilweises Abrücken verdient unsere Aufmerksamkeit, darf aber nicht darüber hinwegtäuschen, daß gerade diese Naturwissenschaftler eine Strömung begründeten, deren konsequenter Ausbau durch andere (z. B. Jordan) ihnen nicht mehr gefällt.

Der moderne naturwissenschaftliche Positivismus hat eine einheitliche philosophische Grundkonzeption, aber die einzelnen Vertreter des Positivismus gehen in den Konsequenzen aus dieser Grundkonzeption nicht gleich weit. Deshalb gibt es nicht zu allen Fragen eine völlig gleiche Auffassung. Es lassen sich innerhalb des modernen naturwissenschaftlichen Positivismus Vertreter zweier Tendenzen unterscheiden: Eine Gruppe ist sehr vorsichtig und behutsam hinsichtlich der philosophischen

---

[19] *W. Heisenberg*, „Die Entwicklung der Deutung der Quantentheorie" in „Physikalische Blätter", Heft 7/1956, S. 293.

Konsequenzen ihrer eigenen Grundthesen. Wir wollen diese Gruppe „gemäßigte“ oder „vorsichtige “Positivisten nennen. Bei ihnen treten noch öfter die spontan materialistischen Ansichten in Erscheinung, die sich den Naturforschern auf Grund des Einflusses ihres Forschungsgegenstandes oft aufdrängen. Die andere Gruppe — wir wollen sie extreme Positivisten nennen — sieht es als ihre besondere Aufgabe an, alle Konsequenzen aus der Grundkonzeption offen zu ziehen und jeden Keim einer solchen spontan materialistischen Auffassung auszurotten. Sie sind daher auch leichter als subjektive Idealisten zu erkennen.

Die „vorsichtigen“ oder „gemäßigten Positivisten“, deren Kern die Kopenhagener Schule ist und an deren Spitze N. Bohr und W. Heisenberg standen, (zu ihnen gehören u. a. Reichenbach, Schrödinger, Pauli, Dirac, Sommerfeld, Frank[20], sowie sehr viele der westlichen Physiker), grenzen sich in gewissem Maße ab von den extremen philosophischen Ansichten Machs und von denen der extremen Positivisten. Einige von ihnen schwingen sich teilweise sogar zu einer kleinen kritischen Polemik an ihnen auf. So polemisiert z. B. E. Zimmer (der sich immer bemüht, möglichst „objektiv“ zu sein und allen Auffassungen gerecht zu werden; selbst neigt er zu neukantianischen Ansichten) gegen Mach:

„Die skeptische Haltung der Positivisten ist aber ebenso auch Hindernis gewesen bei der Einführung neuer Hypothesen, wie es am deutlichsten in der Stellung des Positivismus gegen die Atomhypothese zum Ausdruck gekommen ist. Nicht der Positivismus, sondern der Glaube an die Realität der Atome — auch ohne daß wir sie direkt wahrnehmen können — hat die ganze Fülle der neuen Tatsachen der Mikrowelt entdecken lassen.“[21]

Die extremen Positivisten, deren bedeutendste deutsche Vertreter P. Jordan und C. F. von Weizsäcker sind (an der Spitze ihrer internationalen „Kollegen“ stehen J. Jeans, Dingle, Eddington u. a.), grenzen sich von Mach nicht ab, ja, gehen zum Teil noch über ihn hinaus. So ist P. Jordan in vielen Punkten noch mehr subjektivistisch als Mach, während Weizsäcker zu Kant neigt. Die extremen Positivisten sehen in Mach und Avenarius „äußerst kritische Köpfe“, die damals lediglich (!) unermüdlich darauf hingewiesen hätten, daß die Realität der Atome nicht bewiesen sei; dadurch hätten sie die Forschung beflügelt[22].

---

[20] Ph. Frank hatte engste Verbindung zum Wiener Kreis (dem er von verschiedenen Autoren zugezählt wird); er bildete nach der Berufung R. Carnaps zum außerordentlichen Professor an der Naturwissenschaftlichen Fakultät der Universität Prag 1931 zusammen mit diesem die „Prager Filiale des Wiener Kreises“ und war auch oft in den Organisationskomitees der internationalen Kongresse des Wiener Kreises vertreten. (Vgl. *V. Kraft*, „Der Wiener Kreis“, Wien 1950, S. 4.)

Er hatte zusammen mit M. Schlick die Schriften zur wissenschaftlichen Weltauffassung herausgegeben. An seinem Beispiel zeigt sich ebenfalls, daß der moderne Positivismus — obwohl in verschiedene Schulen und Kreise zerplittert — eine gewisse gleichartige gemeinsame philosophische Strömung des 20. Jahrhunderts ist, ungeachtet dessen, daß einige naturwissenschaftliche Positivisten das bestreiten. Vgl. P. Jordan, „Physik des 20. Jahrhunderts“, S. 32; und W. Heisenberg, „Physikalische Blätter“, Heft 7/1958, S. 294).

[21] *E. Zimmer*, „Umsturz im Weltbild der Physik“, 10. Auflage, München 1954, S. 277.

[22] Vgl. z. B. *P. Jordan*, „Physik des 20. Jahrhunderts“, S. 70; „Der gescheiterte Aufstand“ 1957, S. 61.

Die gemäßigten Positivisten versuchen oft, sich von den extremen abzugrenzen und auch die Bezeichnung Positivismus nur auf die extremen Subjektivisten anzuwenden. Sie möchten vertuschen, daß die extremen Positivisten prinzipiell dieselben philosophischen Ansichten äußern wie die Kopenhagener Schule, von der sie ja ausgegangen sind. Die extremen Positivisten legen andererseits stets großen Wert darauf zu betonen, daß sie lediglich die philosophischen Ansichten von Bohr und Heisenberg darlegen und eventuell ein wenig ausbauen. Sie machen so die Verschleierungsversuche ihrer Kollegen wieder zunichte. So schreibt z. B. Jordan:

„Die erkenntnistheoretische Gesamteinstellung, die in der modernen Quantentheorie zum Ausdruck kommt – und umgekehrt in dieser ihre bedeutsamste Stütze erhält –, ist vom Verfasser in diesbezüglichen Erörterungen gern als ‚positivistisch' bezeichnet worden. Die Bezeichnung ‚Positivismus' ist aber von solchen Physikern, mit denen ich sachlich durchaus übereinzustimmen glaube, teilweise als nicht glücklich angesehen worden, und einige Bemerkungen scheinen zur Vermeidung von Mißverständnissen angebracht."

Jordan betont nun ausdrücklich:

„Was ich vertreten will, das ist die erkenntnistheoretische Einstellung Bohrs und Heisenbergs. Für mich haben die Schriften Ernst Machs eine unentbehrliche Vorbereitung für das Verständnis dieser modernen quantenphysikalischen Auffassungen gebildet, und die Verwandtschaft der Machschen Ideen mit ihnen scheint mir wesentlicher, als die vorhandenen Unterschiede."[23]

Bei der Analyse des philosophischen Wesens des modernen naturwissenschaftlichen Positivismus ist zu berücksichtigen, daß die positivistischen Naturwissenschaftler ihre philosophischen Ansichten vornehmlich in Vorträgen und Aufsätzen (die sowohl in Zeitschriften als auch in Broschüren- oder Sammelbandform publiziert wurden) dargelegt haben. Viele Gedanken sind auch in den naturwissenschaftlichen Werken selbst angedeutet und zum großen Teil direkt mit den physikalischen Theorien verquickt. Sie fallen dem Leser oft gar nicht so auf. Ihr subjektiv-idealistisches Wesen wird oft gar nicht recht erkannt. Das ist auch dadurch bedingt, daß man bei philosophischen Darlegungen positivistischer Physiker im allgemeinen keine klare wissenschaftliche Terminologie findet. Für diese naturwissenschaftlichen Gelehrten, die auf ihrem Fachgebiet ausgezeichnete präzise Definitionen verlangen und auch selbst erarbeiten, ist Verschwommenheit aller philosophischen Begriffe, Scheu vor exakten Definitionen der von ihnen gebrauchten philosophischen Begriffe, unklare Abfassung philosophischer Gedanken, Zweideutigkeit und Verworrenheit bei der Lösung philosophischer Fragen sehr oft typisch.

Meist persönlich von irgendeinem Philosophen beeinflußt, ohne andere Systeme gründlich zu kennen, warten besonders die vorsichtigen Positivisten mit einem Schwall von vorsichtigen Worten und stilistisch ausgefeilten Wendungen auf, aus denen eine eindeutige Antwort auf philosophische Grundfragen nur schwer oder indirekt zu entnehmen ist. Von philosophisch unerfahrenen Lesern (besonders von Studenten) wird dies dann meist – geblendet von der fachlichen Autorität dieser Naturwissenschaftler in ihrer Disziplin – als neueste und höchste Errungenschaft

[23] *P. Jordan*, „Anschauliche Quantentheorie", 1936, S. VII/VIII.

tiefen philosophischen Denkens angesehen. Die Autorität im Fach wird dabei völlig unberechtigt und unkritisch auf die Philosophie übertragen. Für die philosophischen Ansichten solcher Naturwissenschaftler gilt indessen auch heute noch voll und ganz die Feststellung Lenins:

„*Keinem einzigen* dieser Professoren, die auf Spezialgebieten der Chemie, der Geschichte, der Physik die wertvollsten Arbeiten liefern mögen, *darf man auch nur ein Wort glauben* sobald von Philosophie die Rede ist."[24]

Da die marxistische Einschätzung des modernen naturwissenschaftlichen Positivismus als eine Form des subjektiven Idealismus oft auf Unglauben stößt, werden wir diese Einschätzung besonders gründlich belegen. Wir werden deshalb die Ansichten mehrerer Vertreter des Positivismus direkt zitieren. Wenn wir im Verlaufe der Untersuchung viele solcher zitierter Gedanken entschieden ablehnen und verwerfen werden, so bezieht sich diese Ablehnung selbstredend nie auf den gesamten gedanklichen Inhalt der entsprechenden Werke (der oft zum Teil wissenschaftlich sehr wertvoll ist)[25], sondern nur auf die in ihnen angedeuteten philosophischen Auffassungen der betreffenden Verfasser.

Welches sind die grundlegenden philosophischen Auffassungen des ganzen naturwissenschaftlichen Positivismus?

Gemeinsam ist allen Positivisten:

1. Eine mehr oder weniger konsequente und verschleierte Leugnung der objektiven Realität (also subjektiver Idealismus).
2. Eine prinzipielle Einschränkung der Erkennbarkeit der Welt (also Agnostizismus).
3. Ein extremer Empirismus.
4. Die Annahme einer mehr oder weniger größeren Begrenzung der Wirkung und Gültigkeit der Kausalität (also Indeterminismus).
5. Der mehr oder weniger ausgeprägte Versuch, Religion und Naturwissenschaft zu versöhnen (also Fideismus).

Können so hervorragende Naturwissenschaftler wie Heisenberg wirklich solche Auffassungen vertreten? Übertreiben die Marxisten da nicht? Solche Fragen sind dem Verfasser dutzendemal begegnet. Lassen wir die Positivisten selbst zu Wort kommen:

Als wesentliche Züge des positivistischen Weltbildes formuliert Heisenberg den „... Verzicht auf die Vorstellung von der Realität, die der Newtonschen Mechanik zugrunde liegt" (womit deren materialistische Basis gemeint ist), und die Überzeugung „daß es eine so feste Grundlage allen Erkennens (wie es die klassische Physik mit ihrem Erkennbarkeitsoptimismus annahm — H. V.) nicht geben kann..."[10]

Es sei unmöglich, wirklich objektiv reales Geschehen in Raum und Zeit zu finden, selbst die Elementarteilchen seien keine richtige objektive Realität; die Natur-

[24] *W. I. Lenin*, „Materialismus und Empiriokritizismus", Berlin 1952, S. 333.

[25] Allerdings nicht immer; von Jordans Schrift „Verdrängung und Komplementarität" und anderen kann man das überhaupt nicht sagen.

[10] *W. Heisenberg*, „Die Einheit des naturwissenschaftlichen Weltbildes", 1942, S. 17 und 30.

gesetze handeln nur von unserer Kenntnis der Elementarteilchen, also von beobachteten Phänomenen, nicht von solchen, die unabhängig vom Bewußtsein existieren. Es gibt keine Natur an sich, sondern dieses Wort sei „ein Sammelbegriff für alle Erfahrungsbereiche ...“[2]

Bei Jordan sieht derselbe Gedanke etwas konsequenter aus:

„Der entscheidende ... Schritt, durch welchen die Physiker den Ausweg aus hoffnungslos scheinenden Lagen erreichten, ist der Rückzug auf die unmittelbaren Erfahrungsdaten — häufig als Positivismus bezeichnet.“[3]

Und:

„... jeder Versuch, insbesondere über das sogenannte ‚Wesen‘ physikalischer Dinge etwas auszusagen ... muß als grundsätzlich sinnlos erklärt werden.“[4]

Bohrs philosophische Ausführungen beziehen sich fast ausschließlich auf das Kausalitätsproblem und sein Komplementaritätsprinzip. Nur knappen gelegentlichen Nebenbemerkungen ist etwas über seine Ansichten zu anderen grundlegenden philosophischen Fragen zu entnehmen. Ausgangspunkt seiner Gedanken ist meist

„... die Belehrung, die uns die neuere Entwicklung der Physik in bezug auf die Notwendigkeit einer ständigen Verallgemeinerung der Begriffsbildung zur Einordnung neuer Erfahrungen gegeben hat.“[5]

Diese Belehrung führe zu einer allgemeinen erkenntnistheoretischen Einstellung, die für alle Wissenschaften Nutzen bringen könnte. Über den Inhalt dieser neuen Erkenntnistheorie sagt Bohr sehr wenig. Seine Auffassung zur Frage der objektiven Realität kann man aber aus solchen Bemerkungen entnehmen, die er macht, wenn er auf E. Mach zu sprechen kommt. So schreibt Bohr z. B. auf Mach verweisend:

„Wir wissen jetzt, daß die oft geäußerte Skepsis hinsichtlich der Realität der Atome übertrieben war, ...“[6]

Die Skepsis bezüglich der Anerkennung einer objektiven Realität war nur hinsichtlich der Realität der Atome übertrieben, nicht etwa prinzipiell; denn nach wie vor gelte

„... die alte Erkenntnis, daß bei der Naturbeschreibung es sich nicht darum handelt, daß eigentliche Wesen der Erscheinungen zu enthüllen, sondern nur darum, Zusammenhänge in der Mannigfaltigkeit unserer Erfahrungen in größtmöglichem Umfang nachzuspüren.“[7]

Hieran wird die machistische Konzeption Bohrs deutlich, die darauf hinausläuft, die Realität als aus Erfahrung bestehend hinzustellen, die Erfahrung als den eigentlichen Gegenstand der Wissenschaft einzuführen, und das Wesen der Erscheinungen als unerkennbar zu bezeichnen.

---

[2] Vgl. W. *Heisenberg*, „Das Naturbild der heutigen Physik“, Hamburg 1957, S. 9 und 12.
[3] *P. Jordan*, „Verdrängung und Komplementarität“, Hamburg 1947, S. 23.
[4] *P. Jordan*, „Physik des 20. Jahrhunderts“, S. 39.
[5] *N. Bohr*, „Kausalität und Komplementarität“, in: „Erkenntnis“, Bd. 6 (1936), S. 293.
[6] *N. Bohr*, „Atomtheorie und Naturbeschreibung“, Berlin 1931, S. 60.
[7] Ebenda, S. 12.

In dieselbe Richtung zielen letzten Endes auch die Ausführungen Heisenbergs, wenn er schreibt:

„Die Naturwissenschaft handelt nicht mehr von der Welt, die sich uns unmittelbar darbietet, sondern von einem dunklen Hintergrund dieser Welt, den wir erst durch unsere Experimente ans Licht bringen. Diese objektive Welt wird also doch gewissermaßen erst durch unseren tätigen Eingriff, durch die verfeinerte Technik des Beobachtens hervorgebracht, und insofern stoßen wir auch hier an die unüberschreitbaren Grenzen der menschlichen Erkenntnis."[8]

Eine von uns hervorgebrachte „objektive" Welt ist aber nicht mehr objektiv, d. h. nicht mehr unabhängig von unserem Bewußtsein. Daß Heisenberg die objektive Realität in der Mikrophysik bestreitet, zeigt sich besonders in folgender Behauptung:

„Das unteilbare Elementarteilchen der modernen Physik besitzt die Qualität der Raumerfüllung nicht in höherem Maße als die anderen Eigenschaften, wie etwa Farbe und Festigkeit. Es ist seinem Wesen nach nicht ein materielles Gebilde in Raum und Zeit, sondern gewissermaßen nur ein Symbol,..."[9]

Ein Symbol ist etwas vom menschlichen Geist geschaffenes, ist also nicht von ihm unabhängig. Offensichtlich liegt hier eine bestimmte Beantwortung der Grundfrage aller Philosophie hinsichtlich des Wesens der Elementarteilchen zugrunde. In seinem Aufsatz „Wandlungen der Grundlagen der exakten Naturwissenschaft in jüngster Zeit" von 1934 ist Heisenberg noch deutlicher. Er vergleicht hier den „Gedanken an eine allen Beobachtern gemeinsame objektive Zeitskala, an objektive von jeder Beobachtung unabhängige Geschehnisse in Raum und Zeit" mit dem antiken und mittelalterlichen Gedanken an das Ende der Welt, und schreibt dann:

„Die Hoffnung, man werde durch neue Experimente doch noch dem objektiven Geschehen in Raum und Zeit oder der absoluten Zeit auf die Spur kommen, dürfte daher nicht besser begründet sein als die Hoffnung, irgendwo in den unerforschten Teilen der Antarktis werde schließlich doch das Ende der Welt gefunden werden."[10]

Hier ist Richtiges und Falsches – wie so oft – gemischt. Die absolute Zeit im Sinn einer von der Materie und ihrer Bewegung völlig unabhängigen Zeit, im Sinn einer absoluten Weltturmuhr, die unverändert und ungeachtet aller Geschehnisse stets gleichbleibend ihre Stunden schlüge, wird man nie finden, weil es eine solche Zeit ebensowenig gibt wie ein „Ende der Welt" in der Antarktis. Aber mit dem objektiven Geschehen in Raum und Zeit verhält es sich prinzipiell anders. Offensichtlich stellt Heisenberg dieses objektive Naturgeschehen auf eine Stufe mit der subjektiven Idee der Memschen von einer absoluten Zeit. Das ist völlig falsch und stellt eine Variante der Leugnung der objektiven Realität dar.

Heisenberg liebt es, seine Skepsis gegenüber der objektiven Realität und ihrer Erkennbarkeit aus dem Unterschied zwischen der Quantenphysik und der klassischen Physik abzuleiten und mit seiner Unbestimmtheitsrelation zu begründen.[11] Er spricht von den Errungenschaften der klassischen Physik und meint:

---

[8] W. *Heisenberg*, „Wandlungen in den Grundlagen der Naturwissenschaft", 8. Auflage, Stuttgart 1947, S. 4.

[9] Ebenda, S. 49. [10] Ebenda, Leipzig 1947, S. 13.

[11] Vgl. *W. Heisenberg*, „Die moderne Atomtheorie", Leipzig 1934, S. 11/12.

„An dieser Stelle entsteht dann die trügerische Hoffnung, daß es durch weitere Verfeinerung der Beobachtungsmethoden schließlich gelingen könnte, die ganze Welt kennenzulernen."[12]

Diese trügerische Hoffnung beseitige die Quantenphysik.[13]

Die Zitate zeigen, daß Heisenberg und Bohr nicht offen die objektive Realität leugnen und ihre Erkennbarkeit bestreiten, sondern sehr vorsichtig formulieren und meist alles nur stark bezweifeln, ansonsten aber einer klaren Beantwortung auszuweichen bestrebt sind. Beide gingen nicht – wie z. B. Jordan – offen und konsequent in das Lager des subjektiven Idealismus über. Sehr oft finden sich bei ihnen sogar materialistische Gedankengänge.

Heisenberg zeigt manchmal eine Neigung für Ostwalds Energetik:

„So wie die alten Griechen es sich erhofft hatten, so haben wir erkannt, daß es wirklich nur einen einzigen Grundstoff gibt, aus dem alles Wirkliche besteht. Wenn wir diesem Grundstoff einen Namen geben müssen, so könnten wir ihn heute nur ‚Energie' nennen. Dieser Grundstoff Energie ist aber in verschiedenen Formen existenzfähig. Er tritt stets in diskreten Quanten auf, die wir als die kleinsten unteilbaren Bausteine alles Stofflichen ansehen und aus rein historischen Gründen nicht Atome, sondern Elementarteilchen[14] nennen. Unter diesen Grundformen der Energie gibt es drei besonders stabile Arten: Elektronen, Protonen und Neutronen, aus denen die Materie im eigentlichen Sinne besteht, dazu stets die Bewegungsenergie. Dann gibt es jene Teilchen, die sich immer mit Lichtgeschwindigkeit bewegen und die Strahlung verkörpern, und schließlich andere kurzlebige Formen, von denen bisher erst einige wenige sicher festgestellt sind. Die Mannigfaltigkeit der Erscheinungen der Welt kommt also durch die Fülle der Formen zustande, in denen Energie erscheinen kann, und diese Fülle der Formen muß wieder ... abgebildet werden können durch eine Gesamtheit mathematischer Gestalten."[15]

Hier klingen ohne Zweifel elementare materialistische Auffassungen mit, auch wenn manches etwas verworren ist. Die These von dem „Grundstoff, aus dem alles Wirkliche besteht", ist metaphysischer Materialismus, erinnert an die materialistische ionische Naturphilosophie. Heisenberg ist sich dieser Analogie voll bewußt. In seiner Rede anläßlich der Feier des 100. Geburtstages Max Plancks vertrat er diesen Gedanken erneut:

„Gleichzeitig erkennen wir dabei, daß die Elementarteilchen alle sozusagen aus dem gleichen Stoff gemacht sind, nämlich, wenn Sie so wollen, aus Energie. Hier kann man

---

[12] *W. Heisenberg*, „Wandlungen in den Grundlagen der Naturwissenschaft", 8. Aufl. S. 62.

[13] Vgl. *W. Heisenberg*, „Die moderne Atomtheorie", S. 72.

[14] Hier liegt eine ganz simple Verwechselung der Materie mit einer ihrer allgemeinen Eigenschaften, der Energie, vor. Elementarteilchen sind Erscheinungsformen der Materie, die ebenfalls die Eigenschaft der Energie haben, d. h. die Fähigkeit, Wirkungen auszuüben. Es ist falsch, die Eigenschaft zu verselbständigen, wie es Heisenberg hier tut, um seine Energetik zu begründen. Die Energie ist nicht Erscheinungsform der Materie, sondern eine universelle Eigenschaft *aller* Erscheinungsformen der Materie, sie seien Planeten, Photonen oder anderes.

[15] *W. Heisenberg*, „Wandlungen in den Grundlagen der Naturwissenschaft", Stuttgart 1949, S. 97.

Anklänge an die Philosophie des Heraklit finden, nach dem das Feuer der Grundstoff ist, aus dem alle Dinge bestehen. Das Feuer ist gleichzeitig die treibende Kraft, die die Welt in Bewegung erhält, und man kann vielleicht, um zu unserer heutigen Auffassung zu kommen, Feuer und Energie identifizieren."[16]

Das ist schon kein Positivismus mehr, sondern gerade die vom Positivismus lautstark verschrieene „Metaphysik". Hier klingt bei Heisenberg Materialismus mit – wie bei Heraklit. Heisenberg aber will zu Platos klassischen objektiven Idealismus, zur Welt der idealen mathematischen Gestalten, die allem realen Geschehen zugrunde liege. Mathematische Strukturen als ideale Formen für den „Stoff" Energie. Er will die Wendung von „Demokrit zu Plato" vollziehen. Heisenberg fühlt sich als Naturwissenschaftler nicht wohl auf solchen extremen subjektiv-idealistischen Positionen, die Mach vertrat und Jordan noch immer vertritt.

Als Naturwissenschaftler hat er gewisse elementar materialistische Anschauungen, wobei es ihm allerdings gar nicht bewußt ist, daß das philosophisch-materialistische Ansichten sind, die er in objektiv idealistische Thesen ummünzt. Sehr oft drängen sich bei seinen Ausführungen diese elementar materialistischen Ansichten durch, wenn er naturwissenschaftlich denkt. So schreibt er z. B.:

„Es ist wichtig, daß wir die Schrift der Atome ganz verstehen, denn diese Schrift ist nicht von Menschen erdacht worden, sie bedeutet mehr."[17]

Oder wenn er seiner Überzeugung Ausdruck gibt:

„... daß man in der Wissenschaft schließlich immer entscheiden kann, was richtig und was falsch ist; daß es sich hier nicht um Glauben oder Weltanschauung oder Hypothese handelt, sondern daß schließlich eine bestimmte Behauptung eben einfach richtig ist und die andere unrichtig; und welche unrichtig ist, darüber entscheidet wieder nicht der Glaube oder die Herkunft oder die Rasse, sondern das entscheidet die Natur – oder, wenn Sie wollen, der liebe Gott, jedenfalls aber nicht die Menschen."[18]

Die Natur – oder der liebe Gott – das ist typisch. Als Naturwissenschaftler denkt er an die Natur, also elementarer Materialismus, als bürgerlicher Wissenschaftler an den lieben Gott – also objektiver Idealismus!

Die Aufgabe der Naturwisenschaft formuliert Heisenberg abweichend von Mach:

„Zwei Aufgaben sind ja der Naturwissenschaft gestellt: sie soll Kenntnisse der Natur vermitteln, die die Menschen in den Stand setzen, die Naturkräfte ihren eigenen Interessen dienstbar zu machen und sie soll durch eine wirkliche Einsicht in die Zusammenhänge der Natur den Menschen die richtige Stellung in ihr zuweisen."[19]

Was bedeutet das anderes, als eine gewisse Betonung der Objektivität der Wissenschaft, hinter der unausgesprochen eine gewisse Anerkennung der objektiven Realität steckt? Als Naturwissenschaftler kann Heisenberg zu dieser Frage keine andere Auffassung haben. Hier muß er wieder die Objektivität der Erkenntnis

---

[16] *W. Heisenberg*, „Die Plancksche Entdeckung und die philosophischen Grundfragen der Atomlehre", in: Die Naturwissenschaften, Nr. 10/1958, S. 231/32.

[17] *W. Heisenberg*, „Wandlungen in den Grundlagen der Naturwissenschaft", Stuttgart 1949, S. 101.

[18] Ebenda, S. 104. [19] Ebenda, S. 14.

betonen, sonst müßte er den objektiven Charakter seiner eigenen Wissenschaft leugnen. Diese materialistischen Bemerkungen sind notwendige Folgen nüchterner wissenschaftlicher Betrachtung der Ergebnisse naturwissenschaftlicher Forschung. Die Inkonsequenz besteht darin, daß Heisenberg sich über die philosophische Begründung und Grundlage dieser seiner eigenen Sätze keine Gedanken mehr macht bzw. hier abbricht und an anderer Stelle positivistische Betrachtungen einfließen läßt, die genau genommen den ersteren widersprechen. Eine solche Inkonsequenz und Widersprüchlichkeit finden wir bei allen philosophierenden bürgerlichen Naturwissenschaftlern mehr oder weniger; sie ist notwendiges Ergebnis der zwei verschiedenen weltanschaulichen Einflüsse, die bei ihnen wirken:

1. die spontan zum Materialismus tendierende Einstellung als Naturforscher und
2. die vom herrschenden gesellschaftlichen Bewußtsein aufgenommenen idealistischen Ansichten über Natur und Gesellschaft.

Wer konsequent sein will, muß eine der beiden Einflüsse überwinden. Dazu ringen sich nur wenige durch. Die meisten Naturwissenschaftler werden an einem individuell und zufällig bedingten Punkt inkonsequent, oft sogar sind sie zu verschiedenen Zeiten an verschiedenen Punkten inkonsequent.

In den letzten Arbeiten Heisenbergs findet man — wie schon angedeutet — immer weniger positivistische Thesen. Viel öfter und auch klarer werden Gedanken dargelegt, denen ein Anhänger des dialektischen Materialismus durchaus zustimmen kann. So schreibt er über die Umwandlung verschiedener Elementarteilchen ineinander:

„Wenn zwei Elementarteilchen mit großer Bewegungsenergie aufeinandertreffen, so entstehen beim Stoß neue Elementarteilchen... Diesen Sachverhalt kann man am einfachsten beschreiben, wenn man sagt, alle Teilchen bestehen im Grunde aus dem gleichen Stoff, sie sind nur verschiedene stationäre Zustände ein und derselben Materie... Es gibt nur eine einheitliche Materie, aber sie kann in verschiedenen diskreten stationären Zuständen existieren."[20]

Solche Stellen dürfen aber nicht darüber hinwegtäuschen, daß Heisenberg an anderer Stelle Materie und physikalisches Feld gegenüberstellt und daraus die „Krisis der materialistischen Auffassung" ableitet. Wobei er eben unter Materialismus nur den mechanischen versteht. In derselben Arbeit schreibt er aber zugleich, daß die „erhoffte objektive Realität der Elementarteilchen eine zu grobe Vereinfachung... darstellt"; die Störung durch den Beobachtungsvorgang habe zur Folge, daß die mathematischen Gesetze der Quantentheorie nicht mehr über objektive Elementarteilchen aussagen, sondern nur „von unserer Kenntnis der Elementarteilchen."[21] Damit ist faktisch der unabhängig vom Beobachter, vom Bewußtsein bestehende Gegenstand der Naturwissenschaft agnostisch geleugnet.

Die Widersprüche in Heisenbergs Darlegungen merken auch seine positivistischen Kollegen. Alle gegenüber dem Positivismus inkonsequenten Bemerkungen tragen ihm die Kritik seiner extremen Mitstreiter ein, von denen er sich abgrenzt, obwohl

---

[20] *W. Heisenberg*, „Das Naturbild der heutigen Physik", Hamburg 1956, S. 32.

[21] Ebenda, S. 12.

sie doch nur den von ihm und Bohr gewiesenen Weg in derselben Richtung ein Stück weiter gingen als er.

Welche philosophischen Ansichten ergeben sich zusammenfassend aus dem Dargelegten? Deutlich hervorstechend ist ein starker Zweifel an der objektiven Realität und ihrer Erkennbarkeit, der auf die teilweise Leugnung beider hintendiert. Für den Bereich des Makrokosmos, also des Gegenstandes der klassischen Physik, lassen Bohr und Heisenberg beides als zutreffend gelten, bestreiten aber, daß auch der Mikrokosmos eine objektive Realität und prinzipiell erkennbar sei. Dafür reden sie hauptsächlich von der Störung der objektiven Vorgänge durch die Beobachtung, von Erfahrungstatsachen, die es zu beschreiben gilt, und von der Unbestimmtheitsrelation. Das kann aber ihre im Grunde doch subjektiv-idealistische und agnostische Konzeption nicht verdecken.

Relativ klar bringt Heisenberg diese philosophische Konzeption des gemäßigten Positivismus in einer seiner letzten Arbeiten zu diesen Fragen „Die Entwicklung der Deutung der Quantentheorie" in seinem zusammenfassenden Schlußabschnitt zum Ausdruck:

„Die Kritik an der Kopenhagener Deutung der Quantentheorie beruht ganz allgemein auf der Sorge, daß bei dieser Deutung der Begriff der ‚objektiv-realen Wirklichkeit', der die Grundlage der klassischen Physik bildet, aus der Physik verdrängt werden könnte. Diese Sorge ist, wie hier ausführlich auseinandergesetzt wurde, unbegründet; denn das ‚Faktische' spielt in der Quantentheorie die gleiche entscheidende Rolle wie in der klassischen Physik. Allerdings ist es in der Kopenhagener Deutung beschränkt auf die Vorgänge, die sich anschaulich in Raum und Zeit, d. h. in den klassischen Begriffen, beschreiben lassen, die also unsere ‚Wirklichkeit' im eigentlichen Sinne ausmachen. Wenn man versucht, hinter dieser Wirklichkeit in die Einzelheiten des atomaren Geschehens vorzudringen, so lösen sich die Konturen dieser ‚objektiv-realen' Welt auf – nicht in dem Nebel einer neuen und noch unklaren Wirklichkeitsvorstellung, sondern in der durchsichtigen Klarheit einer Mathematik, die das Mögliche, nicht das Faktische, gesetzmäßig verknüpft. Daß diese ‚objektiv-reale Wirklichkeit' auf den Bereich des vom Menschen anschaulich in Raum und Zeit Beschreibbaren beschränkt wird, ist natürlich kein Zufall. Vielmehr äußert sich an dieser Stelle die einfache Tatsache, daß die Naturwissenschaft ein Teil der Auseinandersetzung des Menschen mit der Natur und insofern vom Menschen abhängig ist. Das Argument des Idealismus, daß gewisse Vorstellungen ‚a priori', d. h. insbesondere auch vor aller Naturwissenschaft sind, besteht hier zu Recht. Die Ontologie des Materialismus beruhte auf der Illusion, daß man die Art der Existenz, das unmittelbare ‚Faktische' der uns umgebenden Welt, auf die Verhältnisse im atomaren Bereich extrapolieren kann. Aber diese Extrapolation ist unmöglich."[22]

Die Subjektivierung der Wirklichkeit, der realen Außenwelt wird durch ihre Beschränkung auf das Beobachtete und Beschreibbare in Heisenbergs Ausführungen deutlich. Die Unmöglichkeit der Extrapolation der materialistischen Grunderkenntnisse auf den Bereich des Mikrokosmos wird nur behauptet, aber mit keiner These begründet.

Typisch kommt in diesem Zitat das vorsichtige „einerseits – andererseits" zum Ausdruck. Einerseits wird gesagt, daß die objektiv-reale Wirklichkeit anerkannt

[22] „Physikalische Blätter", Heft 7/1956, S. 304.

bleibe. Andererseits wird sie in der durchsichtigen Klarheit der Mathematik aufgelöst! Einerseits wird die Abhängigkeit der Naturwissenschaft vom Menschen betont, andererseits die idealistische Behauptung vom Apriori, als vor aller Naturwissenschaft, als zu Recht bestehend eingeschätzt. Die Darstellung und Kritik des Materialismus ist denkbar nebelhaft formuliert.

Weshalb soll denn die Extrapolation hinsichtlich des objektiv-realen Naturgeschehens von der Makro- auf die Mikrophysik unmöglich sein? Offensichtlich deshalb, weil nach Heisenberg dort die Naturvorgänge völlig anderer Art sind. Das bezweifelt der dialektische Materialismus hinsichtlich der physikalischen Eigenart nicht. Aber es geht zu weit, wenn zwischen Makro- und Mikrowelt eine prinzipielle Kluft gesetzt wird. Unabhängig vom menschlichen Bewußtsein vollzieht sich das Naturgeschehen in beiden Bereichen, so verschiedenartig es sonst sein mag. Jedenfalls belegen die Zitate eindeutig, daß es sich hier nicht um eine dritte philosophische Richtung, sondern um subjektiven Idealismus handelt.

Dieser subjektive Idealismus und Agnostizismus als immanente Konsequenz der Heisenberg-Bohrschen philosophischen Ansichten wird von Prof. Dr. Ernst Zimmer klarer ausgesprochen. Zimmer ist ein besonders bekannter Verfasser von allgemein verständlichen, in hohen Auflagen erschienenen Büchern über die Probleme der modernen Physik, in denen er auch die positivistischen Ansichten Bohrs und Heisenbergs darlegt. Deshalb dürfte es angebracht sein, kurz zu beleuchten, wie die philosophischen Bemerkungen der großen Naturwissenschaftler sich allgemein verständlich erläutert ausnehmen. Manches kommt dabei deutlicher zum Vorschein.

Zimmer hebt die Verdienste des Positivismus hervor, bringt aber auch viele Einwände. Er kehrt den „objektiven", über den Fronten stehenden Standpunkt heraus (besonders in den letzten Auflagen seines bedeutendsten Werkes „Umsturz im Weltbild der Physik"), ist selbst aber stark vom Positivismus beeinflußt, obwohl er selbst nicht als Positivist gelten will. Er will den Positivismus — wie etwa Weizsäcker — mit der Philosophie Kants verbinden.

Mit besonderer Betonung weist Zimmer darauf hin, daß Planck selbst das Vorwort zu seinem Buch „Umsturz im Weltbild der Physik" geschrieben hat. Es wäre aber verfehlt, aus dieser Tatsache schließen zu wollen, daß Planck damit jeden Satz unterschrieben und gebilligt hätte, den Zimmer formuliert. Plancks Vorwort bringt zum Ausdruck, daß Planck dieses Buch als einen gelungenen Versuch einer allgemein verständlichen übersichtlichen Darstellung der Entwicklung und der Probleme der modernen Physik betrachtet. Das ist Zimmers Buch in der Tat. Seine philosophischen und auch politischen Bemerkungen haben indessen mit Plancks Ansichten sehr wenig gemeinsam. Planck hat seine eigenen philosophischen Ansichten unmißverständlich selbst dargelegt. Er war viel zu großzügig, tolerant und entgegenkommend gewesen, um einem Kollegen wegen anderer philosophischer und politischer Auffassungen ein Geleitwort zu einem guten allgemeinverständlichen physikalischen Werk zu verweigern.

Als gemeinsame philosophische Grundthesen des Positivismus formuliert Zimmer offen und sehr treffend:

„Nicht nur die einzige Quelle aller Erkenntnis sind die Sinnesempfindungen, sondern diese sind die Natur selber. In ihnen ist alle Wahrheit beschlossen. Es gibt keinen Unterschied zwischen Subjekt und Objekt. Die Sinnesempfindungen sind beides zugleich. Die Sinneswahrnehmungen selbst sind die Welt, die einzige, von der uns Beobachtung und Experiment Kunde geben, die einzige, von deren Existenz wir etwas wissen.“[23]

Und:

„Da es für den Positivisten keine Welt jenseits unserer Sinneswahrnehmungen gibt, ist ihm die Wissenschaft nicht ein Herantasten an eine objektive Welt, sondern ein Zuordnen von Zeichen zu unseren Empfindungen.“[24]

Damit ist klar ausgesprochen, daß der Positivismus die objektive Realität leugnet, und es ist offensichtlich, daß er nur eine besondere Erscheinungsform des subjektiven Idealismus ist. Zimmer selbst identifiziert sich mit diesen Ansichten nicht ganz, zumal er die scharfen und richtigen kritischen Reden Plancks kennt. Er versucht, Plancks Einwände zu berücksichtigen und mit dem Positivismus in Einklang zu bringen, indem er die positivistischen Auffassungen „positiv“ interpretiert.

Planck hatte darauf hingewiesen, daß bei konsequenter Anwendung der positivistischen Gedankengänge jegliche objektive Wissenschaft zu existieren aufhört. Es ergäbe sich die klare Alternative: entweder ich erkenne eine objektive Wissenschaft an, dann muß ich eine objektive Realität und deren Erkennbarkeit anerkennen oder ich leugne das letztere, muß dann aber auf eine objektive Wissenschaft verzichten.

Die Positivisten versuchen, dieser Alternative zu entgehen, indem sie die Wissenschaft subjektivieren und deren Aufgabe einfach auf die Beschreibung der Empfindungen, Erlebnisse und Beobachtungen reduzieren. Das Wesen objektiver Dinge und Erscheinungen erkennen zu wollen, sei ein sinnloses Unterfangen, denn erstens ist es nach positivistischer Ansicht zumindest sehr fraglich, ob es überhaupt etwas objektiv-real Existierendes gibt und zweitens ist dessen Wesen unerkennbar.

So schreibt E. Zimmer auf Plato verweisend:

„Die Wahrheit, die der Mensch fassen kann, besteht aus den Schattenbildern der Dinge.“[25]

An anderer Stelle heißt es:

„Wir sind wie die Ameisen eines Haufens oder die Bienen eines Schwarmes, die sich ein Bild von der Welt machen wollen. Ein aussichtsloses Unterfangen offenbar von vornherein.“[26]

„Die Fragen des Forschers an die Natur sind wohl wie die Bitte eines Frommen an eine Heiligenstatue. Wohl mag er einmal glauben, sie winke ihm zustimmend. Aber immer wieder wird der Forscher sich mit den Worten des Erdgeistes angesprochen fühlen: Du gleichst dem Geist, den du begreifst, nicht mir.“[27]

Wenn also ein Atomphysiker seine wohl durchdachten Experimente macht, so wäre das — in bewußt zugespitzter Anwendung der zitierten Auffassung — gleichwertig damit, wenn ein Schamane der Urvölker vor seinem Götzenbild hockt und es

[23] *E. Zimmer*, „Umsturz im Weltbild der Physik“, München 1954, S. 269.

[24] Ebenda, S. 275. [25] Ebenda, S. 91. [26] Ebenda, S. 90. [27] Ebenda.

auf seine Weise um „Erkenntnis" befragt! Das ist eigentlich offener Hohn auf jede Wissenschaft. Aber das sind die notwendigen Konsequenzen aus der subjektiv-idealistischen Grundhaltung des Positivismus.

Die Besonderheit des positivistischen Agnostizismus besteht darin, daß die Erkennbarkeit der Einzelvorgänge im wesentlichen nicht bestritten, sondern die Erkennbarkeit der allgemeinen grundlegenden Zusammenhänge und Gesetze der Welt, also ihr Wesen, geleugnet wird. Dies ist für die Positivisten das unerkennbare ‚Ding an sich'.

Die extremen Positivisten bringen keinerlei neue Argumente, sondern wiederholen nur das, was Bohr und Heisenberg als Grundstein legten.[28] Das einzige „Verdienst", das ihnen gebührt, ist, alle Konsequenzen gezogen zu haben und so deutlich zu machen, wohin der Weg eigentlich führt, den Bohr und Heisenberg wiesen, aber selbst nicht konsequent zu Ende gingen. Wegen dieser ihrer Inkonsequenz werden sie von den extremen Positivisten oft genug angegriffen.

So ist z. B. Weizsäcker dagegen, daß von einer Störung des Objekts durch das beobachtende Subjekt gesprochen wird, weil das ja eine gewisse Anerkennung eines unabhängig vom Subjekt Existierenden sei:

„Man hat gelegentlich die Unbestimmtheit von Zustandsgrößen in Zusammenhang gebracht mit der Störung des Objekts durch den Beobachtungsakt. Diese Ausdrucksweise ist mißverständlich. Denn sie erweckt den Eindruck, als habe das Objekt, ehe es beobachtet wird, gewisse Eigenschaften, die nur durch den Beobachtungsakt zerstört würden. So interpretiert würde sie aber eben einen Rückfall in die vorquantenmechanische Denkweise[29] bedeuten. Richtiger muß man sagen: Vorbedingung für die Möglichkeit, einem Gegenstand eine bestimmte Eigenschaft zuzuschreiben, ist eine Meßanordnung, die gestattet, diese Eigenschaft festzustellen. Gehe ich nun durch Anwendung einer neuen Meßanordnung dazu über, eine zu der vorher gemessenen komplementäre Größe zu messen, so existieren die Bedingungen nicht mehr, unter denen die vorher gemessene Größe überhaupt einen bestimmten Wert haben könnte. Der physische Eingriff in das Geschehen, der notwendig ist, um die alten Versuchsbedingungen durch die neuen zu ersetzen, ist es nun, den man ... als die ‚Störung des Objekts durch die Beobachtung' bezeichnet. Dieser Ausdruck hat also nur einen klaren Sinn, wenn nicht das fiktive ‚ungestörte' Objekt, sondern ein schon durch Beobachtung bekanntes Objekt einer Beobachtung neuer Art unterworfen wird."[30]

Der philosophische Gehalt dieses langen Zitats ist letztlich: Es existiert kein vom erkennenden Subjekt, von der Beobachtung unabhängiges Objekt. Ein solches Objekt ist „fiktiv". Die Existenz eines Subjekts ist Voraussetzung der Existenz des zu erkennenden Objekts. Ohne Subjekt, ohne Meßanordnung existieren keine Eigenschaften, gibt es kein Naturgeschehen.

---

[28] Vgl. *P. Jordan*, („Physik des 20. Jahrhunderts", 1949, S. 116), der Bohr und Heisenberg das Hauptverdienst an der Entwicklung dieser Gedanken zuschreibt.

[29] Als „vorquantenmechanische Denkweise" bezeichnet Weizsäcker die alte materialistische Auffassung der klassischen Physik.

[30] *C. F v. Weizsäcker*, „Zum Weltbild der Physik", 3. Auflage, 1945, S. 93.

Weil wir ohne Experiment und Beobachtung von der Natur nichts wissen und ihr also dann auch keine Eigenschaften zuschreiben können, gäbe es ohne Subjekt und Beobachtung keine. Eine seltsame Logik!

Weizsäcker jagt hinter allen Formulierungen und Ausdrücken her, die noch entfernt irgendwie nach der elementar-materialistischen Einstellung „riechen", wie sie Naturwissenschaftler stets unbewußt haben.

Die Besonderheit seiner eigenen philosophischen Position besteht darin, daß er unter dem Einfluß der Kantschen Philosophie steht.

In dem ganzen Kapitel „Das Verhältnis der Quantenmechanik zur Philosophie Kants" versucht Weizsäcker zu beweisen, daß die Quantenmechanik eine Physik ist, „... die gar nicht mehr realistisch gedeutet werden kann ...," die unbedingt des idealistischen Kantschen Apriori bedürfe.

Er kommt dann zu dem Schluß:

„So hat eigentlich erst die moderne Physik das leere Schema der Kantschen Lehre von der Natur ausgefüllt..."[31]

Neben dem Apriori knüpft er noch besonders stark an Kants These vom unerkennbaren „Ding an sich" an und entwickelt daraus seinen eigenen agnostischen und subjektiv-idealistischen Standpunkt. Weizsäcker schreibt z. B.:

„... Über das Atom an sich weiß die Physik überhaupt nichts durch Erfahrung. Nicht einmal objektive physikalische Existenz, d. h. die Fähigkeit, physikalisch definierbare Prädikate zu haben, selbst wenn wir sie nicht kennen, darf man dem Atom an sich zusprechen."[32]

Damit wird offen die objektive Realität der Atome geleugnet — letzten Endes ist es eben der Geist, der alles erschafft und das selbst Erschaffene dann erkennt:

„Das Experiment, das den Zustand des Wirklichen, den es uns zeigt, selbst erst erzeugt, ist eine besonders eindrucksvolle materielle Manifestation des Geistes, der nur erkennt, indem er schafft."[33]

Vom alles schaffenden Geist bis zum „lieben Gott" und der Religion ist es nur noch ein kleiner Schritt:

„Es ist der Glaube, der die Voraussetzung unseres Lebens ist."[34]

In seinen Vorlesungen „Zur Geschichte der Natur" (1948) versucht Weizsäcker zu beweisen, daß die Menschheit ohne Religion verloren sei; es gäbe nur eine Rettungsmöglichkeit: sich zu Gott, zur christlichen Liebe zu wenden.

„Sie (die christliche Liebe — H. V.) kommt von der objektiven Möglichkeit, von Gott her, und wir erfahren sie, wenn sie kommt, als Gnade."[35]

Das sind Stellen nicht etwa aus Vorlesungen eines Professors der Theologie, sondern eines Professors der Physik aus einer Vorlesungsreihe unter dem Thema „Zur Geschichte der Natur"!

---

[31] *C. F. v. Weizsäcker*, a. a. O., S. 122.

[32] Ebenda, S. 110. [33] Ebenda, S. 52. [34] Ebenda, S. 33.

[35] *C. F. v. Weizsäcker*, „Geschichte der Natur". 1948, S. 131.

Statt der studentischen Jugend wissenschaftlich begründete Erkenntnisse zu vermitteln, erblickt Weizsäcker seine Aufgabe darin, als Quintessenz aus seinen naturwissenschaftlichen Darlegungen die Gottesauffassung und den Glauben an die göttliche Gnade abzuleiten. Hier zeigt sich eine derart unglaubliche Verquickung von Naturwissenschaft und Religion, wie sie früher nicht für möglich gehalten wurde. Die Naturwissenschaft, mit der aufkommenden Bourgeoisie als selbstständige Wissenschaft entstanden, stand im 18. und zum Teil noch im 19. Jahrhundert in hartem Kampf gegen die Religion und den Aberglauben. Das aber eben nur so lange, als die Bourgeoisie selbst noch eine fortschrittliche Klasse und am Kampf gegen unwissenschaftliche Vorstellungen interessiert war. Schon im vorigen Jahrhundert begann der Kampf gegen die Religion abzuflauen, und heute sehen wir die Naturwissenschaft von einigen Professoren bald zur Hilfsmagd für die Religion degradiert, derart, daß man bei ganzen Partien aus Vorlesungen nicht mehr weiß, ob sie aus einer Predigt in der Kirche oder aus der Vorlesung eines ordentlichen Professors an einer naturwissenschaftlichen Fakultät stammen.

Ähnliches gilt für Jordan. Allerdings ist er raffinierter und zeigt nicht so offen und ehrlich, wie Weizsäcker, was er will. Er trennt anscheinend sehr sauber Naturwissenschaft und Religion und stellt sie gleichberechtigt nebeneinander. Er schreibt:

„... es bieten sich von der positivistischen Auffassung ... neue Möglichkeiten, dem religiösen ohne Widerspruch mit dem wissenschaftlichen Denken seinen Lebensraum zu gewähren."[36]

An anderer Stelle wird er deutlicher und gefährlicher als der ehrlich gläubige und insofern achtbare Weizsäcker. Gegenstand der Religion sind nach Jordan die außerphysikalischen Erlebnisse (wozu insbesondere die Gegenstände der verschiedenen Gesellschaftswissenschaften zählen), die gleiche Realität wie diese hätten.

Wenn also irgendein „Heiliger" das subjektive Erlebnis hat und wähnt, die heilige Jungfrau Maria sei ihm leibhaftig erschienen (1954 gab die Kanzlei des Papstes bekannt, dem erkrankten Papst sei Jesus Christus erschienen), so stände das — in konsequenter Anwendung der Ausführungen Jordans — gleichberechtigt neben dem „Erlebnis", aus dem Planck das Wirkungsquantum ableitete! Es ist beschämend und traurig, wieweit die Naturwissenschaft von auf solche Weise philosophierenden bürgerlichen Gelehrten herabgewürdigt und glossiert wird.

Bei Jordan treibt der extremste philosophische Subjektivismus schauerliche Sumpfblüten; seine Ausführungen muten stellenweise wie Ausschnitte aus Schilderungen von Angstträumen irrer Phantasten an, die nicht mehr unterscheiden können, was Wirklichkeit und was Einbildung ist.

Schon allein das philosophische Leitzitat des extremen Subjektivisten G. Wyneken, das Jordan seiner Schrift „Verdrängung und Komplementarität" voransetzt, genügte, um seine philosophische Position zu umreißen:

„Für wen der Gedanke: daß eine ‚Welt an sich' der Erscheinungswelt entspreche, ihr ähnlich oder unähnlich sei, überhaupt einen Sinn hat, dem ist die grundlegende philoso-

[36] *P. Jordan*, „Physik des 20. Jahrhunderts", 1949, S. 133.

phische Intuition versagt geblieben: die Erkenntnis vom Erlebnis- oder Traumcharakter der Welt."[37]

Von einem solchen Standpunkt kommt Jordan dann am Schluß seiner „Physik des 20. Jahrhunderts" zu der erschütternden und zugleich — vom wissenschaftlichen Standpunkt gesehen — lächerlichen pathetischen Frage:

„...ob nicht vielleicht die ganze Welt — und wir mit ihr — nur ein Traum Gottes sei; ob nicht Gebete und Riten vielleicht nichts anderes seien als der Versuch, IHN tiefer einzuschläfern, damit ER nicht erwache und aufhöre, uns zu träumen."[38]

Das ist reine Mystik! Aber nicht nur hinsichtlich seines träumenden Gottes finden wir solche Darlegungen. Seinen Subjektivismus wendet er auch auf einfache Alltagsbeispiele an und gelangt dabei ohne Scheu zu völlig absurden Auffassungen. In seiner Schrift „Verdrängung und Komplementarität" kann man am Ende der angeblichen Beweise für die Gleichheit realer und geträumter Stühle noch lesen:

„Wenn wir keinen unüberbrückbaren Unterschied anerkennen zwischen einem ‚realen' und einem geträumten Stuhl, so ist erst recht kein wesentlicher Unterschied zu erkennen zwischen dem Fall, daß A von dem verstorbenen B träumt, und dem anderen Fall, daß B dem A als Spuk oder als mediumistisch dramatisierte Trancegestalt erscheint."[39]

Jordans gedanklicher Ausgangspunkt ist dabei folgender: Die Behauptung, daß es eine reale Außenwelt, eine von unseren Empfindungen unabhängige objektive Realität gibt, sei eine reine Fiktion; daraus folgert er:

„Nicht die physikalische Welt ist das ursprünglich Gegebene und Gesicherte — sie ist vielmehr erst das Ergebnis einer begrifflichen Konstruktion, deren Zuverlässigkeit wir sehr vorsichtig zu beurteilen haben —, sondern das ursprünglich unzweifelhaft Gegebene sind die unmittelbaren, gedanklich unverarbeiteten Erlebnisbestände. Alles, was zur Ausführung des Begriffs- und Vorstellungsgebäudes der physikalischen Welt führt — Beobachtungen, Messungen, Experimente —, sind *spezielle* Erlebnisse und Erlebnismöglichkeiten, solche zwar, die mit Recht als besonders wichtig angesehen werden, die aber doch immerhin nur einen kleinen Ausschnitt unserer gesamten Erlebniswelt bedeuten — *Erlebnisse im Laboratorium*. Anderes, auch das, was wir Träume nennen, Phantasien, Halluzinationen, Suggestionen usw. steht zunächst und grundsätzlich *als Erlebnis* den Laboratoriumserlebnissen gleichrangig zur Seite."[40]

Jordan konstruiert dann folgendes Beispiel: Nahe Zuschauer in der Wüste hätten alle dieselben Halluzinationen; zur gleichen Zeit würden entfernte Zuschauer durch die Fernrohre diese Gegenstände beobachten, und stellt nun die Frage:

„Was berechtigt uns, dem, was die *entfernten* Zuschauer durch ihre Fernrohre sehen, den Namen ‚Realität' beizulegen, und dem, was die *nahen* Zuschauer sehen, den Namen ‚Halluzination'?"

---

[37] *P. Jordan*, „Verdrängung und Komplementarität", Hamburg 1947, Geleitwort.

[38] *P. Jordan*, „Physik des 20. Jahrhunderts", S. 263.

[39] *P. Jordan*, „Verdrängung und Komplementarität", S. 81. Das gleicht aufs Haar dem Meister Ernst Mach, der schon formuliert hatte: „Auch der wüsteste Traum ist eine Tatsache, so gut wie jede andere." („Analyse der Empfindungen", S. 8/9).

[40] Ebenda, S. 71.

Was die zwei Gruppen von Zuschauern jeweils wahrnehmen würden, seien doch beides „normale erlebte Vorgänge". Es sei äußerst problematisch, einem Komplex solcher Erlebnisvorgänge vor dem anderen den Vorzug zu geben und ihn Realität zu nennen. Dafür gäbe es keine Kriterien. Jordan kommt zu dem Schluß:

„Es liegt also nahe — von positivistischer Auffassung aus —, auf eine Entscheidung grundsätzlich zu *verzichten* und lieber zu sagen, daß es für die nahen und die entfernten Zuschauer je eine *eigene* ‚Realität' gibt (sofern man dieses Wort überhaupt beibehalten will)."[41]

Das ist eigentlich die offene Behauptung der prinzipiellen Gleichberechtigung von Gespenstereinbildungen und objektiven wissenschaftlichen Erkenntnissen! Das ist eindeutiger Solipsismus.

Am liebsten würde Jordan selbst das Wort „Realität" ausrotten; zu seinem Leidwesen gelingt dies nicht. Er behält den Begriff als „relativierten Realitätsbegriff" bei, wobei sein Inhalt eben lediglich Erlebnisse sind:

„Was wir in der üblichen Bezeichnungsweise ‚real' nennen, sind solche Erlebniszusammenhänge, welche der erdrückenden Mehrheit aller Menschen gemeinsam sind."[42]

Wer würde da nicht an die „kollektive Erfahrung" der Mach und Avenarius erinnert, über die sich Lenin in bissigen Bemerkungen lustig machte? Für die „erdrückende Mehrzahl aller Menschen" in der Urgesellschaft (und auch im Mittelalter) waren Geister, Dämonen usw. solche „Erlebniszusammenhänge"!

Für die Wissenschaft folgen höchst bedenkliche Konsequenzen, denn „... alle Wissenschaft ist lediglich Beschreibung von Erfahrungen und Erlebnissen".[43] Und von daher eröffnen sich die Perspektiven der Versöhnung von Wissenschaft und Religion.

„Denn im Grunde handelt es sich auch im religiösen Bereiche durchaus um Tatsachen der Erfahrung. Dieser fundamentale Umstand kann nicht nachdrücklich genug betont werden; er bedeutet eine (bislang fast unbeachtet gebliebene) Gemeinsamkeit von empirisch wissenschaftlicher Forschung und Religion..."[44]

Bei einer solchen Auffassung käme in der Konsequenz dann praktisch heraus, daß z. B. die mathematische Beschreibung atomphysikalischer Experimente etwa durch Heisenbergs Quantenmechanik eine genauso gleichberechtigte Wissenschaft sei, wie die Beschreibung der Phantasien eines Fieberkranken, der Halluzinationen sich geißelnder Mönche und Nonnen, oder der Vorstellungen einer aus religiösem Fanatismus bis zur Erschöpfung sich drehenden Tänzerin irgendeines Volksstammes in Afrika. Denn dies alles wären ja „gleichrangige" Erlebnisse.

„An ihren Früchten sollt Ihr sie erkennen", diesem Ausgangspunkt Max Plancks bei der Einschätzung des Positivismus kann man nur zustimmen, wenn man sich die Konsequenzen ihrer Ausführungen klar vor Augen führt. — Jede Absurdität kann damit bewiesen werden — Irrenhäuser ständen gleichberechtigt neben Universitäten, „Erlebnisse" von Forschern und Phantasten wären „gleichrangige Realitäten"!

---

[41] Ebenda, S. 73. [42] Ebenda.

[43] *P. Jordan*, „Physikalisches Denken in der neuen Zeit", S. 43.

[44] *P. Jordan*, „Der gescheiterte Aufstand", 1957, S. 69.

Doch es gibt bei Jordan nicht nur solche wüsten Spekulationen. Er spricht die philosophischen Thesen des Positivismus, von denen ausgehend er zu seinen „parapsychologischen" Überlegungen kam, auch klar und nüchtern aus. In seinen naturwissenschaftlichen Schriften stellt er die philosophische These von der realen Außenwelt nicht einfach als Fiktion hin, sondern als eine dem Weltbild der klassischen Physik eigene Auffassung, die sich in der Forderung der klassischen Physik nach „Objektivierbarkeit" ausdrückt; d. h. in der Forderung nach Darstellung aller Erscheinungen in der Natur als unabhängig von der menschlichen Beobachtung sich abspielender räumlich-zeitlicher Vorgänge.

„Die positivistische Kritik muß uns aber darauf aufmerksam machen – legt Jordan dar – daß diese Objektivierbarkeit der physikalischen Abläufe durchaus nicht etwas rein logisch Selbstverständliches ist. Denn der Positivismus lehrt uns ja, die eigentliche physikalische Wirklichkeit in nichts anderem zu sehen, als in der Gesamtheit der Beobachtungsresultate selbst."[45]

Bezüglich der Erkennbarkeit der Natur schreibt Jordan:

„Der Positivismus leugnet jegliche Möglichkeit einer ‚Wesenserkenntnis' der Natur."[46]

In seinem Buch „Der gescheiterte Aufstand" spricht Jordan offen davon, daß „dieser Verzicht auf Verstehen-Wollen oder Erklären-Wollen, diese Wendung zur bloßen Beschreibung, zu den kennzeichnenden Zügen der positivistischen Physik gehört". Physik sei „immer nur Beschreibung empirischer Tatsächlichkeiten".[47]

Durch die Wissenschaft könnten eben lediglich die verschiedensten Erlebnisse und Erfahrungen geordnet werden. Es ergibt sich klar und eindeutig, daß der extreme Positivismus auf dem Standpunkt steht: es gibt keine objektive Realität und das Wesen der Natur ist unerkennbar.

Aus den verstreuten diesbezüglichen Bemerkungen der modernen naturwissenschaftlichen Positivisten haben wir versucht, ihre Grundauffassungen zum Problem der objektiven Realität und ihrer Erkennbarkeit herauszuarbeiten. Zusammenfassend kann man dazu feststellen:

Der Positivismus sieht die Aufgabe aller Wissenschaft in der Beschreibung der Erfahrungsdaten. Bohr formuliert als Aufgabe der Wissenschaft „... unsere Erfahrungen zu mehren und zu ordnen".[48]

---

[45] *P. Jordan*, „Physik des 20. Jahrhunderts", 1949, S. 103. [46] Ebenda, S. 132.

[47] *P. Jordan*, „Der gescheiterte Aufstand", Frankfurt/Main 1957, S. 23 und 26.

[48] *N. Bohr*, „Atomtheorie und Naturbeschreibung", S. 1. Fast dieselben Formulierungen findet man bei E. Mach: „Die Aufgabe der Wissenschaft kann nur sein

1. die Gesetze der Zusammenhänge der Vorstellungen zu ermitteln (Psychologie),
2. die Gesetze der Zusammenhänge der Empfindungen (Wahrnehmungen) aufzufinden (Physik),
3. die Gesetze der Zusammenhänge der Empfindungen und Vorstellungen klarzustellen (Psychophysik).

Denkt man sich die Gesetze der Zusammenhänge mathematisch, so setzt die Aufstellung derselben die Meßbarkeit all dessen voraus, was sie umfassen."(*E. Mach*, „Die Geschichte und die Wurzel des Satzes von der Erhaltung der Arbeit", S. 58/59; vgl. *W. I. Lenins* Einschätzung dieser Stelle in „Materialismus und Empiriokritizismus", 1952, S. 29).

In diesem Sinne ist die Wissenschaft „positiv".

Alles über die Erfahrung Hinausgehende (auch das abstrakte Denken, insbesondere die Bildung von Hypothesen oder Theorien zur Erklärung des Wesens gewisser Vorgänge, sowie jegliches auf das Objektive abzielende Philosophieren) wird als schädliche „Metaphysik" abgelehnt.

Hand in Hand damit geht die auffallend an Mach und Avenarius erinnernde Auffassung vom untrennbaren Zusammenhang von Empfindungen, Beobachtungen und anderer Art von Erfahrung mit der Wirklichkeit,[49] die bei den extremen Positivisten ja nichts anderes als die Gesamtheit der Erfahrungs- oder Erlebniszusammenhänge ist.

Etwas von der Erfahrung, vom Subjekt, vom Bewußtsein Unabhängiges wird mehr oder weniger offen geleugnet.[50] Darin besteht der subjektive Idealismus des modernen naturwissenschaftlichen Positivismus, der mit einem mehr oder weniger verhüllten Agnostizismus verbunden ist. Die Erkennbarkeit der als Gesamtheit aller Erfahrungen aufgefaßten Wirklichkeit wird eingeschränkt; das Wesen der Dinge sei nicht erkennbar, es gäbe prinzipielle Grenzen der Erkenntnismöglichkeit für die Wissenschaft.

Eines der Hauptargumente für diese Thesen ist die Unbestimmtheitsrelation Heisenbergs (die z. B. besagt, daß es grundsätzlich ausgeschlossen ist, Ort und Geschwindigkeit eines Elektrons zugleich exakt zu bestimmen); sie wurde von Bohr durch das Komplementaritätsprinzip dann ergänzt. Die Unbestimmtheitsrelation spiegelt eine objektiv-reale Beziehung zwischen mikrophysikalischen Objekten wider, indem sie mathematisch die gegenseitige Abhängigkeit der geometrischen und dynamischen Eigenschaften der Teilchen ausdrückt. Insofern ist sie keine idealistische These, sondern eine physikalische Erkenntnis. Die Unbestimmtheitsrelationen ergeben sich notwendig und zwingend aus dem Welle-Korpuskel Dualismus, der nicht nur den Elementarteilchen der Mikrophysik objektiv eigen ist, sondern – wie de Broglie u. a. nachgewiesen haben – allen Erscheinungsformen der Materie. Für materielle Gebilde makrokosmischer Größenordnung sind die Unbestimmtheitsrelationen genau genommen auch vorhanden, aber unerhört klein, so daß sie

[49] Der philosophisch etwas schwankende, im wesentlichen aber stark zum modernen Positivismus neigende österreichische Physiker Prof. Dr. E. Schrödinger formulierte diesen Gedanken einmal so: „Sie (die objektive Realität – H. V.) und wir bedingen einander. Ohne das Auge wäre keine Sonne, ohne das Ohr keine Melodie."
(*E. Schrödinger*, „Naturwissenschaft und Humanismus", Wien 1951, S. 11)

[50] H. Reichenbach charakterisiert dieses Kennzeichen des Positivismus folgendermaßen: „Der Positivismus behauptet, daß das in der Wahrnehmung vorliegende Ergebnis das Element sei, an welches alle Realaussagen allein angeknüpft werden können. Was wir dem Wahrnehmungserlebnis als sogenannte Dinge der Außenwelt hinzufügen, ist nur gedankliche Konstruktion ... es sei nicht nötig, von existierenden Dingen außer uns zu sprechen, sondern mit der Behauptung des Zusammenhangs zwischen den Wahrnehmungserlebnissen sei bereits alles gesagt."(*H. Reichenbach*, „Ziele und Wege der heutigen Naturphilosophie", S. 50).

erstens absolut keine Rolle spielen und zweitens auch nicht experimentell nachweisbar sind. Aber die Makrophysik erweist sich als Spezialfall der Mikrophysik, in der diese Unbestimmtheitsrelationen Werte annehmen, die eine Rolle spielen, und die bei den Experimenten nicht ignoriert werden dürfen und nicht ignoriert werden können.

Wenn die Makrophysik nur ein Spezialfall der Mikrophysik ist (was ja in der Relativitätstheorie auch hinsichtlich der klassischen Physik der Fall ist), so ist das Operieren mit einer prinzipiellen Kluft zwischen Mikro- und Makrokosmos unhaltbar. Wir bestreiten nicht, daß es hier und dort Verschiedenheiten gibt, aber es gibt auch Gemeinsames. Wenn sich die Unschärferelationen aus den objektiven Welleneigenschaften ergeben, so kann man sie nicht als subjektive Modellvorstellung auffassen, die einmal wird ausgeschaltet werden, sondern muß begreifen, daß hier objektiv-reale, d. h. also materielle Beziehungen im mikrophysikalischen Naturgeschehen erfaßt sind. Nur wer bewiese, daß die Elementarteilchen keine Welleneigenschaften haben, könnte die Unschärferelationen in Frage stellen.

In unmittelbarem Zusammenhang zur Unschärferelation steht die Tatsache der Wechselwirkung zwischen dem Meßinstrument und dem zu messenden Objekt. Die physikalischen experimentellen Beobachtungsmittel beeinflussen das zu beobachtende mikrophysikalische Objekt, stören es, versetzen es in einen anderen Zustand als den, den es vor, bzw. ohne Beobachtung innehatte. Da man die experimentellen Beobachtungsmittel der Mikrophysik zur Zeit und wahrscheinlich auch prinzipiell nicht unter die Größenordnung der kleinsten Beobachtungsobjekte des Mikrokosmos herunterdrücken kann, ist dies ein ernstes physikalisches Problem.

Die philosophischen Schlußfolgerungen, die die modernen Positivisten aus diesen Fakten ziehen, sind jedoch eine ganz andere Seite der Sache. Die philosophische Argumentation Bohrs und Heisenbergs ist im Kern folgende: Die Störung des Objekts durch das beobachtende Subjekt sei prinzipiell nicht kontrollierbar. Deshalb gäbe es in der Mikrophysik keinen vom Subjekt unabhängigen Gegenstand, keine objektive Realität, die Grenze zwischen Subjekt und Objekt werde zu einer willkürlichen Angelegenheit[51] und der Erkenntnismöglichkeit seien dadurch Schranken gesetzt (wegen der unkontrollierbaren Störung könne man das Wesen nie erkennen).

Weizsäcker folgert dann aus all dem, daß das erkennende Subjekt erst die Unschärferelation im Experiment erzeuge, daß sie also gar nicht objektiv in der Natur existiere. Er stützt sich dabei darauf, daß wir nur durch das Experiment Kunde von dieser Relation haben. Das beweist indessen keineswegs, daß diese Beziehungen subjektabhängig sind, denn wir haben letztlich ohne Experiment überhaupt keine naturwissenschaftliche Erkenntnis. Dann müßte alles nur subjektiv sein. Diese Schlußfolgerung will Weizsäcker auch nahelegen, ohne sie selbst so eindeutig für die ganze Naturwissenschaft auszusprechen. In dieser speziellen Form wird also letztlich die objektive Realität, (die reale Außenwelt), geleugnet, wird ein subjektiv-idealistischer Standpunkt vertreten.

---

[51] Vgl. dazu *W. Heisenberg*, „Wandlungen in den Grundlagen...“, 5. Auflage, 1944, S. 72ff.; „Entwicklung der Quantenmechanik“ in „Die moderne Atomtheorie“,1932, S. 12 und „Physikalische Prinzipien der Quantentheorie“, 1934, S. 48 und *N. Bohr*, „Atomtheorie und Naturbeschreibung“, 1931, S. 62ff.

Es stehen sich die materialistische und subjektiv-idealistische Auffasssung gegenüber.

Die materialistische Auffassung sagt aus: Die Unschärferelationen spiegeln eine objektiv-reale Beziehung des Naturgeschehens wider, die auch existiert, wenn niemand sie beobachtet bzw. sie mißt. Sie resultieren aus dem objektiv-real existierenden Welle-Korpuskel Dualismus. Die subjektiv-idealistische Auffassung sagt aus: Die Unschärferelationen resultieren aus der Störung des Objekts durch das Subjekt, werden vom experimentierenden Subjekt erst in das Geschehen hineingebracht, existieren also nicht unabhängig von der Beobachtung oder Messung und lassen letztlich überhaupt an einem völlig objektiv-realen Naturgeschehen zweifeln. Der Mensch steht letztlich doch wieder sich selbst gegenüber. „Der Mensch steht nur noch sich selbst gegenüber" überschreibt Heisenberg einen ganzen Abschnitt seiner Arbeit „Das Naturbild der heutigen Physik". „Die landläufige Einteilung der Welt in Subjekt und Objekt, Innenwelt und Außenwelt, Körper und Seele" passe nicht mehr. Das ist die subjektiv-idealistische Linie der Auflösung des Objekts im Subjekt, der Außenwelt in der Innenwelt, des Körpers in der Seele.

Selbst Schrödinger ist das alles zu idealistisch. Er erkannte die schwachen Stellen dieser Gedankenführung, an denen später auch B. Fogarasi seine Widerlegung ansetzte. So schreibt E. Schrödinger:

„Die Bohr-Heisenbergsche Überlegung (von der Störung des Objekts durch das Subjekt, H. V.) legt eine solche Auslegung nahe: daß zwar ein völlig bestimmtes Objekt existiert, bloß können wir nie gleichzeitig alles darüber wissen."

Eine solche Auslegung würde Schrödinger anerkennen; indessen merkt er, daß Bohr und Heisenberg es gar nicht so gemeint hatten. Der Materialismus, den Weizsäcker in deren Formulierungen zu entdecken glaubte, ist nur der Zweideutigkeit der Ausdruckweise zuzuschreiben. Schrödinger fährt fort:

„Aber das hieße deren Meinung völlig mißverstehen, die ist vielmehr, daß das Objektive keine Existenz habe unabhängig vom Beobachter.

Daß wir kein Objekt beobachten können, ohne daß es dadurch verändert wird, bedeute soviel, als daß unter dem Ansturm unserer Experimentier- und Denkmethoden jene Grenze zwischen Subjekt und Objekt zusammengebrochen sei.

Aber ich kann mir nicht helfen, mir gefällt etwas nicht an dieser kühnen philosophischen Formulierung eines angeblichen Forschungsergebnisses kühler messender Experimentierkunst...

...ich kann es nicht glauben, daß für die tiefe philosophische Frage der Beziehungen zwischen Subjekt und Objekt und der Bedeutung, die diese Frage überhaupt hat, die quantitativen Ergebnisse von Messungen physikalischer und chemischer Größen ausschlaggebend sein sollen.

Was für mich noch zweifelhaft bleibt, ist dies: ob es angemessen ist, eines der zwei physikalisch wechselwirkenden Systeme als das ‚Subjekt' zu bezeichnen. Denn das wahrnehmende Bewußtsein ist kein physikalisches System und kann überhaupt mit keinem solchen in physikalische Wechselwirkung treten. Und es erscheint angemessen, den Terminus ‚Subjekt' für eben dieses wahrnehmende Bewußtsein selber vorzubehalten."[52]

[52] *E. Schrödinger*, „Naturwissenschaft und Humanismus", Wien 1951, S. 68–71.

In ähnlicher Weise wenden sich de Broglie und H. Reichenbach gegen dieses „Paradeargument“ des modernen Positivismus und seine philosophische Auslegung.[53]

Schrödinger hat hiermit richtig die Achillesferse der positivistischen Argumentation zum Problem der Subjekt-Objekt-Beziehungen erfaßt. Der entscheidende Fehler der Positivisten besteht darin, daß sie die physikalisch-materielle Störung der objektiven Vorgänge in der Mikrophysik durch die Einwirkung objektiver physikalischer Meßinstrumente als Störung durch das Subjekt hinstellen. Die materielle Wechselwirkung zweier physikalischer Objekte wird einfach in die erkenntnistheoretische Problemstellung der Subjekt-Objekt-Beziehung übertragen. Dabei übersehen die Positivisten, daß nicht die Meßinstrumente das erkennende Subjekt sind, sondern allein der denkende und forschende Mensch. Die erkenntnistheoretische Problemstellung fragt nach dem Verhältnis des Bewußtseins zur realen Umwelt, nicht aber nach der Wechselwirkung zwischen verschiedenen physikalischen Objekten. Meßinstrumente sind zwar vom Menschen geschaffene Hilfsmittel seines forschenden Geistes, aber sie bleiben materielle Objekte, sie werden, in dem sie der Mensch benutzt, kein Teil des erkennenden Subjekts in erkenntnistheoretischer Beziehung, wie es der Positivismus hinstellt. Was also die mikrophysikalischen Vorgänge stört, ist kein unkontrollierbarer Einfluß des erkenntnistheoretischen Subjekts, sondern eine reale materielle Einwirkung eines physikalischen Objektes auf ein anderes. Man kann einen dieser physikalischen Gegenstände nicht deshalb subjektivieren, weil das menschliche Bewußtsein sich seiner zur Erkenntnis bedient. Diese falsche Subjektivierung physikalischer Objekte ist eine der theoretischen Fehler des Positivismus in dieser Frage. Freilich würde jetzt ein Positivist einwenden: Der Mensch macht doch das Experiment, von ihm hängt es doch ab, ob er z. B. Impuls oder Ort eines Teilchens feststellt usw. Das ist gewiß richtig. Aber erkenntnistheoretisch ist die Sachlage doch so: Der Mensch kann entscheiden, welche Frage er an die Natur richtet. Danach baut er sein Experiment auf. Die Frage also steht in seinem Belieben (auch nicht völlig, da sich jede wissenschaftliche Fragestellung auf die bisherigen *objektiven* Erkenntnisse stützt und von ihnen ausgeht!), damit aber nicht die Antwort der Natur. Experimente zeigen nur, was da ist, evtl. beeinflussen sie das objektive Geschehen etwas, aber sie erschaffen das Geschehen nicht. Freilich gibt ein Experiment, weil es zweckgerichtet angelegt ist, in der Regel nur Kunde von dem, was der Wissenschaftler wissen will. Will er also Welleneigenschaften beobachten und messen, und baut er sein Experiment richtig auf, so wird er nicht Korpuskeleigenschaften messen. Aber das heißt doch nicht, daß diese ohne Experiment nicht existieren, sondern das bedeutet, daß sie nicht gemessen, nicht sichtbar gemacht werden. Die Positivisten aber behaupten, was nicht gemessen wurde, existiert nicht! Wie hieß es bei Weizsäcker?

> „Vorbedingung für die Möglichkeit, einem Gegenstand eine bestimmte Eigenschaft zuzuschreiben, ist eine Meßanordnung, die gestattet, diese Eigenschaft festzustellen.“[54]

---

[53] Vgl. *de Broglie*, „Licht und Materie“, Hamburg 1943, S. 241; und *H. Reichenbach*, „Philosophische Grundlagen der Quantenmechanik“, S. 26.

[54] *C. F. v. Weizsäcker*, „Zum Weltbild der Physik“. Leipzig 1955, S. 93.

Hier liegt eine offensichtliche Verwechslung von ontologischer und erkenntnistheoretischer Problemstellung vor. Das verwundert nicht, da der Positivismus philosophische Aussagen über die Welt, wie sie unabhängig vom Prozeß ihrer Erkenntnis durch den Menschen (das wäre die ontologische[55] Problemstellung) existiert, als „unzulässige Metaphysik" ablehnt. Man darf aber die erkenntnistheoretische Fragestellung nicht mit der ontologischen vermengen. Eine Erkenntnis der Eigenschaften der Mikroteilchen und eine entsprechende Aussage über sie ist ohne bestimmte Meßanordnung nicht möglich. Jede Erkenntnis, jedes Experiment ist an die Existenz des Subjekts gebunden. Im Erkenntnisprozeß sind Subjekt und Objekt untrennbar gekoppelt. Das eine gibt es nicht ohne das andere. Die erkenntnistheoretische Beziehung ist wechselseitig. Die ontologische aber nicht. Sie ist einseitig. Die Existenz des zu erkennenden materiellen Gegenstandes und seiner Eigenschaften hängt in keiner Weise von der Existenz des Subjekts ab. Die Erscheinungsformen der Materie existieren völlig unabhängig vom Bewußtsein, von ihrer Beobachtung und Erkenntnis durch den Menschen.

Diese Probleme sind die Grundlage jeder Erkenntnistheorie, ohne sie hängt sie in der Luft. Von diesen Grundfragen hängt ab, ob die erkenntnistheoretischen Probleme im Sinne des Positivismus oder des Materialismus gelöst werden.

3. KAPITEL

DAS KOMPLEMENTARITÄTSPRINZIP UND DER POSITIVISTISCHE INDETERMINISMUS

Weitaus die Mehrzahl aller philosophischen Abhandlungen und Bemerkungen der naturwissenschaftlichen Positivisten beziehen sich auf das Kausalitätsproblem und die Frage des Determinismus. Das hat seine erkenntnistheoretischen Ursachen in der Krise der modernen Physik. Der Zusammenbruch des alten Materialismus wurde für die Naturwissenschaftler offensichtlich am Zusammenbruch des mecha-

[55] Unter „Ontologie" versteht der Verfasser jenen Bereich der Philosophie, der die allgemeinsten Gesetze und Strukturen der gesamten Wirklichkeit erforscht und darstellt (also im Marxismus im wesentlichen den philosophischen Materialismus und die Dialektik als Wissenschaft von den allgemeinen Entwicklungsgesetzen der Natur und der Gesellschaft), unabhängig davon, wie sie der Mensch erkennt (letzteres ist Gegenstand der Erkenntnistheorie). Wir grenzen uns ganz strikt ab von der bürgerlichen Ontologie, die eine idealistische Seins-Philosophie ist. Wie überall in der Philosophie tobt auch in ihrem ontologischen Teilbereich der Kampf zwischen Materialismus und Idealismus, gibt es materialistische und idealistische Ontologie. Außerdem ist zu beachten, daß sich Ontologie und Erkenntnistheorie durchdringen, sie sind durch keine Kluft voneinander getrennt; die Erkenntnistheorie baut auf der Ontologie auf und andererseits hat die Ontologie ihren erkenntnistheoretischen Aspekt. Trotzdem fallen beide nicht zusammen, sie bilden aber zusammen mit dem historischen Materialismus die organische Einheit der marxistischen Philosophie.

nischen Determinismus der klassischen Physik, der das hervorstechendste spezifische Merkmal des mechanischen Materialismus, des mechanisch-materialistischen Weltbildes der Naturwissenschaft seit Newton war.

„Der absolute Determinismus ist das Grunddogma der klassischen Physik gewesen.“[1]

Der mechanische Determinismus konnte zwar noch mit den von L. Boltzmann in der Thermodynamik eingeführten statistischen Gesetzmäßigkeiten vereinbart werden, aber bei den neueren Erkenntnissen der Mikrophysik, insbesondere der Quantenmechanik, war das unmöglich geworden.

„Die große Erweiterung unseres Erfahrungsgebietes hat die Unzulänglichkeit unserer einfachen mechanischen Vorstellungen klar zutage gebracht und hierdurch die Grundlage unserer gewöhnlichen Deutung der Beobachtungen erschüttert, wobei alte philosophische Probleme in ein neues Licht gerückt sind. Dies bezieht sich sowohl auf die Revision der Grundlage der Raum-Zeit-Beschreibung, welche die Relativitätstheorie gebracht hat, als auch auf die erneute Diskussion über das Kausalitätsgesetz, welches die Entwicklung der Quantentheorie veranlaßt hat.“[2]

Diese Situation mußte die um die philosophische Klärung der neuen naturwissenschaftlichen Fakten bemühten Physiker bei deren Unkenntnis der schon ein halbes Jahrhundert früher entwickelten Dialektik zur Leugnung des Determinismus und der Kausalität und in die Arme des subjektiven Idealismus treiben.

Dabei spielt der sogenannte Gegensatz zwischen Makro- und Mikrophysik wieder eine dominierende Rolle. Weil einige Grundthesen der klassischen Physik im Bereiche der Mikroerscheinungen nicht mehr gültig sind, werden diese Grundthesen von vielen Positivisten leichtfertig aufgegeben.

Mit den Stichworten „Stetigkeit, Ursächlichkeit und Objektivierbarkeit“ deutet P. Jordan drei solche in der Mikrophysik angeblich überholte „Grundvorstellungen an, welche als die allerwichtigsten charakteristischen Züge der klassischen Theorie betrachtet werden dürfen.“[3] Auf die Verneinung der Objektivierbarkeit als der positivistischen Form der Leugnung einer objektiven, unabhängig vom Bewußtsein existierenden Realität hatten wir schon hingewiesen.

Nach Jordan hängen die genannten drei Prinzipien eng zusammen. Lückenlose Ursächlichkeit sei „unentbehrliche Voraussetzung für die Möglichkeit, die Vorstellung objektiver physikalischer Vorgänge durchzuführen ...“[4]

Lückenlose Kausalität sei andererseits eng an die Stetigkeitshypothese geknüpft (natura non facit saltus). Nun hatte aber die Forschung nach 1900 (ausgehend von Plancks Entdeckung des Wirkungsquantums, 1900) bewiesen, daß die Natur doch Sprünge macht, daß nicht alles Geschehen kontinuierlich verläuft.

Jordan stellt in diesem Zusammenhang fest, „daß eben mit dem Verzicht auf lückenlose Ursächlichkeit auch die Objektivierbarkeit hinfällig wird. Tatsächlich ist das der Fall in der Atomphysik: Wir sahen ja, daß schon das Prinzip der Stetig-

---

[1] *E. Schrödinger*, „Über Indeterminismus in der Physik“, S. 2.

[2] *N. Bohr*, „Atomtheorie und Naturbeschreibung“, S. 1.

[3] *P. Jordan*, „Physik des 20. Jahrhunderts“, 1949, S. 100.

[4] Ebenda, S. 104.

keit nicht aufgegeben werden kann, ohne daß die Objektivierbarkeit aufhört – (dafür bleibt Jordan allerdings den Beweis schuldig, H. V.) –. Und wir haben ja gelernt, daß in der Atom- und Quantenphysik tatsächlich die Stetigkeit zu Ende ist."[5]

Am Beispiel des radioaktiven Zerfalls und der Interferenz des Lichts an einem Schirm mit zwei Öffnungen hatte Jordan dargelegt, „daß in der Quantenphysik eine lückenlose Ursächlichkeit der uns gewohnten Art nicht mehr besteht". Das ist richtig, wenn man „der von uns gewohnten Art" betont. Jordan aber geht es um die Leugnung der Kausalität und des Determinismus. Die statistischen Gesetze Boltzmanns und sein Wahrscheinlichkeitsbegriff (für die kinetische Deutung der Wärmevorgänge) seien verschieden von denen der Quantenphysik:

„In Boltzmanns Überlegungen war die Statistik sozusagen etwas Sekundäres: es bestand damals kein Anlaß zu bezweifeln, daß die Bewegungen jedes einzelnen Atoms grundsätzlich genau vorausberechenbar seien. In der Quantentheorie dagegen haben die primären Naturgesetze selber die Gestalt von Wahrscheinlichkeitsaussagen: Hier sind die statistischen Begriffe nicht ein Ausdruck für eine Unvollständigkeit unserer Einsicht in die Dinge, sondern vielmehr ein Ausdruck einer in der Natur selber liegenden Unbestimmtheit. Die Natur selber hat sich bezüglich der atomaren Einzelprozesse nicht im voraus festgelegt; sie vollzieht von Fall zu Fall unvorhersehbare Entscheidungen, die nur im statistischen Durchschnitt feste Regelmäßigkeiten zeigen."[6]

Seine diesbezüglichen Betrachtungen faßt Jordan in der Feststellung zusammen:

„Wir wissen jetzt, daß von einer alle Atomvorgänge vorausberechenbar bestimmenden Ursächlichkeit tatsächlich keine Rede ist. Wenn diese Ursächlichkeit und Berechenbarkeit auch im Planetensystem tatsächlich zu finden ist: in der Mikrophysik der Atome und Quanten geschieht zu jeder Zeit unausgesetzt immer wieder etwas unvorhersehbar Neues."[7]

Wie immer, so hat Jordan auch hier wieder einseitig übertrieben und verabsolutiert. Heute weiß jeder physikalisch etwas Gebildete, daß bei mikrophysikalischen Prozessen keineswegs „immer", „zu jeder Zeit" und „unausgesetzt" etwas Neues geschieht, sondern daß es auch hier Regelmäßigkeiten und Wiederholbarkeit gibt. Die praktische Beherrschung mancher mikrophysikalischen Prozesse durch den Menschen im Experiment beweist das. Der Mikrokosmos ist kein Bereich des Chaos, des absoluten Zufalls und der angeblichen „Willensfreiheit der Elementarteilchen". Auch hier gibt es gesetzmäßige Zusammenhänge und kausale Beziehungen. Auch hier herrscht Ordnung. Allerdings eine etwas andere Ordnung als in der Makrowelt. In der Mikrophysik spielt der Zufall, die Statistik eine weit größere Rolle als in der klassischen Physik. Es geschieht tatsächlich oft genug etwas Neues, es passiert auch Unvorhergesehenes. Der Zufall steht stärker im Vordergrund. Nicht alles ist bis ins letzte Detail vorhersehbar und vorausberechenbar. Prinzipiell ist dieser Sachverhalt auch im Bereich der Makrophysik gegeben, wenn er auch dort nicht so von Bedeutung ist.

Vom Standpunkt des dialektischen Materialismus ist das alles nicht verwunderlich, denn der dialektische Materialismus leugnet nicht wie der mechanische Materia-

---

[5] Ebenda. [6] Ebenda, S. 105.
[7] Ebenda, S. 124.

lismus die Existenz von Zufällen und das Eintreten von etwas Neuem, das im einzelnen nicht vorausberechenbar und voraussehbar ist; der dialektische Materialismus ist sowohl hinsichtlich der Naturauffassung als auch der Gesellschaftswissenschaft konsequent gegen fatalistischen Determinismus etwa nach den Vorstellungen von Laplace. Das Eintreten von Neuem, die Existenz von Zufällen wird nicht geleugnet; aber wir sehen andererseits keine metaphysische Alternative zwischen Zufällen und Determination. Auch Zufälle sind kausalbedingt, sie sind nicht akausal, sie sind keine Wunder; ihr Zustandekommen ist kausal erklärbar. Es handelt sich hier nicht um ein Durchbrechen der Kausalität. Auch das Neue entsteht im Rahmen von Gesetzmäßigkeiten, nicht außerhalb dieser. Oft kennen wir allerdings diese Gesetze noch nicht oder noch nicht hinreichend. Diese Gesetze müssen aber keine dynamischen sein. Der mechanische Determinismus Laplaces bestand in der Auffassung, alles müsse auf dynamische Gesetzmäßigkeiten reduziert werden, die in absolut jedem Falle die Vorhersagbarkeit des Verhaltens jedes Einzelteilchens ermöglichen.

Der mechanische Determinismus geht also davon aus, daß absolut alles Geschehen objektiv vorherbestimmt ist, von vornherein durch die verschieden wirkenden materiellen Faktoren eindeutig festgelegt sei und deshalb von einem idealen Geist klar vorausberechnet werden könne. So etwa, wie durch Gesetze vorausbestimmt ist (ohne daß es dabei eines Wesens bedürfe, das vorherbestimmt), daß sich die Planeten morgen und im nächsten Jahr usw. da und dort bewegen, oder daß bei jedem beliebigen physikalischen Prozeß die Summe der vorher vorhandenen Energie und Masse gleichbleibt, erhalten wird.

Das Auftreten statistischer Gesetzmäßigkeiten bereitete dieser mechanisch-deterministischen Denkweise Schwierigkeiten. Die Statistik erzwingt die Anerkennung des Zufalls, den der dialektische Materialismus nie geleugnet hat. Jeder Zufall hat zwar seine ihn bedingende und auslösende Ursache, aber er ist nicht gesetzmäßig determiniert. Er ist nicht objektiv vorherbestimmt in dem Sinn, wie es gesetzmäßiges Geschehen ist. Das Eintreten eines Zufalls gerade in dieser Form, z. B. im Verhalten eines einzelnen Elementarteilchens, hängt von einer Menge einzelner, wiederum z. T. zufälliger Faktoren (Wechselwirkung zu Teilchen der Umgebung) ab, deren bestimmte Konstellation sich erst kurz vor Eintreten des Zufalls realisiert und daher nicht auf lange Sicht voraussagbar und vorausberechenbar ist, wie z. B. der Planetenumlauf, wo der Zufall eine völlig nebensächliche unbedeutende Rolle spielt (aber auch vorhanden ist!). Aber dieser Zufall ist nicht Ausdruck einer Willensfreiheit der Elementarteilchen, sondern Ergebnis kausaler Einwirkung. Das Ausmerzen der Zufälligkeiten wäre nur möglich, wenn man ein absolut abgeschlossenes, isoliertes System mit endlicher Zahl von Teilchen hätte. Dann hätte der Versuch, auch das Verhalten jedes einzelnen Teilchens vorauszuberechnen, Aussicht auf Erfolg.

Da aber das Naturgeschehen kein solches System zuläßt, da die universelle Wechselwirkung praktisch unendlich vielfältig ist, die Variationsmöglichkeiten der Kausalfaktoren für den Einzelfall vielfältig sind, ist der Laplacesche mechanische Determinismus eine Illusion. Es gibt keine absolute Vorherbestimmtheit des Einzelgeschehens. Daraus darf aber nicht gefolgert werden — das sei noch einmal betont —, daß das Einzelgeschehen akausal sei.

Der dialektische Determinismus besteht in der Auffassung, daß die Grundzüge alles Geschehens in der Wirklichkeit (in Natur und Gesellschaft) gesetzmäßig determiniert, d. h. also vorherbestimmt, durch ständig wirkende materielle Faktoren von vornherein festgelegt sind, während im Rahmen dieser Gesetzmäßigkeiten der Zufall einen gewissen objektiven Spielraum hat und das Einzelgeschehen auf Grund besonderer kausaler Einwirkung diese oder jene Abweichung vom Gesetzmäßigen, diese oder jene Verhaltensweise zeigt, die nicht durch allgemeine und wesentliche, ständig wirkende materielle Faktoren bedingt ist und daher nicht vorherbestimmt und nicht vorhersagbar ist. Dabei besteht aber kein Gegensatz, keine Alternative zwischen Zufall und Gesetzmäßigkeit. Das kommt besonders in der statistischen Gesetzmäßigkeit zum Ausdruck, die nach Auffasssung des dialektischen Materialismus nicht auf dynamische Gesetze reduziert werden kann, sondern einen eigenen Typ von Gesetzen darstellt.

Die statistische Gesetzmäßigkeit realisiert sich durch das Verhalten von Millionen und Milliarden Einzelteilchen, von denen jedes einzelne von zufälligen Faktoren beherrscht wird. Die statistische Gesetzmäßigkeit ist die Abstraktion gewisser allgemeiner und wesentlicher Zusammenhänge, die bei diesen Prozessen auftreten und das Verhalten der Gesamtheit ständig bestimmen.

Diese allgemeinen und wesentlichen Zusammenhänge existieren aber, wie alles Allgemeine, nicht an sich und nicht neben dem Einzelnen und Unwesentlichen, sondern in ihm, an ihm. In jedem Einzelprozeß steckt sowohl Allgemeines und Wesentliches, also Gesetzmäßiges, als auch Einzelnes und Unwesentliches, also Zufälliges. Das erstere ist objektiv vorherbestimmt, das letztere nicht. Daher kann prinzipiell nie das Verhalten jedes Einzelteilchens absolut vorausberechnet werden, nicht weil es unerkennbar wäre, sondern weil es objektiv in der Natur Zufälle gibt, weil es objektiv im Naturgeschehen (übrigens auch in der Gesellschaft) einen Spielraum für Zufälligkeiten gibt, weil nicht alles bis ins kleinste Detail vorausbestimmt ist.

Das richtige dialektische Verständnis dieser objektiven Zusammenhänge des Geschehens bewahrt den Forscher vor den Sackgassen des Indeterminismus und der Akausalität. Diesen Zusammenhängen steht allerdings der ratlos gegenüber, der die Dialektik nicht kennt. So geht es Jordan und den Positivisten überhaupt (in gewissem Maße allerdings auch ihren Gegnern im Lager der bürgerlichen Naturwissenschaft, weil diese ebenfalls die Dialektik nicht kannten; das trifft z. B. auch auf Planck zu). Ihnen ist die Dialektik von Möglichkeit und Wirklichkeit, von Zufall und Gesetzmäßigkeit fremd. Deshalb kommen sie durch metaphysische Fragestellungen zu bedenklichen Ergebnissen. Außerdem identifizieren sie fälschlicherweise Kausalität und Determinismus mit absoluter Vorherbestimmtheit, also mit dem mechanischen fatalistischen Determinismus. Wenn nicht alle Einzelheiten bis ins letzte vorausbestimmt, voraussehbar sind, sind sie nach positivistischer Meinung akausal; die Atome und Elementarteilchen hätten deshalb eine Entscheidungsfreiheit für ihr Verhalten. Diese „Entscheidungsfreiheit" toter Mikroobjekte sei die

Basis für die Willensfreiheit der Lebewesen, denn das organische Leben sei letzten Endes aus der Mikrophysik heraus gesteuert.[8]

„Das Leben ist die in einem Aufbau von Steuerungsverhältnissen sich entfaltende oberweltliche Auswirkung der unterweltlichen Entscheidungsfreiheit."[9]

Hier zeigt sich bei Jordan selbst, wie tief er noch in den Vorstellungen des mechanischen Materialismus befangen ist; denn auch er will das organische Leben auf Vorgänge im Bereich der Physik zurückführen. Einerseits sieht Jordan den Materialismus als überholt an, andererseits aber bedient er sich der metaphysischen Denkweise des alten Materialismus und nimmt vom neuen, dem dialektischen Materialismus, keine Notiz.

N. Bohr kommt auf ähnlichem Wege zur These von der Akausalität. In seinem, auf der „II. Internationalen Konferenz für die Einheit der Wissenschaften" gehaltenen Referat, das eine knappe Zusammenfassung seiner in verschiedenen Aufsätzen[10] entwickelten Gedanken ist, ging er davon aus, daß im Bereich der Atomphysik „... nicht länger scharf unterschieden werden kann zwischen dem selbstständigen Verhalten eines physikalischen Objekts und seiner Wechselwirkung mit anderen als Meßinstrument dienenden Körpern, die mit der Beobachtung unvermeidlich verknüpft ist, und deren direkte Berücksichtigung nach dem Wesen des Beobachtungsbegriffs selbst ausgeschlossen ist". Daraus ergebe sich „... eine in der Physik ganz neue Situation bezüglich der Analyse und Synthese von Erfahrungen, die uns dazu zwingt, das Kausalitätsideal durch einen allgemeineren Gesichtspunkt zu ersetzen, den man ‚Komplementarität' zu nennen pflegt."[11]

Denselben Gedanken — etwas verständlicher formuliert — äußerte Bohr schon 1927. Durch die Unentbehrlichkeit des Planckschen Wirkungsquantums sei man gezwungen, „... in stets höherem Grade auf eine rein kausal durchgeführte Beschreibung des Verhaltens der einzelnen Atome in Raum und Zeit zu verzichten und mit freier Wahl zwischen verschiedenen Möglichkeiten von Seiten der Natur zu rechnen, über deren Ausfall nur Wahrscheinlichkeitsbetrachtungen angestellt werden können."[12]

„Wir sind hier soweit von einer Kausalbeschreibung entfernt, daß einem Atom in einem stationären Zustand im allgemeinen eine freie Wahl zwischen verschiedenen Übergangsmöglichkeiten zu anderen stationären Zuständen zugestanden werden muß."[13]

Als Ersatz für das angeblich überholte Kausalitätsprinzip erfand Bohr sein Komplementaritätsprinzip; es besagte anfänglich, daß eine Darstellung mikrophysikalischer Vorgänge in Raum und Zeit die gleichzeitige Darstellung ihrer Kausalzusammenhänge prinzipiell ausschließe, wenn mit klassischen Begriffen gear-

---

[8] Vgl. *P. Jordan*, „Die Wandlung unseres Naturbildes", S. 11–18.

[9] *P. Jordan*, „Der gescheiterte Aufstand", 1957, S. 118.

[10] Insbesondere der 1931 in der Broschüre „Atomtheorie und Naturbeschreibung" deutsch erschienenen vier Aufsätze.

[11] *N. Bohr*, „Kausalität und Komplementarität", in: „Erkenntnis", Bd. 6, S. 294/95.

[12] *N. Bohr*, „Atomtheorie und Naturbeschreibung", 1931, S. 3. [13] Ebenda, S. 71.

beitet wird. Es ging also anfänglich darum, die Verwendung klassischer Begriffe in der Mikrophysik zu regeln und auftretende Widersprüche zu erklären bzw. zu beseitigen. Bohr schrieb:

„Das Korrespondenzprinzip gibt den Bestrebungen Ausdruck, alle klassischen Begriffe in sinngemäßer quantentheoretischer Umdeutung zu benutzen."[14]

Dagegen ist nichts einzuwenden. Das war ein notwendiger gedanklicher Schritt zur Quantentheorie. Problematischer und umstrittener ist aber der Schritt vom Korrespondenzprinzip zum Komplementaritätsprinzip.

De Broglie charakterisiert das Wesen der Komplementarität folgendermaßen:

„Unter komplementärer Beschreibung muß man Beschreibungen verstehen, die sich ergänzen, aber streng genommen unvereinbar sind. Jede dieser komplementären Beschreibungen ist nach Bohr eine Idealisierung, die gestattet, gewisse Aspekte, aber nicht alle, darzustellen."[15]

Das ist richtig, soweit es sich um objektive Aspekte des Geschehens handelt, die tatsächlich widersprüchlich sind, wie z. B. der Welle-Korpuskel-Dualismus. Der Fehler von Bohr u. a. in der Frage der Kausalität besteht aber darin, daß eine prinzipielle Widersprüchlichkeit zwischen Raum-Zeit-Beschreibung und kausaler Darstellung behauptet wird und deshalb das Kausalitätsprinzip aufgegeben werden soll. Das Ersetzen der Kausalität durch Komplementarität ist völlig abzulehnen. Das Komplementaritätsprinzip hat in anderem Zusammenhang eine gewisse Berechtigung (auf die de Broglie sehr treffend hinweist), nicht aber als Ersatz für das Kausalitätsprinzip.

Dieses Komplementaritätsprinzip ist die spezielle Erfindung Bohrs. Es ist seiner Natur nach kein physikalisches Prinzip, auch keine besondere erkenntnistheoretische Entdeckung, sondern eine konstruierte Regel, wie man die mechanisch-metaphysischen Begriffe der klassischen Physik im Bereich der Mikrophysik anwenden kann, welche Entsprechungen und Einschränkungen hierbei bestehen.

Es zeugt von großer philosophischer Verworrenheit, wenn die Positivisten diese behelfsmäßige methodische Regel als Überwindung und Ersatz für grundlegende Beziehungen der objektiven Realität, insbesondere der Kausalität, ausgeben. Vom positivistischen Standpunkt ist das allerdings „nur" das Ersetzen eines Denk- und Vorstellungsschemas durch ein anderes, da sie ja die objektiv-reale Existenz der Kausalität leugnen. Das hängt mit ihrer schon dargelegten Leugnung der objektiven Realität,der vom erkennenden Bewußtsein unabhängigen realen Außenwelt zusammen, hat darin seine philosophische Grundlage.

Obwohl Bohr und Heisenberg stets die Notwendigkeit einer Revision der alten Begriffe der klassischen Mechanik betonen, operieren sie ständig mit diesen Begriffen der klassischen Physik, die voll und ganz von mechanistischem Gedankengut durchdrungen sind. Auch der Inhalt der fundamentalsten Begriffe (Ort, Impuls, Kausalität, Raum und Zeit, Determinismus usw.) der klassischen Physik war nur einseitig in mechanistischer Richtung ausgebildet.

---

[14] Ebenda, S. 5.

[15] *L. de Broglie*, „Licht und Materie", 1943, S. 268.

In der Natur aber ging und geht es dialektisch zu. Unser Denken erfaßt diesen Prozeß Schritt für Schritt immer tiefer und besser. Dabei ist es überhaupt nicht verwunderlich, daß die allgemeinen Begriffe der klassischen Physik einmal würden weiterentwickelt werden müssen. Das konnte nur dadurch geschehen, daß sie von ihrer mechanisch-metaphysischen Einseitigkeit befreit und allseitig gefaßt wurden. Das hätte die Anwendung der Dialektik erfordert. Da das nicht geschah, mußte zwangsläufig einmal ein bedeutender Widerspruch zwischen naturwissenschaftlicher Erkenntnis und ihrem Begriffsinstrumentarium auftreten. Dieser Fall trat in der Mikrophysik auch ein. Es stellte sich z. B. heraus, daß die Elementarteilchen eine Einheit von Welle und Korpuskel sind. Nun sind aber die mechanistischen Begriffe von Welle und Korpuskel absolut unvereinbar miteinander, sie widersprechen sich, schließen sich gegenseitig aus. Ähnlich war es mit den mechanistischen Begriffen Determinismus, Raum, Zeit, Lage, Impuls usw. Die naturwissenschaftlichen Experimente erwiesen aber hartnäckig, daß die Elementarteilchen eben doch eine Einheit von Gegensätzen darstellen, die nach metaphysischer Denkweise nicht zu vereinbaren sind, daß ihr Wesen widersprüchlich ist, daß ein und dasselbe Objekt Eigenschaften hat, die sich – nach dem mechanistischen Inhalt der entsprechenden Begriffe – ausschlossen.

Das nächstliegende wäre nun gewesen, vom Standpunkt der dialektischen Erkenntnistheorie, der das Auftreten solcher Erscheinungen nie verwunderlich sein konnte, den Inhalt der alten Begriffe entsprechend den objektiven Erfordernissen und Erkenntnissen zu präzisieren, richtiger und besser zu fassen. Außerdem steht eine dialektische Philosophie nie hilflos vor der Tatsache, daß z. B. die Elementarteilchen einen Dualismus von Welle- und Korpuskeleigenschaften aufweisen. Für sie ist es auch nichts Schreckliches und Unbegreifliches, daß das Gesetzmäßige und Zufällige an ein und demselben Ereignis zum Ausdruck kommt, daß sich die Notwendigkeit durch den Zufall durchsetzt. Zufall und Gesetzmäßigkeit sind eine dialektische Einheit. Es gibt weder den reinen Zufall noch die reine Gesetzmäßigkeit. Im und durch den Zufall setzen sich die Gesetzmäßigkeiten durch, realisieren sie sich. An der Oberfläche der Erscheinungen tritt der Zufall auf; er steht aber nie außerhalb der Gesetzmäßigkeiten, sondern wirkt nur in ihrem Rahmen und wird von ihnen bestimmt.

Eine solche philosophische Einschätzung und Auffassung der neueren naturwissenschaftlichen Erkenntnisse muß aber jenen Naturwissenschaftlern fremd sein, die die Dialektik nicht kannten. Sie suchten andere Auswege. Sie lehnten eine „durchgreifende Umgestaltung der bisherigen, der alltäglichen Erfahrung angepaßten Begriffsbildung...“ab, da sie – nach Bohr – auf einer „Verkennung der Sachlage“ beruhe.[16]

Das bedeutet – philosophisch gesehen – ein Beharren in der Metaphysik, die – wie Engels es ausdrückte – nur für den Hausgebrauch, für den Alltag genügt, mit der man aber in anderen Gebieten in große Schwierigkeiten kommen kann.

„Die abstrakte Identität, wie alle metaphysischen Kategorien, reicht aus für den *Hausgebrauch*, wo kleine Verhältnisse oder kurze Zeiträume in Betracht kommen; die Grenzen,

[16] *N. Bohr*, „Kausalität und Komplementarität“ in „Erkenntnis“, Bd. 6, S. 297.

innerhalb derer sie brauchbar, sind fast für jeden Fall verschieden und durch die Natur des Gegenstandes bedingt – in einem Planetensystem, wobei für die ordinäre astronomische Rechnung die Ellipse als Grundform angenommen werden kann, ohne praktisch Fehler zu machen, viel weiter als bei einem Insekt, das seine Metamorphose in einigen Wochen vollendet. (Andre Beispiele zu geben, z. B. Artenveränderungen, die nach einer Reihe von Jahrtausenden zählen.) Aber für die zusammenfassende Naturwissenschaft, selbst in jeder einzelnen Branche, ist die abstrakte Identität total unzureichend, und obwohl im ganzen und großen jetzt praktisch beseitigt, beherrscht sie theoretisch noch immer die Köpfe, und die meisten Naturforscher stellen sich vor, Identität und Unterschied seien unversöhnliche Gegensätze, statt einseitige Pole, die nur in ihrer Wechselwirkung, in der Einfassung des Unterschieds *in* die Identität, Wahrheit haben."[17]

Das von Engels vorhergesagte Problem war nach der Jahrhundertwende in der Naturwissenschaft akut geworden. Das typisch undialektische Entweder-Oder-Denken, das Unverständnis gegenüber der widersprüchlichen Einheit gegensätzlicher Aspekte, die absoluten starren Identitätsvorstellungen waren nun in Widerspruch geraten zu der immer klarer sichtbar werdenden objektiv-dialektischen Struktur des Naturgeschehens. Die Dialektik der Natur drängte sich dem Naturforscher auf, die Experimente gaben Kunde davon, doch das Begriffsinstrumentarium, die Denk- und Vorstellungsweise war mechanistisch, undialektisch, sie vermochte diese neuen Züge nicht zu erfassen, weder zu erklären noch auch nur zu beschreiben. Logische Widersprüche drohten überall aufzutreten. Wie sollte, wie konnte das verhindert werden? Wie konnten die Ergebnisse der Experimente ohne logische Widersprüche in der altbekannten Begriffswelt beschrieben und erfaßt werden? Das war die erkenntnistheoretische Situation, in der Bohr sein Komplementaritätsprinzip entwickelte, mit dem er einen Ausweg gefunden zu haben glaubte. Dieses Prinzip basiert auf der allgemein philosophischen Grundlage des Positivismus und stützt sich im besonderen noch auf die Unbestimmtheitsrelationen. So besteht nach Bohr sogar „die eigentliche Rolle der Unbestimmtheitsrelationen darin, daß sie in quantitativer Weise die logische Verträglichkeit voneinander scheinbar widersprechenden Gesetzmäßigkeiten sichern."[18] Die logische Verträglichkeit von einander widersprechenden Aspekten der Elementarteilchen und mikrophysikalischer Prozesse zu sichern, ist auch das Anliegen des Komplementaritätsprinzips. Statt also die alten metaphysisch beschränkten Begriffe inhaltlich entsprechend den neuen Erkenntnissen weiter zu entwickeln, das Mechanistische daraus zu entfernen, konstruierte Bohr das Komplementaritätsprinzip, mit dem die inneren Widersprüche zwischen dem undialektischen mechanistischen Inhalt der alten Begriffe der klassischen Physik und der mikrophysikalischen Realität in ein System gezwängt werden.

In gewissem Grade gelingt mit seiner Hilfe auch eine allerdings sehr komplizierte logisch widerspruchsfreie Beschreibung einzelner Seiten mikrophysikalischer Phänomene, aber nur um den unannehmbaren Preis noch viel größerer Widersprüche an anderer Stelle, um den Preis der Aufgabe der bewährten These von der

[17] *F. Engels*, „Dialektik der Natur", Berlin 1955, S. 229.
[18] *N. Bohr*, „Kausalität und Komplementarität" in „Erkenntnis", Bd. 6, S. 297.

durchgängigen Gültigkeit des Kausalgesetzes, der Aufgabe der Objektivierbarkeit und anderer wichtiger erkenntnistheoretischer Grundsätze wissenschaftlicher Naturbetrachtung.

Der schädliche Charakter des Ganzen liegt weiter darin, daß die Entwicklung und Verbreitung der Dialektik in der modernen Physik gehemmt und das Verharren in der Metaphysik und — dadurch verursacht — im Idealismus verlängert wird. Andererseits braucht man in der modernen Naturwissenschaft das Komplementaritätsprinzip eben nur, wenn man auf einem metaphysischen Standpunkt stehen bleibt. Nur auf einem solchen philosophischen Boden konnte das Komplementaritätsprinzip entstehen und nur auf ihm kann es weiterbestehen.

Das Komplementaritätsprinzip selbst ist meines Erachtens aber kein besonderes idealistisches Prinzip. In dieser Beziehung vermag ich den Ausführungen Omeljanowskis[19] und Korchs[20] über das Komplementaritätsprinzip nicht voll zuzustimmen. Sehr interessante neue Hinweise zur Frage des Komplementaritätsprinzips und seiner Rolle in der Physik gab A. S. Arsenjew.[21]

Auch wenn die philosophischen Ausführungen der modernen naturwissenschaftlichen Positivisten zum großen Teil um dieses Prinzip kreisen, so heißt es doch, seine Bedeutung überschätzen, wenn man in ihm — wie Omeljanowski — das Wesen des Idealismus der Kopenhagener Schule sieht. Dieses Prinzip ist nur Ausdruck, Erscheinung, die das philosophische Wesen des Positivismus zum Teil verdeckt. Nicht weil Bohr das Komplementaritätsprinzip entwickelte. ist er subjektiver Idealist, sondern weil er in metaphysischem und subjektiv-idealistischem Denken steckenblieb, fand er keinen anderen Ausweg als ein solches Prinzip als trügerischen und dazu noch komplizierten Notbehelf zu erfinden.

Der subjektive Idealismus steckt in den Ausgangspunkten, von denen aus Bohr zu seinem Komplementaritätsprinzip kam — nämlich in der These von der willkürlichen Grenze zwischen Subjekt und Objekt im Bereich der Mikrophysik, in der These von der unkontrollierbaren Störung des Objekts durch den Beobachter u. a. m.

So schreibt z. B. Heisenberg:

„Das Kausalgesetz in seiner klassischen Form kann also seinem Wesen nach nur für abgeschlossene Systeme definiert werden. In der Atomphysik ist aber im allgemeinen mit jeder Beobachtung eine endliche, bis zu gewissem Grade unkontrollierbare Störung verknüpft, wie dies in der Physik der prinzipiell kleinsten Einheiten auch von vornherein zu erwarten war. Da andererseits jede raumzeitliche Beschreibung eines physikalischen Vorganges durch die Beobachtung des Vorganges bedingt ist, so folgt, daß die raumzeitliche Beschreibung von Vorgängen einerseits und das klassische Kausalgesetz andererseits komplementäre, einander ausschließende Züge des physikalischen Geschehens darstellen."[22]

---

[19] „Woprossy Filosofii", Heft 1/1955, S. 149–196 (russ.). Rezension des Werkes von Heisenberg „Philosophische Probleme der Atomphysik".

[20] *H. Korch*, „Zur Kritik des physikalischen Idealismus C. F. v. Weizsäckers", Berlin 1959, S. 93ff.

[21] *A. S. Arsenjew*, „Das Korrespondenzprinzip in der modernen Physik" in„ Woprossy Filosofii", Heft 4/1958.

[22] *W. Heisenberg*, „Die physikalischen Prinzipien der Quantentheorie", Leipzig 1944, S. 48.

Ziel des Komplementaritätsprinzips ist es, Widerspruchsfreiheit in der mit Begriffen der klassischen Physik ausgeführten Beschreibung der mikrophysikalischen Phänomene zu sichern. Alle Erläuterungen und Anwendungen des Komplementaritätsprinzips durch die Positivisten belegen diese Behauptung.[23]

Jordan kommt nach der Darlegung eines experimentellen Beispiels (Lichtstrahlung auf einen Schirm mit zwei Öffnungen) für die angebliche Notwendigkeit des Komplementaritätsprinzips zu dem Schluß:

„Wir kommen zu der Einsicht, daß die Möglichkeit eines Experiments, welches eine Entscheidung des Lichtquants für eine bestimmte der beiden Öffnungen erkennen läßt, unvereinbar mit dem Zustandekommen einer Interferenz der durch die beiden Öffnungen gehenden Strahlenbündel ist. Und zwar ist diese Unvereinbarkeit so zu verstehen, daß ein Verstoß gegen sie nicht nur den (revidierbaren) klassisch physikalischen Vorstellungen, sondern schlechthin den Gesetzen der Logik widersprechen würde."[24]

Nach der Darstellung der dadurch gegebenden Alternative für das Experimentieren stellt Jordan fest:

„Damit liegt aber jetzt das eigentliche Charakteristikum der Quantenphysik und ihr grundsätzlicher Unterschied gegenüber allen klassischen Vorstellungsformen offen zutage und wir erkennen, wie es möglich wird, daß in einer logisch widerspruchsfreien Gesetzlichkeit ein- und dasselbe physikalische Gebilde Eigenschaften besitzt, die niemals widerspruchsfrei zusammen in Erscheinung treten können: die quantenphysikalischen Naturgesetze erlauben ihnen nur ein *getrenntes* Hervortreten in die experimentelle Beobachtung."[25]

An anderer Stelle versucht Jordan, ausgehend von Bohrs Hinweisen, daß das Komplementaritätsprinzip auch in anderen Wissenschaften, insbesondere der Biologie, Bedeutung haben könnte[26] – (auch dort geriet man auf Grund dialektischer Züge der Forschungsobjekte in Schwierigkeiten, weil starre alte metaphysisch beschränkte Begriffe verwendet wurden) –, den Bohrschen Komplementaritätsgedanken in der Psychologie anzuwenden und mit der Verdrängungshypothese von Freud zu verbinden. Dabei zeigte er an einem Schema den Sinn des Komplementaritätsgedankens als logischer Methode:

„Sinn der Unvereinbarkeit:

Der Mensch kann nicht gleichzeitig sagen: ‚Ich bin Person P' und ‚Ich bin die (von P verschiedenen) Person Q'.	Das Elektron kann nicht gleichzeitig als ausgedehnte Welle und als ausdehnungsloser Punkt beobachtbar sein."[27]

[23] *N. Bohr* schreibt z. B. in seinem Artikel „Das Quantenpostulat und die neuere Entwicklung der Atomistik", 1927: „Es ist der Hauptzweck des Artikels zu zeigen, daß der erwähnte Zweck von Komplementarität für die widerspruchsfreie Deutung der quantentheoretischen Methoden entscheidend ist." („Atomtheorie und Naturbeschreibung", S. 7).

[24] *P. Jordan*, „Anschauliche Quantentheorie", Berlin 1936, S. 116/17.

[25] Ebenda, (vgl. dazu den gesamten §6 des 2. Kapitels).

[26] *N. Bohr*, „Atomtheorie und Naturbeschreibung", S. 13ff.

[27] *P. Jordan*, „Verdrängung und Komplementarität", S. 45/46.

Heisenberg kommt in Anwendung des Bohrschen Komplementaritätsprinzips für die Physik zu folgendem Schema:

Klassische Theorie	*Quantentheorie*		
	entweder		*oder*
Raumzeitbeschreibung	Raumzeit-beschreibung	Statistische Zusammenhänge	Mathematisches Schema nicht in Raum u. Zeit
Kausalität	Unbestimmtheitsrelation		Kausalität

Er schreibt dazu:

„Erst wenn man versucht, sich dieser grundlegenden Komplementarität von Raumzeitbeschreibung und Kausalität in der Begriffsbildung anzupassen, kann man die Widerspruchsfreiheit der quantentheoretischen Methoden ... beurteilen.“[28]

Später erklärten' die Vertreter der Kopenhagener Schule, daß dieses Prinzip auch auf anderen Gebieten anwendbar sei. Bohr selbst weist daraufhin, „... daß wir auch auf anderen Gebieten der menschlichen Erkenntnis scheinbaren Widersprüchen begegnen, die nur unter dem Gesichtspunkt der Komplementarität vermeidbar sein dürften.“[29]

An keiner Stelle wird von den Anhängern des Komplementaritätsprinzips zwischen logischen und dialektischen Widersprüchen unterschieden. Gewiß kann ein Mensch nicht gleichzeitig sagen: Ich bin Person P und die von P verschiedene Person Q. Einen solchen logischen Widersinn rechtfertigt auch die Dialektik nicht.[30] Aber solche logischen Widersprüche darf man nicht mit den realen dialektischen Widersprüchen in der Natur und Gesellschaft verwechseln. Beide sind zwei ganz verschiedene Dinge, die nur die sprachliche Bezeichnung als „Widerspruch“ gemeinsam haben. Die Teilchen der Mikrophysik z. B. sind eine Einheit gegensätzlicher, widersprüchlicher Momente. Hier tritt ein realer Widerspruch auf. Diese Teilchen sind nicht einmal Materiepunkt (Korpuskel) und ein andermal zu einem anderen Zeitpunkt Materiefeld (Welle), sondern sie sind eine widerspruchsvolle Einheit dieser einander ausschließenden Eigenschaften, sie sind Welle und Korpuskel, Materiefeld und Materiepunkt (allerdings nicht im mechanischen Sinn als starrer unveränderlicher Massenpunkt) zugleich. Die menschliche Beobachtung gibt ihnen nicht diese Eigenschaften, sondern stellt sie an ihnen fest. Dabei ist es keineswegs verwunderlich, daß bei der einen Beobachtung die eine Seite der Teilchen erkannt wird und bei

[28] *W. Heisenberg*, „Physikalische Prinzipien der Quantentheorie“, 1944, S. 49.

[29] *N. Bohr*, „Kausalität und Komplementarität“ in „Erkenntnis ‘, Bd. 6, S. 299.

[30] Vgl. hierzu die ausführlichen Darlegungen in meinem Diskussionsbeitrag „Gedanken über das Verhältnis von Logik und Dialektik“, in: „Wissenschaftliche Zeitschrift der Universität Rostock“, Gesellschaftswissenschaftliche Reihe, Heft 3—1955/56, S. 325—335.

einer anderen Beobachtung die andere. In der Einheit dieser beiden Seiten besteht die innere dialektische Widersprüchlichkeit, die den Teilchen real eigen ist. Das ist allerdings eine mit der metaphysischen Denkweise der klassischen Physik nicht erklärbare neue Seite der Naturerscheinungen. Mit ihr werden die Positivisten nicht fertig, denn ihr Ziel ist, jede Widersprüchlichkeit überhaupt zu eliminieren. Hierin liegt der stark metaphysische Gehalt des Komplementaritätsprinzips. Dadurch werden für die theoretische Erfassung mikrophysikalischer Erscheinungen unnötige Komplikationen geschaffen. Obwohl das Komplementaritätsprinzip vielen mechanistisch denkenden Physikern geholfen hat, die neuen Phänomene wenigstens etwas zu verstehen, erschwert es doch die klare und richtige philosophische Interpretation der neuen Ergebnisse der Mikrophysik und stiftet philosophische Verwirrung. Andererseits muß man auch erkennen, wie sich hier die objektive Dialektik der Natur dem Forscher aufzwingt, wie sich dialektisches Denken Bahn bricht, allerdings verquickt und überwuchert durch subjektiv-idealistisches Denken, gehemmt und verzerrt durch die metaphysische Enge des Mechanizismus. Die Geburt des dialektischen Denkens wie auch des materialistischen Denkens in der modernen Naturwissenschaft ist ein sehr langwieriger, schwieriger und widerspruchsvoller Prozeß, wenn er nicht durch bewußte Anwendung des dialektischen Materialismus abgekürzt und beschleunigt wird.

Es ist so wie Lenin voraussagte: Die moderne Physik steuert auf die dialektische Methode hin, „aber nicht schnurstracks, sondern im Zickzack, nicht bewußt, sondern instinktiv, .. manchmal sogar mit dem Rücken voran.“[31] Dabei gibt es auch tote Abfallprodukte, mit denen das Vorwärtsweisende vermengt ist. Daher ist es schwer, richtig zu differenzieren. Es besteht stets die Gefahr, einfach alles zu den Abfallprodukten zu zählen und diesen tastenden keimenden Durchbruch dialektischen Denkens zu übersehen, andererseits besteht in gleichem Maße die entgegengesetzte Gefahr, nämlich Abfallprodukte für das Neue zu halten. Unserer Einschätzung nach deutet sich beim Komplementaritätsprinzip an, daß sich das Denken der Physiker hier tastend dem dialektischen Prinzip von der Einheit und dem Kampf der Gegensätze in seiner konkreten Form in der Mikrophysik annähert, allerdings eben „mit dem Rücken voran“, d. h. ausgehend von subjektiv-idealistischen Positionen, also in positivistischer Verkleidung, die aber nicht nur lose um das Komplementaritätsprinzip herumgehüllt ist, sondern es durchdringt. Darin besteht die Kompliziertheit des Prozesses. Daraus erklärt sich auch, weshalb als totes und reaktionäres Abfallprodukt dieses Prozesses die Leugnung des Determinismus und der Kausalität herauskommt, eine Leugnung, die mit Hinwendung zu dialektischem Denken gar nichts zu tun hat. Jeder Versuch, das Kausalprinzip und den dialektischen Determinismus durch das Komplementaritätsprinzip zu ersetzen, ist falsch und schädlich und bedeutet eben, tote Abfallprodukte für Keime des Neuen zu halten. Umgekehrt bedeutet die Gleichsetzung des Komplementaritätsprinzips mit seinen subjektiv-idealistischen Ausgangsthesen ein Ignorieren des Neuen im Denken

---

[31] *W. I. Lenin*, „Materialismus und Empiriokritizismus“, S. 304.

bürgerlicher Naturwissenschaftler und eine Fehleinschätzung der philosophischen Bedeutung des ganzen Umdenkungsprozesses in der bürgerlichen Physik der Gegenwart.

Das Komplementaritätsprinzip selbst — abgesehen von all den mit ihm verbundenen positivistischen Thesen — ist kein physikalisches, sondern vor allem ein philosophisch-methodologisches Prinzip. Es ist eine naturwissenschaftlich aufbereitete methodologische Regel, wie die einander ausschließenden, aber doch zusammenhängenden entgegengesetzten Eigenschaften mikrophysikalischer Prozesse und Phänomene logisch widerspruchsfrei erfaßt in den alten Begriffen dargelegt und evtl. sogar ein wenig verstanden werden können. Es hat sich den Physikern empirisch aufgedrängt, ist aber noch nicht theoretisch begründet worden. Es erinnert etwas an den Aristotelischen Satz vom verbotenen Widerspruch (es ist unmöglich, daß Dasselbe Demselben zugleich und in derselben Beziehung zukommen und nicht zukommen kann), geht aber darüber hinaus. Es betrifft nicht nur die Form des Denkens, des Operierens mit Begriffen, sondern beinhaltet die wichtige inhaltliche Aussage (die eben stark dialektisch ist), daß sich komplementäre Attribute zwar ausschließen, aber dennoch faktisch ergänzen und die metaphysische Entweder-Oder-Alternative hier fehl am Platze ist.

Hier drückt die objektive Dialektik der Natur diesem Prinzip ihren Stempel auf. Während das logische Prinzip des Aristoteles logische Widersprüche ausschließt, soll das Komplementaritätsprinzip eine Regel zur logisch widerspruchsfreien Darstellung der objektiven dialektischen Widersprüchlichkeit mikrophysikalischer Vorgänge sein. In seiner metaphysischen Anlage und auf dem subjektiv-idealistischen Boden des Positivismus kann das Prinzip diese Aufgabe nur teilweise und behelfsmäßig erfüllen. Es konserviert letztlich metaphysisches und idealistisches Denken. Die bewußte Anwendung der Regeln der Logik und der Grundprinzipien der materialistischen Dialektik machen ein solches zusätzliches methodologisches Prinzip in der Mikrophysik überflüssig. Besonders schädlich ist das Komplementaritätsprinzip durch seine Verquickung und Durchdringung mit positivistischem Denken. Es dient besonders dazu, die Kausalität und den Determinismus zu beseitigen.

So richtig es ist, Welle- und Korpuskelcharakter der Elementarteilchen als „komplementäre" Züge der Teilchen aufzufassen, so unhaltbar und schädlich ist die These, Raum-Zeit-Beschreibung und kausale Darstellung seien ebenfalls komplementär.

Die von den Positivisten entwickelte Alternative: Entweder Kausalitätsprinzip oder Komplementarität ist nicht stichhaltig. Das Kausalitätsprinzip ist die philosophische These, daß absolut nichts ohne Ursachen geschieht, daß alles Geschehen in der Wirklichkeit Ursachen hat. Die These, daß es in der Wirklichkeit entgegengesetzte, widersprüchliche Eigenschaften und Prozesse gibt, die sich aber gegenseitig ergänzen, die eine Einheit bilden, ist der rationelle Inhalt des Komplementaritätsprinzips. Wie können sich beide ausschließen?

Wenn natürlich in das Komplementaritätsprinzip alle möglichen positivistischen Thesen hineingelegt werden, kommt es zur Behauptung, die Objektivierbarkeit des physikalischen Geschehens sei komplementär zur Kausalität, unter der die Positivisten ja auch nur eine subjektiv-zweckmäßige und beliebige Form der Beschreibung von Beobachtungen u. a. Wahrnehmungen sehen. Die angebliche Unvereinbarkeit von klassischer Raum-Zeit-Beschreibung und kausaler Darstellung bedeutet natürlich faktisch zumindest eine starke Einschränkung der Gültigkeit und Anwendbarkeit des Kausalitätsprinzips und damit die Leugnung des durchgängigen Determinismus.

In dieser Auffassung der Kausalität und des Determinismus liegt eine Besonderheit des modernen naturwissenschaftlichen Positivismus im Vergleich zu dem Positivismus Machs und Avenarius'. Die Empiriokritizisten leugneten seinerzeit im wesentlichen den objektiven Charakter der Kausalität und faßten sie im Sinne Kants als apriorische Anschauungsformen, als menschliche Ordnungsschemata für Empfindungen auf. Diese alte positivistische von Kant hergeleitete Auffassung wird von E. Schrödinger heute noch vertreten. Er schreibt:

„Das Verhältnis der Abhängigkeit von Ursache und Wirkung ist – wie schon Hume erkannte – nicht etwas, was wir in der Natur vorfinden, sondern es betrifft die Form unseres Nachdenkens über die Natur."[32]

Die Brauchbarkeit der Kausalitätsvorstellung im einzelnen jedoch wurde nicht bestritten, und ihre Anwendbarkeit nicht auf gewisse Gebiete eingeschränkt. Die modernen Positivisten indessen schränken die Gültigkeit des Kausalitätsprinzips auf das Gebiet der Makrophysik ein und versuchen es durch ein „umfassenderes" allgemeineres für alle Bereiche, also auch für die Mikrophysik gültiges Prinzip, nämlich das Komplementaritätsprinzip zu ersetzen.

Jordan formuliert unter Berufung auf Heisenberg ganz offen, „daß die Quantentheorie die definitive Widerlegung des Kausalitätsprinzips vollzogen hat."[33]

Dort, wo die Positivisten die Kausalität überhaupt noch gelten lassen, wird sie nicht als objektiv-reale Beziehung, sondern subjektiv-idealistisch als Anschauungsform aufgefaßt.

„Die Kausalität ist die Anschauungsform für die Einordnung der Sinneswahrnehmungen."[34]

Zusammenfassend kann man feststellen, daß die modernen naturwissenschaftlichen Positivisten hinsichtlich der Kausalität und des Determinismus die Auffassung vertreten, daß

1. die Kausalität nicht objektiv real existiert (daran ändert auch nichts, daß sie für den Bereich des Makrokosmos Objektivierbarkeit und Kausalität in Worten oft anerkennen) und
2. daß die idealistisch aufgefaßte Kausalität außerdem nur für den Bereich des Makrokosmos gilt und für den Bereich des Mikrokosmos durch das Komplementaritätsprinzip ersetzt wird.

---

[32] *E. Schrödinger*, „Über Indeterminismus in der Physik", S. 50.

[33] *P. Jordan*, „Der gescheiterte Aufstand", S. 56.

[34] *N. Bohr*, „Atomtheorie und Naturbeschreibung", S. 76.

Auf der Basis solcher Auffassungen wird dann der Zusammenbruch des Determinismus proklamiert und die These von der Willensfreiheit der Elementarteilchen und der Akausalität mikrophysikalischen Geschehens aufgestellt.

Diese in Kreisen idealistischer Physiker weit verbreitete Auffassung charakterisierte Fogarasi kurz und treffend mit der Feststellung:

„Dem sogenannten Weltbild der klassischen Physik stellt der physikalische Idealismus eine Art von neuem Weltbild gegenüber, dessen Grundelemente sind: Statistik, Wahrscheinlichkeit, Zufall, Wahl, Willkür, Freiheit."[35]

Über die Folgerungen, die aus solchen Äußerungen und Ansichten bedeutender Physiker von verschiedenster Seite gezogen wurden, schreibt selbst E. Zimmer:

„Aus der behaupteten ‚Akausalität' im Atomaren sind weitgehende Folgerungen für die Biologie und sogar die Religion gezogen worden, die natürlich allgemeines Interesse weit über den Kreis der physikalisch Interessierten hinaus erregt haben. Es ist bekannt, daß bestimmte biologische Vorgänge im Gesamtorganismus mit Hilfe besonderer Verstärkervorrichtungen gesteuert werden. Sie können evtl. Mutationen oder auch den Tod der Zellen und des Lebewesens zur Folge haben. Jordan und einige Biologen sind der Meinung, daß diese Steuerung von mikrophysikalischen Vorgängen in den Zellen ausgeht, d. h. den Zonen, in denen die behauptete mikrophysikalische Freiheit herrscht. ‚Leben ist', sagt Jordan, ‚ein Wirken aus der Akausalität der Unterwelt in die kausal gebundene Oberwelt hinein.' Von hier aus glaubt er ein naturwissenschaftliches Verständnis für das gefunden zu haben, was man ‚Freiheit des Willens' nennt. Von anderen wird sogar die metaphysische Meinung vertreten, daß die göttliche Schöpferkraft nicht nur wie im klassischen Materialismus das Räderwerk der Welt einmal in Bewegung gesetzt hat, sondern diese Unbestimmtheiten im Atom benutzt, um immer wieder lenkend ins Weltgeschehen einzugreifen."[36]

Auf diese Weise wird dem religiösen Wunderglauben wieder eine theoretische Basis geschaffen. Zimmer versucht sich zwar von solchen exponierten Ansichten abzugrenzen, stellt aber am Schluß seines Buches nach einem gegen den Materialismus gerichteten Abschnitt selbst fest:

„Naturwissenschaft ist nicht Weltanschauung, sie spürt nur (!) den Atem Gottes in der Natur."[37]

Die Ideologen der Bourgeoisie, einschließlich der Vertreter der Kirche, sorgen schon in genügendem Maße dafür, daß solche Äußerungen im Sinne ihrer Weltanschauung verbreitet werden. Am Ende steht dann die Auffassung, daß die menschliche Gesellschaft in ihrer Entwicklung nicht von inneren Gesetzen bestimmt ist, sondern unvorhersehbare, unbestimmte Resultante freier Entscheidungen der Menschen, ja sogar unfaßbarer „Verstärkerwirkung" der Elementarteilchen im Gehirn der Menschen sei. Daß diese „freien" Entscheidungen der Menschen nichts mit mikrophysikalischen Prozessen zu tun haben, sondern weitgehend von der sozialen Lage der sich entscheidenden Menschen bestimmt werden und daß darin Gesetzmäßigkeiten zum Ausdruck kommen, übersehen diese bürgerlichen Ideologen geflissentlich im Klasseninteresse der Bourgeoisie.

[35] *B. Fogarasi*, „Kritik des physikalischen Idealismus", Berlin 1953, S. 92.

[36] *E. Zimmer*, a. a. O., 10. Auflage, 1954, S. 275/76.

[37] Ebenda, S. 296 (Ausrufungszeichen von mir – H. V.)

4. KAPITEL

POSITIVISMUS, PHYSIKALISCHER IDEALISMUS UND MODERNE NATURWISSENSCHAFT

Wir haben die philosophische Grundkonzeption der naturwissenschaftlichen Positivisten umrissen. Jetzt können wir exakt beurteilen, was von der wiederholt zitierten Behauptung der Positivisten zu halten ist, daß ihre Philosophie die „reine naturwissenschaftliche Philosophie" des 20. Jahrhunderts sei, daß sie den alten Streit der „Ismen" überwunden, daß sie weder Materialismus noch Idealismus, sondern eine neue, dritte Richtung geschaffen hätten.

„Aus positivistischer Ferne gesehen sind Materialismus und Idealismus nahe beieinander."[1]

Es ist wohl hinreichend belegt worden, daß solche Behauptungen eine Spiegelfechterei sind, daß sie sachlich unhaltbar sind. Allerdings ist zu berücksichtigen, daß die Positivisten ihre eigene Vorstellung darüber haben, was Materialismus und was Idealismus ist. Bei all ihren angeblichen Widerlegungen des Materialismus zeigt sich deutlich, daß sie stets den mechanistischen oder Vulgär-Materialismus widerlegen. Über den dialektischen Materialismus besitzen sie keine genügende Sachkenntnis. Unter Idealismus verstehen sie nur eine seiner Grundformen, den objektiven Idealismus. Auf Grund dessen behaupten sie, weder Materialisten noch Idealisten zu sein. Der Positivismus ist aber seinem Wesen nach philosophischer Idealismus, und zwar subjektiver Idealismus. Auch an seinem Beispiel zeigt sich erneut, daß es eine dritte Richtung in der Philosophie, eine Richtung neben oder über dem philosophischen Materialismus und Idealismus der Natur der Sache nach nicht geben kann. Es liegt nicht an der Unfähigkeit der Denker, eine solche dritte Richtung zu begründen, sondern am Wesen des Philosophierens, genauso wie es im Wesen des Kreises liegt, nicht quadriert werden zu können.

Der naturwissenschaftliche Positivismus der Kopenhagener Schule ist ein Teil des physikalischen Idealismus der Gegenwart. Unter physikalischen Idealismus verstehen wir all jene Systeme und Ansichten der bürgerlichen Naturphilosophie, die aus den Entdeckungen der modernen Physik idealistische Schlußfolgerungen ziehen.

Der Terminus physikalischer Idealismus wurde zum ersten Mal von Lenin in diesem Sinn in seinem Werk „Materialismus und Empiriokritizismus" in Anlehnung an den von L. Feuerbach geprägten Ausdruck „physiologischer Idealismus" gebraucht. Mit dem Ausdruck „physiologischer Idealismus" hatte Feuerbach die idealistische Deutung gewisser Ergebnisse der Sinnesphysiologie durch Joh. Müller charakterisiert. Im gleichen Sinn gebrauchte Lenin den Begriff physikalischer Idealismus für idealistische Interpretation der neueren Ergebnisse der Physik. In diesem Sinn verwenden wir den Begriff noch heute, wobei allerdings zu berücksichtigen ist, daß sich der physikalische Idealismus heute nicht mehr auf Deutungen physikalischer Ergebnisse beschränkt, nicht mehr nur in Vor- oder Nachworten oder

[1] *P. Jordan*, „Der gescheiterte Aufstand", S. 35.

besonderen Kapiteln naturwissenschaftlicher Werke zum Ausdruck kommt, sondern daß er eng mit den physikalischen Thesen selbst verschmolzen ist und nicht selten zur direkten Entstellung naturwissenschaftlicher Tatsachen geführt hat.

Die neuen Momente des modernen physikalischen Idealismus gegenüber dem Empiriokritizismus um 1909 hat B. Fogarasi in seiner Arbeit in fünf Punkten klar herausgearbeitet:

„Dieser physikalische Idealismus ist nicht identisch mit *dem*, den Lenin in seinem klassischen Werke kritisiert hat. Genauer gesprochen: er ist identisch und ist auch nichtidentisch. Identisch ist er, insofern das Wesen des physikalischen Idealismus der Gegenwart der Machismus ist[2] und in allen entscheidenden philosophischen Fragen die Leninsche Kritik auch für die Theorien, die in unseren Tagen von den Anhängern des physikalischen Idealismus verbreitet werden, gültig bleibt. Er ist nichtidentisch, insofern der physikalische Idealismus der Gegenwart wichtige neue Momente aufweist. Kurz zusammengefaßt sind diese neuen Momente die folgenden:

1. Der Idealismus verbindet sich noch unmittelbarer mit der physikalischen Theorie als bei Mach.
2. Der *Formalismus*, namentlich der mathematische, spielt eine viel größere Rolle als in den Lehren von Mach und Avenarius.
3. Der Schwerpunkt hat sich auf die Fragen der Kausalität und des Determinismus verlagert. Indem der physikalische Idealismus der Gegenwart den subjektiven Idealismus in neuer Form darlegt, richten sich gleichzeitig seine entscheidenden Kraftanstrengungen darauf, die Auffassung des Materialismus in der Frage der Kausalität und des Determinismus über den Haufen zu werfen.
4. Der neue physikalische Idealismus operiert in sämtlichen Fragen mit dem Gegensatz von Makrophysik und Mikrophysik und gründet seine idealistischen Sätze auf die Interpretation der Mikrophysik (Atomphysik, Quantenmechanik).
5. Der *fideistische* Charakter des Idealismus erscheint in einer viel offeneren und zugespitzteren Form.“[3]

Fogarasi stellte auch fest, daß heute „die große Mehrheit der Physiker des Westens unter dem Einfluß des physikalischen Idealismus steht“.[3] Das war zu Lenins Zeiten noch nicht so. Mach mußte noch im Vorwort zur 2. Auflage seines Vortrages „Die Geschichte und die Wurzel des Satzes von der Erhaltung der Arbeit“ betrübt feststellen, daß er die Anhänger seiner Philosophie an den Fingern abzählen kann, während P. Jordan 1957 feststellt:

---

[2] In diesem einen Punkt können wir Fogarasi nicht voll zustimmen. Der physikalische Idealismus der Gegenwart ist nicht nur Machismus. Der Empiriokritizismus hat die Bresche für den Idealismus in der Naturwissenschaft geschlagen. Durch diese Bresche hat sich dann auch der objektive Idealismus gezwängt, der nun von seiner Warte aus versucht, die moderne Naturwissenschaft philosophisch zu interpretieren. In Form des Neothomismus erlangt diese objektiv-idealistische Strömung des physikalischen Idealismus besonders in Westdeutschland zunehmende Bedeutung. Die Front des physikalischen Idealismus ist breiter geworden. Sie reicht vom extremen Subjektivisten bis zum angeblich „kritischen Realisten“, der z. T. noch elementare naturwissenschaftliche-materialistische Ansichten vertritt, aber in manchen Punkten in den Idealismus abgleitet.

[3] *B. Fogarasi*, „Kritik des physikalischen Idealismus“, Berlin 1953, S. 11/12.

„Aber jedenfalls kann darüber kein Zweifel bestehen, daß das positivistische Denken ein im hohen Maße charakteristischer Zug der modernen Physik ist.“[4]

Diese neuen Tatsachen haben ihre gesellschaftlichen und erkenntnistheoretischen Ursachen. B. Fogarasi schreibt dazu:

„In gesellschaftlicher Beziehung entspricht der Idealismus von heute nicht nur den Bedürfnissen der Bourgeoisie (im allgemeinen), sondern denen des räuberischen Imperialismus der Gegenwart, der dem Lager des Friedens und des Sozialismus gegenübersteht, und dessen aggressiver, kriegerischer Charakter sich viel offenkundiger zeigt als vor dem ersten Weltkrieg. In erkenntnistheoretischer Beziehung nährt sich der Idealismus von denjenigen Schwierigkeiten der Physik der Gegenwart, die von der Relativitätstheorie, vor allem aber von der Atomphysik und der Quantentheorie zutage gefördert worden sind.“[5]

Auf diese Zusammenhänge sind wir im ersten Abschnitt schon eingegangen. Das dort Gesagte gilt nicht für den Positivismus, sondern für den gesamten physikalischen Idealismus. Sein gegenüber 1910 gestiegener Einfluß ist vornehmlich der imperialistischen Gesellschaftsordnung zuzuschreiben. Sehr richtig bemerkt Korch:

„Es war vorauszusehen, daß diese weltanschauliche Richtung (des physikalischen Idealismus — H. V.), die sich in ihrer Argumentation vornehmlich auf die neuesten Ergebnisse der Physik bezog, unter der Bedingung eines zeitweiligen Fortbestehens des kapitalistischen Systems wachsen und ihr Einfluß auf die bürgerlichen Naturwissenschaftler sich vergrößern mußte.“[6]

Der physikalische Idealismus ist eine sehr breite Strömung der bürgerlichen Gegenwartsphilosophie. Er ist das spezifische Kennzeichen der bürgerlichen Naturphilosophie von heute. Als sehr loses System läßt er verschiedensten Strömungen Raum. Das Schrifttum der zeitgenössischen bürgerlichen Naturphilosophie ist sehr vielfältig und umfassend. Wir haben Positivisten, Neo-Thomisten, Kantianer, sogenannte kritische Realisten und bürgerliche Ontologen. Zu den Vertretern der bürgerlichen Naturphilosophie zählen solche bekannten Naturwissenschaftler wie Bohr, Heisenberg, Dirac, Jordan, Weizsäcker, Reichenbach, March, Frank, Schrödinger, solche Philosophen wie Jeans, Eddington, Russell, Wenzl, Weyl, Autoren wie Bavink, Zimmer, Schöndorfer u. a., die Jesuitenpater Wetter, Bocheński, de Vries u. a. Sie alle sind zum physikalischen Idealismus zu rechnen.

Die stärkste, einflußreichste und bedeutendste Richtung des physikalischen Idealismus ist der moderne naturwissenschaftliche Positivismus, jene philosophische Richtung des subjektiven Idealismus, die von der Physik ausgeht, im Unterschied zu derjenigen neopositivistischen Schule, die in der Logik, Mathematik und Sprachwissenschaft den Machschen Empiriokritizismus weiterentwickelte und der als logischer Positivismus oder logischer Empirismus bekannt ist. Allerdings bestehen zwischen beiden Richtungen mancherlei enge Beziehungen. So hielt z. B. der Wiener Kreis den zweiten seiner „internationalen Kongresse für die Einheit der

---

[4] *P. Jordan*, „Der gescheiterte Aufstand“, 1957, S. 14/15.

[5] *B. Fogarasi*, a. a. O., S. 12/13.

[6] *H. Korch*, „Zur Kritik des physikalischen Idealismus C. F. v. Weizsäckers“, Berlin 1959, S. 17.

Wissenschaft" (Juni 1936) im Hause von Niels Bohr in Kopenhagen ab. Bohr selbst hielt den ersten Vortrag, Ph. Frank den zweiten. Im internationalen Komitee, das von diesem Kongreß in einer Stärke von 36 Mitgliedern gewählt wurde, waren mit Bohr, Ph. Frank, Langevin (der damals noch dem französischen Kreis der Positivisten „union rationaliste" angehörte) und Reichenbach vier Vertreter des naturwissenschaftlichen Positivismus. Der positivistische Naturphilosoph H. Reichenbach war eine Zeitlang Mitherausgeber der Zeitschrift der logischen Positivisten „Erkenntnis".[7] Trotzdem ist es m. E. nicht gerechtfertigt, diesen naturphilosophischen Positivismus mit dem physikalischen Idealismus insgesamt gleichzusetzen oder ihn als Methode des physikalischen Idealismus zu betrachten, wie das bei B. Fogarasi und V. Stern manchmal leicht anklingt und m. E. daher rührt, daß die Positivisten ihre Philosophie selbst gelegentlich als Methode bezeichnen.

Es gibt innerhalb des physikalischen Idealismus eine Kritik des Positivismus von Seiten des objektiven Idealismus, z. B. von dem neothomistisch beeinflußten protestantischen Professor B. Bavink und von neothomistischen Philosophieprofessoren des Jesuitenordens (z. B. Wetter und Bocheński), denn manche Positivisten wie E. Mach halten von der dogmatischen katholischen Religion und Philosophie und besonders der katholischen Kirche nicht viel. Viele Vertreter des modernen Positivismus wenden sich allerdings stark der protestantischen Religion zu und gehen dabei vom subjektiven zum objektiven Idealismus über.

Neben der objektiv-idealistischen Kritik am Positivismus gibt es eine wertvollere und wichtigere Kritik von Seiten jener Naturwissenschaftler, besonders Physiker, die mit der positivistischen Philosophie nur in einigen Fragen sympathisieren, in anderen aber objektiv-idealistische (sogenannte realistische) oder naturwissenschaftlich-materialistische Ansichten äußern, ohne daß man sie eindeutig zum Lager des naturwissenschaftlichen Materialismus zählen könnte. Es sind dies der Senior der modernen theoretischen Physik, A. Einstein,[8] Max Born, Oppenheimer, der französische Physiker L. de Broglie sowie andere Naturwissenschaftler (Bohm, Bopp u. a.). In der bürgerlichen Naturphilosophie selbst bekämpfen sich materialistische und idealistische Tendenzen. Der Angelpunkt der Auseinandersetzung ist der naturwissenschaftliche Positivismus, als stärkste Verkörperung des physikalischen Idealismus.

Unter nichtmarxistischen Naturwissenschaftlern fanden sich nicht nur Kritiker in Einzelfragen, sondern auch scharfe prinzipielle Kritiker des Positivismus in allen seinen Grundthesen. Das sind Naturwissenschaftler, die – ohne den dialektischen Materialismus zu kennen – auf dem Boden des elementaren naturwissenschaftlichen Materialismus standen oder stehen und zu allen Grundfragen als Naturwissenschaftler materialistisch Stellung nehmen. Dabei ist zweitrangig, ob sie ihre Stellungnahme als Materialismus bezeichnen oder nicht; entscheidend ist das philosophische Wesen ihrer Ansichten, nicht aber die subjektive Benennung derselben.

[7] Vgl. *V. Kraft*, „Der Wiener Kreis", Wien 1950, S. 5ff. und „Erkenntnis", Band 6, S. 275ff.

[8] W. Heisenberg zählt Einstein direkt zu den Gegnern der Kopenhagener Schule. („Physikalische Blätter", Heft 7/1956, S. 294).

An der Spitze dieser Naturwissenschaftler stehen solche bedeutenden Physiker, wie Max Planck und Max von Laue, die die naturwissenschaftlich-materialistischen Traditionen Boltzmanns, Thomsons, Rückers, Haeckels, Ostwalds, Lorentz' und anderer fortsetzten.

Daß die Kritik Max Plancks am Positivismus scharf und prinzipiell war, wird von den Positivisten manchmal selbst zugegeben. „Seinen entschiedendsten Kritiker hat der Positivismus seit je in Max Planck gefunden."[9]

Wenn auch die Publikationen dieser wertvollen Richtung der bürgerlichen Naturphilosophie zahlenmäßig weit geringer sind als diejenigen des physikalischen Idealismus (was auch wieder seine gesellschaftspolitischen Ursachen hat), so wäre es übereilt, daraus auf eine geringe Wirksamkeit dieser philosophischen Richtung zu folgern. Zwar finden wir unter den Autoren kritischer, insbesondere gegen den Positivismus gerichteter naturwissenschaftlich-materialistischer Schriften keine so große Vielfalt an Namen wie beim physikalischen Idealismus, vielmehr nimmt hier jahrzehntelang der Name Max Plancks fast allein den hervorragenden Platz ein; aber seine kleinen Schriften erreichten eine von Autoren idealistischer Publikationen fast nie erreichte hohe Zahl von Neuauflagen (bis zu zwölf) und wurden sehr viel gelesen. Sie formten das Weltbild zahlreicher Naturwissenschaftler, die ihrerseits ihre Meinung nur selten wieder veröffentlichten. Die physikalischen Idealisten dagegen publizierten in weit größerem Umfang (sowohl in Broschüren und Büchern als auch in Zeitschriften). Sie hatten direkt eigene Organe zur Propagierung ihrer philosophischen Theorien, während die von Max Planck repräsentierte philosophische Richtung weniger in Zeitschriften zu Wort kam.

So bleiben die naturwissenschaftlichen Materialisten meist in der Defensive, vermochten sich zwar achtbar zu behaupten, aber nicht den Positivismus zu zerschlagen. Sie konnten zwar seiner Ausbreitung entgegenwirken, aber ihm nicht seinen Einfluß in großem Maße nehmen.

In manchen Detailfragen waren diese naturwissenschaftlichen Materialisten selbst keine konsequenten Materialisten und gerieten in idealistisches Fahrwasser. Daran erweist sich, daß eine konsequente materialistische Haltung und ein wirksames Verdrängen des Positivismus nur vom Standpunkt des dialektischen Materialismus aus möglich ist.

Allein die Tatsache, daß berühmte Physiker prinzipiell gegen den Positivismus Stellung nahmen und nehmen, zeigt, was von einer sehr beliebten positivistischen These zu halten ist, nämlich der These, der Positivismus sei der philosophische Stammvater der modernen Physik, der Relativitätstheorie und der Quantenmechanik. Die philosophischen Ansichten Einsteins, besonders aber Max Plancks, sprechen ein klares Urteil. Der Anspruch des Positivismus, die Philosophie der modernen Physik, die philosophische Grundlage der Quantentheorie zu sein, ist nicht haltbar.

Heute tritt mehr als früher das Argument in den Vordergrund: Jeder philosophische „-ismus" ist abzulehnen. Unter der Losung Kampf den „ismen" lehnen

[9] *E. Zimmer*, a. a. O., 9. Auflage, S. 244.

viele Positivisten diese Bezeichnung ihrer eigenen philosophischen Ansichten ab, bestreiten, daß ihre Auffassungen ein ganzes philosophisches System sind und behaupten, es handle sich um reines naturwissenschaftliches Denken, um moderne naturwissenschaftliche Denkmethoden usw. Bei Bohr und Heisenberg sind solche Darlegungen mit einem tatsächlichen teilweisen Distanzieren vom Positivismus verbunden. Wenn aber sogar ein so extremer Positivist wie Jordan bezweifelt, ob man die philosophischen Ansichten der Kopenhagener Schule Positivismus nennen soll, so merkt der Leser die durchsichtige Absicht schon leichter.

„Freilich muß ich den einen der gegen meinen Gebrauch des Wortes ‚Positivismus' erhobenen Einwände als berechtigt anerkennen: nämlich, daß man überhaupt nicht einen ‚-ismus' einführen sollte zur Bezeichnung von Bestrebungen, die ausdrücklicherweise nicht irgendeiner einseitigen Tendenz dienen sollen, sondern nichts anderes erstreben, als die klarste und reinste Herausbildung des naturwissenschaftlichen Denkens selbst."[10]

An anderer Stelle behauptete Jordan:

„Also das müssen wir als untrennbar verknüpft miteinander ansehen: Die neue Physik ist nicht denkbar ohne den Einfluß der positivistischen Erkenntnistheorie ...; man könne „... diese vom Positivismus stark beeinflußte erkenntnistheoretische Auffassung der modernen Physik nicht ablehnen, ohne auch die Quantenmechanik selbst abzulehnen ..."[11]

Damit wird indirekt behauptet: Positivistisches Denken ist keine Philosophie im eigentlichen Sinn mehr. Philosophie im eigentlichen Sinn wird von den Positivisten ja oft und deutlich genug abgelehnt. Sie sei unnütze „Metaphysik", ohne Bedeutung für die Naturwissenschaft, sei eigentlich überflüssig. Sie habe angeblich doch keinen eigenen Gegenstand. Es komme vielmehr darauf an, das „reine naturwissenschaftliche Denken selbst" zu entwickeln. Bei all dieser Polemik gegen die Philosophie merken die meisten Positivisten nicht, wie sehr auf sie die Worte von Friedrich Engels zutreffen:

„Die Naturforscher glauben sich von der Philosophie zu befreien, indem sie sie ignorieren oder über sie schimpfen. Da sie aber ohne Denken nicht vorankommen, und zum Denken Denkbestimmungen nötig haben, diese Kategorien aber unbesehn aus dem von den Resten längst vergangener Philosophie beherrschten gemeinen Bewußtsein der sogenannten Gebildeten oder aus dem bißchen auf der Universität zwangsläufig gehörter Philosophie (was nicht nur fragmentarisch, sondern auch ein Wirrwarr der Ansichten von Leuten der verschiedensten und meist schlechtesten Schulen ist), oder aus unkritischer und unsystematischer Lektüre philosophischer Schriften aller Art nehmen, so stehn sie nicht minder in der Knechtschaft der Philosophie, meist aber leider der schlechtesten, und die, die am meisten auf die Philosophie schimpfen, sind Sklaven grade der schlechtesten vulgarisierten Reste der schlechtesten Philosophien.

Die Naturforscher mögen sich stellen, wie sie wollen, sie werden von der Philosophie beherrscht. Es fragt sich nur, ob sie von einer schlechten Modephilosophie beherrscht werden wollen oder von einer Form des theoretischen Denkens, die auf der Bekanntschaft mit der Geschichte des Denkens und mit deren Errungenschaften beruht."[12]

---

[10] *P. Jordan*, „Anschauliche Quantentheorie", 1936. S. VII/VIII.

[11] *P. Jordan*, „Physik des 20. Jahrhunderts", 1949, S. 132.

[12] *F. Engels*, „Dialektik der Natur", Dietz Verlag Berlin 1952, S. 222/23.

Was das angeblich rein naturwissenschaftliche Denken des Positivismus betrifft, so ist genug nachgewiesen worden, daß es vom subjektiven Idealismus Berkeley- und Humescher Art beherrscht ist. Von rein naturwissenschaftlichen Denken kann keine Rede sein.

Die Einstellung und Auffassung der Positivisten zeigt, daß sie das Verhältnis von Philosophie und Einzelwissenschaften falsch lösen wollen, indem sie eben über die Philosophie schimpfen und sie ablehnen, obwohl sie selbst eine bestimmte Richtung vertreten.

Neben den im Abschnitt „Die Wurzeln des Positivismus und seine gesellschaftliche Funktion" dargelegten soziologischen Aspekt des Zusammenhanges von Philosophie und Naturwissenschaft gibt es noch einen erkenntnistheoretischen Aspekt ihrer gegenseitigen Beeinflussung, der ebenfalls stets mit beachtet werden muß. Der forschende und lehrende Naturwissenschaftler nimmt nicht nur als Mitglied der Gesellschaft am geistigen Leben seiner Zeit durch Darlegung seiner Ansichten aktiv teil, sondern er wird auch selbst in doppelter Weise von diesem geistigen Leben seiner Umwelt beeinflußt. Er wird beeinflußt bei seiner eigenen weltanschaulichen Meinungsbildung und zugleich wirken seine philosophischen Gedanken und Konzeptionen auch auf seine Forschungstätigkeit ein. Das Verhältnis von Naturwissenschaft und Philosophie ist wechselseitig. Der dialektische Materialismus lehnt konsequent jeden Anspruch der Philosophie ab, über den Wissenschaften zu stehen, sie zu bevormunden und ihnen Vorschriften zu machen, wie es im Neothomismus üblich ist. Dort wird das Verhältnis von Philosophie und Einzelwissenschaft gern als Verhältnis der Dame zu ihrer Zofe, oder der Mutter zu ihrer Tochter dargestellt. Wir betonen, daß es sich um eine wechselseitige Beeinflussung und Befruchtung gleichberechtigter Seiten handelt, die sich gegenseitig durchdringen, wo eine die andere nötig braucht. Philosophie ohne Einzelwissenschaft bleibt leer, spekulativ, scholastisch – Einzelwissenschaft ohne Philosophie bleibt engstirnig, empiristisch und einseitig.

Schon immer haben in der Geschichte des menschlichen Denkens die Lösungsversuche der Grundprobleme der Philosophie in engem Zusammenhang gestanden mit allen Einzelwissenschaften, sind von deren Ergebnissen weitgehend beeinflußt worden und haben zugleich auch ihrerseits die in ihren Fachdisziplinen tätigen Forscher angeregt und befruchtet – oder gehemmt und abgelenkt. Sehr vielfältig sind die Fäden, die die Philosophie und die Einzelwissenschaften verbinden. Das gilt in vollem Maße auch für die Naturwissenschaft in unserer Zeit. Gerade die immer stärkere Spezialisierung in den Einzelwissenschaften erfordert die Beschäftigung mit philosophischen Fragen, um den allgemeinen Überblick und Zusammenhang nicht zu verlieren, um nicht im engen Fachspezialistentum unterzugehen. Deutlich hat gerade Max Planck – im Gegensatz zum Positivismus – auf diesen Zusammenhang hingewiesen und betont, wie nützlich und notwendig die Philosophie für den Naturwissenschaftler ist. Planck betonte in seiner Rektoratsrede 1913:

„... man wähne nicht, daß es möglich sei, selbst in der exaktesten aller Naturwissenschaften ganz ohne Weltanschauung ... vorwärtszukommen."[13]

[13] *M. Planck*, „Vorträge und Erinnerungen", Stuttgart 1949, S. 78.

1926 äußerte er sich noch ausführlicher zu dieser Frage:

„Es hat Zeiten gegeben, in denen sich Philosophie und Naturwissenschaft fremd und unfreundlich gegenüberstanden. Diese Zeiten sind längst vorüber. Die Philosophen haben eingesehen, daß es nicht angängig ist, den Naturforschern Vorschriften zu machen, nach welchen Methoden und zu welchen Zielen sie arbeiten sollen, und die Naturforscher sind sich klar darüber geworden, daß der Ausgangspunkt ihrer Forschungen nicht in den Sinneswahrnehmungen allein gelegen ist, und daß auch die Naturwissenschaft ohne eine gewisse Dosis Metaphysik[14] nicht auskommen kann.“[15]

Die Naturwissenschaft braucht natürlich nicht irgendeine beliebige Philosophie, nur um überhaupt eine zu haben, sondern sie braucht eine Philosophie, die ihr etwas geben kann, die die Richtung der Forschung anregt, ihre Mittel erkenntnistheoretisch analysiert und ihre Ergebnisse mit wissenschaftlichen Mitteln zu einem Weltbild und einer Weltanschauung verallgemeinert. Das muß eine Philosophie sein, die ihren Wahrheitsgehalt unter Beweis gestellt hat und stets erneut unter Beweis zu stellen bereit ist. Das Kriterium der Wahrheit und damit der Wissenschaftlichkeit einer Philosophie ist letztlich die Praxis im weitesten Sinne, d. h. es sind die praktischen Konsequenzen und Ergebnisse, zu denen die Philosophie die Einzelwissenschaften führt und es sind auch die praktischen Handlungen im gesellschaftlichen Leben, zu denen diese Philosophie die Wissenschaftler selbst anregt.

„An ihren Früchten sollt ihr sie erkennen“ ist auch das Leitmotto M. Plancks bei seiner Einschätzung der philosophischen Richtungen und insbesondere bei seiner Kritik des Positivismus.

Gerade hinsichtlich dieses Kriteriums scheint der Positivismus der gefährlichste Rivale des dialektischen Materialismus zu sein. Bekennen sich doch viele bedeutende Naturwissenschaftler des 20. Jahrhunderts, die Großes geleistet haben (wie z. B. N. Bohr, W. Heisenberg, P. Dirac, P. Jordan, um nur einige wenige zu nennen), zum Positivismus, bzw. sind außerordentlich stark von ihm beeinflußt. Ihre naturwissenschaftlichen Leistungen werden von bürgerlichen Philosophen – und auch von einigen unserer Theoretiker (vgl. den Aufsatz von Dr. Herneck im „Sonntag“ Nr. 41/1956) – als Beweis der Wahrheit, zumindest aber der eminenten Brauchbarkeit, bzw. des heuristischen Wertes der positivistischen Philosophie hingestellt. Der dialektische Materialismus dagegen habe nicht soviel Gleichwertiges aufzuweisen. Auch der größte Naturwissenschaftler der verflossenen Jahrzehnte, A. Einstein, sei bei seinen bahnbrechenden Leistungen vom Positivismus inspiriert gewesen; es wird außerdem noch darauf verwiesen, daß es viele Naturwissenschaftler gibt, die zwar nicht direkt Positivisten sind, aber stark zum Positivismus hinneigen (z. B. E. Schrödinger) oder hinneigten (wie z. B. L. de Broglie).

Meist wird hierbei aber vergessen, daß unter bürgerlichen Verhältnissen aufgewachsene und ausgebildete Wissenschaftler einfach aus Gründen ihrer gesell-

[14] Unter Metaphysik verstand Planck nach 1900 im Sinne von Aristoteles jene wissenschaftliche Disziplin, die sich mit den grundlegenden Fragen nach den hinter den Sinneswahrnehmungen liegenden Realitäten beschäftigt, d. h. also die Philosophie, insbesondere ihren ontologischen Bereich.

[15] *M. Planck*, a. a. O., S. 205.

schaftlichen Bindung nicht vom dialektischen Materialismus inspirierte Leistungen in ihrer Fachwissenschaft erzielen können, da sie von vornherein von der bürgerlichen Philosophie beeinflußt sind[16] und die Mühe, sich mit der in ihrer bürgerlichen Umwelt politisch „anrüchigen" Philosophie des Proletariats, dem dialektischen Materialismus, zu beschäftigen, als nicht nötig oder nicht lohnend ansehen. Andere wagten es nicht, weil es oft gefährlich war oder Nachteile brachte. Alle heute in der kapitalistischen Welt lebenden Naturwissenschaftler von internationaler Bedeutung sind unter bürgerlichen Verhältnissen aufgewachsen und erzogen worden, haben unter bürgerlichen Verhältnissen studiert.

Die erste Generation der Intelligenz der Sowjetunion, die unter sozialistischen Bedingungen heranwuchs und an sozialistischen Universitäten studierte, ist noch relativ jung. Dabei haben die sowjetischen Wissenschaftler schon außerordentlich Großes geleistet. Der Start der Sputniks beleuchtete blitzlichtartig für die gesamte Welt den hohen Stand der wissenschaftlichen Forschung in der Sowjetunion, sowohl in den theoretischen Grundlagen als auch der praktisch-technischen Anwendung. Selbst die naturwissenschaftliche Zeitschrift der westdeutschen Gesellschaft für Osteuropakunde muß das anerkennen. In seinem Artikel „Über das Entwicklungstempo der Sowjetwissenschaft" schrieb A. Buchholtz im Dezember 1959:

„Ich sehe nicht, wie die Schlußfolgerung umgangen werden könnte, daß der Wettlauf zwischen Ost und West in naturwissenschaftlich-technischen Großleistungen der Zukunft *potentiell* bereits heute zugunsten der Sowjetunion entschieden ist."[17]

Hier zeichnet sich ab, was eine unter sozialistischen Verhältnissen frei sich entfaltende Wissenschaft zu leisten vermag. Die weltanschaulichen Impulse für diese gewaltigen Leistungen gab den sowjetischen Wissenschaftlern der dialektische und historische Materialismus. Er gewinnt auch für die Wissenschaftler der kapitalisti-

[16] Selbst der bürgerliche Physiker Ph. Frank nähert sich der Erkenntnis dieses Umstandes, wenn er schreibt: „Den Vorgang der philosophischen Deutung physikalischer Theorien im Dienste der spiritualistischen Weltauffassung kann man psychologisch und logisch analysieren." (Die außerordentlich wichtige und notwendige soziologische Analyse vergißt Frank bezeichnenderweise.) „Vom psychologischen Standpunkt muß man ungefähr folgendes feststellen: der Physiker übernimmt wie jeder andere Gebildete den Überrest der vorwissenschaftlichen Theorien als ‚philosophische' Weltanschauung, die in unserem Kulturkreis meist in einem vagen Idealismus oder Spiritualismus besteht, wie man ihn aus den philosophischen Vorlesungen allgemeiner Art meist lernt. Die Sätze dieser Philosophie sind unklar und schwer verständlich. Der Physiker ist glücklich, wenn er in seiner Wissenschaft Sätze findet, die in ihrer Formulierung eine Ähnlichkeit mit Sätzen der idealistischen Philosophie haben. Er ist oft stolz darauf, durch sein Spezialfach etwas zur Erläuterung jener für die Weltanschauung wichtigen allgemeinen Lehren beitragen zu können. So genügt schon die kleinste Ähnlichkeit im Wortlaut, um den Physiker zu bewegen, einen Satz seiner Wissenschaft als Unterstützung für die idealistische Philosophie anzubieten." (*Ph. Frank*, „Philosophische Deutungen und Mißdeutungen der Quantentheorie" in „Erkenntnis", Bd. 6, S. 305). Frank versäumt es, diese Erkenntnis konsequent auf sich selbst anzuwenden.

[17] „Osteuropa-Naturwissenschaft, Heft 2/1959, S. 103.

schen Länder immer mehr an Anziehungskraft. Auf der anderen Seite ist schon jetzt sichtbar geworden, daß der Positivismus die Physiker in eine Sackgasse geführt hat. Viele — wie z. B. L. de Broglie — wenden sich von diesem dogmatischen Denken ab, gehen neue Wege. Selbst Heisenberg und Bohr distanzieren sich vom Positivismus; von solchen Kritikern des Positivismus wie Planck, Born, v. Laue u. a. ganz zu schweigen. Es unterliegt heute schon keinem Zweifel, wer den Wettkampf gewinnt: Der dialektische Materialismus ist unaufhaltsam im Vormarsch. Die Beseitigung einiger dogmatischer Züge und Fehler nach dem XX. Parteitag der KPdSU hat das Tempo dieses Vormarsches wesentlich erhöht. In den letzten Jahren sind von marxistischen Philosophen und Naturwissenschaftlern, insbesondere aus der Sowjetunion, viele wertvolle und tiefschürfende Arbeiten zu philosophischen Fragen der Naturwissenschaft erschienen, die auch auf westliche Gelehrte Eindruck gemacht haben und weiter wirken.

Bezeichnend ist insbesondere auch, daß es sogar bürgerliche Naturwissenschaftler gab und gibt, die als naturwissenschaftliche Materialisten — ohne Anhänger des dialektischen Materialismus zu sein — die Wahrheit und Brauchbarkeit der Grundthesen der positivistischen Philosophie stark in Zweifel zogen und mit wertvollen Argumenten zu beweisen suchten, daß die bedeutenden Leistungen der Naturwissenschaft nicht dank, sondern trotz gewisser hemmender positivistischer Ausgangspunkte errungen werden konnten. Das hervorragendste Beispiel ist Max Planck. Bei genauerer Analyse zeigt es sich also, daß die Behauptung vom überragenden heuristischen Wert des Positivismus ebenfalls nicht haltbar ist.

Der philosophische Kampf, der in den Reihen der Naturforscher um die richtigen philosophischen Ausgangspunkte der Forschung, um die richtige philosophische Interpretation der Forschungsergebnisse sowie um die richtige Weltanschauung überhaupt geführt wird, ist von höchstem allgemeinen Interesse; einmal, weil auch die Erkenntnisse der Naturwissenschaft ein Teil des Fundaments jeder Weltanschauung und damit auch der des dialektischen Materialismus sind, der sich ja, wie Engels einmal sagte, mit jeder grundlegenden neuen Erkenntnis in dem Sinne verändert, daß er bereichert wird, daß er sich vervollkommnet; zum anderen wird den philosophischen Ansichten der Naturforscher stets großes Gewicht im Volk und insbesondere in den Kreisen der Intelligenz beigemesssen. Ihre Auffassungen üben einen großen Einfluß aus. Die Bevölkerung achtet die Gelehrten wegen ihres hohen fachlichen Könnens und überträgt oft die fachliche Autorität eines großen Wissenschaftlers von seinem Gebiet auf andere Wissensgebiete, ohne die Berechtigung hierzu zu prüfen. Außerdem üben die philosophischen Ansichten bedeutender Naturwissenschaftler durch ihre Lehrtätigkeit an Universitäten und Hochschulen, durch ihre Werke und Vorträge einen sehr beachtlichen Einfluß auf die Bildung einer Weltanschauung unter der heranwachsenden Intelligenz aus; die Pädagogen unter ihnen tragen diesen Einfluß weiter und wirken in ihrem Sinne auf die lernende Jugend überhaupt ein.

Wir können gerade in unserer Zeit beobachten, wie die Vertreter der bürgerlichen, insbesondere der religiösen Weltanschauung, jede für sie günstig auslegbare philosophische oder sonstige Äußerung von Naturwissenschaftlern begierig aufgreifen und für ihre weltanschauliche Propaganda nutzbar machen. Sie scheren sich dabei wenig darum, ob das im Sinn der betreffenden Naturwissenschaftler ist oder nicht. Ihnen kommt es darauf an, ob die einzelnen Aussagen und Thesen objektiv für ihre Zwecke geeignet sind oder nicht. Alles, was sich gegen den dialektischen Materialismus richtet, ist willkommen. Woraus resultiert dieses große Interesse? Es ergibt sich aus dem schon erwähnten Umstand, daß der Kampf zwischen bürgerlicher und sozialistischer Ideologie auch den weltanschaulichen Kampf mit einschließt. Aus der Weltanschauung schöpft der Mensch die Motive seines Handelns. Der dialektische Materialismus gibt ihm die wissenschaftliche Anleitung zur Veränderung von Natur und Gesellschaft, was Kampf gegen die kapitalistische Ordnung einschließt. Deshalb muß die bürgerliche Ideologie diese Weltanschauung mit allen Mitteln bekämpfen. Und da die philosophischen Verallgemeinerungen der modernen Naturwissenschaft eine wesentliche Seite jeder Weltanschauung sind, sind alle diese Probleme in die geistige Auseinandersetzung einbezogen, mag das dem einzelnen Wissenschaftler angenehm sein oder nicht. Es gibt objektiv keine Neutralität. Trotzdem darf man den Zusammenhang von idealistischer Naturphilosophie und politischer Haltung nicht vereinfachen in dem Sinn, daß man in jedem idealistisch denkenden Naturwissenschaftler einen politisch reaktionären Menschen sieht. Gewiß nutzt ein solcher Gelehrter ideologisch der Bourgeoisie, er kann aber zugleich in sehr vielen wichtigen politischen Gegenwartsfragen voll auf Seiten der Friedenskräfte stehen. Das beweist Bertrand Russell, das beweisen die 18 Göttinger Physiker mit ihrem mutigen, aufrüttelnden Appell gegen die atomare Aufrüstung Westdeutschlands.

Nur ein einziger der bekannten positivistischen Physiker – typischerweise der extremste – P. Jordan ist ein bewußter Verfechter der reaktionärsten Politik.

Während Bohr, Born, Schrödinger u. a., Feinde des Faschismus waren, emigrieren mußten, während Heisenberg den Faschismus innerlich ablehnte und nichts zu seiner Unterstützung tat, hat Jordan von Anfang an das faschistische Regime gefeiert und verherrlicht. P. Jordan schrieb vom „hundertprozentigen Friedenswillen des mit seiner innerpolitischen und weltanschaulichen Erneuerungsarbeit vollauf beschäftigten 3. Reiches."[18] Er sah und sieht im Krieg – obwohl ihn „die große Mehrzahl ... nicht wünscht ..." – nun einmal „die normale Form der Durchsetzung historischer Neuschaffungen" und kam dabei zu der von den Faschisten sehr begrüßten Feststellung, daß „die Entwicklung der Waffentechnik erhöhte Möglichkeiten einer Stabilisierung geordneter friedlicher Zustände schafft; in diesem Sinn dürfte" – schrieb Jordan – „die heutige Kriegsgefahr (1935! – H. V.) auf die Dauer sich als ein mächtiger Antrieb zur Erstrebung einer besseren Ordnung des gesamten europäischen Zusammenlebens erweisen."[18]

Jetzt vertritt Jordan dieselben Ansichten bezüglich der Atomrüstung. Er lehnte es nicht nur ab, den bekannten Appell der 18 Göttinger Atomwissenschaftler vom April 1957 zu unterzeichnen, sondern er nahm gegen ihn Stellung. Er versuchte,

---

[18] *P. Jordan*, „Physikalisches Denken in der neuen Zeit", 1935, S. 47–52.

Pessimismus zu verbreiten, stellte solche Aktionen, wie die der Göttinger Atomphysiker, als sinnlos und nutzlos hin und bagatellisierte auf der anderen Seite die Gefahr der Atombomben und der Atomrüstung in unverantwortlicher und direkt verbrecherischer Weise. Von ihm stammen die zynischen und skrupellosen Worte, daß die Menschheit sich anschicken und einrichten möge, „einmal fünf Jahre unter der Erde zu bleiben, bis der Atomgestank (eines Atomkrieges – H. V.) draußen abgeklungen ist.“[19]

Er scheut sich nicht, eine historische Analogie zwischen der einstigen Angst der Menschen vor der neuerfundenen Armbrust und der heutigen Sorge vor den Atomwaffen zu ziehen; die ungeheure Atomkriegsgefahr bagatellisierend und verniedlichend schließt er sein Buch „Der gescheiterte Aufstand“ mit der lakonischen Bemerkung: „Dennoch hat die Menschheit die Armbrust überstanden.[20]

Die politischen Motive des CDU-Bundestagsabgeordneten Jordan sind klar erkennbar. Er will die reaktionäre verderbenbringende Politik des aggressiven westdeutschen Monopolkapitals, die Politik der Adenauer-Regierung öffentlich rechtfertigen und die empörten Menschen in Westdeutschland unter dem Mantel seiner gewissen fachlichen Autorität als Physiker beschwichtigen, sie vom Kampf gegen den Atomtod abhalten. Jordan leugnet, daß es eine klar erkennbare ethische Wahrheit gäbe, an die sich die Physiker halten könnten. Er behauptet zynisch, daß ein Chirurg, ein Pianist oder ein prominenter Fußballspieler für die Beurteilung der Gefahr der Atomrüstung und ihrer Zweckmäßigkeit für Westdeutschland genau soviel fachliche Zuständigkeit habe wie ein Atomphysiker: nämlich gar keine. Diese Zuständigkeit billigt er allein Adenauer und sich zu. Im Aufruf der Atomphysiker sieht er ein „bedenkliches Heraustreten“ aus den „Formen demokratischer Ordnung“ und „normaler demokratischer Willensbildung“. Das ist eindeutig antidemokratisch und antihumanistisch. Mit solchen extremen reaktionären und menschenfeindlichen Auffassungen steht Jordan erfreulicherweise sogar unter extremen Positivisten ziemlich allein.

Jordan ist außerdem entschiedener Vertreter des Kosmopolitismus und sieht im Prinzip der Souveränität der Völker die erste Quelle der Kriegsgefahr, nicht aber im imperialistischen Streben kapitalistischer Großmächte und ihrem Wettrüsten.

Solche Bemerkungen findet man bei vorsichtigen Positivisten nicht, im Gegenteil: die meisten der philosophisch zurückhaltenderen positivistischen Naturwissenschaftler vertreten in politischen Fragen zum Teil einen völlig entgegengesetzten Standpunkt als besonders Jordan. Das war schon vor dem zweiten Weltkrieg so; Bohr, Schrödinger und andere waren antifaschistisch eingestellt oder standen dem Nationalsozialismus sehr reserviert gegenüber wie z. B. Heisenberg. Diese tiefe Differenzierung bestand auch nach 1945 weiter, obwohl sie lange Zeit nicht offen sichtbar war. Man konnte aber doch schon bald erkennen, daß die extremen Positivisten in Westdeutschland wieder in philosophischer und politischer Hinsicht das große Wort führten, während die Adenauerbehörden einem Physiker, wie Heisenberg

[19] *P. Jordan*, „Der gescheiterte Aufstand“, S. 179.

[20] Ebenda, S. 181.

z. B. 1954 verboten, im Rundfunk über die Gefahr eines Atomkrieges zu sprechen. 1957 war es der Adenauerregierung allerdings nicht mehr möglich, diese Wissenschaftler von einem öffentlichen Appell gegen die Atomkriegsgefahr abzuhalten. Die Differenzen[21] zwischen den beiden Gruppen wurden im April 1957 in ihrer ganzen politischen Tiefe vor aller Welt offenkundig, als sich ein großer Teil der deutschen Physiker mutig und unerschrocken in aller Öffentlichkeit gegen die geplante atomare Ausrüstung der westdeutschen Armee aussprach und so dem Volkskampf gegen den Atomtod in Westdeutschland bedeutenden Auftrieb gab. So sehr wir als Vertreter des dialektischen Materialismus die philosophischen Ansichten Heisenbergs, Bohrs u. a. ablehnen und bekämpfen, so sehr achten wir in ihnen nicht nur hervorragende Naturwissenschaftler, sondern auch die mutigen Warner und Mahner vor der atomaren Aufrüstung Westdeutschlands. In dieser Beziehung sind nicht philosophische Gegensätze das entscheidende. Wir wissen uns mit diesen aufrechten Gelehrten einig im Kampf gegen den Atomtod und diejenigen, die ihn vorbereiten und rechtfertigen, wie z. B. Jordan. Alle prinzipiellen philosophischen Gegensätze können diese Gemeinschaft nicht auslöschen, auch wenn die Göttinger Achtzehn glauben, sie müßten sich vom „Osten" distanzieren. Wir wissen, daß die Kluft zwischen ihnen einerseits und den Adenauer, Strauß, Oberländer und Jordan andererseits tausendmal tiefer ist als ihre Differenzen mit uns. Das soll am Ende dieses Abschnittes, der speziell den prinzipiell-philosophischen Gegensatz zwischen Positivismus und dialektischem Materialismus herausarbeitete, noch einmal ausdrücklich festgestellt werden.

[21] In einer Diskussionsrede auf der Friedrich-Engels-Konferenz in Leipzig 1955 hatte ich schon eine Differenzierung zwischen den philosophierenden bürgerlichen Naturwissenschaftlern aus philosophischen und politischen Gründen gefordert. (Vgl. „Friedrich Engels' naturphilosophische Leistung und ihre Bedeutung für die Auseinandersetzung mit der bürgerlichen Naturphilosophie," Berlin 1957). Die Berechtigung einer solchen Forderung. für die damals erst geringere theoretische und praktische Gründe vorlagen, hat sich schneller und eindrucksvoller in der Praxis erwiesen als damals anzunehmen war.

II. DIE ENTWICKLUNG DER PHILOSOPHISCHEN ANSICHTEN MAX PLANCKS IM KAMPF GEGEN DEN POSITIVISMUS

5. KAPITEL

DIE PHILOSOPHISCHEN AUSGANGSPUNKTE PLANCKS UND SEINE KRITIK AN MACH

Was hielt der Schöpfer der Quantentheorie vom Positivismus, welche philosophischen Schlußfolgerungen zog er aus den Ergebnissen der Naturwissenschaft – speziell der modernen Physik, in welchen Punkten verwarf er die philosophischen Ansichten des Positivismus und mit welchen Argumenten griff er sie an?

Wie schon gesagt wurde, zählt Max Planck zu den entschiedensten und prinzipiellsten Kritikern des Positivismus, die es auf Seiten der bürgerlichen Naturphilosophie gab und gibt. Diese Tatsache kann und wird auch im allgemeinen von niemandem – auch nicht von den Positivisten – geleugnet: allein, sie wird oft bagatellisiert und als nebensächliche Meinungsverschiedenheit über zweitrangige Fragen hingestellt. Wie Max Born kürzlich mitteilte, hat es der französische Physiker Leon Brillouin gar unternommen nachzuweisen, daß Planck ein „Vorkämpfer" des Positivismus gewesen sei![1] Unsere Untersuchung wird ein einziger Gegenbeweis sein.

In seiner ganzen Bedeutung ist der philosophische Kampf Max Plancks gegen den Positivismus in der Literatur weder eingehend dargelegt noch kritisch gewürdigt worden, obwohl das gesamte philosophisch-weltanschauliche Schrifttum Plancks augenfällig dokumentiert, daß der ganze Positivismus – sowohl der alte Machs als auch der moderne von Bohr, Heisenberg, Jordan und anderen – einen unversöhnlichen Gegner in Planck gefunden hat. Während seines ganzen Lebens (1858–1947) richtete Planck öfter heftige treffsichere wissenschaftlich-polemische Angriffe gegen die positivistischen Auffassungen, wobei er seinen eigenen naturwissenschaftlich-materialistischen Standpunkt darlegte, entwickelte und verteidigte. Gerade im Kampf gegen den Positivismus erarbeitete sich Planck wertvolle philosophische Erkenntnisse.

Max Planck wurde am 23. 4. 1858 in Kiel als Sohn des Juristen Wilhelm J. Planck geboren. Er wuchs in einer stark konservativen und religiösen Familie auf. Urgroßvater und Großvater waren angesehene Professoren der Theologie. Aus seiner Jugend-

[1] *L. Brillouin*, „Vie, Matiére et Observation". Paris 1959, (vgl. *M. Born*, Physikalische Blätter, Heft 4/1960, S. 147).

und Schulzeit sind – im Unterschied zum Beispiel zur Entwicklung Einsteins – keine Begebenheiten und Einflüsse bekannt, die ihn mit seinem Elternhaus, der Schule oder sonstigen gesellschaftlichen Umwelt in irgendeinem Punkt in Konflikt gebracht und in weltanschaulich anderem Sinn beeinflußt hätten.

Allerdings meint Planck selbst rückblickend bei der Charakterisierung seines Entschlusses, Physiker zu werden, in den Motiven dazu schon einen Keim finden zu können zu seiner späteren Auffasssung von der Unerschütterlichkeit der Naturgesetzlichkeit, von ihrem objektiven Existieren und Wirken, das unabhängig vom menschlichen Wahrnehmen, Denken und Wollen ist. Diesen Keim mögen die Darlegungen seines Mathematiklehrers Hermann Müller im Münchener Maximilian-Gymnasium in sein Bewußtsein gelegt haben.

In seinen persönlichen Erinnerungen aus alten Zeiten schreibt Planck:

„Mit der Physik kam ich zu allererst in Berührung im Münchener Maximilian-Gymnasium durch meinen Mathematiklehrer Hermann Müller, einem im Leben stehenden, scharfsinnigen und witzigen Mann, der es verstand, die Bedeutung der physikalischen Gesetze, die er uns Schülern beibrachte, durch drastische Beispiele zu erläutern.

So kam es, daß ich als erstes Gesetz, welches unabhängig vom Menschen eine absolute Geltung besitzt, das Prinzip der Erhaltung der Energie, wie eine Heilsbotschaft in mich aufnahm.“[2]

Nach der Absolvierung des Gymnasiums studierte Planck zuerst in München, dann in Berlin, wo er insbesondere bei Helmholtz und Kirchhoff Vorlesungen hörte.

Er spezialisierte sich nach seinem Studium auf das Gebiet der Thermodynamik und arbeitete dann erfolgreich an der Lösung jener physikalischer Probleme mit, die R. Clausius als erster in Angriff genommen hatte und die Planck auch später immer wieder beschäftigten.

In seiner Dissertation[3] untersuchte der damals 21jährige Wissenschaftler den 2. Hauptsatz der mechanischen Wärmetheorie. Ziel der Arbeit sollte es sein, einen allgemeineren und direkteren Weg zur Ableitung des 2. Hauptsatzes, und zwar in seiner allgemeinsten Form darzulegen. Wenn auch noch schwach, so läßt sich an Plancks Dissertation und den meisten seiner kurz danach verfaßten Arbeiten[4] doch

---

2 *M. Planck*, „Vorträge und Erinnerungen“, S. 1.

3 *M. Planck*, „Über den 2. Hauptsatz der mechanischen Wärmetheorie“, München 1879.

4 Außer der Dissertation sind die angeführten Merkmale besonders in folgenden Abhandlungen erkennbar:

1. Habilitationsschrift „Über Gleichgewichtszustände isotroper Körper in verschiedenen Temperaturen“, München 1880.
2. „Die Theorie des Sättigungsgesetzes (Wiedemanns Annalen der Physik und Chemie 1881, Bd. 13, S. 535ff.). Hier wird praktisch die Bedeutung der theoretischen Ableitungen und ihre Überlegenheit über die nur empirischen an einem konkreten Beispiel (der Sättigunsgesetze) nachgewiesen. Planck weist daraufhin, daß van der Waals die Lage der Isotherme experimentell vergeblich zu bestimmen gesucht hatte, wo hingegen die theoretische Untersuchung von Clausius und ihm (in seiner Habilitationsschrift) bessere Resultate erbracht habe.

schon manches Charakteristische über das allgemeine Interessengebiet, über den wissenschaftlichen Arbeitsstil und über die Arbeitsmethoden Plancks erkennen. Hier ist der Keim zu manchem gelegt, was sich gegen verschiedene Widerstände später erfreulich entwickelte und zu bedeutenden Leistungen führte.

Im Zusammenhang mit unserem Thema fällt vor allem die Kühnheit auf, mit der Planck in seiner Dissertation (und in den anderen Arbeiten) so allgemeine theoretische Themen behandelte, zu einer Zeit, als die Notwendigkeit der theoretischen Physik von den meisten anerkannten Autoritäten der Physik noch ernstlich bestritten wurde. Weiter zeigt sich an der Themenwahl und seiner Behandlung die für Planck später charakteristische Vorliebe für abstrakte theoretische Probleme, für allgemeinere Gesetzmäßigkeiten. Oft bevorzugte er die deduktive Methode. Das war und ist keineswegs Flucht in die Theorie, in Wirklichkeitsfremdheit, wie es viele zeitgenössische Wissenschaftler damals auffaßten und es Planck unumwunden – sogar bei der Promotionsprüfung – zu verstehen gaben. Planck ließ sich dadurch nicht beirren und die Praxis erwies später die Richtigkeit seines Entschlusses, sich der theoretischen Physik zu widmen.

Alle theoretischen Abhandlungen Plancks sind auf ein solides Fundament praktischer experimenteller Ergebnisse gegründet. Planck kam es dabei aber nicht so sehr auf das Experimentieren und das Beschreiben seiner Experimente und ihrer Resultate an – was die Positivisten als Hauptaufgabe der Physik ansehen –, sondern auf das Auffinden allgemeiner Naturgesetze. Dazu war ihm das Experiment nur Mittel. Ohne Theorie ist die Physik nur eine halbe Wissenschaft. Geringschätzung der wissenschaftlichen Theorie und der Abstraktion, Geringschätzung des verallgemeinernden Verarbeitens praktischer experimenteller Resultate durch den Theoretiker hat Planck stets verurteilt.

Hatte er irgendwelche Gesetzmäßigkeiten entdeckt, so war Planck stets bestrebt, sie auf noch allgemeinere und umfassendere zurückzuführen, bzw. die speziellen aus den allgemeineren abzuleiten und ihre gegenseitigen inneren Zusammenhänge aufzufinden. Schon dadurch lag es nahe, gelegentlich auch einmal philosophische Gedanken über den Charakter und das Wesen solcher allgemeinen Gesetzmäßigkeiten zu erwägen.

Allerdings finden sich in seiner Dissertation, Habilitationsschrift und auch den Arbeiten der folgenden Jahre, die Planck noch als junger werdender Wissenschaftler schrieb, der sich erst einen Ruf und Geltung erwerben muß, fast keine philosophischen Äußerungen. Der Stil ist äußert sachlich und knapp gehalten, jede nicht unbedingt notwendige Formulierung wird vermieden und man kann direkt von auffallender Zurückhaltung in philosophischer Hinsicht sprechen. Solche Formulierungen, wie z. B. die These, daß der 2. Hauptsatz der Thermodynamik wie der erste als allgemeines Naturprinzip erscheint, sind schon die weitestgehenden.

Daraus und aus den sonstigen Darlegungen kann man aber völlig berechtigt schließen, daß schon damals nach Plancks Meinung Gesetzmäßigkeiten der Wissen-

3. „Über das thermodynamische Gleichgewicht von Gasmengen" (Wied. Ann. 1883, Bd. 19, Heft 3).
4. „Zur Theorie der physikalischen Strahlen (Wied. Ann. 1884, S. 499ff.).

schaft objektive Naturprinzipien wiedergeben und keinesfalls gedankliche Konstruktionen der Menschen sind. Von dieser philosophischen Auffassung aus jener Zeit zeugt auch der 1. Absatz seiner rückblickend verfaßten „Wissenschaftlichen Selbstbiographie“:

„Was mich zu meiner Wissenschaft führte und von Jugend auf für sie begeisterte, ist die durchaus nicht selbstverständliche Tatsache, daß unsere Denkgesetze übereinstimmen mit den Gesetzmäßigkeiten im Ablauf der Eindrücke, die wir von der Außenwelt empfangen, daß es also dem Menschen möglich ist, durch reines Denken Aufschlüsse über jene Gesetzmäßigkeiten zu gewinnen. Dabei ist von wesentlicher Bedeutung, daß die Außenwelt etwas von uns Unabhängiges, Absolutes darstellt, dem wir gegenüberstehen, und das Suchen nach den Gesetzen, die für dieses Absolute gelten, erschien mir als die schönste wissenschaftliche Lebensaufgabe,“[5]

Es handelt sich hier also um spontanen naturwissenschaftlichen Materialismus. Nirgends finden sich Zweifel daran, daß die entdeckten und formulierten Gesetze der Physik wirklich so in der Natur wirken, wie die Naturwissenschaft es lehrt.

Plancks Zurückhaltung in philosophischen Fragen in jener Zeit mag zwei Ursachen haben.

Einmal waren seine eigenen philosophischen Ansichten noch nicht ausgereift und zum zweiten schien es ihm unangebracht, in seinen ersten wissenschaftlichen Arbeiten noch philosophische Äußerungen zu machen, weil diese Arbeiten sowieso schon sehr abstrakte Probleme behandelten, was damals meist mißbilligt wurde.

Planck sprach davon, wie enttäuscht er damals darüber war, daß seine Dissertation nicht beachtet, ja z. T. – z. B. von Kirchhoff – sogar abgelehnt wurde; Kirchhoff hielt auch die Einrichtung von Lehrstühlen für theoretische Physik für überflüssig.

Bitter empfand damals Planck, daß kein noch so großer Wissenschaftler auf Grund seiner tiefen Kenntnisse vor Irrtümern und konservativer Einstellung gefeit ist. Neue Erkenntnisse, neue Vorhaben mußten und müssen sich auch auf diesen Gebieten – wie auf allen anderen – im Kampf gegen das Alte durchsetzen. Einen solchen Kampf mußte auch Planck führen und er äußerte sich aus eigener Erfahrung in seinen persönlichen Erinnerungen aus alten Zeiten rückblickend mit folgenden Worten über diesen Kampf:

„Eine neue wissenschaftliche Wahrheit pflegt sich nicht in der Weise durchzusetzen, daß ihre Gegner überzeugt werden und sich als belehrt erklären, sondern vielmehr dadurch, daß die Gegner allmählich aussterben und daß die heranwachsende Generation von vornherein mit der Wahrheit vertraut gemacht ist.“[6]

Nach seiner Habilitation 1880 in München war Planck an der dortigen Universität fünf Jahre Privatdozent, bis er 1885 als außerordentlicher Professor für theoretische Physik nach Kiel berufen wurde. Planck empfand diese Berufung wie eine Erlösung. Seine Freude war groß, obwohl der bittere Tropfen dabei das Bewußtsein war, nicht wegen seiner wissenschaftlichen Leistung berufen worden zu sein, sondern

---

[5] *M. Planck*, „Wissenschaftliche Selbstbiographie“, Leipzig 1948, S. 7.

[6] *M. Planck*, „Vorträge und Erinnerungen“, S. 13.

auf Grund persönlicher Protektion von ehemaligen Freunden seines Vaters aus dessen Kieler Zeit. Es kennzeichnet die charakterliche Größe Plancks, daß er als weltberühmter Wissenschaftler in seiner „Wissenschaftlichen Selbstbiographie" diesen weniger erfreulichen Punkt seines Werdeganges offen ohne Beschönigung darlegte:

„Freilich vermutete ich nicht mit Unrecht. daß ich diesen Glücksfall nicht eigentlich meinen wissenschaftlichen Leistungen zu verdanken hatte, sondern vielmehr dem Umstand, daß der Kieler Professor der Physik Gustav Karsten ein naher Freund meines Vaters war."[7]

Das entlarvt den Glorienschein der angeblich so objektiven, allein nach wissenschaftlichen Gesichtspunkten entscheidenden bürgerlichen Berufungspraxis. Nur wenige der großen Wissenschaftler haben den Mut gefunden, eine solche bittere Wahrheit ehrlich auszusprechen. In Plancks Fall traf die Förderung auf Grund persönlicher Beziehungen einen Würdigen. Wie oft aber mag diese Praxis wirklich befähigte jüngere Wissenschaftler, die keine persönlichen Beziehungen hatten, entscheidend gehemmt haben? Wieviel fähige Köpfe mögen der Wissenschaft dadurch verloren gegangen sein?

1889 wurde Planck – auf Empfehlung Helmholtz' – Nachfolger des verstorbenen Kirchhoff in Berlin. Seit 1892 lehrte er dort als ordentlicher Professor.

Die in seiner Kieler Zeit verfaßten Arbeiten weisen ebenfalls noch eine starke Zurückhaltung im Eingehen auf philosophische Probleme auf; trotzdem enthält das in den ersten Jahren seines Kieler Aufenthaltes ausgereifte und 1887 erschienene Werk „Das Prinzip der Erhaltung der Energie" die ersten eindeutigen kritisch ablehnenden Bemerkungen Mach gegenüber.

Veranlassung zu dieser Schrift war ein von der Philosophischen Fakultät der Universität Göttingen 1884 für 1887 öffentlich ausgegebenes Preisausschreiben, in dem folgende Aufgabe gestellt wurde:

„Es wird nun zunächst eine genaue historische Entwicklung der Bedeutung und des Gebrauchs des Wortes Energiè in der Physik verlangt, sodann eine gründliche physikalische Untersuchung, ob verschiedene Arten der Energie zu unterscheiden und wie jede derselben zu definieren sei; endlich, in welcher Weise das Prinzip der Erhaltung der Energie als allgemeingültiges Naturgesetz aufgestellt und bewiesen werden könnte."[8]

Eine solche Aufgabe war so recht nach dem Sinn Plancks. Er arbeitete an dieser Schrift wahrscheinlich 1885/86. Dieses Buch wurde seine erste größere Arbeit.

In seinem Begleitschreiben zur eingereichten Arbeit schrieb Planck, daß er sich dieser Aufgabe unterzogen habe, weil ihn die Lehre von der Energie besonders interessiere und weil ein Werk dieser Art bisher in der naturwissenschaftlichen Literatur fehle. Hier trifft man wieder auf Plancks Vorliebe zur Bearbeitung allgemeiner umfassender theoretischer Probleme: das Prinzip der Erhaltung der Energie ist ja eines der universellsten und allgemeinsten Naturgesetze.

---

[7] *M. Planck*, „Wissenschaftliche Selbstbiographie", S. 13.

[8] *M. Planck*, „Das Prinzip der Erhaltung der Energie", Leipzig 1887, Vorbemerkung (die Rechtschreibung wurde der heute üblichen angepaßt – H. V.).

Hinsichtlich der bei diesem Thema naheliegenden philosophischen Probleme finden sich aber befremdlicherweise im Begleitschreiben Plancks folgende Hinweise auf eine bewußt vorgenommene Einschränkung der Arbeit:

„So durfte ich vor allen Dingen die Besprechung aller über das rein physikalische Gebiet hinausgehenden philosophischen Spekulationen, die an den Begriff der Energie häufig genug geknüpft worden sind, einfach übergehen.“[9]

In diesem Punkt kann man der Bemerkung im Urteil der Göttinger Fakultät über die Arbeit Plancks zustimmen, wenn als Mangel festgestellt wird:

„Der einseitige physikalische Standpunkt, welchen der Verfasser mit vollem Bewußtsein einnimmt, bringt es mit sich, daß er den Anteil, welchen die Technik an der Entwicklung des Energiebegriffs genommen hat, nur flüchtig gestreift, den der philosophischen Ideenkreise gar nicht berücksichtigt hat.“[10]

Plancks Arbeit war die einzige, die überhaupt preisgekrönt wurde, sie wurde aber nur mit dem 2. Preis bedacht. Der Grund dafür ist darin zu suchen, daß Planck sich offen, wenn auch äußerst höflich, gegen die Auffassungen eines der Professoren der Göttinger Fakultät (Weber) über die Fernwirkung und elektrischen Grundgesetze gewandt hatte. Planck hat das auch selbst gewußt. Er spricht in der „Wissenschaftlichen Selbstbiographie“ (S. 13) sehr deutlich darüber. Dieses Beispiel kennzeichnet aber die mutige Haltung Plancks: sogar in einem Preisausschreiben wendet er sich gegen die Auffassung eines der Professoren, die diese Arbeit zu begutachten haben. Jede Anbiederung oder Vertuschung vorhandener Differenzen hinsichtlich wissenschaftlicher Probleme war und ist Planck immer zuwider gewesen. Planck hat stets seine eigenen Auffassungen, ungeachtet dessen, ob es für ihn vorteilhaft war oder nicht, unmißverständlich vertreten.

Was mögen nun die Ursachen sein, daß auch hier noch bewußt philosophische Darlegungen vermieden werden?

Wenn auch die anfangs genannten zwei Ursachen noch zum Teil zutreffen, so sind hier doch noch besondere Umstände zu erwähnen.

Wenn Planck früher philosophische Aspekte nicht behandelt hatte, so war das durch die Themen und den außerordentlich knappen, streng sachlich-physikalischen Stil bedingt. Bei dieser Arbeit aber erkannte er die philosophische Problematik des Themas und ging bewußt nicht darauf ein. Das ist aber bei einer guten Behandlung des Themas gar nicht völlig möglich (was auch die Arbeit Plancks im Konkreten selbst beweist, indem Planck eben doch hier und da auf philosophische Aspekte zu sprechen kommen mußte, allerdings nicht in der Ausführlichkeit, die wünschenswert gewesen wäre).

Diese Beschränkung hat nun ihre Ursache darin, daß Planck in jenen Jahren unter dem Eindruck verschiedener fachlicher Autoritäten — darunter auch E. Mach — stark zum Positivismus neigte.

---

[9] Ebenda, S. IV.

[10] Ebenda, S. IX.

Im Jahre 1940 äußerte er rückblickend darüber:

„Ich selbst habe mich noch vor 50 Jahren zu den überzeugten Positivisten gerechnet; diese Periode macht wohl jeder etwas kritisch veranlagte Forscher einmal durch und verharrt in ihr eine kürzere oder längere Zeit."[11]

Es handelt sich also hier sehr wahrscheinlich um eine vom Positivismus her inspirierte Ablehnung philosophischer Überlegungen; zumindest haben die positivistischen Einflüsse Plancks eigene Unsicherheit auf diesem Gebiet verstärkt und die Überzeugung von der Fragwürdigkeit solcher – wie die Positivisten sagen – „metaphysischer, philosophischer Spekulationen" entstehen lassen.

Gemäßigte positivistische Einflüsse lassen sich in jener Zeit auch bei Helmholtz, Kirchhoff, Ostwald u. a. feststellen.[12] Sie finden nun auch in Plancks Buch ihren Niederschlag. Auffallend sind die vielen Formulierungen gerade in dieser Arbeit, in denen sich Planck auf die Erfahrung, Erfahrungstatsachen beruft, von der Erscheinungswelt spricht, nur über Beobachtungsergebnisse schreibt und davon, daß man sich von theoretischen Hypothesen fernhalten und alles auf reine Erfahrungsdaten aufbauen müsse.[13]

Ja, Planck formuliert sogar, daß „... sich freilich wohl jeder Physiker zur Erhöhung der Übersichtlichkeit über die Erscheinungswelt eine den beobachteten Naturgesetzen möglichst angepaßte Grundanschauung nach seinem persönlichen Geschmack zurechtlegt..."[14] Derartige Formulierungen findet man vorher und später nicht mehr bei Planck. Sie beweisen, daß seine Kieler Zeit (1885–1889) jene Periode ist, in der er positivistische Gedankengänge tiefer und näher kennenlernte und zum Teil zeitweilig sehr unter ihrem Einfluß stand.[15]

Trotz solcher unverkennbar positivistischer Einflüsse ist dieses Werk doch die erste Auseinandersetzung Plancks mit dem Positivismus, speziell dem von Ernst Mach. Planck konnte naturgemäß bei der Behandlung dieses Themas nicht an der Arbeit Machs „Die Geschichte und die Wurzel des Satzes von der Erhaltung der Arbeit" (Vortrag Machs vom 15. 11. 1871) vorübergehen.

Bei einem Vergleich der beiden Arbeiten zu dem selben Thema zeigen sich – trotz der Tatsache, daß Planck damals gedanklich dem Positivismus am nächsten stand – sehr wesentliche Unterschiede und starke sachliche Differenzen zwischen Planck und Mach.

---

[11] Die Naturwissenschaften 28 (1940), S. 779; vgl. auch Vierteljahresschrift für wissenschaftliche Philosophie und Soziologie, Leipzig 1910, Heft 4, S. 497/98.

[12] Das betont – sehr erfreut – *E. Mach* in seinem Vorwort zur 2. Auflage der „Geschichte und Wurzel des Satzes von der Erhaltung der Arbeit" (Leipzig 1909).

[13] Vgl. *M. Planck*, „Das Prinzip der Erhaltung der Energie", besonders S. VII und 151.

[14] Ebenda, S. XII. Sinngemäß dieselbe Formulierung findet sich bei *E. Mach* in seiner Arbeit „Die Geschichte und die Wurzel des Satzes von der Erhaltung der Arbeit", S. 31.

[15] Auch in seinem Nobelvortrag 1920 vor der Königlich-Schwedischen Akademie der Wissenschaften erwähnt Planck in einem Nebensatz, daß er in den 90er Jahren noch „phänomenologisch orientiert war", weshalb er in seiner Forschungsarbeit manche wert volle Frage erst später habe erkennen können. („Vorträge und Erinnerungen", S. 128.)

Planck meidet die Philosophie bewußt, weil—wie er am Beispiel der Überlegungen von Robert Mayer zum Energieerhaltungssatz zeigt— „die ganze fast ans Metaphysische streifende Begründung seiner Lehre auf äußerst schwachen Füßen steht“, und man „den Mayerschen philosophischen Betrachtungen gewiß keine physikalische Beweiskraft zusprechen“ könne. Trotzdem betont er ihre „eminente praktische Wichtigkeit, als sie die Übersicht über den gesamten Inhalt des Prinzips erleichtern und so die leitenden Ideen angeben, nach welchem die Fragestellung an die Natur erfolgen muß.“[16]

Hier steckt im Keim Plancks Auffassung von der Wechselwirkung zwischen Philosophie und Einzelwissenschaften.

Mach dagegen entwickelte aus seiner antiphilosophischen Auffassung eine neue Philosophie, die den Kampf gegen alles „Metaphysische“ (womit er alle Aussagen meinte, die sich auf mehr als die Sinneswelt erstrecken) sowie die denkökonomische Einordnung aller Sinneserfahrung als ihre Hauptaufgaben ansah.[17]

Solche Auffassungen lehnte Planck ab. Unter ausdrücklichem Hinweis auf den Vortrag von Mach schrieb er in seiner erwähnten Arbeit:

„... wenigstens glaube ich zur Zeit nicht die Befürchtungen teilen zu sollen, welche an die allgemeine Durchführbarkeit dieser Theorie (der mechanischen Naturanschauung – H. V.) als einer allzu engherzigen Auffassung der Naturerscheinungen geknüpft werden.“[18]

Hier sehen wir, wie sich Planck zum ersten Mal zu einem der entscheidendsten philosophischen Probleme der Naturwissenschaft des ausgehenden 19. Jahrhunderts äußert, nämlich dazu, wie sich die neuen Erkenntnisse zur alten mechanischen Naturanschauung verhalten, deren philosophische Basis der mechanische Materialismus war. Diese Frage taucht in späteren Arbeiten stets wieder auf. Die Schwierigkeiten, die die mechanische Naturanschauung den Naturwissenschaftlern bereitete, begannen sich in jener Zeit herauszukristallisieren.

Diese Schwierigkeiten waren schon von vielen philosophisch interessierten Naturforschern – darunter auch von Mach – erkannt worden. Mach hatte mit als einer der ersten Naturwissenschaftler darauf hingewiesen,

„daß man die Resultate der modernen Naturwissenschaft festhalten, hochschätzen und verwerten kann, ohne gerade ein Anhänger der mechanischen Naturauffassung zu sein, daß die mechanische Anschauung nicht notwendig ist zur Erkenntnis der Erscheinungen und ebenso gut durch eine andere Theorie vertreten werden könnte, daß endlich die mechanische Auffassung der Erkenntnis der Erscheinungen sogar hinderlich werden kann.“[19]

---

[16] *M. Planck*, „Das Prinzip der Erhaltung der Energie“, S. 27.

[17] Im Vorwort zur 2. Auflage seiner Schrift formulierte Mach diesen Grundgedanken deutlicher als in der Schrift selbst: „Jede metaphysische, aber auch jede einseitig mechanistische Auffassung letzterer Wissenschaft (der Physik – H. V.) wurde abgelehnt und eine denkökonomische Ordnung des Tatsächlichen, des sinnlich Ermittelten wurde empfohlen.“

[18] *M. Planck*, „Das Prinzip der Erhaltung der Energie“, S. 52.

[19] *E. Mach*, „Die Geschichte und die Wurzel des Satzes von der Erhaltung der Arbeit“, S. 30.

Die Beschränktheit der mechanischen Auffassung schon relativ früh erkannt zu haben, ist zweifellos ein Verdienst Machs. In dieser Beziehung trägt manchmal der Kampf der Vertreter der mechanistischen Naturauffassung gegen Mach unter anderem auch konservative Züge, besonders seitens der alten Generationen von Naturwissenschaftlern, die etwa 20–30 Jahre älter waren als Mach. So ist gewiß ein großer Teil unberechtigter Konservatismus dabei, wenn Poggendorf die Veröffentlichung mancher Machschen Abhandlungen in seinen Annalen einfach verweigerte.

Jedoch muß dabei auch zugleich entschieden betont werden, daß diese konservativen Momente bei der Ablehnung des Machschen Standpunktes durch die Mehrheit der Naturwissenschaftler jener Zeit[20] eng verflochten sind mit sachlich gerechtfertigten Argumenten. Denn Mach warf mit dem Mechanistischen jeglichen Materialismus über Bord und wollte diese bewährte Naturauffasssung durch seine positivistische, rein empirische, im Grunde subjektiv-idealistische Philosophie mit seinem Prinzip der Denkökonomie ersetzen.

Herneck neigt in seiner schon erwähnten Arbeit[21] unter dem Einfluß der Hochschätzung Einsteins für manche revolutionären und kritischen Züge der Machschen Philosophie, die gegen den Mechanizismus gerichtet sind, dazu, dieses positive Moment zu hoch zu bewerten. Charakteristisch für Mach ist nicht der Kampf gegen den Mechanizismus, sondern gegen den Materialismus in der Naturwissenschaft. Man darf die Proportionen nicht verschieben. Falsch ist es auch, in den Gegnern Machs die konservativen und hemmenden Wissenschaftler schlechthin zu sehen. Das ist gerade die Version, mit der die modernen Positivisten jede antipositivistische Kritik im bürgerlichen Lager diffamieren und unterdrücken wollen.

Die materialistisch eingestellten Naturwissenschaftler wehrten sich jedoch völlig zu Recht gegen die Machsche „Neueste Philosophie der Naturwissenschaft". Die Kompliziertheit der Situation ist allerdings derart, daß sich vorwärtsstrebende kritische Gedanken mit konservativ-beharrenden Absichten verflechten und überschneiden. Diese Kompliziertheit der Sachlage drückt auch der Kritik Plancks am Positivismus Machs seinen Stempel auf. Obwohl Planck keineswegs der älteren Physikergeneration jener Zeit angehörte, sondern – im Vergleich zu Mach – sogar der noch um ein Menschenalter jüngeren Generation von Naturwissenschaftlern, die damals fast noch wissenschaftlichen Nachwuchs darstellten, zeigen auch seine ersten kritischen Bemerkungen gegen Mach zweifellos ein gewisses Festklammern an der mechanistischen Naturauffassung und insofern leicht konservative Züge.

Diese sind aber nicht aus einer allgemeinen konservativen Haltung Plancks geboren, denn er gehörte auf dem Gebiet der Physik zu den Bahnbrechern und Neuerern.

[20] Mach selbst mußte noch 1908 feststellen: „Da ich aber auch heute, an der Grenze des Menschenalters angelangt, die Leute an den Fingern herzählen kann, welche einen dem meinigen mehr oder weniger naheliegenden Standpunkt einnehmen, wie Clifford, Popper, Ostwald, Pearson, Wald, Duhem, um von der jüngeren Generation nicht zu sprechen, so sieht man doch, daß es sich um eine winzige Minorität handelt."(Vorwort zur 2. Auflage der „Geschichte und Wurzel des Satzes...").

[21] „Über eine unveröffentlichte Selbstbiographie Ernst Machs".

Diese konservativen Züge resultieren vielmehr aus Plancks Unkenntnis der Dialektik und aus der deshalb einzig sichtbaren Möglichkeit für ihn, die positivistische Philosophie Machs von einem festen philosophischen Standpunkt aus bekämpfen zu können.

Die einzelnen Konsequenzen des positivistischen Standpunktes, die Mach selbst zum Teil in seinem Vortrag von 1871 schon offen gezogen hatte, waren Planck doch zu bedenklich und schreckten ihn ab. Aus seiner starken Ablehnung theoretischer Erwägungen, aus seinem ausschließlichen Orientieren auf Sinnesdaten zog Mach in seiner Arbeit z. B. schon damals folgende Schlüsse:

„Hätte jemand ein Vergnügen daran, sich auch heute noch die Wärme als Stoff zu denken, so könnte man ihm diesen unschuldigen Spaß immerhin gestatten. Er brauchte ja nur zu denken, daß dasjenige, was wir Wärmemenge nennen, das Potential eines Stoffes sei, dessen Menge unverändert bleibt, während das Potential sich ändert.

Durch diese zweite Überlegung verschwindet das Eigentümliche des zweiten Hauptsatzes der mechanischen Wärmetheorie vollständig..."[22]

So könnte man eben — nach Mach — alle alten Theorien, z. B. die Phlogistontheorie oder die Lehre von der vis frigifaciens usw. wieder aufwärmen — für die Naturwissenschaft sei das gleichgültig!

Folgendermaßen schätzte Ernst Mach gedankliche und theoretische Fortschritte in der Deutung des Wesens von Naturerscheinungen ein:

„Wenn wir also die Entdeckung anstaunen, daß Wärme Bewegung sei, so staunen wir etwas an, was nie entdeckt worden ist. Es ist vollständig gleichgültig und hat nicht den geringsten wissenschaftlichen Wert, ob wir uns die Wärme als einen Stoff denken oder nicht. Wäre es für die Geduld der Naturforscher nicht zuviel, so könnte man leicht noch folgenden Satz durchführen. Die Wärme ist ein Stoff, so gut als der Sauerstoff einer ist und sie ist keiner, so wie der Sauerstoff keiner ist. Stoff ist mögliche Erscheinung, ein passendes Wort für eine Gedankenlücke."[23]

Dieser offensichtliche Unsinn und die zynische Geringschätzung theoretischer Erkenntnisse sind die logische Konsequenz aus Machs allgemeinem philosophischen Standpunkt, daß nämlich das Wesen der Naturerscheinungen unerkennbar, ja, daß die Frage danach sinnlos und töricht sei. Solcher sich revolutionär gebärdender Radikalismus verhüllt nur schlecht seine reaktionäre Absicht.

Wenn Planck gegen solche Auffassungen energisch ankämpfte, so handelt es sich gerade dabei am wenigsten um konservative und orthodoxe Züge seines Denkens, wie es die Positivisten und andere manchmal gern hinstellen, sondern um sachlich vollauf gerechtfertigte Kritik, als deren bestes philosophisches Fundament Planck eben noch die mechanistische Naturauffassung benutzte.

Außer diesem Ausgangspunkt gab es nur noch zwei Möglichkeiten gegenüber Mach:

1. die Philosophie Kants. Kant war kein subjektivistischer Empirist wie Mach, sondern betonte mit seiner Aprioritätskonzeption die Objektivität der Denkformen.

[22] *E. Mach*, „Die Geschichte und die Wurzel des Satzes von der Erhaltung der Arbeit", S. 24. [23] Ebenda, S. 25.

2. der dialektische Materialismus, die Philosophie der Arbeiterklasse, die Planck auf Grund seines gesellschaftlichen Milieus nicht kennenlernte.

Bei der Einschätzung der philosophischen Ansichten Plancks neigt man zuweilen dazu, ihn als Anhänger der Philosophie Kants zu bezeichnen. Zwar gibt es durchaus nachweisbare Einflüsse aus dieser Richtung (beim Problem der Willensfreiheit sowie vor allem in der Ethik und im Verhältnis zur Religion), aber gerade die These vom apriorischen Ursprung gewisser Denkprinzipien und Anschauungsformen wurde von Planck am Beispiel des Energieprinzips entschieden abgelehnt.[24] Trotzdem blieben noch Reste Kantscher Gedanken zurück, die z. B. in seiner „Wissenschaftlichen Selbstbiographie" noch hindurchschimmern, aber diese Reste sind nie — weder damals noch später — der Grundzug der erkenntnistheoretischen Auffassungen Plancks gewesen.

Die Annahme der Apriori-Konzeption Kants verschließt sich für Planck, weil er schon praktisch gemerkt hat, welche Rolle die experimentelle Erfahrung und das theoretische Denken beim Auffinden allgemeiner Gesetzmäßigkeiten spielen. Gerade die Geschichte des Energieerhaltungssatzes ist ein schlagendes Beispiel dafür. In diesem Punkte schien ihm der Positivismus richtigere Ansichten zu vertreten, wenn er die Rolle der Erfahrung unerhört herausstellte.

Auch der Kritik Machs an der mechanischen Naturauffassung konnte sich Planck nicht ganz verschließen. Er hatte ebenfalls erkannt, daß die mechanische Naturauffassung manche schwachen Punkte aufweist. Das beweisen jene Stellen in seinem Buch, in denen er den Energieerhaltungssatz klar von der mechanischen Naturauffassung abgrenzt, und wo er die Möglichkeit offen läßt, daß diese mechanische Naturauffassung einmal werde überholt sein können; allerdings hegte er damals diesbezüglich noch keine ernstlichen Befürchtungen.

---

[24] „Allerdings ist wohl zu bedenken, daß die Unabhängigkeit der Energiearten sowohl als auch der äußeren Wirkungsarten voneinander in diesen wie in ähnlichen Fällen niemals apriori aufgestellt werden kann, sondern stets zuerst experimentell begründet werden muß.

Es ist allerdings in neuerer Zeit auch die Behauptung laut geworden, daß das Prinzip überhaupt eines Beweises weder fähig noch bedürftig sei, weil es apriori gelte, d. h. eine uns von der Natur mitgegebene notwendige Form unseres Anschauungs- und Denkvermögens vorstelle; es geht hier wie mit so manchen anderen Wahrheiten, deren Erkenntnis durch jahrhundertelange Arbeit erkämpft worden ist, daß dieselben hinterher, wenn die Macht der Gewohnheit in ihr Recht tritt, als selbstverständlich und angeboren hingestellt werden. Daher bedarf es zu unserer Rechtfertigung wohl nur eines Hinweises auf die geschichtliche Entwicklung des Prinzips, wenn wir eine derartige Behauptung kurzerhand ablehnen."

„Der Ansicht aber, die jetzt wohl auch manchmal geäußert wird, daß man die mechanische Theorie als ein apriori Postulat der physikalischen Forschung zu akzeptieren habe, müssen wir mit aller Entschiedenheit entgegentreten."

(*M. Planck*, „Das Prinzip der Erhaltung der Energie", S. 128/29, 131 und 137; hinsichtlich des Kausalprinzips läßt Planck die Frage danach, ob es apriorischen Ursprungs sei oder nicht, hier noch unbeantwortet.)

Planck schreibt dazu:

„Dem ungeachtet möchte es mir scheinen, als ob man mit größerem Recht das Prinzip der Erhaltung der Energie zur Stütze der mechanischen Naturanschauung, als umgekehrt, die letztere zur Grundlage der Deduktion des Energieprinzips machen würde, da doch dies Prinzip weit sicherer begründet ist, als die wenn auch noch so plausible Annahme, daß jede Veränderung in der Natur sich auf Bewegung zurückführen läßt.“[25]

Hier trennt also Planck den Energieerhaltungssatz von der mechanischen Naturauffassung. Er leugnet nicht den beiderseitigen Zusammenhang, faßt diesen aber nicht derart, daß der Energieerhaltungssatz an die mechanische Naturauffassung gekettet ist und fallen würde, wenn jene fällt. Deshalb auch deduziert Planck in dieser Arbeit den Energieerhaltungssatz nicht aus der mechanischen Naturauffassung – was, wie er schreibt, durchaus möglich ist – sondern aus dem Satz von der Unmöglichkeit des perpetuum mobile.[26] Planck bindet sich nicht an die mechanische Naturauffassung; er hält sie für weniger sicher und unerschütterlich als das Energieprinzip;[27] er sieht in diesem das unbedingt Sichere, vertritt aber trotzdem die mechanische Naturauffassung weiter, weil sie eben doch bisher die allgemeine theoretische Konzeption ist, die sich am besten bewährt hat.

„Mir scheint es dem bisher so glänzend bewährten empirischen Charakter unserer modernen Naturwissenschaft besser zu entsprechen, die mechanische Naturauffassung als das möglicher- und wahrscheinlicherweise zu gewinnende Ziel der Forschung zu betrachten, als voreilig ein noch gar nicht sicher gestelltes Resultat zu antizipieren, um es zum Ausgangspunkt des Beweises eines Satzes zu machen, dessen Allgemeingültigkeit gesichert erscheint, wie die weniger anderer der ganzen Naturwissenschaft. Die hohe Bedeutung der mechanischen Naturanschauung bleibt durch diese Betrachtung vollkommen ungeschmälert: dieselbe weist uns die Richtung an, in der die Forschung sich zu bewegen hat: denn nur auf dem Wege der Erfahrung kann die Frage nach der Zulässigkeit dieser Theorie entschieden werden.

Durch die angewendete Vorsicht sichern wir uns zugleich vor unliebsamen Enttäuschungen. Denn sollte man wirklich einmal die merkwürdige Erfahrung machen, daß unsere Raum- und Zeitanschauung nicht allgemein genug ist, um die Fülle der Erscheinungen, die uns die Natur darbietet, zu beschreiben, so werden wir deshalb nicht gleich, wie es in ähnlichen Fällen schon geschehen ist, andere wohlbegründete Sätze mitfallen lassen, sondern werden leicht imstande sein, das bewiesene Wesentliche von dem nicht bewiesenen Unwesentlichen zu trennen.“[28]

An dieser Stelle der Arbeit Plancks findet sich wieder ein ausdrücklicher Hinweis auf die entsprechende Arbeit und die diesbezüglichen Ansichten Machs mit der wörtlichen Bemerkung Plancks:

„Übrigens kann ich mich nicht mit allen hier dargelegten Ansichten einverstanden erklären.“[28]

---

[25] Ebenda, S. 136. [26] Vgl. ebenda, S. 140–142.

[27] Schon damals hielt Planck „eine förmliche Umwälzung aller unserer durch Newton überkommenen und zur Gewohnheit gewordenen Anschauungen über das Wesen der in der Natur tätigen Kräfte“ für durchaus möglich. (Ebenda, S. 242/43).

[28] Ebenda, S. 137/38.

Daraus geht hervor, daß Planck die Schrift von Mach nicht völlig ablehnt, sondern auch Positives in ihr sieht. Planck verwirft weder in konservativer Manier die Arbeit in Bausch und Bogen, noch akzeptiert er ihren Inhalt in unkritischer Weise. Beide Fehler unterliefen manchem Fachkollegen Plancks in jener Zeit.

Das Positive, das Planck bei Mach zu finden meint, dürfte begründeterweise nur in der Kritik Machs an manchen mechanischen Vorstellungen liegen, weniger aber in der positiven Darlegung der eigenen philosophischen Auffassungen von Mach. Mach selbst faßte Plancks Bemerkungen auch in diesem Sinne auf. Er äußerte sich dazu im Vorwort zur zweiten Auflage seiner Arbeit:

„Als M. Planck 15 Jahre nach mir über die Erhaltung der Energie schrieb, hatte er nur eine abweisende Bemerkung gegen eine meiner Einzelausführungen vorzubringen, ohne welche man hätte annehmen müssen, daß er meine Schrift gar nicht gesehen hat."[29]

Zur Beantwortung der Frage, weshalb eigentlich Planck die Gedanken und Überlegungen Machs so stark bekämpfte und ablehnte, kann man vor allem auf Ursachen zweifacher Art hinweisen.

Erstens vertrat Planck unbewußt einen im wesentlichen elementaren naturwissenschaftlich-materialistischen Standpunkt. Diese Einstellung hatten während seiner Studienzeit wohl alle seine Lehrer vertreten und so hatte auch er sie mit übernommen.

Als nach dem starken Auftreten Machs auch Kirchhoff, Helmholtz und Hertz einige Gedanken Machs beachteten und das Studium positivistischer Literatur Mode wurde, blieb das nicht ohne Einfluß auf Planck; er machte zuerst die Mode mit, gab aber seine elementare naturwissenschaftlich-materialistische Grundposition nie völlig auf. Deshalb waren die meisten der radikalen philosophischen Ausführungen Machs für Planck unannehmbar.

Zweitens sind die fachbezogenen Motive von nicht geringerer Bedeutung.

Während Mach die Auffassung vertrat, daß theoretische Deutungen keinerlei Erkenntniswert hätten und völlig gleichgültig seien, weist Planck ausdrücklich auf ihre erkenntnisfördernde Bedeutung in der Physik hin:

„Man könnte hier die Frage aufwerfen, ob es denn wirklich für die gesunde Weiterentwicklung des Prinzips von Nutzen ist, in dieser Weise von der primären Definition des Begriffs abzuweichen und ihm eine spezielle physikalische Deutung zu geben ...

Indessen ist ... unverkennbar, daß mit der hier in Rede stehenden substantiellen Deutung des Begriffs der Energie nicht nur eine Vermehrung der Anschaulichkeit, sondern auch ein direkter Fortschritt in der Erkenntnis verbunden ist. Dieser Fortschritt beruht auf der Anregung zur weiteren physikalischen Forschung."[30]

Über die erkenntnistheoretische Bedeutung der Theorie und über das Verhältnis von Induktion und Deduktion sowie über den Platz der Erfahrung im Erkenntnisprozeß schrieb Planck folgendes:

„... denn da die Wahrheit unserer ganzen Naturwissenschaft in letzter Linie sich auf die Erfahrung gründet, so wird der Glaube an die Richtigkeit eines Satzes um so fester in

[29] *E. Mach*, Vorwort zur 2. Auflage der „Geschichte und Wurzel des Satzes von der Erhaltung der Arbeit".

[30] *M. Planck*, „Das Prinzip der Erhaltung der Energie", S. 104/05.

unserer Überzeugung wurzeln, je näher der Satz mit einer direkt durch die Erfahrung zu konstatierenden Tatsache zusammenhängt. Darum werden wir jedesmal, wenn es sich um die Feststellung eines neuen Prinzips handelt, demselben von allen möglichen Seiten durch Experiment und Beobachtung beizukommen suchen und kein Physiker wird sich mit der reinen Deduktion eines naturwissenschaftlichen Gesetzes von einiger Tragweite begnügen, er wird womöglich immer noch die höchste Instanz, die Erfahrung, zu Rate ziehen.

Und doch: so überwältigend uns die Zahl und Bedeutung dieser induktiven Beweise entgegentritt, so dürfte niemand ein so eingefleischter Empiriker sein, daß er nicht noch das Bedürfnis empfände, nach einem anderen Beweis, der, auf deduktiver Grundlage aufgebaut, das Prinzip in seiner ganzen umfassenden Bedeutung als ein einziges geschlossenes Ganzes aus gewissen noch allgemeineren Wahrheiten entspringen läßt.

Es läßt sich wohl auch kaum darüber streiten, daß wir die volle beruhigende Gewißheit, welche die Überzeugung von der Wahrheit eines Satzes verleiht, uns nicht auf dem Wege der Induktion allein verschaffen können, sondern nur zugleich dadurch, daß wir von einem höheren Standpunkt herab den Satz als eine vollkommene Einheit ins Auge fassen."[31]

Die sachliche Differenz dieser Ausführungen zu den entsprechenden Ansichten Machs ist leicht zu bemerken. Planck warnt deutlich vor jedem engstirnigen „eingefleischten Empirismus". Wenn auch Planck in jener Zeit ebenfalls wie Mach den Kampf gegen „metaphysische" Beweise führt[32], so muß doch erwähnt werden, daß Planck den Begriff „metaphysisch" damals enger faßte als Mach. Für Mach war alles abzulehnende Metaphysik, was über die Sinnenwelt hinausging; für Planck hingegen war metaphysisch nur das, was überhaupt keinen Bezug mehr zu Erfahrungstatsachen der Naturwissenschaft hatte[33], was also auch heute noch als Spekulation im schlechten Sinne bezeichnet wird.

Unter dem Einfluß des Positivismus bevorzugte Planck zeitweilig nicht mehr theoretische Arbeiten und abstrakte Deduktion. Dabei ging er allerdings nie so weit, alle Physik nur im Beschreiben von Sinneseindrücken zu erblicken. Er konnte die positivistische Geringschätzung der Theorie und Deduktion nicht teilen. Selbst wo terminologisch bei Planck manches ähnlich aussieht wie bei den Positivisten, sind noch sachliche Unterschiede verborgen.

Als Mach in seiner Schrift über den Satz von der Erhaltung der Arbeit durch positivistische Überlegungen zu der Feststellung kam, daß „das Eigentümliche des zweiten Hauptsatzes der mechanischen Wärmetheorie vollständig verschwindet", wurde Planck automatisch in schärfste Opposition zu solchen Behauptungen gedrängt, weil ja diese Fragen Plancks spezielles Arbeitsgebiet waren. So war ein Zusammenstoß mit Mach auch wesentlich vom Fach- und Spezialgebiet der eigenen Forschungsarbeit her bedingt. Planck wurden die negativen Auswirkungen der

---

[31] Ebenda, S. 132/33. [32] Vgl. ebenda, S. 134.

[33] So äußert sich z. B. Planck über die von Mach als metaphysisch verspottete und als völlig belanglos und ohne Erkenntniswert hingestellte Vorstellung Mayers von der Wärme als Bewegung: „Dieselbe bewegt sich zwar noch auf etwas schwankender Grundlage, kann aber doch gewiß nicht mehr als metaphysisch bezeichnet werden." In späteren Schriften gebraucht Planck das Wort „metaphysisch" mehr im Sinne von Mach. Allerdings bejaht er dann das so aufgefaßte Metaphysische ausdrücklich. (Vgl. z. B. „Vorträge und Erinnerungen", S. 205).

Machschen Philosophie in seinem eigenen Spezialgebiet deutlich vor Augen geführt. Mach kam in der Anwendung seiner positivistischen Auffassungen und Methoden zu Überlegungen über physikalische Probleme, die einen Teil jener Forschungsaufgaben, an denen Planck arbeitete, „verschwinden" ließen bzw. zu Scheinproblemen erklärten. Statt objektive Gesetzmäßigkeiten zu erforschen, blieb nach Mach nur das Konstruieren denkökonomischer Beschreibungen von Sinnesdaten. So war die erste theoretische Auseinandersetzung zwischen Planck und dem Positivismus zum großen Teil vom Fach her bestimmt. Zugleich zeigt sich hieran die enge Verbindung zwischen philosophischen und einzelwissenschaftlichen Fragen.

Wäre Planck überzeugter Anhänger Machs gewesen und hätte er sich von den subjektiv-idealistischen Thesen dieser Philosophie bei seiner Forschungsarbeit leiten lassen, so hätte er es als sinnlos ansehen müssen, sich jahrelang intensiv mit dem zweiten Hauptsatz der Wärmetheorie zu beschäftigen, vier Abhandlungen über das Problem der Entropie zu erarbeiten, später in der Strahlungstheorie zu forschen und nach theoretischen Deutungen experimentellen Befunde auf diesem Gebiet zu suchen. Völlig sinnlos und gleichgültig wären die theoretischen Bemühungen um die Deutung jener experimentellen Befunde im Lichte der positivistischen Philosophie gewesen, die Planck schließlich zu seiner kühnen Quantenhypothese führten.

Planck aber ließ sich schon damals mehr von seiner gesunden, spontanen, noch ungeformten elementaren naturwissenschaftlich-materialistischen Einstellung bei seiner Forschungsarbeit leiten.

In den anderen Arbeiten seiner Kieler Zeit[34] wendet sich Planck ausschließlich fachlichen Problemen zu. Manche Formulierungen in diesen Arbeiten deuten darauf hin, daß Planck sich vom Positivismus zu lösen beginnt. Solche positivistischen Ausdrücke, wie Beschreibung von Erfahrungstatsachen und ähnliche, sind immer seltener zu finden.

Philosophische Probleme werden von Planck in dieser Zeit — auch später noch — nur kurz vom Fachlichen und Methodischen her gestreift.

Von besonderer Bedeutung in philosophischer Beziehung ist der Kampf Plancks gegen die Energetik in den 90er Jahren. Als die von Rankine begründete Richtung der Energetik unter dem Einfluß von Ostwald neu auflebte und versuchte, ihre allgemeinen Prinzipien in der Physik konkret anzuwenden, dabei besonders die Thermodynamik von einem universelleren energetischen Standpunkt aus betrachten

---

[34] a) „Über das Prinzip der Vermehrung der Entropie" (4 Teile) in: Wiedemanns Annalen 1887 und 1891. Hier geht es Planck wieder um die großartige Verallgemeinerung des 2. Hauptsatzes der Wärmetheorie, die er bis zur Grenze des Erreichbaren durchführen will. Von Laue hebt in seiner kurzen Geschichte der Physik die Bedeutung dieser damals nicht verstandenen, ja z. T. sogar als überflüssig abgelehnten theoretischen Arbeit Plancks hervor. In der modernen Physik sei der Entropie-Begriff unentbehrlich geworden.

b) „Chemisches Gleichgewicht in verdünnten Lösungen" in: Wiedemanns Annalen 1888.

c) „Theorie der Thermoelektrizität", in Wiedemanns Annalen 1889.

wollte und auch andere Probleme unter diesen neuen energetischen Gesichtspunkten lösen zu können behauptete, rechnete Planck in einem scharfen Artikel „Gegen die neuere Energetik" mit diesen Bestrebungen ab.

Die Energetiker kämpften auch gegen die mechanische Naturauffassung und insbesondere gegen die Atomistik L. Boltzmanns. Boltzmann führte den Kampf gegen die Energetik in prinzipieller philosophischer Weise; Planck dagegen versuchte die Energetik nur vom engen fachlichen Aspekt der Thermodynamik her zu überwinden. In seinem Artikel schrieb er:

„Ich beabsichtige an dieser Stelle nicht, für die mechanische Naturanschauung in die Schranken zu treten; dazu würden tiefgehende und z. T. sehr schwierige Untersuchungen gehören. Hier handelt es sich um viel elementarere Dinge, nämlich um die Frage nach der mathematischen Berechtigung der neueren Energetik überhaupt. Denn schon die Untersuchung dieser Vorfrage führt jeden Fachkundigen zu dem unvermeidlichen Schluß, daß der neueren Energetik jede feste Grundlage mangelt, daß ihre einfachen Beweise gerade da, wo sie am wichtigsten wären, Scheinbeweise sind, und daß sie daher an die wirklichen Probleme gar nicht einmal hinanreicht, geschweige denn irgend etwas zu ihrer Lösung beizutragen vermag."[35]

Ostwalds Namen erwähnt Planck in diesem Artikel nicht. Ganz offensichtlich ist aber gerade seine Richtung gemeint.[36]

An einigen speziellen physikalischen Beispielen belegt Planck die Unfruchtbarkeit der neueren Energetik. Obwohl er ihr einen gesunden Kern zuerkennt, muß er doch feststellen:

„Und in der Tat: Nichts, schlechterdings gar nichts hat die Energetik bis zum heutigen Tage an positiven Leistungen aufzuweisen, obwohl ihr seit Rankine dazu Zeit und Gelegenheit in Fülle geboten war. ‚Aber sie hat auch', könnte man entgegnen, ‚noch in keinem einzigen Falle zu einem Widerspruch mit der Erfahrung geführt.' Ganz richtig — aus dem einfachen Grunde, weil die Energetik vermöge der Unsicherheit ihrer Begriffe überhaupt nicht fähig ist, ein neues Resultat hervorzubringen, welches an der Erfahrung geprüft werden kann. Und hiermit ist derjenige Vorwurf ausgesprochen, der unter allen als der schwerwiegendste angesehen werden muß. Denn eine Theorie, welche, um ihre Existenz zu wahren, darauf angewiesen ist, den wirklichen Problemen auszuweichen, wurzelt nicht mehr in dem Reich der Naturwissenschaft, sondern auf metaphysischem Boden, wo ihr die Waffen der Empirie allerdings nichts mehr anhaben können. Darum halte ich es für

---

35 *M. Planck*, „Gegen die neuere Energetik", in: Wiedemanns Annalen, 1896, S. 73.

36 Vgl. die diesbezügliche Bemerkung Plancks in seinen Erinnerungen aus alten Zeiten in „Vorträge und Erinnerungen", S. 11 und seinen Brief an Ostwald vom 27. 12. 1895.

Es kennzeichnet das charakterliche Wesen Plancks, daß er Ostwald von seinem die Energetik ablehnenden Artikel vorher brieflich in Kenntnis setzte. In diesem Brief betonte Planck, daß er gegen die Richtung der Energetik, nicht gegen Personen kämpft, und daß er deshalb in seinem Artikel keinen Namen erwähnt. Er gibt zugleich seiner Hoffnung Ausdruck, daß die persönlichen Beziehungen zwischen ihm und Ostwald nicht unter dieser sachlichen Differenz leiden mögen. Planck hatte in seinem Briefwechsel mit Ostwald schon vorher lange gegen die Meinung Ostwalds polemisiert. (Vgl. Wissenschaftlicher Briefwechsel W. Ostwalds. Im Auftrage der Deutschen Akademie der Wissenschaften unter Mitwirkung von Grete Ostwald herausgegeben von H.-G. Körber, Teil 1 Briefwechsel mit L. Boltzmann, M. Planck u. a. besonders die Briefe Nr. 41, 43, 52 und 63. In Vorbereitung.)

meine Pflicht, mit allem Nachdruck Verwahrung einzulegen gegen den weiteren Ausbau der Energetik in der von ihr in neuerer Zeit eingeschlagenen Richtung, welche gegenüber den bisherigen Ergebnissen der theoretischen Forschung einen empfindlichen Rückschritt bedeutet und nur den einen Erfolg haben kann, die Jünger der Wissenschaft statt zu gründlicher Vertiefung in das Studium der vorliegenden Meisterwerke, zu dilettantenhaften Spekulationen zu ermuntern und dadurch ein weites und fruchtbares Gebiet der theoretischen Physik auf Jahre hinaus brachzulegen."[37]

Es handelt sich hier also um eine für den sonst recht sanftmütigen Planck außerordentlich scharfe und vernichtende Kritik der Energetik. Leider hatte Planck in seinem Kampf gegen die Energetik wie auch bei seiner Kritik des Machschen Positivismus anfangs wenig Erfolg. Theoretische Beweise wurden gering geschätzt. Plancks Kritik war aber auch zu eng, sie war nur fachlich, ohne breite philosophische Grundlage.

So war es denn auch Boltzmann, der sich gegen Ostwalds Energetik schließlich durchsetzen konnte. Planck hatte ihn dabei unterstützt; allerdings hat Boltzmann diese Unterstützung nicht besonders gern gesehen, denn Planck stand der atomistischen Theorie Boltzmanns lange Zeit ablehnend gegenüber. Das mag nicht zuletzt auf seine damaligen positivistischen Auffassungen zurückzuführen sein, die er erst später überwand. Das ist zugleich wieder ein Beispiel für die Wechselwirkung zwischen Philosophie und Physik und ein Beweis dafür, daß man von halbverschwommenen Positionen aus – Planck war damals weder konsequenter Positivist noch Kantianer oder Materialist, sondern schwankte besonders zwischen Positivismus und Materialismus – keinen erfolgreichen Kampf führen kann.

Planck selbst äußert sich in seinen Erinnerungen über diese damaligen Auseinandersetzungen:

„Es gehört mit zu den schmerzlichsten Erfahrungen der ersten Jahrzehnte meines wissenschaftlichen Lebens, daß es mir nur selten, ja, ich möchte sagen, niemals gelungen ist, eine neue Behauptung für deren Richtigkeit ich einen vollkommen zwingenden, aber nur theoretischen Beweis erbringen konnte, zur allgemeinen Anerkennung zu bringen. So ging es mir auch diesmal. Gegen die Autorität von Männern, wie Ostwald, Ch. Helm, E. Mach war eben nicht aufzukommen"[38]

Boltzmann kam gegen diese Männer auf. Planck erkannte das unumwunden an. Er merkte auch allmählich, daß er in philosophischer Beziehung auf einer zum Teil falschen Position stand, daß Boltzmanns konsequenter philosophischer Standpunkt[39] für diesen eine wirkungsvolle Basis in seinem Kampf gegen Ostwalds Energetik und Machs Positivismus war. Später hat Planck sehr bedauert, nicht schon damals auch philosophisch an der Seite Boltzmanns gestanden zu haben. 1940 schrieb er:

[37] *M. Planck*, „Gegen die neuere Energetik" in: Wiedermanns Annalen, 1896, S. 77/78.

[38] *M. Planck*, „Vorträge und Erinnerungen", S. 12 und 274.

[39] W. I. Lenin charakterisierte die Auffassungen und den Kampf Boltzmanns folgendermaßen: „Von den deutschen Physikern kämpfte der 1906 verstorbene Ludwig Boltzmann systematisch gegen die Machistische Strömung... Boltzmann hat natürlich Angst, sich Materialist zu nennen, und erklärt sogar ausdrücklich, daß er durchaus nicht gegen die Existenz Gottes sei. Seine Erkenntnistheorie ist jedoch ihrem Wesen nach materialistisch..." („Materialismus und Empiriokritizismus", Berlin 1952, S. 277).

„Unter dem Einfluß von Ernst Mach war ich damals zur Ablehnung der Atomistik geneigt und zog mir dadurch zu meinem Bedauern die Gegnerschaft von Ludwig Boltzmann zu, der um jene Zeit, fast als einziger in Deutschland, seine Hauptarbeitskraft dem Ausbau der kinetischen Gastheorie widmete und mit dem ich mich in dem Kampf für den Clausiusschen zweiten Hauptsatz der Wärmetheorie gegen die flache Energetik Ostwalds gern verbunden gefühlt hätte.“[40]

Gerade diese eigenen Erfahrungen sowie das genauere Studium der Atomtheorie Boltzmanns und dessen Entropiedefinition[41] führten Planck später schließlich zur völligen Ablehnung des Positivismus.[42]

Planck wurde so zum würdigen Nachfolger Boltzmanns. Er baute dessen materialistische Auffassungen weiter aus und verfocht sie später sein ganzes Leben lang.

An einzelnen Formulierungen klingen allerdings eine Zeitlang noch positivistische Einflüsse nach. Diese kann man auch in Plancks zweitem großen Werk, in seiner „Thermodynamik“ (1897) feststellen.

Planck legt im Vorwort zu diesem Werk die drei verschiedenen Methoden der Forschung dar, die sich in der bisherigen Entwicklung der Thermodynamik unterscheiden lassen. Es sind dies einmal die mechanische Methode, dann die Methode Helmholtzs und letztlich eine stark positivistisch gefärbte. Planck hält die letztere für die beste.[43] Daran kann man einerseits erkennen, daß Planck in der antimechanistischen positivistischen Methode auch gewisse positive Züge erblickt, die eben daraus resultieren, daß sich diese Methode von der Starrheit des Nurmechanischen löste. Andererseits aber bevorzugt Planck hinsichtlich der theoretischen Deutung der Naturerkenntnis die mechanische Naturauffassung als diejenige, die volle philosophische Befriedigung gewährt.

---

[40] Die Naturwissenschaften 28 (1940), S. 779; vgl. auch Planck, „Wissenschaftliche Selbstbiographie“, S. 21.

[41] Dieses Studium fand seinen Niederschlag in einer Publikation in der Festschrift zum 60. Geburtstag L. Boltzmanns. Hier nahm Planck entschieden für Boltzmanns Entropiedefinition Stellung. (Vgl. „Festschrift für Boltzmann“, Leipzig 1904, S. 113–123). Das war die fachwissenschaftliche Grundlage, von der aus Planck sich auch philosophisch dem Standpunkt Boltzmanns näherte.

[42] Vgl. Die Naturwissenschaften 28 (1940), S. 779.

[43] Planck macht einige Einwände gegen den Standpunkt von Helmholtz und bemerkt, daß seine Methode keinen genügend breiten Halt biete und stellt fest: „Am fruchtbarsten hat sich bisher eine dritte Behandlung der Thermodynamik erwiesen. Diese Methode unterscheidet sich von den beiden zuerst besprochenen wesentlich dadurch, daß sie die mechanische Natur der Wärme nicht in den Vordergrund stellt, sondern, indem sie sich bestimmter Annahmen über das Wesen der Wärme ganz enthält, statt dessen direkt von einigen sehr allgemeinen Erfahrungstatsachen, hauptsächlich von den sogenannten beiden Hauptsätzen der Wärmelehre, ausgeht.“ (*M. Planck*, „Vorlesungen über Termodynamik“, Leipzig 1897, S. V). – Die leicht positivistischen Züge der geschilderten Methode sind deutlich erkennbar (vor allem im Verzicht auf Aussagen über das Wesen der Wärme); aus dem Befürworten dieser Methode durch Planck darf man indessen nicht folgern, er sei zu jener Zeit noch Positivist gewesen. Planck hält diese Methode nur deshalb für nützlich, weil ein Anklammern an alte mechanistische Modellvorstellungen für die weitere Forschung schon damals hinderlich zu werden begann.

So betonte Planck völlig unpositivistisch:

„Diese letzte, mehr induktive, Behandlungsart, welche im vorliegenden Werke ausschließlich benutzt ist, entspricht wohl am besten dem heutigen Stande der Wissenschaft, sie ist aber kaum als die abschließende zu betrachten, sondern wird wahrscheinlich künftig einmal einer mechanischen oder vielleicht auch einer elektromagnetischen Betrachtungsweise Platz machen müssen. Denn wenn es auch eine Zeitlang Vorteile gewähren mag, die einzelnen Wirkungen der Natur: Wärme, Bewegung, Elektrizität usw. zunächst als qualitativ verschieden voneinander einzuführen und die Frage nach ihrer etwaigen Wesensgemeinschaft zu unterdrücken, so wird doch unser durch die Entdeckung des Prinzips der Erhaltung der Energie so mächtig gefördertes Streben nach einer *einheitlichen* Naturanschauung, sei es auf mechanischer oder auf anderer Grundlage, sich niemals auf die Dauer zurückhalten lassen.“[44]

Ein Positivist hält ein solches Streben nach der Aufdeckung der Wesensgemeinschaft der einzelnen Naturkräfte sowie das Streben nach einer einheitlichen Naturanschauung für sinnlos und lehnt es grundsätzlich ab. Einen solchen Standpunkt kann aber ein theoretischer Physiker nicht vertreten, weil er damit einen großen Teil seiner fachlichen Arbeit als wertlos ansehen müßte.

Plancks Streben nach einer einheitlichen Naturanschauung, sein teilweises Eintreten für die mechanische Naturauffassung sowie seine kritischen Bemerkungen gegenüber dem Positivismus in dieser Frage sind demnach wesentlich von seinem eigenen Fach, der theoretischen Physik, her bedingt.

Planck begann die große Bedeutung dieser philosophischen Fragen für seine Fachwissenschaft zu erkennen. Das drückt sich auch in einigen Sätzen aus, die schon in seiner Thermodynamik von 1897 stehen:

„Dieser Satz, in dieser Allgemeinheit ausgesprochen, ist entweder richtig oder falsch, aber er bleibt das, was er ist, ohne Rüchsicht darauf, ob auf der Erde denkende und messende Wesen existieren, und ob diese Wesen, wenn sie existieren, die Einzelheiten physikalischer oder chemischer Prozesse um eine, zwei oder um hundert Dezimalstellen genauer kontrollieren mögen, als wir das heute zu tun vermögen. Die Grenzen des Satzes, falls sie überhaupt vorhanden sind, können notwendig nur auf demselben Gebiete liegen, wo auch sein Inhalt liegt: in der beobachteten Natur und nicht im beobachtenden Menschen. Daran ändert der Umstand nichts, daß wir uns zur Ableitung des Satzes menschlicher Erfahrungen bedienen; das ist überhaupt der einzige Weg für uns, um zur Erkenntnis von Naturgesetzen zu gelangen. Sind sie einmal erkannt, so müssen sie auch als selbstständig anerkannt werden, soweit wir überhaupt davon reden können, daß ein Naturgesetz unabhängig vom denkenden Geiste Bestand hat; und wer dieses leugnen wollte, müßte die Möglichkeit einer Naturwissenschaft überhaupt leugnen.“[45]

Hier überwindet Planck die typisch positivistische Beschränkung auf Beobachtungen, die im Positivismus der Kopenhagener Schule später noch eine so dominierende Rolle spielen sollte. Hier legt er den Grundstein für seine prinzipielle Ablehnung auch des modernen Positivismus, die beste Basis für seine eigenen natur-

[44] Ebenda. – Denselben Gedanken hatte Planck schon anläßlich seiner Antrittsrede zur Aufnahme in die Preußische Akademie der Wissenschaften am 28. 6. 1894 klar zum Ausdruck gebracht. (Vgl. M. Planck in seinen Akademieansprachen, S. 3/4).

[45] *M. Planck*, „Vorlesungen über Thermodynamik“, S. 96.

wissenschaftlich-materialistischen Gedanken. Entscheidend ist nicht der beobachtende Mensch, sondern die objektiv-existierende beobachtete Natur. Wer leugnet, daß die Naturgesetze unabhängig von den Empfindungen und vom denkenden Geist Bestand haben, muß die Möglichkeit einer Naturwissenschaft leugnen! Das ist ein materialistischer Standpunkt, auch wenn er nicht so klar formuliert ist wie bei Lenin,[46] aber es wird doch deutlich, daß Planck sich hier vom positivistischen Denken distanziert und in wichtigen erkenntnistheoretischen Fragen materialistische Auffassungen vertritt.

Das ist der knappe, aber fest umrissene philosophische Standpunkt, den sich Planck um die Jahrhundertwende erarbeitet hatte.

In all seinen Arbeiten bis zur Jahrhundertwende sind philosophische Darlegungen in positivem Sinn selten. Es überwiegen Äußerungen, in denen Planck als Resultat eigener philosophischer Überlegungen irgendwelche philosophischen Ansichten kritisiert und ablehnt. Daraus läßt sich begründet folgern, daß Planck sich in jenen Jahrzehnten neben seiner fachlichen Spezialarbeit auch stark mit philosophischen Problemen beschäftigte. In solchen persönlichen gedanklichen Auseinandersetzungen reifte Plancks eigene philosophische Erkenntnis, die er dann später auch öffentlich darlegte und vertrat. Das kritische Durchdenken und Überwinden der positivistischen Philosophie Machs ist um die Jahrhundertwende abgeschlossen. Es war für Plancks eigene philosophische Entwicklung ein wichtiges Durchgangsstadium. Planck hatte im Kampf und in der eigenen Auseinandersetzung mit dem Machschen Positivismus, der Energetik, der mechanischen Naturanschauung und insbesondere der materialistischen Ansichten Boltzmanns zum Materialismus zurückgefunden. Die tiefe Kenntnis des Machschen Positivismus und besonders seiner die Forschungen in der theoretischen Physik hemmenden Konsequenzen gaben die Gewähr dafür, daß Planck nicht wieder in positivistische Ansichten zurückfiel.

Diese tiefere Kenntnis und die eigene Auseinandersetzung mit Machs Philosophie fehlte jenen Physikern zum Teil, die nach dem ersten Weltkrieg Machs Philosophie wieder aufnahmen, etwas modernisierten und abänderten und in dieser neuen „annehmbareren" Form verbreiteten. Planck, der Mach gegenüber der jüngeren Generation angehörte, war den modernen naturwissenschaftlichen Positivisten gegenüber schon Repräsentant der älteren Generation, die die Auswirkungen der Machschen Philosophie noch aus eigener Erfahrung und im Original kennengelernt hatte.

Eigene wichtige physikalische Forschungen auf dem Gebiet der Strahlungstheorie verlangten um die Jahrhundertwende und auch noch Jahre später die ge-

[46] „Die wirklich wichtige erkenntnistheoretische Frage, die die philosophischen Richtungen scheidet, besteht nicht darin, welchen Grad von Genauigkeit unsere Beschreibungen der kausalen Zusammenhänge erreicht haben und ob diese Angaben in einer exakten mathematischen Formel ausgedrückt werden können, sondern darin, ob die objektive Gesetzmäßigkeit der Natur oder aber die Beschaffenheit unseres Geistes, das diesem eigene Vermögen, bestimmte apriorische Wahrheiten zu erkennen usw., die Quelle unserer Erkenntnis dieser Zusammenhänge ist. Das ist es, was die Materialisten Feuerbach, Marx und Engels von den Agnostikern (Humeisten) Avenarius und Mach unwiderruflich trennt." („Materialismus und Empiriokritizismus", S. 148).

samte Arbeitszeit Plancks. Die Strahlung glühender fester Körper gehörte damals mit zu jenem Kreis von Problemen, denen das allgemeine Interesse der Forschung galt. Diese Fragen waren einerseits von technischem Interesse für die Produktion von Glühlampen und andererseits erhofften sich die Physiker hier tiefere theoretische Aufschlüsse über allgemeine Eigenschaften des Strahlungsvorgangs. Das erwartete man besonders von der Hohlraumbestrahlung, der sich Planck zuwandte. Bei diesen Forschungsarbeiten gelang Planck im Jahre 1900 seine fundamentale Entdeckung des elementaren, nach ihm benannten Wirkungsquantums, mit dem eine neue Epoche in der Wissenschaft der Physik begann. Planck hatte mit dem Vortrag über seine kühne Quantenhypothese am 14. 12. 1900 vor der Deutschen Physikalischen Gesellschaft die Quantenphysik begründet.[47]

Plancks Entdeckung kam für die meisten Physiker damals unerwartet. Es gab keine Vorbereiter und Mitentdecker neben Planck. Viele Fachkollegen erkannten die Quantenhypothese nicht gleich an und erfaßten ihre universelle Bedeutung, insbesondere die der Naturkonstanten „h“, nicht. Planck selbst hatte ja auch etwas ganz anderes entdeckt, als er eigentlich entdecken wollte. In seinem eigenen Kopf mußte sich dieser neue umwälzende Gedanke erst Bahn brechen; Planck selbst war lange skeptisch gegenüber dem unerhört Neuen in seiner eigenen Hypothese. Es ist sehr verständlich, daß seine Kollegen ebenfalls zuerst noch mißtrauisch waren. Aber Planck ließ sich nicht beirren. Mit beispielhafter Gründlichkeit, logischem Scharfsinn und physikalischem Feingefühl sicherte er seine Entdeckung, prüfte er sie experimentell nach, um möglichst jeden Fehlschluß und Irrtum zu vermeiden. Die Quantenhypothese bewährte sich in allen Fällen.

Die Entdeckung des elementaren Wirkungsquantums war von außerordentlicher physikalischer und philosophischer Bedeutung. Die Folgerungen aus der Entdeckung dieser allgemeinen Naturkonstanten für alle Gebiete der Phyik zu durchdenken, die verschiedenen Konsequenzen zu erwägen, sollte nicht nur einen großen Teil der weiteren Lebensarbeit Plancks ausmachen, sondern beschäftigte darüber hinaus eine große Zahl jüngerer Physiker in den folgenden Jahrzehnten. Erst nach Jahren

---

[47] Mit übertriebenem Pathos heißt es dazu in der Adresse der ehemaligen Preußischen Akademie der Wissenschaften anläßlich des 50jährigen Doktorjubiläums: „Wie ein strahlender Kronjuwel von unermeßlichem Wert das Auge von allen übrigen Perlen und Edelsteinen abzieht und auf sich gebannt hält, so fesselt uns die Tat, durch welche Sie am Vorabend des neuen Jahrhunderts eine neue Physik, die Physik des Planckschen Wirkungsquantums eingeleitet haben.“ (Aus: Max Planck in seinen Akademieansprachen, Berlin 1948, S. 125.)

Nüchtern, ohne schillernden Wortschwall, aber doch die historische Größe der Entdeckung Plancks ausdrückend, heißt es in der Adresse des ZK der SED zu seinem 100. Geburtstag über die Bedeutung seiner Entdeckung: „Max Planck entdeckte im Jahre 1900 das elementare Wirkungsquantum, von ihm ‚h‘ genannt und bestimmte als erster dessen Größe. Er wurde dadurch zum Wegbereiter der Physik und der gesamten Naturwissenschaften in unserem Jahrhundert. Das elementare Wirkungsquantum erschloß der Wissenschaft die Welt der Atome und Atomkerne. Eine qualitativ höhere Stufe der Beherrschung der Natur, ein vertieftes Verständnis der Materie wurde durch die Entdeckung Max Plancks eingeleitet.“ („Neues Deutschland“ vom 23. 4. 1958, S. 4.)

begriffen die meisten Physiker — darunter auch Planck selbst — die ganze Tragweite dieser Entdeckung.

Die Grundgedanken der klassischen Physik waren in ihrer absoluten Geltung erschüttert. Die Vorstellungen der klassischen Physik wankten, aber das Wanken schien auf den ersten Blick schlimmer als es wirklich war. Die Erkenntnisse der klassischen Physik wurden nicht über den Haufen geworfen, sondern vertieft. Neue, weitere, umfassendere Zusammenhänge waren aufgedeckt worden.

Lediglich ein Grundgedanke der klassischen Physik, der sich auf die Natur der Strahlung bezog, wurde durch die Entdeckung Plancks unhaltbar. Es war die auch von Planck vorher vollanerkannte These, daß alle Strahlungsvorgänge kontinuierlich verlaufen, daß die Strahlung ein stetiger, von Sprüngen freier Vorgang sei, der deshalb auch seine Wirkung auf das bestrahlte Objekt nur kontinuierlich, stetig übertrage; es war die alte These, daß die Natur keine Sprünge macht. Eine unumgängliche Konsequenz aus der umwälzenden Entdeckung Plancks wies indessen auf eine diskontinuierliche Struktur der Energie hin. Planck hatte den Nachweis erbracht, daß sich die Wirkung der untersuchten Strahlung eben nicht stetig auf das Objekt überträgt, sondern sprunghaft, in kleinsten, nicht mehr teilbaren gleich großen Portionen bzw. Quanten. Ihre Größe hat Planck festgestellt, wobei er die universelle Naturkonstante „h" entdeckte. Alle Strahlungswirkung ist ein Vielfaches dieses elementaren Wirkungsquantums. Wenn aber die Wirkung gequantelt, d. h. diskontinuierlich ist, so mußte es die Fähigkeit zu wirken, d. h. die Energie, ebenfalls sein. Neben der diskontinuierlichen atomistischen Struktur der korpuskularen Erscheinungsformen der Materie (die fälschlicherweise auf der Grundlage des mechanischen Materiebegriffs in jener Zeit von den meisten Naturwissenschaftlern mit der Materie überhaupt identifiziert wurden) erwies sich nun auch die strahlende Materie als diskontinuierlich. Den notwendigen Schluß auf die Quantelung der Strahlungsenergie und die atomistische Struktur der Strahlung zog allerdings nicht Planck, sondern Einstein 1905 in seiner Lichtquantenhypothese. Planck selbst ging nur außerordentlich vorsichtig und zurückhaltend daran, physikalische und philosophische Konsequenzen aus seiner Entdeckung zu ziehen, neue Hypothesen aufzustellen und zu entwickeln. Noch 1910 schrieb er:

„Bei der Einführung des Wirkungsquantums ‚h' in die Theorie ist so konservativ als möglich zu verfahren, d. h., es sind an der bisherigen Theorie nur solche Änderungen zu treffen, die sich als absolut notwendig herausgestellt haben."[48]

Das war auch der Grund, weshalb Planck die Einsteinsche Lichtquantenhypothese, den Gedanken der atomistischen Struktur der Strahlung, sehr eingehend prüfte.[49] Er war aber stets aufgeschlossen gegenüber jedem neuen Gedanken und verhalf ihm zur Anerkennung. Wie Max v. Laue in seiner Festansprache zum 100. Geburtstag Plancks betonte, hat Planck von Anfang an Einsteins grundlegende Gedanken aus dessen Arbeit „Zur Elektrodynamik bewegter Körper" (1905 — Begründung der

[48] *M. Planck*, „Zur Theorie der Wärmestrahlung" in: „Annalen der Physik", 31. Band (1910), S. 768.

[49] Vgl. ebenda, S. 761–763.

speziellen Relativitätstheorie) unterstützt, aber zugleich auch helfend einen Fehler korrigiert.[50]

Die neuen Vorstellungen, die weitreichende Konsequenz aus Plancks Quantenhypothese warfen schwierige Probleme auf, besonders deshalb, weil alle bisherigen experimentellen Tatsachen weiterhin bestehen blieben, die zur Annahme der Stetigkeit der Strahlung geführt hatten. Dieser dialektische Widerspruch war mit den gewohnten undialektischen Denkmethoden der Physiker weder erklärbar noch lösbar. Planck verwandte die Arbeit kostbarer Jahre darauf, „das Wirkungsquantum irgendwie der klassischen Physik anzugliedern".[51] Es gelang nicht.

Planck war bei seiner Forschung auf die dialektische, widersprüchliche Struktur der Strahlung gestoßen, die darin besteht, daß die Strahlung eine Einheit von zwei gegensätzlichen Momenten, einer kontinuierlichen und einer diskontinuierlichen Seite ist; die Strahlung erwies sich als in sich selbst widersprüchlich. In der bis 1900 herrschenden Wellentheorie war nur die kontinuierliche Seite der Strahlung erfaßt worden. Planck hatte die zweite Seite entdeckt. Zum Bewußtsein der dialektischen Struktur der Strahlung aber gelangte Planck nur auf vielen Umwegen[52] erst später und auch nie vollständig; das hat seinen Grund darin, daß er zwar stets am Materialismus festhielt, aber nicht zum Bewußtsein der dialektischen Beschaffenheit der Natur, nicht zum Bewußtsein der Dialektik als Wissenschaft von den allgemeinsten Gesetzmäßigkeiten und Strukturen in Natur, Gesellschaft und Denken gelangte.

[50] Vgl. *Max* v. *Laue*, „Zu Max Plancks 100. Geburtstag" (Die Naturwissenschaft, Heft 10/1958, S. 222/23). .

[51] *M. Planck*, „Wissenschaftliche Selbstbiographie", S. 30.

[52] Wie treffend hatte Engels doch solche Möglichkeiten schon vorausgesehen. In seinem Vorwort zum „Anti-Dühring" 1885 schrieb er: „Es sind aber grade die als unversöhnlich und unlösbar vorgestellten polaren Gegensätze, die gewaltsam fixierten Grenzlinien und Klassenunterschiede, die der modernen theoretischen Naturwissenschaft ihren beschränkt-metaphysischen Charakter gegeben haben. Die Erkenntnis, daß diese Gegensätze und Unterschiede in der Natur zwar vorkommen, aber nur mit relativer Gültigkeit, daß dagegen jene ihre vorgestellte Starrheit und absolute Gültigkeit erst durch unsre Reflexion in die Natur hineingetragen ist — diese Erkenntnis macht den Kernpunkt der dialektischen Auffassung der Natur aus. Man kann zu ihr gelangen, indem man von den sich häufenden Tatsachen der Naturwissenschaft dazu gezwungen wird; man gelangt leichter dahin, wenn man dem dialektischen Charakter dieser Tatsachen das Bewußtsein der Gesetze des dialektischen Denkens entgegenbringt. Jedenfalls ist die Naturwissenschaft jetzt so weit, daß sie der dialektischen Zusammenfassung nicht mehr entrinnt. Sie wird sich diesen Prozeß aber erleichtern, wenn sie nicht vergißt, daß die Resultate, worin sich ihre Erfahrungen zusammenfassen, Begriffe sind; daß aber die Kunst, mit Begriffen zu operieren, nicht angeboren und auch nicht mit dem gewöhnlichen Alltagsbewußtsein gegeben ist, sondern wirkliches Denken erfordert, welches Denken ebenfalls eine lange erfahrungsmäßige Geschichte hat, nicht mehr und nicht minder als die erfahrungsmäßige Naturforschung. Eben dadurch, daß sie sich die Resultate der dritthalbtausendjährigen Entwicklung der Philosophie aneignen lernt, wird sie einerseits jede aparte, außer und über ihr stehende Naturphilosophie los, andrerseits aber auch ihre eigne, aus dem englischen Empirismus überkommene, bornierte Denkmethode." (*F. Engels*, „Anti-Dühring", Berlin 1953, S. 14/15).

Planck scheute sich, seine bisher bewährten physikalischen und philosophischen Auffassungen einfach aufzugeben.

„Durch mehrere Jahre hindurch machte ich immer wieder Versuche, das Wirkungsquantum irgendwie in das System der klassischen Physik einzubauen. Es ist mir das nicht gelungen. Vielmehr blieb die Ausgestaltung der Quantenphysik jüngeren Kräften vorbehalten."[53]

Diese jüngeren Wissenschaftler wandten nun mit derselben Kühnheit, mit der Planck den ersten Schritt gewagt hatte, seine Erkenntnisse auf allen Gebieten der physikalischen Forschung an und erzielten dabei wichtige Ergebnisse. Planck verfolgte stets sehr aufmerksam und interessiert bis ins hohe Alter jede Phase der weiteren Entwicklung der von ihm begründeten Quantentheorie.

Einstein entwickelte ausgehend von Plancks Entdeckung die schon erwähnte Lichtquantenhypothese. Bohr, Sommerfeld, Born, Heisenberg, de Broglie, Schrödinger, Dirac und andere widmeten sich dem Ausbau der Atomtheorie auf der Basis der neuen Erkenntnisse und schufen ein ganzes System der Quantenmechanik. Plancks historischer Verdienst wird dadurch nicht geschmälert, im Gegenteil, die Bedeutung des ersten richtungsweisenden und bahnbrechenden Schrittes zeichnet sich nur noch klarer ab.

„Zwar haben andere nach ihm die Quantentheorie weiter, viel weiter entwickelt, und diese Entwicklung ist noch nicht einmal zu Ende. Aber den ersten richtungsweisenden Schritt, der sich in der Einführung einer neuen universellen Konstanten dokumentiert, hat doch Planck und kein anderer gewagt. Der geniale Mut, der sich darin äußert, wird als Vorbild für künftige große Taten noch nach Jahrhunderten die Wissenschaftler begeistern."[54]

Planck selbst beschäftigte in jenen Jahren vornehmlich die eine Frage: wie die Spaltung im Weltbild der Physik wieder beseitigt werden könne, wie insbesondere seine große Entdeckung sich in den Rahmen aller bisherigen Erkenntnisse der Physik, speziell also in das System der klassischen Physik würde einreihen lassen, bzw. in welchem Verhältnis sie zu diesem stand. Planck fühlte sich verpflichtet, vorerst jene Schwierigkeiten in Angriff zu nehmen, die seine Entdeckung verursacht hatte. – Während sich die jüngeren Forscher um die Schwierigkeiten und Widersprüche wenig scherten, sondern kühn neue Hypothesen entwarfen, beunruhigten Planck diese Widersprüche außerordentlich.

Von seinen großen Bemühungen, die entstandenen theoretischen Widersprüche zu erklären und evtl. sogar zu lösen, zeugen viele Arbeiten Plancks aus dem ersten Jahrzehnt des 20. Jahrhunderts. Die behandelten Probleme berühren naturgemäß auch stark philosophische Fragen, mit denen sich Planck wieder stärker beschäftigte; und er beginnt nun auch, seine philosophischen Gedanken darzulegen. Von besonderer Bedeutung in philosophischer Hinsicht ist in diesem Zusammenhang der Leidener Vortrag Plancks vom 9. 12. 1908 mit dem Thema: „Die Einheit des physikalischen Weltbildes."

[53] *M. Planck*, „Vorträge und Erinnerungen", S. 27.

[54] *M. v. Laue*, „Max Planck" in: „Die berühmten Erfinder – Physiker und Ingenieure", Genf 1951, S. 292/93.

Hier legte Planck zum ersten Male in gewisser systematischer Weise einige seiner allgemeinen Ansichten zum Weltbild der Physik dar. Auf der Grundlage dieser positiven Darlegungen der eigenen Gedanken erhalten die ablehnenden kritischen Bemerkungen Plancks gegen den Machschen Positivismus eine besondere Schärfe, die man bis dahin in Plancks Arbeiten nicht finden konnte. Dieser Leidener Vortrag wurde direkt zur großen Abrechnung Plancks mit der Philosophie Machs. Die Kritik an positivistischen Auffassungen ist in jenem Vortrag in doppelter Weise enthalten: einmal, indem Planck Auffassungen entwickelt, die denen des Positivismus entgegengesetzt oder zumindest sehr von ihm verschieden sind, ohne daß das besonders betont würde; zum anderen wird im Schluß des Vortrages der Machsche Positivismus sehr offen und prinzipiell abgelehnt.

Eine der Machschen Auffassung direkt entgegengesetzte Ansicht äußerte Planck über einen allgemeinen Grundzug der bisherigen Entwicklung der theoretischen Physik: die antropomorphen Elemente werden immer mehr eleminiert, die Sinnesempfindungen immer mehr zurückgedrängt zugunsten eines abstrakten Erfassens der tatsächlichen objektiven Naturvorgänge durch das menschliche Denken. Dabei leugnete Planck nicht, daß die Sinnesempfindungen Ausgangspunkt aller physikalischen Forschung bilden, aber er betonte, daß sie nicht die Hauptsache sind. Die Hauptsache in der Physik sind vielmehr die von menschlichen Empfindungen, Beobachtungen und menschlicher Experimentierkunst unabhängigen objektiven Sachverhalte.

In diesem Zusammenhang stellt Planck mit eigenen Worten und auf die Physik zugeschnitten sinngemäß – wenn auch keineswegs so konkret und eindeutig – jene Frage, die F. Engels als Grundfrage der Philosophie bezeichnete:

„Ist das physikalische Weltbild lediglich eine mehr oder minder willkürliche Schöpfung unseres Geistes oder finden wir uns zu der gegenteiligen Auffassung getrieben, daß es reale von uns ganz unabhängige Naturvorgänge widerspiegelt? Konkreter gesprochen: dürfen wir vernünftigerweise behaupten, daß das Prinzip der Erhaltung der Energie in der Natur schon gegolten hat, als noch kein Mensch darüber nachdenken konnte, oder daß die Himmelskörper sich auch dann noch nach dem Gravitationsgesetz bewegen werden, wenn unsere Erde mit allen ihren Bewohnern in Trümmer gegangen ist?"

Diese Fragestellung erinnert stark an die Art und Weise, wie Lenin die Machsche Philosophie kritisierte, indem er die einfache Frage in den Vordergrund rückte: „Hat die Natur vor dem Menschen existiert?"

Planck beantwortete die von ihm formulierte Frage folgendermaßen:

„Wenn ich im Hinblick auf alles bisherige diese Frage mit Ja beantworte, so bin ich mir dabei wohl bewußt, daß diese Antwort sich in gewissem Gegensatz befindet zu einer Richtung der Naturphilosophie, die gerade gegenwärtig unter der Führung von Ernst Mach sich großer Beliebtheit gerade in naturwissenschaftlichen Kreisen erfreut. Danach gibt es keine andere Realität als die eignen Empfindungen, und alle Naturwissenschaft ist in letzter Linie nur eine ökonomische Anpassung unserer Gedanken an unsere Empfindungen, zu der wir durch den Kampf ums Dasein getrieben werden. Die Grenze zwischen Physischem und Psychischem ist lediglich eine praktische und konventionelle, die eigentlichen und einzigen Elemente der Welt sind die Empfindungen."[55]

---

[55] *M. Planck*, „Vorträge und Erinnerungen", S. 47.

Das ist eine außerordentlich prägnante Feststellung, die das Wesen der Machschen Philosophie gut trifft und herausstellt. Planck bezieht sich dabei ausdrücklich auf Machs Werk „Beiträge zur Analyse der Empfindungen" (1886).

In seinem Vortrag beweist Planck dann, daß solche Auffassungen der tatsächlichen Entwicklung der physikalischen Wissenschaft, nämlich der Emanzipierung von allen antropomorphen Elementen, also auch den Sinnesempfindungen, völlig widersprechen.

Planck betont anschließend:

„Aber das möchte ich dafür hier um so ausdrücklicher hervorheben, daß die Angriffe, welche von jener Seite her gegen die atomistischen Hypothesen und gegen die Elektronentheorie gerichtet werden, unberechtigt und unhaltbar sind. Ja, ich möchte Ihnen geradezu die Behauptung entgegensetzen — und ich weiß, daß ich damit nicht allein stehe —: die Atome, so wenig wir von ihren näheren Eigenschaften wissen, sind nicht mehr und nicht weniger real als die Himmelskörper oder als die uns umgebenden irdischen Objekte; und wenn ich sage: ein Wasserstoffatom wiegt 1.6 mal 10^{24} g, so enthält dieser Satz keine geringere Art von Erkenntnis wie der, daß der Mond 7 mal 10^{25} g, wiegt. Freilich kann ich ein Wasserstoffatom weder auf die Waagschale legen, noch kann ich es überhaupt sehen, aber den Mond kann ich auch nicht auf die Waagschale legen, und was das Sehen betrifft, so gibt es bekanntlich auch unsichtbare Himmelskörper, deren Masse mehr oder weniger genau gemessen ist; wurde doch ja auch die Masse des Neptun gemessen, noch ehe überhaupt ein Astronom sein Fernglas auf ihn richtete. Eine Methode physikalischer Messung aber, bei der jedwede auf Induktion beruhende Erkenntnis ausgeschaltet ist, existiert überhaupt nicht; das gilt auch für die direkte Wägung. Ein einziger Blick in ein Präzisionslaboratorium zeigt uns die Summe von Erfahrungen und Abstraktionen, welche gerade in einer solchen scheinbar so einfachen Messung enthalten ist."[56]

Die Darlegung der Argumente gegen die Machsche Philosophie wird gekrönt durch die allgemeine Einschätzung und Bewertung des Machschen Positivisnus durch Planck:

„So fest ich davon überzeugt bin, daß dem Machschen System, wenn es wirklich folgerichtig durchgeführt wird, kein innerer Widerspruch nachzuweisen ist, ebenso sicher scheint es mir ausgemacht, daß seine Bedeutung im Grunde nur eine formalistische ist, welche das Wesen der Naturwissenschaft gar nicht trifft, und dies deshalb, weil ihm das vornehmste Kennzeichen jeder naturwissenschaftlichen Forschung: die Forderung eines *konstanten*, von dem Wechsel der Zeiten und Völker unabhängigen Weltbildes fremd ist. Das Machsche Prinzip der Kontinuität bietet hierfür keinen Ersatz; denn Kontinuität ist nicht Konstanz."[57]

Plancks Forderung nach einem konstanten Weltbild richtet sich gegen den philosophischen Relativismus, der auch in der Machschen Philosophie enthalten ist. Der Sache nach ist Plancks Forderung des konstanten Weltbildes eine Forderung nach Anerkennung und Aufdeckung der objektiven Wahrheit, die ja eben Kraft ihrer Objektivität vom Wechsel der Zeiten und Völker unabhängig ist. Das schloß bei Planck keineswegs aus, daß dieses konstante Weltbild durch neue zusätzliche Erkenntnisse bereichert und erweitert werden kann. Das konstante Weltbild Plancks ist nicht als absolut unveränderliche Totalerkenntnis der Welt gemeint. Gegenüber dem subjektiven Idealismus Machs ist die Forderung nach dem konstanten Welt-

[56] Ebenda, S. 48. [57] Ebenda.

bild eine beachtenswerte Verteidigung materialistischer Positionen, genauso wie Plancks Verteidigung der Realität der Atome, unabhängig davon, ob jemand sie sinnlich empfindet oder nicht.

Unter Hinweis auf die philosophischen Ausgangspunkte der alten Meister der exakten Naturwissenschaft — Kopernikus, Kepler, Newton, Huygens, Faraday und andere — stellt Planck fest:

„Angesichts dieser doch gewiß unanfechtbaren Tatsache läßt sich die Vermutung nicht von der Hand weisen, daß, falls das Machsche Prinzip der Ökonomie wirklich einmal in den Mittelpunkt der Erkenntnistheorie gerückt werden sollte, die Gedankengänge solcher führender Geister gestört, der Flug ihrer Phantasie gelähmt und dadurch der Fortschritt der Wissenschaft vielleicht in verhängnisvoller Weise gehemmt werden würde.“[58]

Mach konnte an diesem ihm zugeworfenen Fehdehandschuh nicht vorübergehen. Hatten ihn schon die öfteren kritischen Bemerkungen Plancks in dessen Fachartikeln verdrossen, so brachte ihm dieser offene und scharfe Vortrag Plancks in Wut. Der damals 71 jährige Mach — auf dem Höhepunkt seines Ruhmes angelangt und von vielen als Autorität geschätzt — ließ sich in seiner Polemik gegen Plancks Leidener Vortrag zu unsachlichen und persönlich feindseligen, stellenweise sogar beleidigenden Äußerungen hinreißen.

Mach nahm Plancks sachliche Argumente nicht einmal ernst, er verstieg sich statt dessen dazu, einem Max Planck die Befähigung zur Mitarbeit an der physikalischen Erkenntnislehre einfach überhaupt abzusprechen!

Heutzutage erscheint es dem Leser unverständlich, wenn nicht gar lächerlich und blamabel, wenn ein Physiker, der die Realität der Atome damals noch immer hartnäckig leugnete, dem Entdecker des Wirkungsquantums auf solche Weise öffentlich entgegentritt. Aber damals galt Mach als Autorität. In seinem Gefolge versuchte auch Friedrich Adler — „auch ein Machist, der Marxist sein möchte!“ (Lenin) — Max Planck zu widerlegen

Planck ließ sich weder durch die persönlichen Anfeindungen und Anwürfe Machs noch durch die sachlich gehaltenen Entgegnungen anderer beirren. Von seiner festen naturwissenschaftlich-materialistischen Position aus schrieb er eine Erwiderung auf den Artikel von Mach, in der er den Positivismus noch unnachsichtiger und unversöhnlicher kritisierte. Bei aller Schärfe wahrte er stets höfliche Formen und blieb sachlich. Die Veröffentlichung der Erwiderung Plancks wurde bezeichnenderweise von den Redaktionen der Zeitschriften, die Machs Artikel gebracht hatten, erst zu einem sehr viel späteren Zeitpunkt in Aussicht gestellt, so daß Planck auf eine Veröffentlichung in diesen Zeitschriften verzichtete.[59]

Das Besondere dieser Kritik von Planck war, daß er auch den fachwissenschaftlichen Ruf Machs nicht schonte. Planck ging von rein physikalischen Fragen aus und unterzog das Werk Machs „Die Prinzipien der Wärmelehre“ einer konkreten, gewissen-

---

[58] Ebenda, S. 50.

[59] Der Artikel von *E. Mach* „Die Leitgedanken meiner naturwissenschaftlichen Erkenntnislehre und ihre Aufnahme durch die Zeitgenossen“ war in der „Physikalischen Zeitschrift“ (XI, 1910, S. 599) und in der „Scientia“, Internationale Zeitschrift für wissenschaftliche Synthese (VII, Nr. 14/1910, S. 125) erschienen.

haften und detaillierten fachlichen Kritik in einigen wichtigen Punkten. Dabei deckte er physikalische Unzulänglichkeiten auf, wies das Ignorieren wichtiger neuer physikalischer Erkenntnisse nach und schätzte das gesamte Werk als oberflächlich ein. Erkenntnisse, die schon 40 Jahre verbreitet sind, wurden von Mach nicht erwähnt. Statt dessen hielt sich Mach bei formalen äußerlichen Analogien auf, um seine positivistischen Thesen anbringen zu können. Von dieser fachlichen Kritik ausgehend und nach einem Lob auf Machs „Mechanik" trifft Planck schwerwiegende Feststellung:

„Aber es ist mir nicht gelungen, irgendein greifbares physikalisches Resultat, etwa einen physikalischen Satz oder auch nur eine für die physikalische Forschung wertvolle Anschauung aufzufinden, die man als eine für die Machsche biologisch-ökonomische Erkenntnistheorie charakteristische bezeichnen könnte. Gerade im Gegenteil: wo Mach im Sinne seiner Erkenntnistheorie selbstständig vorzugehen versucht, gerät er recht oft in die Irre.

Hierher gehört der von Mach beharrlich verfochtene, aber physikalisch ganz unbrauchbare Gedanke, daß der Relativität aller Translationsbewegungen auch eine Relativität aller Drehungsbewegungen entspreche, daß man also z. B. prinzipiell gar nicht entscheiden könne, ob der Fixsternhimmel um die ruhende Erde rotiert. Der ebenso allgemeine wie einfache Satz, daß in der Natur die Winkelgeschwindigkeit eines unendlich entfernten Körpers um eine im Endlichen liegende Drehungsachse unmöglich einen endlichen Wert besitzen kann, ist also für Mach entweder nicht richtig oder nicht anwendbar. Das eine ist für die Machsche Mechanik so schlimm wie das andere.

Die physikalischen Begriffsirrungen, welche diese unzulässige Übertragung des Satzes von der Relativität der Drehungsbewegungen aus der Kinematik in die Mechanik schon gestiftet hat, hier des näheren zu schildern, würde zu weit führen. Natürlich hängt damit auch zusammen, daß die Machsche Theorie unmöglich imstande ist, dem ungeheuren Fortschritt, der mit der Einführung der Kopernikanischen Weltanschauung verbunden ist, gerecht zu werden, — ein Umstand, der schon allein genügen würde, um die Machsche Erkenntnislehre in etwas bedenklichem Licht erscheinen zu lassen.

Also mit den ‚Früchten' läßt sich einstweilen noch kein Staat machen. Aber vielleicht künftig einmal? Ich bin jederzeit gerne bereit, mich durch Tatsachen eines Besseren belehren zu lassen. Mach zweifelt an der Zurückführbarkeit des 2. Hauptsatzes auf Wahrscheinlichkeit, er glaubt nicht an die Realität der Atome. Wohlan: vielleicht wird er oder einer seiner Anhänger einmal eine andere Theorie entwickeln, die leistungsfähiger ist als die jetzige."[60]

Es ist nur zu verständlich, daß Mach Plancks Vorschlag, in ihrem philosophischen Streit als Schiedsrichter die Praxis entscheiden zu lassen, nicht billigte. Zu welchen Ergebnissen man bei der Anwendung der Machschen Denkökonomie in der physikalischen Forschung käme, drückte Planck in höflich-satirischer Weise in seinem Erwiderungsartikel aus:

„Eine so formalistische Theorie vermag, wie ich schon oben betonte, überhaupt kein bestimmtes physikalisches Resultat zu zeitigen, weder ein richtiges noch ein falsches."[61]

---

[60] *M. Planck*, „Zur Machschen Theorie der physikalischen Erkenntnis", Vierteljahresschrift für wissenschaftliche Philosophie und Soziologie, 34. Jahrgang, 4. Heft 1910. S. 504–506.

[61] Ebenda.

Dieses für jeden Positivisten vernichtende Urteil von einem berufenen Physiker bestätigt in glänzender Weise die Gedanken und Hinweise Lenins, die dieser bei der Analyse der Machschen Philosophie schon einige Jahre vorher erarbeitet hatte. Lenin hatte ebenfalls darauf hingewiesen, daß der subjektive Idealismus Machs und seiner Anhänger die Naturwissenschaft, speziell die Physik, nur noch mehr in die Krise treibt, und daß ein Ausweg aus dieser Krise nur mit Hilfe des Materialismus und der Dialektik möglich sei.

Die Notwendigkeit eines materialistischen Standpunktes betonte auch Planck:

„Deshalb muß der Physiker, wenn er seine Wissenschaft fördern will, Realist sein, nicht Ökonom, d. h., er muß in dem Wechsel der Erscheinungen vor allem nach dem Bleibenden, Unvergänglichen, von den menschlichen Sinnen Unabhängigen forschen und dies herauszuschälen suchen. Die Ökonomie des Denkens dient ihm hierbei als Mittel, nicht aber als Endzweck. Das ist stets so gewesen und wird auch, trotz E. Mach und seiner vermeintlichen Antimetaphysik, wohl immer so bleiben.“[62]

Über die Perspektive seiner Auseinandersetzung mit dem Machschen Positivismus äußerte sich Planck sehr nüchtern und ohne Illusionen.

„Ich bin nicht geneigt, diese Diskussion noch länger fortzusetzen. Meine Gegner darf ich doch nicht hoffen zu überzeugen[63]; im Gegenteil muß ich mich auf den Vorwurf gefaßt machen, wiederum alles mißverstanden zu haben. Ich werde also die hereinbrechende Flut“ – „der Theoretiker sind viele und das Papier ist geduldig“[64] – „in Ruhe vorüberrauschen lassen und warten, bis etwas sachlich Neues kommt.“[65]

Von Mach kam nichts Neues mehr. Er starb 1916.

Wie ist der Kampf Plancks gegen Machs Positivismus einzuschätzen? Es ist bekannt, daß der schärfste, konsequenteste und tiefschürfendste Kritiker des Machschen Empiriokritizismus W. I. Lenin war. Wir haben auch die objektiven ideologischen Fronten jener Zeit, die gesellschaftliche Funktion des Positivismus jener Zeit schon charakterisiert. Auf Grund der objektiven Sachlage wurde Planck ungewollt ein Mitstreiter des damals in ganz Europa verfemten dialektischen Materialismus. Heute kann man mit vollem Recht feststellen, daß von den bürgerlichen Wissenschaftlern der philosophisch und naturwissenschaftlich bedeutendste Verbündete Lenins im Kampf gegen Mach der deutsche Physiker Max Planck war.

---

[62] Ebenda, S. 507.

[63] Einen anderen Eindruck konnte Planck von Machs Erwiderung nicht haben. Mach hatte die grundlegende philosophische Differenz zwischen ihm und Planck richtig erfaßt. Er ließ sich dabei zu Bemerkungen hinreißen, die für sich sprechen: „Wenn der Glaube an die Realität der Atome für Euch so wesentlich ist, so sage ich mich von der physikalischen Denkweise los, so will ich kein richtiger Physiker sein, so verzichte ich auf jede wissenschaftliche Wertschätzung...“ (*E. Mach*, „Die Leitgedanken...“, Physikalische Zeitschrift 1910, S. 603).

[64] *M. Planck*, „Vorträge und Erinnerungen“, S. 51.

[65] *M. Planck*, „Zur Machschen Theorie der physikalischen Erkenntnis“ – eine Erwiderung in: Vierteljahresschrift für wissenschaftliche Philosophie und Soziologie, S. 502/503.

In allen bürgerlichen Schriften über Plancks philosophische Ansichten[66] ist zwar seine Differenz mit Mach und dem modernen Positivismus mehr oder weniger kurz erwähnt, es wird aber nie die philosophische Tiefe seines Gegensatzes zum Positivismus herausgearbeitet und es wird nie ein Vergleich mit Lenin gezogen. Auf Grund eingebürgerter Vorurteile erscheint diesen bürgerlichen Gelehrten ein solcher Vergleich direkt als abwegig.

Bei seinem Kampf gegen Machs Philosophie schätzte Lenin den deutschen Physiker Ludwig Boltzmann als einen wertvollen Verbündeten und Mitstreiter.

„Von den deutschen Physikern kämpfte der 1906 verstorbene Ludwig Boltzmann systematisch gegen die machistische Strömung. Wir haben schon darauf hingewiesen, daß er den Leuten, die ‚durch die neuen erkenntnistheoretischen Dogmen ganz befangen sind', einfach und klar entgegenhielt, daß der Machismus auf den Solipsismus hinauslaufe ... Boltzmann hat natürlich Angst, sich Materialist zu nennen, und erklärt ausdrücklich, daß er durchaus nicht gegen die Existenz Gottes sei. Seine Erkenntnistheorie ist jedoch ihrem Wesen nach materialistisch und bringt ... die Meinung der meisten Naturforscher zum Ausdruck."[67]

Was Lenin hier über Boltzmann schreibt, trifft vollinhaltlich, ja in noch stärkerem Maße auf Max Planck zu.

Eine zufällige Parallelität des Auftretens beider gegen Mach verhinderte, daß Lenin in seinem Werk Planck erwähnte, verhinderte, daß Lenin bei der Arbeit an seinem Werk von diesem zweiten wertvollen Mitstreiter gegen Mach, der Planck objektiv war, erfuhr.

Als Lenin vor mehr als 50 Jahren die Arbeit an seinem „Materialismus und Empiriokritizismus" abschloß und im September 1908 das Vorwort zur ersten Auflage schrieb, mag wohl Max Planck gerade die Arbeit für seinen ersten öffentlichen Vortrag[68], der sich mit erkenntnistheoretischen Problemen der modernen Physik beschäftigte, aufgenommen haben.

Ohne voneinander zu wissen, traf sich das philosophische Schaffen Lenins und Plancks in ihrer gemeinsamen Ablehnung und Kritik des Machschen Empiriokritizismus.

Der politisch-konservative, kaisertreue, bürgerliche Gelehrte Planck als philosophischer Mitstreiter des Führers der bolschewistischen Revolutionäre Rußlands? — diese Vorstellung ist in der Tat derartig ungewohnt, daß sie von Seiten bürgerlicher Gelehrter (z. B. Max Born) als gewaltsam konstruiert, als Verdrehung abgetan und durch die Verdächtigung ergänzt wird, die Kommunisten wollten sich heutzutage

---

[66] Vgl. besonders *Hans Hartmann*, „Max Planck als Mensch und Denker", sowie seinen Aufsatz „Max Planck im Kampf um seine Grundideen" (Naturwissenschaftliche Rundschau, Nr. 4/1958), ferner: *G. Kropp*, „Die philosophische Verantwortung der Physik" (1948) und seinen Aufsatz „Die philosophischen Gedanken Max Plancks" (in: Zeitschrift für philosophische Forschung, Nr. 6/1951/52) und *E. Lankenau*, „Max Planck und die Philosophie" (1957).

[67] *W. I. Lenin*, „Materialismus und Empiriokritizismus", Berlin 1952, S. 277.

[68] Der erste Leidener Vortrag Plancks „Die Einheit des physikalischen Weltbildes", gehalten am 9. 12. 1908.

unrechtmäßig des Prestiges Plancks bedienen und ihn für die „kommunistische Doktrin" beanspruchen. Indessen handelt es sich nicht um solche Absichten.

Es handelt sich darum, sachlich und objektiv eine Seite im Wirken Plancks zu würdigen, die von bürgerlichen Darstellern fast überhaupt nicht[69] dargestellt und von marxistischer Seite ebenfalls lange Zeit nicht genügend beachtet wurde.

Gewiß sind die Beweggründe für die Kritik an Mach, die Ziele, die Schärfe, auch das Schwergewicht der Kritik bei Lenin und Planck grundverschieden. Das konnte nicht anders sein — war doch die klassenmäßige Grundlage beider eine völlig andere; Lenin als Führer des revolutionären Proletariats, Planck als Vertreter der politisch-konservativen preußisch-deutschen Intelligenz!

Lenin hat sich nach 1906 — obwohl nach der niedergeschlagenen russischen Revolution von 1905 außerordentlich viel und wichtige Parteiarbeit zu bewältigen war — mit den philosophischen Fragen der modernen Naturwissenschaft so gründlich beschäftigt, um die marxistische Philosophie reinzuhalten, um alle revisionistischen Angriffe auf den dialektischen Materialismus, die philosophisch auf Machs Empiriokritizismus fußten, abzuwehren und so einen Einbruch der bürgerlichen Ideologie in die marxistische Arbeiterbewegung zu verhindern, einen Einbruch, der außerordentlich schädliche Auswirkungen hätte haben müssen und in den sozialdemokratischen Parteien ja auch gehabt hat.

Ganz anders verhält es sich mit den Beweggründen und Zielen der Kritik Machs bei Planck.

Hier sehen wir einen bürgerlichen Gelehrten, der auf Grund persönlicher Erfahrungen aus seiner physikalischen Forschungsarbeit und aus theoretischen Erwägungen heraus, sich erkenntnistheoretische Auffassungen erarbeitete, die er dann zur Grundlage einer wohlmeinenden, anfangs sogar kollegialen Kritik an einem — wie ihm scheint — in einigen philosophischen Fragen irrenden Kollegen macht. Sein Ziel war dabei, die naturwissenschaftliche Forschung von den schädlichen Auswirkungen dieser irrigen Erkenntnistheorie zu bewahren.

Die objektiven Auswirkungen der Kritik Plancks an Mach gingen über Plancks subjektive Ziele und Absichten hinaus. Auf Grund der tatsächlichen Konstellation des ideologischen Klassenkampfes jener Zeit, der objektiven Funktion des Empiriokritizismus als Wegbereiter des Fideismus[70] und als Grundlage des philo-

---

[69] Eine Ausnahme bildet der Aufsatz von *Karl Gerhards* „Zur Kontroverse Planck/Mach (in: Vierteljahresschrift für wissenschaftliche Philosophie und Soziologie", 36/1912). Die philosophischen Grunddifferenzen sind hier allerdings auch nur verschwommen dargelegt, ein vergleichender Hinweis auf den modernen Materialismus oder gar auf Lenins Werk fehlt natürlich völlig. Deshalb kann Gerhards die ganze philosophische Tiefe und das Wesen der Kontroverse Planck/Mach weder richtig begreifen noch darstellen.

[70] „Die raffinierten erkenntnistheoretischen Schrullen eines Avenarius bleiben eine Professorenerfindung, ein Versuch zur Gründung einer kleinen ‚eignen' Philosophensekte, *tatsächlich* aber ist bei der allgemeinen Konstellation des Kampfes zwischen den Ideen und Richtungen der modernen Gesellschaft die *objektive* Rolle dieser erkenntnistheoretischen Pfiffigkeiten einzig und allein diese: dem Idealismus und Fideismus den Weg freizulegen, ihnen treue Dienste zu leisten." (*W. I. Lenin*, „Materialismus und Empiriokritizismus".

sophischen Revisionismus, war Plancks Verteidigung materialistischer Positionen objektiv – auch wenn das Planck gar nicht beabsichtigt und gar nicht gewußt hat–, eine wertvolle Unterstützung der progressiven „Ideen und Richtung der modernen Gesellschaft", eine Unterstützung letzten Endes des dialektischen Materialismus.

Der Kritik an den Auffassungen des modernen naturwissenschaftlichen Positivismus sind fast alle Vorträge und Aufsätze Max Plancks nach 1920 gewidmet.

Bei seiner Auseinandersetzung mit Mach war Planck zuerst noch zurückhaltend mit philosophischen Ausführungen gewesen; er hatte sich erst allmählich einen eigenen philosophischen Standpunkt erarbeitet.

Abschluß und Höhepunkt dieser Entwicklungsphase war der Leidener Vortrag, in dem Planck zum ersten Mal in ausführlicher und systematischer Weise seine philosophischen Ansichten der Öffentlichkeit vortrug.

Dieser Leidener Vortrag war in Plancks Entwicklungsweg zu philosophischer Erkenntnis ein wichtiger Markstein. Planck selbst bezeichnete 1933 diesen ersten ausführlichen philosophischen Vortrag als programmatisch für seine ganze eigene Entwicklung und Auffassung.[71] Alle späteren Vorträge und Aufsätze haben diesen Leidener Vortrag zur Grundlage.

Während jede Arbeit Plancks bis zum Jahre 1908, in der er sich – wenn auch nur am Rande – mit philosophischen Problemen auseinandersetzte, ein Schritt in seiner eigenen philosophischen Entwicklung war, einen weiteren Teil in der Erarbeitung seiner eigenen philosophischen Auffassung darstellte, sind seine späteren Vorträge und Aufsätze anderer Art. In ihnen schöpfte Planck dann schon aus der Fülle seiner erarbeiteten philosophischen Ansichten, konkretisierte diese oder jene Auffassung, kritisierte andere und setzte sich mit speziellen Fragen auseinander. Deshalb wäre eine weitere chronologische Darstellung seiner Kritik formal, da sie keinen solchen Entwicklungsweg mehr skizzieren würde, wie das bei Plancks Kritik am Positivismus Machs noch der Fall war. Zwar hat Planck auch noch nach 1908 seine philosophischen Auffassungen weiterentwickelt – besonders im Kampf mit dem modernen naturwissenschaftlichen Positivismus –, aber es handelt sich hier nicht mehr, wie bei seiner Kritik Machs, um ein Erarbeiten seiner philosophischen Grundansichten. Diese waren nun vorhanden. Darin besteht ein wichtiger Unterschied zwischen seiner Kritik an Machs Positivismus und der späteren Kritik des modernen naturwissenschaftlichen Positivismus. Planck wandte in den 20er Jahren seine schon erweiterten philosophischen Grundauffassungen an. Er ging bei der Kritik verschiedener spezieller Auffassungen der Positivisten von einem festen Fundament aus, er griff dieses oder jenes Problem auf, je nach der Sachlage in der Auseinandersetzung oder auch entsprechend der an ihn gerichteten Aufforderung über dieses oder jenes Thema öffentlich zu sprechen.

S. 332/333). „Mach verrät ... die Naturwissenschaft an den Fideismus ... Machs Verleugnung des naturwissenschaftlichen Materialismus ist in jeder Beziehung eine reaktionäre Erscheinung ..." (Ebenda, S. 339/40).

[71] Geleitwort zur neuen Auflage der „Wege zu physikalischer Erkenntnis", vom 1. 2. 1933.

Es kommt also in der Analyse der Kritik Plancks am modernen naturwissenschaftlichen Positivismus nicht so sehr auf die zeitliche Reihenfolge der einzelnen Kritiken an, als vielmehr darauf, in systematischer Weise die Kritik Plancks an einigen Problemkomplexen zusammenhängend darzustellen, ohne sich dabei starr an die Aufeinanderfolge der Vorträge zu halten. In seinen ersten allgemeinen Vorträgen nach 1908 setzt sich Planck mit verschiedenen Problemen auseinander und verbreitert seine philosophischen Auffassungen. Von philosophischer Bedeutung aus dieser Zeit (1908—1920) sind vor allem die folgenden Vorträge, Reden und Aufsätze:

1. „Die Stellung der neueren Physik zur mechanischen Naturauffassung" (Vortrag auf der Tagung der Gesellschaft deutscher Naturforscher und Ärzte in Königsberg, 1910).
2. „Neue Bahnen der physikalischen Erkenntnis" (Rede in der Berliner Universität anläßlich der Übernahme des Rektorats im Jahre 1913).
3. „Dynamische und statistische Gesetzmäßigkeit" (Berliner Rektoratsrede aus dem Jahre 1914).
4. „Das Prinzip der kleinsten Wirkung" (Aufsatz in „Kultur der Gegenwart", 1915).
5. „Das Verhältnis der Theorien zueinander" (Aufsatz in „Kultur der Gegenwart", 1915).
6. „Das Wesen des Lichts" (Vortrag aus dem Jahre 1919).
7. „Die Entstehung und bisherige Entwicklung der Quantentheorie" (Nobel-Vortrag aus dem Jahre 1920).

Wenn man überhaupt Plancks philosophische Entwicklung irgendwie einteilen will, so kann man aus dem sachlichen Gehalt und der Zielsetzung heraus 4 Perioden unterscheiden.

Die erste Periode bis 1908 ist vor allem gekennzeichnet durch die Erarbeitung eines eigenen philosophischen Standpunktes und die Kritik des Machschen Positivismus.

Die zweite Periode (etwa 1908—1920) ist durch die Vertiefung der eigenen philosophischen Auffassung charakterisiert.

In der dritten Periode (etwa 1920—1937) tritt neben die Weiterentwicklung des eigenen Standpunktes hauptsächlich die ausführliche Kritik der Auffassungen des modernen naturwissenschaftlichen Positivismus.

Man kann dann noch von einer vierten Periode (etwa 1937—1947) sprechen, für die außer der weiteren Kritik der positivistischen Auffassungen das Eingehen auf religiöse und ethische Fragen (das Problem: Naturwissenschaft und Religion, das Leib-Seele-Problem, die Frage nach dem Sinn der Wissenschaft u. ä.) sowie die Darstellung persönlicher Erinnerungen bezeichnend sind.

Nach seiner Auseinandersetzung mit Mach 1908—1911 gab es nicht gleich neue Anlässe, wieder direkt gegen diese Philosophie polemisch zu werden. Erst in den 20er Jahren wurden positivistische Gedankengänge wieder aufgenommen. Ihren Niederschlag in ausgesprochen philosophischen Werken fanden sie erst einige Jahre später. Aber die in diesen Werken dargelegten Auffassungen waren schon Anfang der 20er Jahre vertreten worden. Viele der von positivistischen Naturwissenschaftlern, besonders Physikern der Kopenhagener Schule, zu philosophischen Fragen verfaßten Bücher sind ja Sammelbände von Vorträgen bzw. publizierten Aufsätzen aus einem längeren Zeitraum. So gab es für Planck in den 20er Jahren Anlässe genug, seine Kritik des Machschen Positivismus fortzusetzen, indem er die modernisierten und neu zurechtgemachten Auffassungen der Machschen Philosophie, wie sie in Gestalt des modernen naturwissenschaftlichen Positivismus auftraten, erneut bekämpfte. Gerade er war dazu in der Lage, da er aus seiner eigenen Entwicklung heraus den Gehalt des Positivismus und seine Bedeutung für die Physik am besten kannte und auf Grund seiner früheren Auseinandersetzung davor bewahrt blieb, auf die neue Modephilosophie hereinzufallen, die manchen der jüngeren Physiker blendete und in ihren Bann zog.

In seinen Vorträgen und Aufsätzen nach 1920 nahmen die kritischen Bemerkungen gegen den Positivismus immer mehr Raum ein. In dem Maße, wie die positivistischen Gedankengänge wieder auflebten, wurde Plancks Kritik schärfer.

Aus dieser dritten Periode seines philosophischen Schaffens sind folgende Vorträge und Aufsätze besonders wichtig:

1. „Kausalgesetz und Willensfreiheit“ (1923).
2. „Die Bohrsche Atomtheorie“ (1923).
3. „Vom Relativen zum Absoluten“ (1924).
4. „Physikalische Gesetzmäßigkeit“ (1926).
5. „Das Weltbild der neuen Physik“ (1929).
6. „Positivismus und reale Außenwelt“ (1930).
7. „Die Kausalität in der Natur“ (1932).
8. „Ursprung und Auswirkung wissenschaftlicher Ideen“ (1933).
9. „Die Physik im Kampf um die Weltanschauung“ (1935).
10. „Vom Wesen der Willensfreiheit“ (1936).

Aus seiner letzten Schaffensperiode (1937–1947) sind besonders zwei Arbeiten für seine Kritik am modernen naturwissenschaftlichen Positivismus von besonderem Interesse:

1. „Determinismus oder Indeterminismus“ (1937).
2. „Naturwissenschaft und reale Außenwelt“ (1940).

Die Kritik des modernen Positivismus beginnt mit polemischen Äußerungen in seinem öffentlichen Vortrag vor der Preußischen Akademie der Wissenschaften über das Thema „Kausalgesetz und Willensfreiheit“ und findet ihren Höhepunkt in Plancks Vorträgen „Das Weltbild der neuen Physik“ und „Positivismus und reale Außenwelt“. Während Planck in anderen Vorträgen jeweils nur einen Teil seiner Ausführungen der Polemik gegen den Positivismus gewidmet hatte, durchzieht die genannten Vorträge die scharfe und direkte Kritik des Positivismus von Anfang bis zum Ende. Beide Vorträge sind — als kleine Broschüren erschienen — zu wahren Streitschriften gegen den modernen naturwissenschaftlichen Positivismus geworden. Dem zweiten Leidener Vortrag „Das Weltbild der modernen Physik“ kommt dabei im Kampf gegen den modernen naturwissenschaftlichen Positivismus dieselbe programmatische Bedeutung zu wie dem ersten Leidener Vortrag im Kampf gegen Mach.

Mit dieser Kritik am Positivismus wurde Max Planck zum Exponenten jener Kreise bürgerlicher Naturwissenschaftler, insbesondere der Physiker, die sich den herrschenden positivistischen Modeströmungen nicht anschließen wollten und sie einzudämmen suchten.

6. KAPITEL

PLANCKS KRITIK DER SUBJEKTIV-IDEALISTISCHEN GRUNDLAGEN DES POSITIVISMUS

Die Auseinandersetzungen zwischen Planck und den modernen naturwissenschaftlichen Positivisten erstreckten sich auf sehr viele Problemkreise. Sie begannen in den entscheidenden Grundfragen über die philosophischen Voraussetzungen und Grundlagen der Naturwissenschaften, insbesondere der Physik, sowie über die damit in engem Zusammenhang stehende Frage nach dem Wesen und den Aufgaben der Wissenschaft, speziell der Physik.

Die Auffassungen der modernen Positivisten über Wesen und Aufgaben der Wissenschaft leiten sich letztlich alle von entsprechenden Äußerungen Ernst Machs her. Mach hatte als Aufgabe der Wissenschaft das Auffinden der Zusammenhänge zwischen den Vorstellungen und Empfindungskomplexen herausgestellt,[1] und formuliert:

„Die Ansicht, daß es bei der Wissenschaft hauptsächlich auf Bequemlichkeit und Ersparnis im Denken ankommt, vertrete ich seit Beginn meiner Lehrtätigkeit."[2]

Es sei bei der Erkenntnis nur eine Frage der Denkökonomie und des Geschmacks, bei welchen Unverständlichkeiten man stehen bleibt, führte Mach aus.[3]

Als Unterstützung seiner Auffassung konnte Mach in der 2. Auflage seines angeführten Vortrags eine aus dem Jahre 1874 stammende Äußerung Gustav Kirchhoffs anführen. Diese Äußerung, in der Kirchhoff die Aufgabe der Mechanik als einfachste Beschreibung der Bewegung formulierte, kam Mach sehr gelegen. Er wertete diese Formulierung in seinem Sinne aus;[4] seither ist diese Formulierung, Aufgabe der Wissenschaft sei Beschreibung, in positivistischen Kreisen zur Grundlosung geworden. Sogar der vorsichtige Positivist Heisenberg fühlt sich bemüßigt, das Wort Naturerklärung durch das — wie er sagt — „bescheidenere" Wort Naturbeschreibung zu ersetzen.[5] Es geht hier in Wirklichkeit nicht um anmaßende oder bescheidene Formulierungen, sondern um die Grundaufgabe der Wissenschaft und um die von verschiedenen philosophischen Standpunkten ausgehende Meinungs-

[1] *E. Mach*, „Die Geschichte und die Wurzel des Satzes von der Erhaltung der Arbeit", 2. Auflage, 1909, S. 58/59.

[2] Ebenda, S. 55, Anmerkung 5. [3] Ebenda, S. 31.

[4] *E. Mach*, Vorwort zur 2. Auflage seines Vortrages „Die Geschichte und die Wurzeln...". In genau derselben Weise wertet P. Jordan diese Äußerung Kirchhoffs. (Vgl. *P. Jordan*, „Der gescheiterte Aufstand", S. 25).

[5] *W. Heisenberg*, „Wandlungen in den Grundlagen der Naturwissenschaft", 1949, S. 28.

verschiedenheit in dieser Frage. Hinter solchen angeblich nur „bescheidenen" Formulierungen versteckt sich oft ein fideistischer Standpunkt, der es als gotteslästerliche Anmaßung ansieht, wenn die Wissenschaft und vor allem die Philosophie den Anspruch erhebt, die Welt erkennen und erklären zu wollen und zu können. Solche Argumente werden oft besonders gegen den dialektischen Materialismus, gegen die Weltanschauung der Arbeiterklasse erhoben. Sie alle wurzeln in der Philosophie des Positivismus oder der des Neothomismus, die sich hier die Hände reichen.

Die modernen naturwissenschaftlichen Positivisten sind in ihrer Auffassung vom Wesen und der Grundaufgabe der Wissenschaft noch derselben Meinung wie Ernst Mach. Sie sehen in der Wissenschaft lediglich eine zweckmäßige Beschreibung der Sinnesdaten, ihre Aufgabe sei nur die „nackte Feststellung von Tatsächlichkeiten", wie es Jordan erst 1957 wieder ausgedrückt hat.[6] Tatsächlichkeiten sind aber nach positivistischer Ansicht eben die Empfindungskomplexe, die Sinnesdaten, nicht aber unabhängig vom menschlichen Bewußtsein existierende Objekte, Verhältnisse und Prozesse. Hier zeigt sich völlig klar, daß die Auffassung über Wesen und Aufgaben der Wissenschaft letztlich in der philosophischen Grundkonzeption, in der materialistischen oder idealistischen Beantwortung der Grundfrage der Philosophie wurzelt. So sehr die Positivisten dieser Grundfrage ausweichen wollen, so klar kommt ihre Stellung zu ihr in diesem Problem (Wesen und Aufgabe der Wissenschaft) zum Ausdruck. Planck hatte eine ganz andere Auffassung über Wesen und Aufgabe der Wissenschaft, die er insbesondere am Beispiel der Physik erläuterte. Die vom Positivismus grundverschiedene Auffassung Plancks über Wesen und Aufgabe der Wissenschaft führt ebenfalls eindeutig zu seiner Stellung zu den Grundrichtungen aller Philosophie. Schon hier werden die grundverschiedenen philosophischen Konzeptionen Plancks und des Positivismus deutlich.

In seinem Aufsatz „Positivismus und reale Außenwelt" stellt Planck unter Hinweis auf den Positivismus die Frage:

„Ist die Aufgabe der physikalischen Wissenschaft erschöpfend gekennzeichnet, wenn man sagt, daß sie darin besteht, in den Inhalt der verschiedenartigen vorliegenden Naturbeobachtungen einen möglichst genauen und einfachen gesetzlichen Zusammenhang zu bringen? Wir wollen diejenige Richtung der Erkenntnistheorie, welche diese Frage bejaht und welche gerade gegenwärtig mit Rücksicht auf die Unsicherheit der allgemeinen Zeitlage von einer Anzahl namhafter Physiker und Philosophen mit Entschiedenheit vertreten wird, im Folgenden als ‚Positivismus' bezeichnen."[7]

Nach einer ausführlicheren Darlegung der betreffenden Ansichten des Positivismus beginnt Planck mit einer scharfen Kritik dieser positivistischen Auffassungen

---

[6] „Letzthin handelt es sich also in aller Physik immer nur um Beschreibung empirischer Tatsächlichkeiten, während die Forderung eines absoluten Verstehens einer ‚Erklärung' im tiefsten Sinne unerfüllbar und irreführend ist."(*P. Jordan*, „Der gescheiterte Aufstand", S. 23). Dieser von Jordan postulierte Verzicht auf das Verstehenwollen oder Erklärenwollen ist einer der kennzeichnenden Züge der modernen positivistischen Physik.

[7] *M. Planck*, „Vorträge und Erinnerungen, S. 229; bemerkenswert ist der Hinweis Plancks auf die Unsicherheit der allgemeinen Zeitlage, mit der er die Verbreitung des Positivismus zum Teil erklärt.

über Wesen und Aufgabe der Wissenschaft, indem er auf die notwendigen Konsequenzen der Ausgangsthesen des Positivismus hinweist, die von den Positivisten selbst immer nicht gern ausgesprochen werden, weil sie von bedenklicher Bedeutung für die Wissenschaft sind:

„So gewiß sich diese Auffassung vollständig durchführen läßt, ohne daß man jemals einen logischen Widerspruch zu befürchten hat, so führt sie doch für die physikalische Wissenschaft zu einem verhängnisvollen Resultat, denn wenn diese nichts weiter zum Ziel hat als die möglichst einfache Beschreibung von sinnlichen Erlebnissen, so kann sie, streng genommen, nur die eigenen Erlebnisse zum Gegenstand haben, denn nur die eigenen Erlebnisse sind primär gegeben.“[8]

Dann legt Planck mit klaren eindeutigen Worten die Alternative dar, die der positivistische Standpunkt jedem Wissenschaftler stellt, wenn er konsequent sein will: entweder eine objektive Wissenschaft oder die positivistische Philosophie. Da der konsequente Positivismus die Grundlage des objektiven Charakters der Wissenschaft untergräbt oder offen leugnet, kann man nicht zugleich konsequenter Positivist sein und sich zur objektiven Wissenschaft bekennen.

„Der Positivismus, konsequent durchgeführt, leugnet den Begriff und die Notwendigkeit einer objektiven, d. h. von der Individualität des Forschers unabhängigen Physik. Er ist gezwungen, das zu tun, weil er grundsätzlich keine andere Wirklichkeit anerkennt als die Erlebnisse der einzelnen Physiker.“[9]

Hier geht Planck schon auf die tieferen philosophischen Grundlagen der positivistischen Auffassung ein. Er deutet sachlich — ohne dies so zu bezeichnen — die idealistische Beantwortung der Grundfrage der Philosophie als Ausgangspunkt der positivistischen Auffassung an, wenn er darauf hinweist, daß die Positivisten eine vom Bewußtsein, von Beobachtungen und Messungen unabhängige Wirklichkeit leugnen. Darin besteht ja der subjektiv-idealistische Charakter des Positivismus.

Allerdings sei noch ein Kompromiß möglich, schreibt Planck, indem man auch fremde Erlebnisse anerkennt.[10] Aber schon die Notwendigkeit eines Kompromisses zeigt die Fragwürdigkeit der positivistischen Ausgangsthesen, zeigt, daß der positivistische Standpunkt hinsichtlich seiner philosophischen Grundlagen damit schon durchbrochen ist. Selbst bei diesem Kompromiß gibt es noch schwerwiegende Be-

---

[8] Ebenda, S. 232. [9] Ebenda, S. 234.

[10] Planck schreibt: „Nun liegt es auf der Hand, daß man auf eigene sinnliche Erlebnisse, auch wenn man ein noch so vielseitiger Mensch ist, keine Wissenschaft aufbauen kann, und so steht man vor der Alternative, entweder auf eine umfassende Wissenschaft überhaupt zu verzichten, wozu sich auch die extremsten Positivisten wohl kaum verstehen würden oder aber ein Kompromiß einzugehen und auch fremde Erlebnisse mit zur Begründung der Wissenschaft hinzuziehen, obgleich damit, streng genommen der ursprüngliche Standpunkt, nur primär gegebene zuzulassen, aufgegeben wird, denn die fremden Erlebnisse sind nur sekundär, durch die Berichte über sie, gegeben. Hier schiebt sich also ein neuer Faktor: die Glaubwürdigkeit und Zuverlässigkeit der Berichte, der mündlichen und schriftlichen, in die Definition der Wissenschaft ein. Damit ist die eigentliche Grundlage des Positivismus, die unmittelbare Gegebenheit des wissenschaftlichen Materials, bereits an einer Stelle logisch durchbrochen.“ (Ebenda, S. 232).

denken gegen einen solchen inkonsequenten Positivismus, wie er in der Praxis ja meist vertreten wird.

„Aber setzen wir uns einmal über diese Schwierigkeit hinweg, machen wir also die Annahme, daß alle Berichte über physikalische Erlebnisse zuverlässig sind oder daß man wenigstens ein untrügliches Mittel besitzt, die unzuverlässigen auszuscheiden, so haben dann doch selbstverständlich sämtliche als ehrlich und zuverlässig anerkannten Physiker in Gegenwart und Vergangenheit darauf Anspruch, daß ihre Erlebnisse Berücksichtigung finden und so besteht kein Grund dafür, daß man einige ausschließt."

„Insbesondere wäre es gänzlich ungerechtfertigt, einen Forscher dann weniger voll zu berücksichtigen, wenn es anderen Forschern nicht beschieden wäre, ähnliche Erlebnisse wie er zu erzielen."[11]

Planck verweist auf den französischen Physiker Blondlot und dessen sogenannte N-Strahlen, die nie nachgewiesen werden konnten. Nach konsequenter positivistischer Auffassung kann es aber keine Sinnestäuschungen geben und Blondlots Beobachtungen müßten gleichberechtigte physikalische Tatbestände neben jenen sein, die verifiziert worden sind.

Mit offener sarkastischer Ironie, die bei dem zurückhaltenden und höflichen Akademiker Planck recht selten ist, zeigt er die Konsequenzen der positivistischen Auffassung für sein eigenes Fach, die theoretische Physik. Diese sowie jede theoretische Arbeit würde überflüssig:

„Ferner scheiden von vornherein alle Theoretiker aus, denn deren Erlebnisse beschränken sich im wesentlichen auf den Verbrauch von Tinte, Papier und Gehirnsubstanz, enthalten aber kein neues Material für den Aufbau der Wissenschaft."[12]

Den positivistischen Theorien und ihren Konsequenzen widersprechen die Fakten aus der Geschichte der Wissenschaft. Gerade am Beispiel der Geschichte der Physik ist das gut erkennbar.

„Wie ist es nun aber zu verstehen,"

fragt Planck,

„daß die Erlebnisse eines Oersted, der eine Beeinflussung seiner Kompaßnadel durch den galvanischen Strom beobachtete, oder eines Faraday, dem zum ersten Mal ein elektromagnetischer Induktionseffekt aufstieß, oder eines Hertz, der mit der Lupe nach winzigen elektrischen Fünkchen im Brennpunkt seines parabolischen Spiegels suchte, ein solches Aufsehen und eine solche Umwälzung in der internationalen Welt der Physiker hervorriefen? Der Positivismus kann auf diese Frage nur eine sehr gewundene und im hohen Grade unbefriedigende Antwort geben. Er muß sich auf die Glaubwürdigkeit der Theorie berufen, welche die Voraussicht eröffnet, daß diese einzelnen an sich unbedeutenden Erlebnisse eine große Anzahl wichtiger und folgenreicher Erlebnisse anderer Personen nach sich ziehen würden. Aber andererseits ist doch die positivistische Theorie dadurch ausgezeichnet, und sie tut sich darauf etwas zugute, daß sie nichts anderes geben will als eine Beschreibung tatsächlich vorliegender Erlebnisse, und die Frage, wieso es denn kommt, daß ein gewisses Erlebnis eines einzelnen Physikers, selbst bei einer ganz primitiven Beschreibung, unmittel-

---

[11] *M. Planck*, „Positivismus und reale Außenwelt" in: „Vorträge und Erinnerungen", S. 232/33.

[12] *M. Planck*, „Vorträge und Erinnerungen", S. 233.

bar auch für alle anderen Physiker der ganzen Welt Bedeutung besitzt, bleibt von ihrem Standpunkt aus ununtersucht und muß als physikalisch sinnlos abgelehnt werden."[13]

Aus all dem Dargelegten zieht Planck den Schluß, daß der Positivismus zum Aufbau der physikalischen Wissenschaft nicht genügt:

„... denn eine Wissenschaft, die sich selbst das Prädikat der Objektivität prinzipiell aberkennt, spricht damit ihr eigenes Urteil. Die Grundlage, die der Positivismus der Physik gibt, ist zwar fest fundiert, aber sie ist zu schmal, sie muß durch einen Zusatz erweitert werden, dessen Bedeutung darin besteht, daß die Wissenschaft nach Möglichkeit befreit wird von den Zufälligkeiten, die durch die Bezugnahme auf einzelne menschliche Individuen in sie hineingebracht werden und das geschieht durch einen prinzipiellen, nicht durch die formale Logik, sondern die gesunde Vernunft gebotenen Schritt ins Metaphysische, nämlich durch die Hypothese, daß unsere Erlebnisse nicht selber die physikalische Welt ausmachen, daß sie vielmehr uns nur Kunde geben von einer anderen Welt, die hinter ihnen steht und die unabhängig von uns ist, mit anderen Worten, daß eine reale Außenwelt existiert.

Damit machen wir einen Strich durch das positivistische ‚als ob' und legen den sogenannten zweckmäßigen Erfindungen, von denen wir oben einige spezielle Beispiele besprochen haben, einen höheren Grad von Realität bei als den direkten Beschreibungen der unmittelbaren Sinneseindrücke. Dann verschiebt sich die Aufgabe der Physik: sie hat nicht Erlebnisse zu beschreiben, sondern sie hat die reale Außenwelt zu erkennen."[14]

Das ist im wesentlichen eine materialistische Auffassung vom Wesen und der Aufgabe der Wissenschaft. Lenin hatte in seinem Werk „Materialismus und Empiriokritizismus" die Auffassung Machs über die Aufgabe der Physik mit folgenden Worten kommentiert:

Das ist ganz klar.

Gegenstand der Physik sei also der Zusammenhang der Empfindungen, nicht aber der Zusammenhang der Dinge oder Körper, deren Abbilder unsere Empfindungen sind."[15]

Hier stellte Lenin mit knappen Worten die beiden Grundauffassungen über die Aufgabe der Physik einander gegenüber. Trotz der äußersten Knappheit des Leninschen Hinweises ist klar zu ersehen, welcher Auffassung der dialektische Materialismus ist, den Lenin vertritt. Mißt man Plancks Formulierung an der Lenins, so wird ihre grundlegende philosophische Übereinstimmung deutlich. Planck betont, daß die Aufgabe der Physik mehr ist als die Beschreibung von Sinnesdaten, mehr ist als die Aufdeckung des Zusammenhangs der Empfindungen. Seine Formulierung, daß die Physik die reale Außenwelt erkennen muß, ist philosophisch gesehen, von demselben Gehalt wie die materialistische Ansicht Lenins, daß der Gegenstand der Physik der Zusammenhang der Dinge oder Körper ist, deren Abbilder unsere Empfindungen sind.

Die zitierten Ausführungen Plancks sind eine sehr wichtige kritische Äußerung gegenüber dem Positivismus. Sie geben nicht nur Aufschluß über Plancks Argumentation, sondern enthalten auch Plancks allgemeine Einschätzung des Positivismus: der Positivismus genügt zum Aufbau der physikalischen Wissenschaft

---

[13] Ebenda, S. 233/34. [14] Ebenda, S. 233/34.

[15] *W. I. Lenin*, a. a. O., S. 29.

nicht; die positivistische Auffassung über die Aufgabe der Physik ist völlig unzureichend. Ihre Konsequenzen führen zu verhängnisvollen Resultaten für die Wissenschaft. Was die Positivisten als Aufgabe der Wissenschaft, speziell der Physik ansehen, ist zwar nicht völlig Unsinn, denn die Beschreibung der Sinnesdaten, der Beobachtungs- und Messungsergebnisse ist tatsächlich mit eine der Aufgaben der Physik. Aus diesem Grunde führte Planck in seinem zweiten Leidener Vortrag „Das Weltbild der neuen Physik" folgendes aus:

„Die Aufgabe des physikalischen Weltbildes kann man in doppelter Weise formulieren, je nachdem man dieses Weltbild mit der realen Welt oder mit der Sinnenwelt in Zusammenhang bringt. Im ersten Fall besteht die Aufgabe darin, die reale Welt möglichst vollständig zu erkennen, im zweiten darin, die Sinnenwelt möglichst einfach zu beschreiben. Es wäre müßig, zwischen diesen beiden Fassungen eine Entscheidung treffen zu wollen, vielmehr ist jede von ihnen für sich allein genommen einseitig und unbefriedigend. Denn auf der einen Seite ist eine direkte Erkenntnis der realen Welt ja überhaupt nicht möglich, und andererseits läßt sich die Frage, welche Beschreibung mehrerer zusammenhängender Sinneswahrnehmungen die einfachste ist, gar nicht grundsätzlich beantworten. Es ist im Laufe der Entwicklung der Physik mehr als einmal vorgekommen, daß von zwei verschiedenen Beschreibungen diejenige, die eine Zeitlang als die kompliziertere galt, später als die einfachere befunden wurde."

„Die Hauptsache bleibt, daß die genannten beiden Formulierungen der Aufgabe sich in ihrer praktischen Auswirkung nicht widersprechen, sondern im Gegenteil in glücklicher Weise ergänzen."[16]

Diese Stelle bei Planck als Rechtfertigung des Positivismus auszulegen, wäre irrig. Zwar findet man hier keine so scharfe Polemik, sondern einen gewissen toleranten, ja leicht anerkennenden Ton, was aber nie bedeutet, daß Planck den positivistischen Standpunkt als gleichberechtigt neben seinem anerkannt hat. Planck will hier nur ausdrücken, daß das, was der Positivismus als Aufgabe der Physik ansieht, tatsächlich ein richtiger und nie zu vergessender Teilaspekt der Aufgabe der Physik ist, daß man also nicht zwischen seiner und der positivistischen Formulierung entscheiden darf, sondern daß seine Auffassung diesen von den Positivisten betonten Teilaspekt mit in sich einschließt. Die Fehlerhaftigkeit des positivistischen Standpunktes besteht nicht darin, daß er die Wissenschaft auf die Sinnesdaten orientiert, sondern darin, daß er sie *nur* auf die Sinnesdaten orientiert. Planck betont das an anderen Stellen[17] sehr deutlich. Die Aufgabe der Physik erschöpft sich nicht darin, Sinnesdaten zu beschreiben, vielmehr sind diese Beschreibungen nur Mittel zum Zweck, aber nicht selbst Ziel und Zweck der Wissenschaft; sie sind nur notwendige Schritte zur Lösung der eigentlichen Aufgabe der Physik, die Planck in verschiedenen Vorträgen und zu verschiedenen Zeiten ganz klar und unmißverständlich formuliert hatte:

„Die physikalische Wissenschaft hat es mit realen Vorgängen zu tun. Ihr Ziel ist die Aufdeckung der Gesetzmäßigkeiten, welchen diese Vorgänge gehorchen."[18]

---

[16] *M. Planck*, „Vorträge und Erinnerungen", S. 208. [17] Vgl. bei *M. Planck*, S. 233/34.

[18] „Die Physik im Kampf um die Weltanschauung" in: „Vorträge und Erinnerungen", S. 289. Dieselben Formulierungen finden sich auch in seinem Vortrag über „Physikalische Gesetzlichkeit", ebenda, S. 184.

Zu betonen ist noch, daß Planck diese von ihm dargelegte Aufgabenstellung der Physik nicht als eine Besonderheit der physikalischen Wissenschaft betrachtet, sondern in entsprechendem Sinn auch die Aufgabe der Wissenschaft überhaupt auffaßt.[19] Mit Recht macht Planck zwischen physikalischen Theorien und Theorien anderer Wissenschaften keinen prinzipiellen erkenntnistheoretischen Unterschied.

Schon seit seinen ersten wissenschaftlichen Forschungsarbeiten hatte Planck als letztes großes Ziel innerhalb seiner Fachwissenschaft immer eine möglichst umfassende Erkenntnis der betreffenden Vorgänge insgesamt im Auge. Diese Auffassung von der Aufgabe der Wissenschaft und vom Ziel der Forschung dehnte er auch auf die Wissenschaft als Ganzes aus. In manchen Vorträgen betonte er ausdrücklich, daß die Wissenschaft als ein Ganzes zu betrachten sei, das aus verschiedenen Gliedern besteht, die alle auf ein Ziel hinwirken, nämlich auf eine gesamte Erkenntnis der Welt, auf eine umfassende Erkenntnis der Wirklichkeit insgesamt. Jede einzelne Wissenschaft muß dazu ihren Teil beitragen. So betonte Planck z. B. in dem schon erwähnten Vortrag vor dem Verein Deutscher Ingenieure über „Ursprung und Auswirkung wissenschaftlicher Ideen“:

„Denn die Wissenschaft bildet nun einmal sachlich genommen eine innerlich geschlossene Einheit. Ihre Trennung nach verschiedenen Fächern ist ja nicht in der Natur der Sache begründet, sondern entspringt nur der Begrenztheit des menschlichen Fassungsvermögens, welche zwangsläufig zu einer Arbeitsteilung führt. In der Tat zieht sich ein kontinuierliches Band von der Physik und Chemie über die Biologie und Anthropologie bis zu den sozialen und Geisteswissenschaften, ein Band, das sich an keiner Stelle ohne Willkür durchschneiden läßt. Auch die Methoden, nach denen die Forschung auf den einzelnen Gebieten arbeitet, erweisen sich bei näherer Betrachtung als innerlich nahe verwandt, und nur wegen der Anpassung an den jeweils zu behandelnden Gegenstand wirken sie sich verschieden aus. Das ist gerade in der neueren Zeit immer deutlicher hervorgetreten und hat der gesamten Wissenschaft inneren und äußeren Vorteil gebracht.“[20]

Mit solchen Auffassungen nähert sich Planck der marxistischen Auffassung – die besonders Engels formulierte („Dialektik der Natur“, S. 266) –, daß zwischen allen Wissenschaften ein vom Objekt bedingter innerer Zusammenhang besteht. Davon ausgehend behandelte Planck in diesem Vortrag das Zustandekommen und das Charakteristische der wissenschaftlichen Ideen überhaupt, nicht etwa nur der physikalischen Ideen. Planck sah die verschiedenen Einzelwissenschaften als gleichberechtigt nebeneinanderstehend und am gleichen Ziel arbeitend an. Jene typisch positivistische Überheblichkeit der „exakten Naturwissenschaftler“ gegenüber den „unexakten“ und angeblich spekulierenden Gesellschaftswissenschaften war Planck fremd, obgleich er nicht einmal eine wirklich konsequent wissenschaftliche Gesellschaftswissenschaft kannte. Bei ihm finden sich auch keine jener in der bürgerlichen Literatur weit verbreiteten Gedanken, daß nur die Naturwissenschaft Gesetzeswissenschaft sei, während die Geisteswissenschaft nur beschreibend sein könne. Planck strebte selbst immer nach universeller Erkenntnis. Alle wissenschaftlichen Disziplinen müssen zu diesem Zweck einträchtig zusammenarbeiten und sich er-

[19] Vgl. *M. Planck*, „Verhältnis der Theorien zueinander“.

[20] *M. Planck*, „Vorträge und Erinnerungen“, S. 270.

gänzen. Nur so kann die Menschheit zu einer gesamten Erfassung der realen Außenwelt kommen.

Auch diese Ansicht Plancks steht im Gegensatz zum Positivismus, der ein solches Ziel einfach als eine Illusion, als Unsinn, als ein Scheinproblem betrachtet, der ein Streben danach für sinnlos hält. So schreibt Jordan:

„Der Naturwissenschaft sind im Gegenteil gerade die Einzelheiten wichtig – als Gegenstand liebevoll eindringlicher Beschäftigung – während eine gesamte Erfassung der Wirklichkeit, der Wahrheit gar nicht versucht wird: In der Tat ist es eine notwendige Folgerung naturwissenschaftlicher Methodik und Erkenntnistheorie, solche Gesamterfassung als unmöglich abzulehnen."[21]

In Wirklichkeit ist dieses Ziel nur nach positivistischer Ansicht unmöglich zu erreichen. Eine solche Auffassung aber ist nicht die notwendige Folgerung naturwissenschaftlicher Methodik und Erkenntnistheorie.

Im Gegensatz zum Positivismus war Planck stets ein Gegner engstirnigen Fachspezialistentums, wobei er aber gleichzeitig wiederholt die Notwendigkeit eines soliden Spezialwissens betonte. Die typisch positivistische Ignoranz gegenüber einer selbständigen wissenschaftlichen Philosophie, die typisch positivistische Ablehnung der Philosophie war Planck fremd und wurde von ihm verworfen.

Von seinem Standpunkt aus fand Planck eine sehr gute und richtige Einstellung zur Philosophie, faßte er das Verhältnis von Einzelwissenschaft und Philosophie in weitem Maße so auf wie der dialektische und historische Materialismus. Planck betonte stets, daß sowohl der Einzelwissenschaftler sich um philosophische Fragen kümmern, in der Philosophie mitreden kann und soll, und daß umgekehrt die Philosophen den Einzelwissenschaftlern manchen Fingerzeig geben können.

Bei der Erörterung des Verhältnisses von Kausalität und Willensfreiheit setzte sich Planck mit dem Einwand auseinander, der Einzelwissenschaftler dürfe es nicht unternehmen, in allgemeinen philosophischen Fragen mitzureden; in seinem Vortrag „Kausalgesetz und Willensfreiheit" führte er dazu aus:

„Wer so urteilt, der verkennt nach meiner Meinung die Bedeutung der Zusammenarbeit von Philosophie und Fachwissenschaft. Zunächst ist zu bedenken, daß der Ausgangspunkt und die Hilfsmittel der Forschung auf beiden Gebieten ganz die nämlichen sind, denn der Philosoph arbeitet ja nicht etwa mit einer besonderen Art von Verstand und er schöpft aus keiner anderen Quelle als aus seinen durch die tägliche Erfahrung und durch seine wissenschaftliche Bildung gewonnenen Anschauungen, die je nach seiner individuellen Naturanlage und seinem persönlichen Entwicklungsgang anders sein werden. In gewisser Beziehung ist ihm sogar der Fachgelehrte weit überlegen, da dieser in seinem Spezialgebiet über ein sehr viel reicheres durch Beobachtungen und Versuche gesammeltes, systematisch gesichtetes Tatsachenmaterial verfügt. Dafür besitzt der Philosoph einen besseren Blick für die allgemeinen Zusammenhänge, die dem Fachgelehrten nicht unmittelbar interessieren und die er daher leichter unbeachtet läßt."[22]

---

[21] *P. Jordan*, „Der gescheiterte Aufstand", S. 31.

[22] *M. Planck*, „Vorträge und Erinnerungen", S. 151. An einem schönen und anschaulichen Beispiel erläuterte Planck die verschiedenen Aufgaben und Methoden der beiden wissenschaftlichen Bereiche: „Vielleicht läßt sich die Verschiedenheit in den Arbeitsweisen

Natürlich wußte auch Planck, daß das Verhältnis zwischen Philosophie und Einzelwissenschaft nicht immer so war, wie es sein sollte; aber aus dem im 19. Jahrhundert und früher aufgetretenen Unstimmigkeiten, die zum größten Teil auf das Konto einer spekulativen systemschaffenden Philosophie gingen, zog Planck nicht die Schlußfolgerungen, daß die Philosophie hinderlich und zu verwerfen sei. Am Schluß des Vortrags über „Physikalische Gesetzlichkeit" heißt es:

„Es hat Zeiten gegeben, in denen sich Philosophie und Naturwissenschaft fremd und unfreundlich gegenüberstanden. Diese Zeiten sind längst vorüber. Die Philosophen haben eingesehen, daß es nicht angängig ist, den Naturforschern Vorschriften zu machen, nach welchen Methoden und zu welchen Zielen sie arbeiten sollen, und"

– die weiteren Sätze sind offensichtlich an die Adresse des Positivismus gerichtet –

„die Naturforscher sind sich klar darüber geworden, daß der Ausgangspunkt ihrer Forschungen nicht in den Sinneswahrnehmungen allein gelegen ist und daß auch die Naturwissenschaft ohne eine gewisse Dosis Metaphysik nicht auskommen kann. Gerade die neuere Physik prägt uns die alte Wahrheit wiederum mit aller Schärfe ein: es gibt Realitäten, die unabhängig sind von unseren Sinnesempfindungen und es gibt Probleme und Konflikte, in denen diese Realitäten für uns einen höheren Wert besitzen als die reichsten Schätze unserer gesamten Sinneswelt."[23]

Angesichts der Situation in der modernen Physik – diese Worte wurden 1926 gesprochen –, wo sich alte Begriffe umwälzten, viele Vorstellungen sich als veraltet erwiesen hatten und noch viele Überraschungen zu erwarten waren, empfiehlt Planck gerade ein verstärktes Studium der Philosophie:

„Deshalb dürfte ein aufmerksames Studium der Anschauungen und Ideen unserer großen Philosophen auch in dieser Richtung sehr förderlich wirken können."[24]

Zwar hatte Planck mit seiner Forderung andere Philosophen im Auge als wir heute, wenn wir von der Notwendigkeit des verstärkten Studiums der Philosophie sprechen, aber interessant und wesentlich ist doch, daß der theoretische Physiker Planck den Nutzen sah, den ein Studium der Philosophie den Fachwissenschaftlern bringen kann. Heute ist es in dieser Beziehung nicht anders; im Gegenteil, eine noch bessere und besonders für die Einzelwissenschaften noch fruchtbarere Philosophie in Gestalt des dialektischen und historischen Materialismus existiert nicht nur – das war schon zu Lebzeiten Plancks der Fall – sondern ist weit besser ausgearbeitet als in den 20er Jahren. Diese Philosophie hat an den Universitäten und

---

der Beiden einigermaßen vergleichen mit der Beschäftigung zweier Reisegefährten, die nebeneinanderstehend ein vor ihnen weit ausgebreitet liegendes fremdes, kompliziertes Gelände musternd überschauen, der eine mit frei umherschweifendem Auge, der andere mit einem nach einer bestimmten Richtung hin fest eingestellten Fernrohr. Der erstere sieht im einzelnen undeutlicher, aber er vermag mit einem einzigen Blick die ganze Mannigfaltigkeit in ihrem Zusammenhang zu überblicken und dadurch manches besser zu verstehen, während der andere viel mehr Einzelheiten erkennt, aber dafür auf einen verhältnismäßig engen Gesichtskreis beschränkt ist, keinen umfassenden Überblick über das Ganze besitzt. Beide können sich durch gegenseitige Ergänzung wertvolle Dienste leisten." (Ebenda).

[23] Ebenda, S. 205. [24] Ebenda.

Hochschulen der sozialistischen Länder eine sichere Heimstätte gefunden. Ihr ideenreiches und gehaltvolles Schrifttum steht jedem zur Verfügung und die Diskussionen darüber können im Unterschied zur gesellschaftlichen Situation zu Lebzeiten Plancks jetzt in einem Teil Deutschlands in aller Offenheit und Freimütigkeit geführt werden. Das Studium des dialektischen und historischen Materialismus durch die verschiedenen Fachwissenschaftler hat in der Deutschen Demokratischen Republik noch größere Bedeutung gewonnen als früher. Diese Philosophie vermag dem Wissenschaftler nicht nur für das rein fachwissenschaftliche Arbeiten etwas zu geben, sondern vor allem auch ihm Klarheit über sein Leben als Mitglied einer sozialistischen Gesellschaft zu vermitteln. Der dialektische und historische Materialismus vermag in jeder Beziehung vielmehr zu geben als die Systeme der großen Philosophen, die Planck meinte, als er von dem notwendigen Studium der Philosophie sprach. Daran sollten alle jene Fachwissenschaftler denken, die besonders in der Deutschen Demokratischen Republik zuweilen dazu neigen, mit positivistisch gefärbten Argumenten gegen das gesellschaftswissenschaftliche Grundstudium an den Universitäten und Hochschulen in der DDR und gegen das Philosophicum bei der Promotion Stellung zu nehmen und es dabei als fachfremd und belastend einzuschätzen.

In der Auseinandersetzung zwischen Planck und dem Positivismus über die Aufgabe der Physik wurde schon sichtbar, daß den verschiedenen Auffassungen verschiedene allgemeine philosophische Ansichten zugrunde liegen: verschiedene Auffassungen nämlich zu einem Grundproblem der Philosophie, zur Frage nach der Existenz einer objektiven Außenwelt.

Im ersten Teil dieser Arbeit ist schon zur Genüge dargestellt und bewiesen worden, daß das philosophische Wesen des Positivismus in der Leugnung einer objektiven Realität, einer vom Bewußtsein der Menschen unabhängigen Außenwelt besteht, und daß deshalb der Positivismus eine Form des subjektiven Idealismus ist. Aus dieser positivistischen Auffassung folgt als logische Konsequenz, daß die Aufgabe der Physik nicht im Erkennen der realen Außenwelt bestehen kann, sondern im Beschreiben dessen, was vom Positivismus allein als eigentliche Wirklichkeit anerkannt wird: der Sinneswelt, der Welt der Erlebnisse, Beobachtungen und Messungen, der Welt der Empfindungskomplexe.

Aus Plancks Begründung seiner Auffassung von der Aufgabe der Physik war schon zu entnehmen, daß Planck in dieser grundlegenden Frage eine dem Positivismus diametral entgegengesetzte Ansicht vertreten hat.

„Die Grundlage und die Vorbedingung jeder echten fruchtbringenden Wissenschaft ist die durch reine Logik freilich nicht zu begründende, aber auch durch Logik niemals zu widerlegende metaphysische[25] Hypothese der Existenz einer selbständigen, von uns völlig

[25] Als „metaphysisch" bezeichnet Planck etwas, was über die bloße Sinnenwelt hinausgeht, was im Bereich der abstrakten Verallgemeinerung und der Theorie liegt und keiner Beobachtung oder Messung direkt zugänglich ist, was also keine direkt wahrnehmbare Tatsache ist. Während der Positivismus ein so gefaßtes Metaphysisches grundsätzlich ablehnt, für null und nichtig, für völlig bedeutungslos und sinnlos erklärt, verficht Planck

unabhängigen Außenwelt, von der wir allerdings nur durch unsere besonderen Sinne direkt Kenntnis erhalten können, wie wenn wir einen fremden Gegenstand nur durch eine Brille gewahren können, die bei jedem einzelnen Menschen eine etwas verschiedene Färbung aufweist. So wenig es uns aber dann einfällt, für alle Eigentümlichkeiten des wahrgenommenen Bildes unsere Brille verantwortlich zu machen, so sorgsam vielmehr wir darauf achten, bei der Bildung unserer Urteile über den Gegenstand die durch die Brille bedingten Färbungen so gut es eben gehen will in Rücksicht zu ziehen, ebenso ist das allererste Erfordernis wissenschaftlicher Denkweise, die Trennung der Außenwelt von der Innenwelt anzuerkennen und durchzuführen. Gewiß ist der positivistische Satz, daß der Mensch das Maß aller Dinge ist[26], insofern unanfechtbar, als man niemand durch logische Gründe daran hindern kann, alle Dinge nach menschlichem Maß zu messen und das ganze Weltgeschehen letzten Endes in einem Komplex von Empfindungen aufzulösen. Aber es gibt noch ein anders, für gewisse Fragen viel wichtigeres Maß, welches, unabhängig von der Art und Beschaffenheit des messendenIntellekts, den Dingen selbst eigentümlich ist".[27]

Hiermit hat Planck schon nicht nur seine eigene Auffassung im Unterschied zum Positivismus betont, sondern auch grundlegende Ansatzpunkte zur Kritik des modernen Positivismus gewonnen. Besonders die prinzipielle Anerkennung einer von allen Sinnesempfindungen, vom menschlichen Bewußtsein vollkommen unabhängigen realen Außenwelt war die feste unerschütterliche materialistische Plattform Plancks. Hier konnte er von der positivistischen Offensive zur Revision der elementaren materialistischen Wirklichkeitsauffassung der Naturwissenschaftler nicht überrannt werden.

Die Positivisten stützen ihre Leugnung der objektiven Realität mit der These, die moderne Physik habe es nur mit beobachtbaren Objekten zu tun; das sei ihre große Errungenschaft und ihr größerer Vorteil gegenüber der alten klassischen Physik. Im Ausmerzen aller Aussagen, die sich auf nicht direkt beobachtbare Objekte und Vorgänge beziehen, sehen die Positivisten die Umwälzung im Weltbild der Physik. Die moderne Physik könne sich dadurch vor der fruchtlosen Behandlung gewisser Scheinprobleme bewahren und sich ausschließlich auf physikalischsinnvolle Probleme beschränken. Dabei zählen die Positivisten gerade die Frage nach der philosophischen Voraussetzung der Wissenschaft, darunter speziell die Frage nach der objektiven Realität, zu diesen angeblich sinnlosen Fragen und Problemen.

Darin sieht z. B. Jordan die Überwindung des traditionellen Materialismus in der klassischen Physik. Mit einer ganzen Flut von Argumenten, Beispielen und

---

eine völlig andere Ansicht. Im Sinne Plancks ist jeder Materialismus „metaphysisch". Diese Bezeichnung ist bei ihm nicht negativ oder abwertend gemeint. Sein Begriff der Metaphysik ist ein bürgerlicher und hat mit dem marxistischen Begriff „metaphysisch"(im Sinne von undialektisch) nichts zu tun.

[26] Dieser Satz „Der Mensch ist das Maß aller Dinge" ist nun allerdings als solcher keineswegs notwendiger Ausdruck positivistischen Denkens. Er ist es nur, sofern man menschliches, sinnliches Empfinden zum Angelpunkt der Welt und insbesondere der Naturbetrachtung macht, wie es im Positivismus geschieht und wie es Planck kritisiert.

[27] *M. Planck*, „Kausalgesetz und Willensfreiheit" in: „Vorträge und Erinnerungen", S. 153.

Scheinbeweisen stürzt sich der Positivismus auf diesen Eckpfeiler des naturwissenschaftlichen Materialismus, auf die These von der objektiv-realen Außenwelt. Die Positivisten argumentieren dabei besonders viel mit ihrem angeblich neuen methodologischen Grundsatz der prinzipiellen Beobachtbarkeit. Nur das Beobachtbare sei das einzig Wirkliche. Diese Bindung der realen Außenwelt an ein beobachtendes Subjekt erweist den subjektiv-idealistischen Gehalt dieses angeblich methodischen Prinzips. Gegenüber dieser massiven und vielfältigen Argumentation wird Planck in die Defensive gedrängt. Seine Gegenargumente sind abwehrend, beschränken sich darauf, den eigenen Standpunkt zu begründen. Er geht aber nicht offensiv gegen die positivistischen Thesen vor. Diese nur abwehrende Kritik am Positivismus kann man in vielen – aber nicht allen – Vorträgen feststellen. So z. B., wenn Planck nur betont, daß man nicht von vornherein entscheiden könne, was prinzipiell beobachtbar ist und was nicht, ohne dabei gleichzeitig die prinzipielle Unhaltbarkeit des positivistischen Grundsatzes nachzuweisen. Planck ist oft zu „tolerant". Er wendet sich zwar dagegen, daß aus dem Unterschied zwischen der klassischen Physik und der Quantenmechanik hinsichtlich der Beobachtbarkeit von den Positivisten so weitreichende Schlußfolgerungen gezogen werden, aber schon an der Formulierung dieser Bemerkungen[28] ist zu erkennen, daß es sich hier um eine etwas schwache Kritik handelt. Planck geht nicht so weit, die positivistischen Auffassungen und Argumente völlig zu verwerfen, sondern er formuliert vorsichtig: sie genügen nicht. Das scheint zum Teil gerechtfertigt zu sein, da die Betonung der Erfahrung nur in der Verabsolutierung falsch ist; aber die Betonung des Wertes und der Notwendigkeit der Erfahrung und der Sinnesempfindungen überhaupt ist ja noch kein positivistischer Standpunkt. Gerade die Verabsolutierung dieser Züge macht den Positivismus aus. Ohne Verabsolutierung der Erfahrung und der Sinneserkenntnis wäre der Positivismus keine eigene philosophsiche Richtung. Diese Verabsolutierung ist sein spezifisches Wesen. Planck macht aber keine solche Differenzierung. Darin liegt eine wesentliche Schwäche seiner Einschätzung und Kritik des Positivismus. Planck stellt zu sehr heraus, daß der Ausgangspunkt des Positivismus einen gesunden Gedanken enthält, und er bezeichnet diesen gesunden Gedanken fälschlicherweise als positivistisch. Dadurch wird er in seiner Kritik oft zu schwach und scheut sich manchmal, die Thesen völlig zu verwerfen, die als typisch positivistische Auffassungen wirklich unhaltbar sind.

Planck hält zwar mit Entschiedenheit an seinem naturwissenschaftlich-materialistischen Grundsatz von der objektiven Außenwelt fest, aber seine richtigen Ausführungen gegen den Positivismus erreichen in diesem Punkte nicht jenes Maß an Schärfe, philosophischer Tiefe und Überzeugungskraft, wie z. B. seine gegen den

[28] „Daher genügt es zur Charakterisierung der Überlegenheit der Quantenmechanik gegenüber der klassischen Mechanik nicht, zu sehen, daß sie nur von prinzipiell beobachtbaren Größen handelt – das tut die klassische Mechanik in ihrem Sinne auch – sondern man muß die speziellen Größen bezeichnen, die nach ihr prinzipiell beobachtbar, bzw. nicht beobachtbar sind und dann den Nachweis führen, daß die Erfahrung damit übereinstimmt."(*M. Planck*, „Das Weltbild der neuen Physik" in: „Vorträge und Erinnerungen", S. 222).

flachen extremen Empirismus des Positivismus gerichteten Darlegungen. Es zeigt sich daran, daß der naturwissenschaftlich-materialistische Standpunkt in diesen philosophischen Grundfragen zwar eine feste Basis darstellt, einen festen Halt gibt, aber doch nicht jene Erarbeitung der philosophischen Problematik kennt, die zur offensiven Kritik der subjektiv-idealistischen Grundhaltung des Positivismus nötig ist. Daraus resultiert dann auch, daß Planck in dieser philosophischen Grundfrage selbst nicht völlig sicher war. Er hatte die grundlegende Kluft zwischen dem materialistischen und dem idealistischen Standpunkt hierbei nicht richtig erkannt; er sah zwar, daß die beiden Standpunkte einander entgegengesetzt sind, aber die Tiefe des Gegensatzes hat er nicht voll begriffen. Planck hat sich nicht zu der Erkenntnis durchgearbeitet, daß die philosophischen Grundlagen des Positivismus unwissenschaftlich sind. Bei ihm finden sich Äußerungen, daß die Hypothese der realen Außenwelt doch nicht völlig zu beweisen sei, daß sich eben weltanschauliche Probleme nicht wissenschaftlich lösen lassen.

Gewiß leugnet Planck nicht den Zusammenhang zwischen der Wissenschaft und der Weltanschauung. Im Gegenteil, er betont sogar, daß die Wissenschaft wesentliche Hinweise für die Weltanschauung gibt, daß die Lösung weltanschaulicher Probleme nie mit der Wissenschaft in Widerspruch stehen oder geraten dürfe,[29] ja man stößt sogar auf den Ausdruck „wissenschaftliche Weltanschauung"[30], den Planck in vollem Ernst und zustimmend gebraucht —, aber letztlich sei hier doch immer wieder ein sogenannter irrationaler Rest, meint Planck, über den sich wissenschaftlich nicht entscheiden läßt. Im Lichte dieser Ansicht sind Plancks Formulierungen verständlich, in denen er vom „Glauben an die Realität" spricht. In seiner Berliner Rektoratsrede „Neue Bahnen der physikalischen Erkenntnis" (1913) führte er z. B. aus:

„So wenig sich eine Weltanschauung wissenschaftlich beweisen läßt, so sicher kann man darauf bauen, daß sie jeglichem Ansturm gegenüber unerschütterlich standhalten wird, sofern sie nur mit sich selber und mit den Tatsachen der Erfahrung in Übereinstimmung bleibt. Aber man wähne nicht, daß es möglich sei, selbst in der exaktesten aller Naturwissenschaften ganz ohne Weltanschauung, das will sagen, ganz ohne unbeweisbare Hypothesen, vorwärts zu kommen. Auch für die Physik gilt der Satz, daß man nicht selig wird ohne Glauben, zum mindesten den Glauben an eine gewisse Realität außer uns. Dieser zuversichtliche Glaube ist es, der dem vorwärts drängenden Schaffenstrieb die Richtung

---

[29] Sein Vortrag „Die Physik im Kampf der Weltanschauung" ist der deutlichste und eindeutigste Beleg dafür. In diesem Vortrag heißt es z. B.: „Was hat die Physik mit dem Kampf um die Weltanschauung zu tun?... Zunächst ist zu sagen, daß die unbelebte Natur doch auch mit zur Welt gehört, daß also eine Weltanschauung, die Anspruch auf umfassende Geltung erhebt, auch auf die Gesetze der unbelebten Natur Rücksicht nehmen muß und daß sie auf die Dauer unhaltbar ist, wenn sie mit diesen in Widerspruch gerät. Ich brauche hier nicht hinzuweisen auf die Schar der religiösen Dogmen, denen die physikalische Wissenschaft den Todesstoß versetzt hat." (*M. Planck*, „Vorträge und Erinnerungen", S. 285).

[30] Vgl. z. B. den Vortrag „Ursprung und Auswirkung wissenschaftlicher Ideen" in: „Vorträge und Erinnerungen" (besonders S. 279) sowie das Schlußwort Plancks vor der Akademie am Friedrichstag 1932, in: „Max Planck in seinen Akademieansprachen", S. 145.

weist, er allein gewährt der herumtastenden Phantasie die nötigen Anhaltspunkte, nur er vermag es, den durch Mißerfolge ermüdeten Geist immer wieder aufzurichten und zu erneutem Vorstoß anzufeuern. Ein Forscher, der sich bei seinen Arbeiten nicht von irgendeiner Hypothese leiten läßt, sei sie auch so vorsichtig und provisorisch gefaßt als nur möglich, verzichtet von vornherein auf ein tieferes Verständnis seiner eigenen Resultate. Wer den Glauben an die Realität der Atome und der Elektronen oder an die elektromagnetische Natur der Lichtwelle oder an die Identität der Körperwärme und -bewegung verwirft" – diese Worte sind an die Adresse von Mach gerichtet – „der wird deswegen ganz gewiß niemals eines logischen oder empirischen Widerspruchs überführt werden können, aber er mag zusehen, wie er es von seinem Standpunkt aus fertigbringt, die physikalische Erkenntnis zu fördern."[31]

Hier finden wir Plancks tiefste philosophische Überzeugung und die Gründe dazu klarer als sonst formuliert. Diese Art von Glauben hat mit dem religiösen oder gar konfessionellen Glauben nichts zu tun. Das geht auch aus anderen Arbeiten Plancks hervor. Sein Weihnachtsartikel „Wissenschaft und Glaube" aus dem Jahre 1930 z. B. ist dem Verhältnis von Wissenschaft, Weltanschauung und Glauben gewidmet. Von Gott ist dabei nirgends die Rede. Der Begriff Glaube ist nicht als religiöser, sondern allgemein gefaßt; er bedeutet hier soviel wie Meinung, Überzeugung (allerdings nicht streng wissenschaftlich bewiesene. Insofern unterscheidet Planck solche Art von Überzeugung von dem physikalischen Wissen). Planck ging es um eine Kompromißlösung zwischen einem so verstandenen Glauben und der Wissenschaft. Jede wissenschaftliche Weltanschauung enthalte einen solchen Glauben an die objektive Realität; eine so vertiefte Auffassung der Wissenschaft, meint Planck, könne durchaus eine für das Leben brauchbare Weltanschauung tragen.[32]

Es geht also nicht um kirchlichen Glauben, sondern um den Glauben an das Walten „vernünftiger" Gesetze im Weltall; diese Auffassung hängt mit Plancks Pantheismus zusammen.[33]

Solche Ausführungen sind allerdings nicht klar und eindeutig. Sie geraten – in ihren Konsequenzen durchdacht – in manchem miteinander in Widerspruch. Einerseits vertritt Planck die Meinung, daß eine Weltanschauung nicht restlos wissenschaftlich zu beweisen sei, andererseits aber verwirft er mit Recht jede Weltanschauung, die mit wissenschaftlicher Erkenntnis in Widerspruch gerät, ohne sich recht bewußt zu werden, daß darin doch ein wissenschaftlicher Beweis der Wahrheit bzw. Unwahrheit einer Weltanschauung liegt und daß es nicht zwei grundverschiedene Weltanschauungen gibt und geben kann, die gleichermaßen mit allen naturwissenschaftlichen wie gesellschaftswissenschaftlichen Erkenntnissen übereinstimmen. Planck war strikt dagegen, die Weltanschauung zur Geschmackssache oder Konvention zu erklären und jeder Weltanschauung gleiches Gewicht und gleichen Wert zuzubilligen. Auch das widerspricht seiner Auffassung, daß die Weltanschauungen nicht wissenschaftlich beweisbar seien. Im Widerspruch dazu drückt er oft genug aus, daß besonders die Anerkennung der realen Außenwelt Sache einer

[31] *M. Planck*, „Vorträge und Erinnerungen", S. 78.
[32] Vgl. ebenda, S. 247.
[33] Darauf wird im III. Teil der Arbeit noch ausführlicher eingegangen.

„vernünftigen Weltanschauung" sei, womit er indirekt jede andere gegenteilige Weltanschauung als unvernünftig kennzeichnet. Weil sich der erkenntnistheoretische Materialismus, den Planck mit seiner These der realen Außenwelt vertrat, praktisch bewährte, weil er jeglichem Ansturm standgehalten hat und mit den Tatsachen der Erfahrung übereinstimmte, vertrat ihn Planck während seines ganzen Lebens. Aber er ließ sich vom Positivismus immerhin soweit in die Defensive drängen, daß er nicht mehr wagte, diese philosophische Grundauffassung als wissenschaftlich völlig bewiesene These aufzustellen; statt dessen bezeichnete er sie als Glaube. Dadurch wird verständlich, daß seine Kritik am Positivismus gewisse Schwächen hatte und nicht so offensiv war, wie sie hätte sein können.

Vom Standpunkt des dialektischen Materialismus gesehen genügt eine solche Kritik des Positivismus in dieser Frage nicht. Vor allem kann man nicht die positivistische Auffassung und die materialistische insofern auf eine Stufe stellen, als man sie beide — wenn auch in verschiedenem Grade — als wissenschaftlich nicht beweisbar bzw. widerlegbar hinstellt und dann noch erklärt, zwischen beiden sei eine sichere und bindend eindeutige Entscheidung nicht möglich.

Zwar ist Plancks Hinweis, daß die positivistische Grundauffassung schwerlich zur Förderung der wissenschaftlichen Erkenntnis beitragen könne, sehr richtig und wertvoll, aber sie genügt nicht; es muß unbedingt betont werden, daß alle weltanschaulichen Fragen einer wissenschaftlichen Betrachtung und Beweisführung zugänglich sind und daß deshalb zwischen verschiedenen weltanschaulichen Standpunkten und Meinungen eine wissenschaftliche Entscheidung möglich ist. Allerdings kann man eine solche Entscheidung natürlich nicht mit den Methoden der physikalischen Messungen und durch direkte Beobachtungen fällen, sondern hier bedarf es philosophischer Erörterung und Beweisführung. In der Auseinandersetzung um diese Fragen zeigen sich also gewisse Grenzen und Schranken der Kritik Plancks am Positivismus. Diese rühren vor allem daher, daß Planck bezüglich der Anerkennung der realen Außenwelt nicht jene Tiefe im Durchdenken des Problems erreichte, wie sie der dialektische Materialismus durch das Herausarbeiten der Grundfrage der Philosophie durch Engels und des Materiebegriffs durch Lenin damals schon erreicht hatte. Planck hat aber vom dialektischen Materialismus keine Notiz genommen. Lenins Worte:

> „Aber das ganze Milieu, in dem diese Leute leben, stößt sie von Marx und Engels ab und treibt sie der faden amtlichen Philosophie in die Arme."[34]

treffen auch auf Planck zu. Vor der „faden amtlichen Philosophie" bewahrte ihn allerdings sein starker und gesunder naturwissenschaftlicher Materialismus.

Planck sah die Einseitigkeit der positivistischen Grundthese, vermochte aber das philosophische Problem des Verhältnisses von Wirklichkeit und objektiver Realität nicht immer in wünschenswerter Klarheit zu lösen. Er wurde dadurch gezwungen, dem Positivismus zuzugestehen, daß sein Standpunkt auch etwas für sich habe; dadurch wiederum wurde seine Meinung bestärkt, daß alle diese Probleme welt-

---

[34] *W. I. Lenin*, „Materialismus und Empiriokritizismus", S. 253/54.

anschaulicher Art seien, wobei für beide Seiten Gründe vorgebracht werden könnten, allerdings nicht für beide gleich schwerwiegende. In diesem Sinn äußerte sich Planck 1937 in seinem Vortrag über „Determinismus und Indeterminismus" über den Bedeutungsgehalt des Wortes „wirklich":

„Aber mit dem Wort ‚wirklich' soll man vorsichtig umgehen. Seine Bedeutung kann manchmal recht zweifelhaft sein und sein Gebrauch am ungeeigneten Ort hat schon oft zu Mißverständnissen Anlaß gegeben. Was ist denn z. B. das Wirkliche an einem Stern, den wir am Nachthimmel leuchten sehen? Ist es die glühende Materie, aus der der Stern besteht, oder ist es die Lichtempfindung, die wir von ihm in unserm Auge haben? Der Realist behauptet das erstere, der Positivist das letztere. Eine jede der beiden Behauptungen hat etwas für sich und läßt sich mit einleuchtenden Gründen vertreten. Und doch darf keine von ihnen den Anspruch erheben, alleinberechtigt zu sein. Wenn man aber beide Behauptungen als zulässig betrachtet, so hat das Wort ‚wirklich' gar keinen bestimmten Sinn mehr."[35]

Auch hier sehen wir Planck in der Defensive. Der letzte Satz ist zweifellos richtig, aber aus ihm ergeben sich Konsequenzen, die Planck nicht zieht. Es gilt nicht nur darzulegen, daß das Wort „Wirklich" keinen bestimmten Sinn mehr hat, wenn man beide Auffassungen als zulässig betrachtet, sondern es kommt darauf an, die Unhaltbarkeit der positivistischen Behauptung nachzuweisen und darzulegen, daß die Anerkennung einer Wirklichkeit schlechthin noch gar nichts besagt. Planck aber stellt fest, daß der Positivismus in gewisser Beziehung recht habe, da die Empfindungen eben auch „wirklich" seien. Er hebt lediglich hervor, daß die positivistische Auffassung nicht genügt (daher Plancks an anderer Stelle zitierte Formulierung: die Basis, die der Positivismus der Physik gibt, ist zwar fest, aber zu schmal).

Planck will die Basis erweitern, und zwar durch seine materialistische These von der objektiven Außenwelt, d. h. von einer Realität, die keine bloße Wirklichkeit ist, sondern die im materialistischen Sinn als objektive, d. h. von den Sinnen, vom Bewußtsein der Menschen unabhängige Realität gefaßt ist. Damit ist indirekt die Grundfrage der Philosophie materialistisch beantwortet. Die reale Welt wird dem Bewußtsein gegenübergestellt und als unabhängig von ihm erkannt. Ein solcher Standpunkt ist das genaue Gegenteil der subjektiv-idealistischen Auffassung des Positivismus. Planck erweitert also nicht die positivistische Basis der Physik, sondern er überwindet sie.

Planck sieht und betont aber nicht konsequent, daß nur dieser Standpunkt die einzig wissenschaftliche Lösung ist, die allein die berechtigte philosophische Grundlage der Physik und aller Wissenschaft überhaupt sein kann. Er sagt nur, daß er diese Auffassung für die bessere hält. Die Ursache dieser zurückhaltenden Kritik liegt darin, daß Planck mit dem Wirklichkeitsbegriff nicht recht fertig wird, und daß er sich vor gewissen Konsequenzen seines eigenen Materialismus scheut. Man kann erst vom dialektisch-materialistischen Standpunkt der Tatsache völlig gerecht werden, daß auch die Empfindungen real existieren. Diese reale Existenz der Empfindungen wird im Materialismus keineswegs bestritten. Entscheidend ist aber die erkenntnistheoretische Gegenüberstellung von Physischem und Psychischem, von

[35] *M. Planck*, „Vorträge und Erinnerungen", S. 336.

Materie und Bewußtsein und die materialistische Lösung dieses Problems. Die Empfindungen sind zwar vorhanden, aber sie sind sekundär gegenüber der objektiven Realität. Es ist ein Irrtum, wenn Planck glaubte, dem Positivismus – neben dem Realismus, wie er seinen Standpunkt nannte – noch Existenzberechtigung zuerkennen zu müssen. Solche Ansichten waren der Grund, daß er in dieser Frage nicht schärfer gegen den Positivismus kämpfte. Andererseits muß man betonen, daß Planck sich nie so weit vom Positivismus an die Wand drücken ließ, daß er auch nur ein wenig von seinem eigenen prinzipiellen Standpunkt abgewichen wäre. Diesen prinzipiellen Standpunkt hat er wiederholt an verschiedenen Stellen unmißverständlich ausgedrückt und ihn auch in späteren Jahren nie geändert.

Gegenüber einem weiteren positivistischen Argument, daß nämlich alle physikalischen Aussagen sich nur auf Messungen beziehen würden und zum Inhalt immer nur entsprechende Beobachtungen hätten, führte Planck in seinem Vortrag „Religion und Naturwissenschaft" am Beispiel der physikalischen Konstante aus:

„Welches ist denn nun, so müssen wir weiter fragen, die eigentliche Bedeutung dieser Konstanten? Sind sie in letzter Linie Erfindungen des menschlichen Forschergeistes oder besitzt sie einen realen, von der menschlichen Intelligenz unabhängigen Sinn?

Das erstere behaupten die Anhänger des Positivismus, wenigstens in seiner extremen Färbung. Nach ihnen hat die Physik keine andere Grundlage als die Messungen, auf denen sie sich ja aufbaut, und ein physikalischer Satz hat nur insofern Sinn, als er durch Messungen belegt werden kann. Da nun eine jede Messung einen Beobachter voraussetzt, so ist, positivistisch betrachtet, der eigentliche Inhalt eines physikalischen Satzes von dem Beobachter gar nicht zu trennen und verliert seinen Sinn, sobald man versucht, den Beobachter ganz wegzudenken und hinter ihm und seiner Messung noch etwas anderes, Reales, davon Unabhängiges, zu sehen.

Gegen diese Auffassung läßt sich vom rein logischen Standpunkt aus nichts einwenden. Und doch muß man sie in dieser Form bei näherer Prüfung als unzureichend und unfruchtbar bezeichnen, denn sie läßt einen Umstand außer acht, der für die Vertiefung und den Fortschritt der wissenschaftlichen Erkenntnis von entscheidender Bedeutung ist. So voraussetzungsfrei nämlich sich auch sonst der Positivismus ausnimmt, an eine grundsätzliche Voraussetzung ist er gebunden, wenn er nicht in einen unvernünftigen Solipsismus ausarten soll: an die Voraussetzung, daß eine jede physikalische Messung reproduzierbar ist, d. h., daß ihr Ergebnis nicht abhängt von der Individualität des Messenden, auch nicht vom Ort und von der Zeit der Messung, sowie von sonstigen Begleitumständen. Dies besagt aber, daß das für das Messungsergebnis Entscheidende außerhalb des Beobachters liegt und führt daher zwangsläufig zu Fragen nach einer hinter dem Beobachter vorhandenen realen Ursächlichkeit."[36]

Und in seinem Vortrag „Die Physik im Kampf um die Weltanschauung" heißt es:

„Der theoretischen Physik liegt zugrunde die Annahme der Existenz realer, von den Sinnesempfindungen unabhängiger Vorgänge. Diese Annahme muß unter allen Umständen aufrechterhalten bleiben. Auch die positivistisch eingestellten Physiker bedienen sich tatsächlich ihrer. Denn wenn sie auch an dem Primat der Sinnesempfindungen als der einzigen Grundlage der Physik festhalten, so sind sie doch, um einem unvernünftigen Solipsismus zu entgehen, zu der Annahme genötigt, daß es auch individuelle Sinnestäuschungen,

[36] Ebenda, S. 326.

Halluzinationen, gibt, und können diese nur ausschließen durch die Forderung, daß physikalische Beobachtungen jeder Zeit reproduzierbar sind. Damit wird aber ausgesprochen, was durchaus nicht von vornherein selbstverständlich ist: daß die funktionellen Beziehungen zwischen den Sinnesempfindungen gewisse Bestandteile enthalten, die unabhängig sind von der Persönlichkeit des Beobachters, ebenso wie von der Zeit und dem Ort der Beobachtung und gerade diese Bestandteile sind das, was wir als das Reale in dem physikalischen Vorgang bezeichnen und was wir in seiner gesetzmäßigen Bedingtheit zu erfassen suchen."[37]

Die beiden zitierten Stellen enthalten eindeutig materialistische Auffassungen: nicht die Sinnenwelt oder die Welt der physikalischen Begriffe und Konstanten ist die letzte Realität, sondern die realen Gegenstände selbst sind es, denen die Empfindungen und Begriffe entsprechen. Den beobachteten Vorgängen entsprechen wirkliche, von der Beobachtung unabhängig sich vollziehende Vorgänge in der realen Außenwelt. Das ist Materialismus.[38]

Planck nannte seine philosophische Auffassung Realismus. Gegen die Bezeichnung Materialismus hatte er, wie z. B. auch Haeckel, Boltzmann und andere, eine aus gesellschaftlichen Vorurteilen seines Milieus herrührende Abneigung. Dieser „Realismus" Plancks ist der Sache nach ein erkenntnistheoretischer Materialismus. Lenin schrieb:

„Der ‚naive Realismus' eines jeden gesunden Menschen, der nicht im Irrenhause oder bei den philosophischen Idealisten in der Lehre war, besteht in der Annahme, daß die Dinge, die Umgebung, die Welt *unabhängig* von unserer Empfindung, von unserem Bewußtsein, von unserem *Ich* und dem Menschen überhaupt existieren ... Die ‚naive' Überzeugung der Menschheit wird vom Materialismus *bewußt* zur Grundlage seiner Erkenntnistheorie gemacht."[39]

Eben das letztere tat auch Planck. Die Überzeugung des gesunden Menschenverstandes, seine „vernünftige Weltanschauung", macht er bewußt zur philosophischen Grundlage seiner Erkenntnistheorie.

Bei einer zusammenfassenden Betrachtung von Plancks Kritik an den subjektiv-idealistischen Grundlagen des Positivismus kann man folgendes feststellen[40]:

1. Planck sieht die Aufgabe der Wissenschaft nicht wie der Positivismus in der Beschreibung der Empfindungskomplexe oder Erfahrungsdaten, sondern in der Erforschung der realen Außenwelt. Das ist eine materialistische Ansicht.

---

37 Ebenda, S. 290.

38 „Materialismus ist die Anerkennung der ‚Objekte an sich' oder der Objekte außerhalb des Geistes", „Die Dinge existieren unabhängig von unserem Bewußtsein, unabhängig von unserer Empfindung, außer uns"; so formulierte Lenin den diesbezüglichen erkenntnistheoretischen Grundsatz des Materialismus. (*W. I. Lenin*, „Materialismus und Empiriokritizismus", S. 15 und 91).

39 *W. I. Lenin*, „Materialismus und Empiriokritizismus", S. 59.

40 Die gezogenen Schlußfolgerungen und Einschätzungen werden natürlich nicht immer nur allein aus den zitierten Stellen aus Plancks Vorträgen gewonnen, sondern aus seinem gesamten philosophischen Schrifttum, das verständlicherweise nicht alles wörtlich zitiert werden kann.

2. Die positivistische Auffassung vom Wesen und den Aufgaben der Wissenschaft führt zur Leugnung einer objektiven Wissenschaft. Deshalb kann der Positivismus keine ausreichende, keine brauchbare Basis der Physik sein.
3. Die Wissenschaft ist eine Einheit und nur durch die Besonderheiten ihres Gegenstandes getrennt. Planck vertritt die Auffassung, daß die Philosophie und alle Einzelwissenschaften am gleichen allgemeinen Ziel arbeiten, an der Erkenntnis der realen Welt. Daher könnten sich Naturwissenschaft und Philosophie gegenseitig wertvolle Dienste leisten.
4. Die Grundlage der Auffassung Plancks vom Wesen und den Aufgaben der Wissenschaft ist die prinzipielle und vorbehaltlose Anerkennung der Existenz einer objektiv-realen Außenwelt; diese reale Außenwelt ist unabhängig von der Sinnenwelt, unabhängig von jeglichem Psychischen, sie existiert unabhängig vom menschlichen Bewußtsein. Das ist ein prinzipiell materialistischer Standpunkt.
5. Planck kritisiert die positivistische Leugnung der objektiven Realität und erkennt dabei in dieser Leugnung der realen Außenwelt die letzte philosophische Grundlage des Positivismus. Er zeigt aber nicht offensiv ihre wissenschaftliche Unhaltbarkeit; seine Kritik ist nur defensiv und außerdem inkonsequent. Ein wesentlicher immer wiederkehrender Fehler Plancks ist es, unter Positivismus nicht nur das subjektiv-idealistische System zu verstehen, sondern jede Auffassung als positivistisch aufzufassen, die die Bedeutung und den Wert der Sinnesempfindungen, der Erfahrung usw. betont. Deshalb spricht Planck gelegentlich davon, daß der Positivismus in gewisser Beziehung einen richtigen Gedanken enthalte, wenn er die Erfahrung betone. In Wirklichkeit ist das Typische für den Positivismus die Überbewertung und Verabsolutierung der Sinnesempfindung und der Erfahrung.
6. Planck bejaht eine wissenschaftliche Weltanschauung und fordert von ihr volle Übereinstimmung mit allen Ergebnissen der Wissenschaft, er anerkennt auch die immer vorhandene Wirkung der Weltanschauung auf die Forschung und auf die Deutung ihrer Ergebnisse. Er ist aber gleichzeitig der Meinung, daß die Grundthesen jeder Philosophie und Weltanschauung nicht restlos bewiesen werden könnten, sondern daß stets ein Element des Glaubens (allerdings keines religiösen) darin enthalten sei. Diese falsche Ansicht erweist sich als Hemmschuh bei der Kritik Plancks an der subjektiv-idealistischen Grundlage des Positivismus, sie verhindert den offensiven Charakter seiner Kritik und führt ihn gelegentlich zu unkritischen Bemerkungen. Die falsche Auffassung von der Unbeweisbarkeit der Weltanschauung hat ihren Grund in der Unkenntnis der Dialektik. Das dialektische Verhältnis von experimentell bewiesener einzelwissenschaftlicher Erkenntnis und verallgemeinernder philosophischer Beweisführung, also letztlich das grundlegende Problem des dialektischen Verhältnisses von Einzelnem und Allgemeinem war Planck nicht klar.
7. Trotz dieser Schwächen weist Planck alle positivistischen Thesen entschieden zurück und bezeichnet die philosophischen Grundthesen des Positivismus, insbesondere die Leugnung einer objektiven Realität und alle daraus resultierenden Konsequenzen, als unzureichend und unfruchtbar.

8. Planck erkennt den Widerspruch in der Haltung der Positivisten: wenn sie als Naturforscher der Welt gegenübertreten und Physik treiben, setzen sie unbewußt die objektive Existenz der Außenwelt voraus, die sie sonst in der Philosophie leugnen.

7. KAPITEL

PLANCKS KRITIK DES EXTREMEN POSITIVISTISCHEN EMPIRISMUS

Der Gegensatz zwischen Planck und den Positivisten in der Auffassung vom Wesen und der Aufgabe der Wissenschaft, sowie über die objektive Außenwelt setzt sich folgerichtig in ihrer gesamten Erkenntnistheorie fort. Die verschiedene Lösung des philosophischen Grundproblems der objektiven Realität ergibt logisch zwingend ganz verschiedene Ebenen für die Behandlung aller anderen philosophischen Fragen.

Da für die Positivisten als typische Vertreter des subjektiven Idealismus die Sinnenwelt der Angelpunkt aller philosophischen Betrachtung ist und die Wirklichkeit nur aus der subjektiven Welt der Empfindungskomplexe besteht, ist ihre grundlegende erkenntnistheoretische Auffassung ein flacher extremer Empirismus.

Sinneserfahrung und Messung ist das Schlagwort. Sie allein seien das Ausschlaggebende, das einzig Wichtige für die Erkenntnis. Erkenntnis selbst wird vom Positivismus als Beschreibung von Beobachtungsresultaten und Messungsergebnissen gefaßt. Darin besteht nach positivistischer Auffassung die Wissenschaft. Was darüber hinausgeht, sei Metaphysik, und diese sei vom Übel.

In seinem zweiten Leidener Vortrag „Das Weltbild der neuen Physik" geht Planck in besonders ausführlicher Weise auf die positivistische Erkenntnistheorie und ihren Empirismus ein und entwickelt seine naturwissenschaftlich-materialistischen Gedanken:

„Der Aufbau der physikalischen Wissenschaft vollzieht sich auf der Grundlage von Messungen, und da jede Messung mit einer sinnlichen Wahrnehmung verknüpft ist, so sind alle Begriffe der Physik der Sinnenwelt entnommen. Daher bezieht sich auch jedes physikalische Gesetz im Grunde auf Ereignisse der Sinnenwelt. Mit Rücksicht auf diesen Umstand neigen manche Naturforscher und Philosophen zu der Auffassung, daß die Physik es letzten Endes überhaupt nur mit der Sinnenwelt, und zwar natürlich mit der menschlichen Sinnenwelt, zu tun habe, daß also z. B. ein sogenannter ‚Gegenstand' in physikalischer Hinsicht nichts weiter sei als ein Komplex von verschiedenartigen zusammentreffenden Sinnesempfindungen. Es muß immer wieder betont werden, daß eine solche Auffassung niemals durch logische Gründe widerlegt werden kann, denn die Logik allein ist nicht imstande, irgend jemanden aus seiner eigenen Sinnenwelt herauszuführen; sie kann ihn nicht einmal zwingen" – meint Planck ironisch – „die selbständige Existenz seiner Mitmenschen anzuerkennen. Aber in der Physik, wie in jeder anderen Wissenschaft, regiert nicht allein der Verstand, sondern auch die Vernunft.[1] Nicht alles, was keinen logischen Widerspruch auf-

[1] Verstand und Vernunft unterscheidet Planck nach dem Vorbild Kants. Verstand ist bei ihm die Verkörperung des Logisch-Rationalen, gewissermaßen reine theoretische

weist, ist auch vernünftig. Und die Vernunft sagt uns, daß, wenn wir einem sogenannten Gegenstand den Rücken kehren und uns von ihm entfernen, doch noch etwas von ihm da ist; sie sagt uns weiter, daß der einzelne Mensch, daß wir Menschenwesen alle mitsamt unserer Sinnenwelt, ja, mitsamt unserm ganzen Planeten nur ein winziges Nichts bedeuten in der großen unfaßbaren, erhabenen Natur, deren Gesetze sich nicht nach dem richten, was in einem kleinen Menschenhirn vorgeht, sondern bestanden haben, bevor es überhaupt Leben auf der Erde gab und fortbestehen werden, wenn einmal der letzte Physiker von ihr verschwunden sein wird.

Durch solche Erwägungen, nicht durch logische Schlußfolgerungen, werden wir genötigt, hinter der Sinnenwelt noch eine zweite, die reale Welt, anzunehmen, welche ein selbständiges, vom Menschen unabhängiges Dasein führt, eine Welt, die wir allerdings niemals direkt, sondern stets nur durch das Medium der Sinnenwelt hindurch wahrnehmen mittels gewisser Zeichen, die sie uns übermittelt. Ebenso, wie wenn wir einen Gegenstand, der uns interessiert, nur durch eine Brille betrachten können, deren optische Eigenschaften uns gänzlich unbekannt sind."[2]

Aus den ausführlich zitierten Gedankengängen ist ersichtlich, daß Planck von seinem prinzipiell materialistischen Standpunkt der Existenz der objektiven Realität ausgeht und dabei durchaus die außerordentlich große Bedeutung der sinnlichen Wahrnehmungen, Beobachtungen und Messungen im physikalischen Erkenntnisprozeß anerkennt. Er schreibt selbst, daß alle physikalischen Begriffe der Sinnenwelt entnommen sind, und alle Gesetze ebenfalls ihren notwendigen Zusammenhang zur Sinnenwelt offenbaren.

Soweit ist Planck durchaus auch Anhänger des Empirismus. Er ist keineswegs ein Rationalist neukantianischer Richtung; er sucht die Quelle der Erkenntnis nicht in apriorischen Vernunftprinzipien, sondern bekennt sich ganz entschieden zu der Auffassung, daß alle Quellen unseres Wissens letzten Endes direkt oder indirekt in sinnlichen Wahrnehmungen liegen.

„Die Quelle jeglichen Wissens und daher auch der Ursprung einer jeden Wissenschaft liegt in den persönlichen Erlebnissen. Diese sind das unmittelbar Gegebene, das Wirklichste, was man sich denken kann und der erste Anhaltspunkt für die Verknüpfung der Gedankengänge, welche die Wissenschaft ausmachen. Denn das Material, mit dem in jeder Wissenschaft gearbeitet wird, empfangen wir entweder direkt durch unsere sinnlichen Wahrnehmungen oder indirekt durch Berichte von anderer Seite, durch unsere Lehrer, durch Schriften, durch Bücher. Andere Quellen des Wissens gibt es nicht.

In der Physik haben wir es mit denjenigen Erlebnissen zu tun, die uns in der unbelebten Natur durch unsere Sinne vermittelt werden und die in mehr oder minder genauen Beobachtungen und Messungen ihren Ausdruck finden. Der Inhalt dessen, was wir sehen, hören, fühlen, ist das unmittelbar Gegebene, also unantastbare Wirklichkeit."[3]

Diese Erkenntnis fügt Planck harmonisch in seinen erkenntnistheoretischen Materialismus ein und verbindet sie mit seiner grundlegenden These der Existenz der

---

Vernunft. Wenn er sonst von Vernunft spricht, versteht er darunter die Kantsche praktische Vernunft als Inbegriff der durch Erfahrung gewonnenen Prinzipien.

[2] Ebenda, S. 207/208.

[3] Aus: „Positivismus und reale Außenwelt", in: „Vorträge und Erinnerungen", S. 229.

objektiv-realen Außenwelt. Damit gibt er seinem Empirismus eine materialistische Grundlage.

Plancks Hochschätzung der Erfahrung, der Messungen, Beobachtungen und des sonstigen empirischen Faktenmaterials führte aber bei ihm nie wie bei den Positivisten zu einer einseitigen Verabsolutierung dieser notwendigen Stufe des Erkenntnisprozesses. Messungen und sinnliche Wahrnehmungen sind die Grundlage der physikalischen Wissenschaft. Das ist richtig. Aber im Gegensatz zum Positivismus zieht Planck daraus nicht die Schlußfolgerung, daß es nur die Sinnenwelt gibt. Mit Recht kritisiert er den diesbezüglichen Standpunkt des Positivismus und weist daraufhin, daß es etwas Objektives geben muß und gibt, das gemessen und wahrgenommen wird. Planck betont in Übereinstimmung mit jedem philosophischen Materialismus, daß diese reale Außenwelt, die wir messen und beobachten, völlig unabhängig davon existiert, ob Menschen sie messen und beobachten, ob sie sie sinnlich wahrnehmen oder nicht. Plancks diesbezügliche Ausführungen erinnern stark an die entscheidende Frage, die Lenin den Empiriokritizisten stellte und an der er die grundlegenden philosophischen Richtungen, Materialismus und Idealismus, herausarbeitete, die Frage: Hat die Natur vor dem Menschen existiert? In der Beantwortung dieser grundsätzlichen Frage besteht zwischen den Darlegungen Lenins und Plancks im wesentlichen sachliche Übereinstimmung: die Natur hat vor dem Menschen existiert und sie existiert völlig unabhängig von seiner Sinnenwelt (was natürlich nicht unbedingt heißen muß, völlig unbeeinflußt von den Beobachtungen und Messungen des Menschen, denn ein solcher Einfluß ist durchaus möglich). Insofern haben die erkenntnistheoretischen Ansichten Plancks eine materialistische Grundlage.

Lenin stellte die philosophisch wesentliche Frage sehr klar:

„Um die Frage vom einzig richtigen, d. h. dialektisch-materialistischen Standpunkt aus zu stellen, hat man zu fragen: Existieren Elektronen, Äther *und so weiter* außerhalb des menschlichen Bewußtseins, als objektive Realität, oder nicht? Auf diese Frage müssen die Naturforscher ohne Schwanken antworten und sie antworten auch beständig mit *ja*, ebenso wie sie ohne Schwanken die Existenz der Natur vor der des Menschen und der organischen Materie zugeben. Und damit wird die Frage zugunsten des Materialismus entschieden, denn der Begriff der Materie bedeutet, wie wir bereits sagten, erkenntnistheoretisch *nichts anderes* als: die objektive, unabhängig vom menschlichen Bewußtsein existierende und von ihm abgebildete Realität."[4]

Abgesehen von der bei Planck nicht so scharfen und philosophisch klaren Begriffsbildung besteht doch große sachliche Übereinstimmung. Elektronen, physikalische Konstanten, die ganze Natur existiert für Planck unabhängig vom menschlichen Bewußtsein als objektive Realität. Damit hat sich Planck prinzipiell für den Materialismus entschieden.

Eine zusammenhängende und systematische Darlegung seiner erkenntnistheoretischen Auffassung hat Planck nicht gegeben. Dafür aber finden sich in fast allen seinen Vorträgen und Aufsätzen sehr viele ausführliche Darlegungen zu diesen philosophischen Fragen, aus denen man Plancks erkenntnistheoretische Ansichten

[4] *W. I. Lenin*, „Materialismus und Empiriokritizismus", S. 251.

zusammenstellen kann. Sehr wichtige Aufschlüsse ergeben sich auch aus seinen kritischen Bemerkungen gegenüber der Erkenntnistheorie des Positivismus.

Planck geht bei seinen erkenntnistheoretischen Betrachtungen über den Erkenntnisprozeß sehr richtig von den Sinnesempfindungen des Menschen aus.[5] Ohne Sinnesempfindung ist keine Erkenntnis möglich. Die Sinnesempfindungen sind die unanfechtbare Grundlage, der unangreifbare Ausgangspunkt für den Aufbau der Wissenschaft. Sie liefern das unentbehrliche Rohmaterial.[6] Diese Gedankcn hat Planck auch in verschiedenen anderen Vorträgen ausgedrückt. Hier finden wir jene Ansatzpunkte in den Anschauungen Plancks, die ihn von dem extremen Empirismus, wie er vom Positivismus vertreten wird, prinzipiell unterscheiden.

Aus dem Zusammenhang gerissen, könnte mancher seiner Sätze als Bestätigung positivistischer Ansichten zitiert werden. Aber an anderen Stellen der Vorträge — oft sogar unmittelbar an jene Stellen anschließend, in denen er von der Bedeutung der Sinnenwelt spricht — betont Planck, daß die Sinnesdaten, eine so notwendige, unentbehrliche und sichere Grundlage der Wissenschaft sie auch bilden, doch nicht ausreichend sind, nicht die Wissenschaft ausmachen, und auch die Aufgabe der Wissenschaft nicht nur in der Beschreibung der Sinnesdaten besteht, sondern eine umfassendere ist. Seine erkenntnistheoretische Ansicht, daß die Sinnenwelt nur das unentbehrliche Rohmaterial für die wissenschaftliche Arbeit liefere, hängt also eng mit seiner richtigen Auffassung über die Aufgabe der Wissenschaft zusammen.

---

[5] Planck legte in seinem Vortrag „Sinn und Grenzen der exakten Wissenschaft" dar, daß das stolze Gebäude exakter Wissenschaft bei genauerer Prüfung „. . . eine gefährlich schwache Stelle besitzt, und diese Stelle ist das Fundament." Er versucht nun, die Wissenschaft hinsichtlich ihrer erkenntnistheoretischen Grundlage auf möglichst sichere und zweifelsfreie Ausgangspunkte zurückzuführen: „Was ist nun unter allem, was wir wissen und was wir uns gegenseitig mitteilen können, das Allersicherste, was nicht dem geringsten Zweifel unterliegt? Darauf gibt es nur eine einzige Antwort. Es ist das, was wir selber an unserem eigenen Leibe erfahren. Und da die exakte Wissenschaft es mit der Erforschung der Außenwelt zu tun hat, so dürfen wir gleich weiter sagen: es sind die Eindrücke, die wir im Leben unmittelbar durch unsere Sinnesorgane: Augen, Ohren usw. von der Außenwelt empfangen. Wenn wir etwas sehen, hören, fühlen, so ist das einfach eine gegebene Tatsache, an der kein Skeptiker rütteln kann." (*M. Planck*, „Vorträge und Erinnerungen", S. 365.)

Auch die sogenannten Sinnestäuschungen könnten diese Grundlage nicht ins Wanken bringen. Bei jeder sogenannten Sinnestäuschung sei es ja, streng genommen, nicht der Sinneseindruck, der täuscht, denn er ist z. B. bei einer trügerischen Luftspiegelung als Sinnesempfindung doch tatsächlich so vorhanden, wie er empfunden wird; es sind vielmehr die gedanklichen Folgerungen aus diesen Sinneswahrnehmungen, die uns täuschen.

[6] „Der Sinneseindruck ist immer schlechthin gegeben und daher unanfechtbar... Daher ist der Inhalt der Sinneseindrücke die geeignete und die einzige unangreifbare Grundlage für den Aufbau der exakten Wissenschaft.

Wenn wir die Gesamtheit der Sinneseindrücke als die Welt der Sinne bezeichnen, so können wir kurz sagen, daß die exakte Wissenschaft ihren Ursprung nimmt von der erlebten Sinnenwelt. Die Sinnenwelt ist es, welche der Wissenschaft sozusagen das Rohmaterial für ihre Arbeit zur Verfügung stellt." (Ebenda).

Besteht aber nicht darin ein Widerspruch, daß die subjektive Sinnenwelt Ausgangspunkt für eine objektive Wissenschaft sein soll?[7]

Dieses Problem läuft wie ein roter Faden durch die gesamten erkenntnistheoretischen Betrachtungen Plancks. Von dieser Problemstellung gelangt Planck dann auch zu einer festen Begründung seiner Hochschätzung der abstrakten theoretischen Arbeit in der Wissenschaft und zu einer Anerkennung der These von der objektiven Wahrheit.

Für die Positivisten ist diese Frage allerdings kein Problem. Sie „lösen" diesen Widerspruch dadurch, daß sie jegliches Objektive leugnen und die Erkenntnis in die subjektive Empfindungswelt der Menschen hineinlegen. Dem Solipsismus versuchen sie durch die schon von Lenin als unhaltbar nachgewiesene These von der kollektiven Erfahrung zu entgehen, die in dieser oder jener Variante auch im modernen Positivismus noch vertreten wird.

Planck dagegen regt diese Frage, die er als echtes Problem erkennt und nicht als Scheinproblem abtut, zu tieferer philosophischer Betrachtung an. Er dringt dabei zu der sehr wichtigen und grundlegenden erkenntnistheoretischen Frage vor, nämlich der Frage nach den Ursachen der Empfindungen.

Für die Positivisten ist das eine sinnlose Frage, ein Scheinproblem; in Wirklichkeit allerdings ist es die Achillesferse ihrer ganzen subjektiv-idealistischen Erkenntnistheorie.

Das erkennt auch Planck und gerade deshalb sieht er im Positivismus eine zu schmale Grundlage der Physik, deshalb fordert und vertritt er immer wieder die These von der realen Außenwelt, die er als eine hinter der Sinnenwelt und unabhängig von dieser existierende Wirklichkeit auffaßt. Indem Planck nun hinter der subjektiven Sinnenwelt noch die objektiv reale Außenwelt anerkennt, muß er sich Gedanken über die Beziehungen zwischen der realen Welt und der Sinnenwelt machen. Diese Beziehungen faßt er materialistisch: die reale Welt ist die Ursache der Sinnenwelt. Daraus folgt dann, daß die Sinnenwelt nicht der Angelpunkt der Erkenntnistheorie sein kann, sondern die objektive Außenwelt das Entscheidende, das Primäre ist. Damit ist der grundsätzliche materialistische Ausgangspunkt Plancks präzisiert und von daher gelingt es Planck dann auch, das Problem zu lösen, wie die Wissenschaft aus dieser subjektiv gefärbten Sinnenwelt objektive wissenschaftliche Erkenntnisse gewinnt. Diese Lösung besteht in zwei prinzipiellen Erkenntnissen Plancks, die wir im folgenden ausführlich darlegen und einschätzen wollen.

Erstens faßt er in materialistischer Weise die Sinnesempfindungen als sekundär gegenüber der realen Außenwelt und zum zweiten sieht er die objektive wissenschaftliche Erkenntnis nicht hauptsächlich in der anschaulichen Sinnenwelt, sondern vielmehr in der abstrakten theoretischen Erkenntnis. Schon am Beispiel des

---

[7] Planck schreibt in demselben Vortrag: „Das scheint nun allerdings ein recht mageres Ergebnis zu sein. Denn der Inhalt der Sinnenwelt ist doch jedenfalls nur ein subjektiver, jeder Mensch hat seine eigenen Sinne, und die Sinne der einzelnen Menschen sind im allgemeinen sehr verschieden voneinander, während es sich bei der exakten Wissenschaft doch um die Gewinnung objektiver, allgemeingültiger Erkenntnisse handelt." (Ebenda, S. 366)

kindlichen Weltbildes versucht Planck darzulegen, inwiefern darin mehr als subjektive Empfindungen und Sinneseindrücke enthalten sind; seine diesbezüglichen Feststellungen gelten um so mehr für den Erkenntnisprozeß erwachsener Menschen.

Planck schreibt in seinem Vortrag „Sinn und Grenzen der exakten Wissenschaft" zu diesem Problem:

„Doch wir wollen nicht vorgreifen, sondern wollen zunächst einmal zusehen, wie sich das so erarbeitete kindliche Weltbild von der ursprünglich gegebenen Sinnenwelt unterscheidet. Dann müssen wir vor allem feststellen, daß die anfänglich allein vorhandenen Sinnesempfindungen merklich in den Hintergrund getreten sind. Die primäre Rolle im Weltbild spielen nicht die Sinnesempfindungen, sondern die Gegenstände, welche ihrerseits erst die Empfindungen hervorrufen. Das Spielzeug ist das Primäre, die Tast-, Seh- und Gehörsempfindungen sind sekundäre Folgeerscheinungen...

Die Sinnesempfindungen, welche von den Gegenständen verursacht werden, gehören dem einzelnen an und wechseln von einem zum anderen. Aber das Weltbild, die Welt der Gegenstände, ist für alle Menschen das nämliche und man kann sagen, daß der Übergang von der Sinnenwelt zum Weltbild darauf hinauskommt, an die Stelle einer bunten subjektiven Mannigfaltigkeit eine feste objektive Ordnung, an die Stelle eines Zufalls das Gesetz, an die Stelle des wechselnden Scheins das bleibende Sein zu setzen.

Man bezeichnet daher die Welt der Gegenstände im Gegensatz zur Sinnenwelt auch als die reale Welt."[8]

Wichtig ist noch, daß Planck diese reale Welt nicht als etwas Absolutes, Beständiges und Unveränderliches auffaßt, sondern ausdrücklich – am Beispiel der Atome – darauf hinweist, daß diese reale Welt selbst in all ihren Teilen veränderlich ist.

Lankenau[9] sieht einen engen Zusammenhang zwischen Kants Welt der Dinge an sich und Plancks realer Welt der Gegenstände. Gewiß gibt es hier solche Beziehungen. Während aber Kant die wirkliche, die objektiv-reale Welt in eine Welt der Erscheinungen und eine Welt der Dinge an sich teilte – wobei die Welt der Dinge an sich prinzipiell unerkennbar war –, gibt es für Planck nur *eine* objektive Außenwelt. Planck teilt dagegen die subjektive Welt, die Innenwelt, wie er es nennt, entsprechend dem Erkenntnisprozeß in eine Sinnenwelt und ein wissenschaftlich abstraktes Weltbild. Planck ist in diesen Fragen nicht bei Kant stehengeblieben – auch wenn es noch manche Überreste Kantschen Denkens gibt –, sondern nach „links" zum Materialismus gegangen. „Abweichende Ergebnisse" gibt auch Lankenau zu.

Kann man diese Auffassungen Plancks als „materialistisch" einschätzen? Westdeutsche Physiker, wie z. B. Max Born[10] weisen solche Einschätzungen zurück. Planck sei gegen alle „Ismen" gewesen.

Es steht jedoch die Frage: Muß man nicht die einzelnen Denker entsprechend dem sachlichen Gehalt ihrer philosophischen Ansichten einschätzen? In der hier erörterten Frage gibt es zwei Grundlinien: Entweder sind die Empfindungen das

---

[8] *M. Planck*, „Vorträge und Erinnerungen", S. 369/70.

[9] Vgl. „Max Planck und die Philosophie", Bonn 1957, S. 10/11.

[10] Vgl. „Physikalische Blätter", Heft 4/1960.

Primäre — wie der Positivismus lehrt, oder die reale Außenwelt ist gegenüber den Empfindungen primär, wie es der philosophische Materialismus schon seit jeher lehrt und wie es auch Planck — ja auch Born — lehren. Das ist der sachliche Gehalt ihrer philosophischen Auffassung. Zwar scheut sich Planck — wie erwähnt — vor dem Wort Materialismus und benutzt deshalb auch nicht das Wort Materie. Trotzdem aber darf man dem sachlichen philosophischen Gehalt nach hier von einem erkenntnistheoretischen Materialismus sprechen.
Lenin schrieb:

„... es ist reinster Materialismus, wenn man der Meinung ist, daß die Empfindungen in uns durch reale Gegenstände hervorgerufen werden und daß der ‚Glaube' an die Objektivität der Wissenschaft das gleiche ist, wie der ‚Glaube' an die objektive Existenz der äußeren Gegenstände."[11]

Lenin wies darauf hin, daß man die Philosophen nicht nach ihrem Aushängeschild beurteilen darf und daß gerade viele Naturwissenschaftler sich aus Scheu vor der Bezeichnung Materialismus Realisten nennen. Lenin bezeichnet Boltzmann, Haeckel, Rücker und andere als Materialisten, weil der sachliche Gehalt ihrer Ansichten materialistisch ist. Die allgemeine materialistische Linie in der Erkenntnistheorie stellt Lenin mit folgenden Worten der idealistischen gegenüber:

„Sollen wir von den Dingen aus zur Empfindung und zum Gedanken gehen? Oder vom Gedanken und von der Empfindung zu den Dingen? An die erste, d. h. die materialistische Linie, hält sich Engels, an die zweite, d. h. die idealistische Linie, hält sich Mach."[12]

Bei Planck kommt in allen diesbezüglichen Ausführungen, von denen nur wenige Beispiele zitiert werden konnten, zum Ausdruck, daß er von den Dingen zur Empfindung und zum Denken geht. Hier besteht also Übereinstimmung mit Lenin.

Trotzdem gibt es auch wichtige Unterschiede zwischen Plancks Auffassung und Lenins Darlegungen, die manche Inkonsequenz bei Planck erkennen lassen. Wenn man folgende Stellen von Lenin über den sachlichen Grundgehalt des philosophischen Materialismus mit Plancks Ausführungen vergleicht, wird die Übereinstimmung und der Unterschied deutlich. Lenin schrieb:

„Eben das ist Materialismus: Die Materie wirkt auf unsere Sinnesorgane und erzeugt die Empfindung. Die Empfindung ist abhängig vom Gehirn, von den Nerven, der Netzhaut usw., d. h. von der in bestimmter Weise organisierten Materie. Die Existenz der Materie ist von der Empfindung unabhängig. Die Materie ist das Primäre. Die Empfindung, der Gedanke, das Bewußtsein ist das höchste Produkt der in bestimmter Weise organisierten Materie. Dies ist die Auffassung des Materialismus überhaupt und die Auffassung von Marx und Engels im besonderen."[13]

Zu der im letzten Satz von Lenin so klar und konsequent ausgedrückten philosophischen Erkenntnis (die Empfindung, das Bewußtsein als höchstes Produkt der Materie) hat Planck sich allerdings nie voll durchgerungen, er ist in ontologischen Fragen schwankend und zweideutig geblieben; er vertrat einen verschwommenen

---

[11] *W. I. Lenin*, „Materialismus und Empiriokritizismus", S. 282.
[12] Ebenda, S. 31. [13] Ebenda, S. 44.

halb materialistischen, halb objektiv-idealistischen Pantheismus. Das wird an jener Stelle deutlich, wo er von der Weltvernunft spricht, die in der Natur waltet. So schreibt er z. B. in seinem Vortrag „Die Kausalität in der Natur":

„Wir glauben an die Existenz einer realen Außenwelt, obwohl sie sich einer jeden direkten Erforschung entzieht. Ganz ebenso hindert nichts, an die Existenz eines idealen Geistes zu glauben, obwohl er sich niemals zum Gegenstand einer wissenschaftlichen Untersuchung machen lassen wird."[14]

Ähnliche Formulierungen sind auch in anderen Vorträgen zu finden.[15] Diese höhere Vernunft ist nicht eine absolute Idee im Sinne Hegels; sie hat keinerlei Schöpfungsfunktion, ihr kommt also kein Primat gegenüber der übrigen Natur zu, sondern sie ist bei Planck als Teil der realen, vom menschlichen Bewußtsein unabhängigen Außenwelt gefaßt. Planck verstand darunter insbesondere die Gesetzmäßigkeit und Ordnung der Natur, die Tatsache, daß in der Welt eine „vernünftige" Ordnung besteht, daß es „vernünftig" zugeht.[16] Daß aber eine so begriffene und in die Natur hineingelegte „Vernunft" ein anthromorphes Element seiner Weltanschauung ist, dessen war sich Planck nicht bewußt. Er erkannte nicht klar, daß es Vernunft nur beim Menschen gibt, nicht in der Natur. Er ahnte aber, daß der Mensch seine Auffassungen darüber, was vernünftig ist, nicht aus sich heraus, aus reinem apriorischen Denken entwickelt, sondern von der Außenwelt ableitet. Deshalb legte er die Vernunft in die Außenwelt, ohne hierbei klar zwischen der objektiven Gesetzmäßigkeit der Materie und ihrer subjektiv ideellen Widerspiegelung in der abstrakten Form als Vernunft im menschlichen Denken zu differenzieren. An anderen Stellen spricht Planck dann von dem „Wunder", daß vernünftiges rationales Denken der vernünftigen Weltordnung entspricht und daß der Mensch mit Hilfe seiner Vernunftprinzipien die Welt erkennen kann.[17]

Planck idealisiert die objektive Gesetzmäßigkeit der Welt und macht aus beiden seine außerordentlich verschwommene Weltordnung bzw. Weltvernunft. Diese Begriffe sind zweideutig. Ohne Zweifel steckt hier in Plancks Ansichten ein Element idealistischen Denkens, das mit Plancks Naturverehrung zusammenhängt. Durch ihre Zweideutigkeit steht diese Auffassung von der Weltordnung bzw. Weltvernunft nicht in direktem Widerspruch zu Plancks sonstiger materialistischer Erkenntnistheorie. Diese fehlerhafte idealistische Inkonsequenz, diese Hintertür des Idealismus darf aber nicht übersehen werden.

Andererseits darf uns gleichtzeitig diese objektiv-idealistische und pantheistische Tendenz nicht daran hindern, die auf dem Gebiet der Erkenntnistheorie von Planck im Kampf gegen den modernen Positivismus vertretenen materialistischen Auffassungen hoch einzuschätzen und zu würdigen.

---

[14] *M. Planck*, „Vorträge und Erinnerungen", S. 266.

[15] In seinem Vortrag „Die Physik im Kampf um die Weltanschauung" spricht Planck z. B. von dem Glauben an das Walten einer höheren Vernunft in der Außenwelt. (Vgl. ebenda, S. 295).

[16] Vgl. dazu den Aufsatz „Wissenschaft und Glaube".

[17] Vgl. z. B. *M. Planck*, „Wissenschaftliche Selbstbiographie" S. 7.

Bei seiner Kritik und Ablehnung des Positivismus ging Planck nicht nur von seinem eigenen Standpunkt aus, sondern versuchte sich in das Wesen der gegnerischen Theorie hineinzudenken und seine Kritik und Ablehnung auch darauf aufzubauen. Entsprechend seinem Leitsatz „An ihren Früchten sollt ihr sie erkennen“ untersuchte er, wohin der positivistische Standpunkt kraft der inneren Logik seiner Grundthesen in der Endkonsequenz führen muß und was er zu leisten vermag. In seiner Ablehnung und Kritik des Positivismus spielen also praktische Gesichtspunkte durchaus eine Rolle. Es handelt sich hier nicht um weltfremdes Professorengezänk — das ja in der bürgerlichen Wissenschaft nicht selten ist — sondern um ernste, schwerwiegende und für die Naturwissenschaften in ihren Auswirkungen praktisch bedeutsame theoretische Probleme.

Die Darstellung der grundlegenden Ansichten des Positivismus und ihrer Konsequenzen durch Planck zeigt, daß Planck sich durch die tatsächlichen physikalischen Verdienste, die sich einige Anhänger des Positivismus erworben haben, sowie durch das viel verwendete Argument, der Positivismus habe große Verdienste um die Förderung der modernen Physik, weder verblüffen noch täuschen ließ. Er schälte sehr klar den Kern der positivistischen Erkenntnistheorie heraus, der in den Ideen der Positivisten selbst fast nie klar ausgesprochen wird. Das allein kennzeichnet schon die theoretische Tiefe und Sorgfalt der Kritik Plancks. Eine solche gründliche Analyse der positivistischen Erkenntnistheorie hatte Planck bei der Kritik des Machschen Positivismus noch nicht erarbeitet. In jener Zeit hatten noch die ablehnenden Bemerkungen überwogen. Im Kampf gegen den modernen Positivismus dagegen kann man es als Zeichen der Überlegenheit und Sicherheit Plancks sowie seines höheren philosophischen Entwicklungsstandes werten, wenn er eine zum erkenntnistheoretischen Wesen des modernen Positivismus vordringende Analyse und Kritik erarbeitet und darauf seine gesamte Einschätzung des Positivismus aufbaut.

Die ausführlichste Darstellung der Grundgedanken und des erkenntnistheoretischen Wesens des Positivismus durch Planck finden wir in seinem Vortrag „Positivismus und reale Außenwelt“ aus dem Jahre 1930.

Planck geht bei seiner Untersuchung von der Frage aus:

„Wo finden wir nun einen festen Grund, den wir zum Ausgangspunkt für unsere Natur- und Weltauffassung machen können?“[18]

Er analysiert dann, welche Grundlage der Positivismus vom erkenntnistheoretischen Aspekt aus der Natur- und Weltanschauung im allgemeinen und der Physik im besonderen geben kann:

„Um die Frage zu prüfen, ob die Basis, die der Positivismus bietet, breit genug ist, um das ganze Gebäude der Physik zu tragen, können wir wohl keine bessere Methode finden, als daß wir zusehen, wohin uns der Positivismus führt, wenn wir uns ihm einmal völlig anvertrauen und ihn als einzige Grundlage der Physik annehmen... Wir werden allerdings auf manche eigentümliche Folgerungen stoßen; aber wir können versichert sein, daß ogische Widersprüche uns nicht passieren können, denn wir bleiben stets in der Sphäre

[18] *M. Planck*, „Vorträge und Erinnerungen“, S. 228.

des Erlebten und zwei Erlebnisse können sich niemals logisch widersprechen. Und andererseits wieder sind wir ebenso sicher, daß kein irgendwie geartetes Erlebnis von unserer Betrachtung ausgeschlossen wird, daß wir also ganz gewiß keine Quelle menschlicher Erkenntnis ignorieren. Darin liegt die Stärke des Positivismus.[19] Er beschäftigt sich mit allen Fragen, die durch Beobachtungen ihre Beantwortung finden können, und umgekehrt: jede Frage, die er überhaupt als sinnvoll zuläßt, kann durch Beobachtungen beantwortet werden. Es gibt also für den Positivismus keine grundsätzlichen Rätsel, keine dunklen Fragen, alles liegt für ihn im hellen Tageslicht.

Es ist freilich nicht ganz einfach, diese Auffassung überall im einzelnen durchzuführen. Schon im täglichen Sprachgebrauch weichen wir fortwährend von ihr ab. Wenn wir von einem Gegenstand sprechen, z. B. von einem Tisch, so meinen wir etwas, was verschieden ist von dem Inhalt der Beobachtungen, die wir an dem Tisch machen. Wir können den Tisch sehen, wir können ihn betasten, wir spüren seine Festigkeit, seine Härte, wir empfinden ein Schmerzgefühl, wenn wir uns an ihm stoßen usw. Aber von einem Ding, was außer oder hinter allen diesen Sinnesempfindungen ein selbständiges Dasein führt, wissen wir nichts. Daher ist im Lichte des Positivismus der Tisch nichts anderes als ein Komplex derjenigen Sinnesempfindungen, die wir mit dem Wort Tisch verbinden. Nehmen wir alle Sinnesempfindungen fort, so bleibt schlechterdings nichts übrig. Die Frage, was ein Tisch ‚in Wirklichkeit' ist, hat gar keinen Sinn. Und so geht es mit allen physikalischen Begriffen überhaupt. Die uns umgebende Welt ist nichts anderes als der Inbegriff der Erlebnisse, die wir von ihr haben. Ohne dieselben hat die Umwelt keine Bedeutung. Wenn eine Frage, die sich auf die Umwelt bezieht, sich nicht in irgendeiner Weise auf ein Erlebnis, eine Beobachtung zurückführen läßt, so ist sie sinnlos und wird nicht zugelassen.

Daher ist für irgendeine Art Metaphysik im Positivismus kein Platz."[20]

An diese treffende Darstellung der erkenntnistheoretischen Grundgedanken des Positivismus schließt sich eine ausführliche Darlegung der Konsequenzen dieser Auffassung für die Betrachtung der Welt der Pflanzen,[21] Tiere und Menschen an. Die Konsequenz dieser positivistischen Auffassungen führe, so betont Planck, schließlich zur Leugnung des objektiven Charakters der Wissenschaft.[22]

---

[19] Hierbei kommt wieder der schon erwähnte Fehler Plancks zum Ausdruck; Planck sieht nicht nur die Verabsolutierung der Sinnesempfindungen und der Erfahrung, sondern jede Hochschätzung der unmittelbaren Erfahrung und der Erlebnisse als positivistische Ansicht an.

[20] Ebenda, S. 229/30.

[21] „Es kann keine Frage sein, daß für die Gegenstände der belebten Natur die nämlichen Überlegungen zutreffen. Ein Baum z. B. ist im Lichte des Positivismus nichts anders als ein Komplex von Sinnesempfindungen: wir können ihn wachsen sehen, seine Blätter rauschen hören, den Duft seiner Blüten einatmen. Aber wenn wir von all diesen Empfindungen absehen, bleibt schlechterdings nichts übrig, was wir als einen ‚Baum an sich' bezeichnen können." (Ebenda, S. 231/32)

Die Formulierung „Baum an sich" erinnert an Kant. Planck gebraucht diese Formulierung in materialistischem Sinn. Bekanntlich steckt in Kants Lehre vom „Ding an sich" sowohl eine materialistische als auch eine agnostizistische Komponente. Planck meint mit „Baum an sich" den realen Baum, das, was mehr ist als die entsprechende Sinneswahrnehmung des Menschen, was also hinter diesen Sinneswahrnehmungen als ihre Ursache unabhängig von der Empfindung, sozusagen „an sich" existiert.

[22] Ebenda, S. 232.

Im Anschluß an eine kurze philosophiegeschichtliche Darlegung der beiden Richtungen der Erkenntnistheorie, des Rationalismus und des Empirismus, in seinem Vortrag „Kausalgesetz und Willensfreiheit“ führte Planck schließlich die gesamte subjektiv-idealistische Philosophie des Positivismus ad absurdum, indem er vor seinen Zuhörern ihre letzten weltanschaulichen Konsequenzen außerordentlich drastisch und anschaulich schilderte:

„Prüfen wir nun aber einmal genauer, wohin uns schließlich diese Auffassung führt, wenn wir sie wirklich vollkommen konsequent weiterverfolgen. Vor allem ist zu bedenken, daß, wenn von dem im Bewußtsein gegebenen Empfindungen als der einzigen Erkenntnisquelle die Rede ist, es immer nur die eigene Empfindung, das eigene Bewußtsein ist, welches in Betracht kommt. Daß andere Menschen auch Empfindungen haben, können wir nur nach Analogie mutmaßen, aber nicht unmittelbar wissen und auch nicht logisch beweisen. Das wird besonders deutlich, wenn wir mit der Frage nach dem Vorhandensein von Empfindungen aus der höheren in die niedere Tierwelt und bis zur Pflanzenwelt hinabsteigen. Entweder müssen wir irgendwo mehr oder weniger willkürlich ein Abbrechen der Empfindungsfähigkeit annehmen oder wir müssen auch die Pflanzenwelt, ja, wie manche wollen, auch die unbelebte Natur mit Empfindung ausstatten.[23] Die Unmöglichkeit, eine solche Anschauung streng zu begründen, liegt auf der Hand. Es bleibt also, wenn wir vollkommen konsequent verfahren und jegliche Willkür ausschalten wollen, nichts übrig, als auf dem Boden der eigenen Empfindung stehenzubleiben... Wenn wir nun aber fernerhin konsequent sein wollen, so müssen wir dann auch weitergehen und zugeben, daß der Traum sich überhaupt durch gar kein charakteristisches Merkmal von der Wirklichkeit unterscheiden läßt...[24]

Die Stärke der Empfindungen kann auch nicht entscheidend sein; denn es gibt bekanntlich Träume, deren seelische Eindrücke denen der Wirklichkeit kaum nachstehen. Wer will beweisen, meine verehrten Damen und Herren, daß jeder einzelne von Ihnen den gegenwärtigen Augenblick, jedes Wort, daß ich jetzt zu Ihnen spreche, nicht träumt? Man sage auch nicht, daß ein Traum sich verrät durch das plötzliche Abbrechen beim Erwachen. Man kann auch im Traum erwachen und dennoch weiterträumen. Es könnte sich sehr wohl ereignen, daß jemand regelmäßig jede Nacht einen Traum hat, welcher die kausale Fortsetzung des Traumes der vorigen Nacht bildet. Ein solches Unglückswesen würde ein doppeltes Leben führen und würde nie sicher darüber ins klare kommen, welches nun eigentlich das wirkliche und welches das geträumte ist.

Wir sehen: Mit rein logischen Mitteln ist diesem ganzen Gedankensystem, welches gewöhnlich als Solipsismus bezeichnet wird, nicht beizukommen. Der Solipsist stellt sein Ich in den Mittelpunkt allen Geschehens und jeglichen Erkennens, ihm gilt alles das und nur das als wirklich und unbezweifelbar, was er selber erlebt, alles andere ist abgeleitet und sekundär. Für den Solipsisten geht regelmäßig abends in dem Augenblick, da er einschläft, die Welt lautlos unter, um am anderen Morgen wieder ebenso lautlos neu zu er-

[23] Planck meint mit diesem Hinweis die Prinzipial-Koordination von Avenarius, die Lenin so satirisch kritisierte.

[24] Planck weist hier auf eine notwendige logische Konsequenz des positivistischen Standpunkts hin, der von den Positivisten meist bestritten wurde, aber von Jordan in seiner Schrift „Komplementarität und Verdrängung“ später tatsächlich gezogen und ernsthaft vertreten wurde. Jordan ist damit allerdings nicht der erste gewesen, denn schon sein Meister und Lehrer Ernst Mach hatte in der „Analyse der Empfindungen“ den Traum als eine ebensolche Tatsache bezeichnet wie alle anderen.

stehen, und zwar merkwürdigerweise genau ebenso, ‚als ob' sie während der Nacht weiter bestanden hätte.

Man braucht sich in diese sonderbaren Vorstellungen nur etwas zu vertiefen, um sie sogleich als völlig absurd und unannehmbar abzulehnen. In Wirklichkeit ist ja die Sachlage gerade umgekehrt. Die Welt kümmert sich nicht einen Pfifferling darum, ob der Solipsist wacht oder schläft und selbst wenn er für immer die Augen schlösse, würde sie kaum eine besondere Notiz davon nehmen, sondern ungeändert ihren gewöhnlichen Gang weitergehen."[25]

Diese kräftigen Worte sind wohl deutlich genug; sie zeigen, wie Planck die elementare materialistische Position des gesunden Menschenverstandes gegen den idealistischen Unsinn verteidigt. Die Positivisten vermochten dieser scharfen, aber sachlichen Kritik nichts entgegenzusetzen. Sie versuchten lediglich durch faule Kompromisse mit ihrer These von der kollektiven Erfahrung u. a. diesen notwendigen Konsequenzen ihrer Philosophie zu entgehen. Die Haltlosigkeit solcher Kompromisse hat Planck stets durchschaut.

Immer wieder wird von Planck der Solipsismus klar und eindeutig als das notwendige logische Ergebnis der positivistischen Erkenntnistheorie herausgestellt, als eine notwendige Konsequenz, wenn man die positivistische Auffassung folgerichtig bis zum letzten durchdenkt.

Zu demselben Ergebnis war schon Lenin bei seiner Kritik des Positivismus Machs gekommen. Seine Formulierungen sind kämpferischer, offensiver und schärfer. Lenin schrieb:

„Keine Ausflüchte, keine Sophismen (und wir werden noch einer Unmenge solcher begegnen) werden die klare und unbestreitbare Tatsache aus der Welt schaffen, daß die Lehre Ernst Machs von den Dingen als Empfindungskomplexen subjektiver Idealismus, einfaches Wiederkäuen des Berkeleyanismus ist. Wenn die Körper ‚Empfindungskomplexe' sind, wie Mach sich ausdrückt, oder ‚Verbindungen von Empfindungen', wie Berkeley sich ausgedrückt hat, so folgt hieraus mit Notwendigkeit, daß die ganze Welt nur meine Vorstellung ist. Von dieser Annahme ausgehend, ist es unmöglich, zu der Existenz anderer Menschen außer sich selbst zu gelangen: dies ist der reinste Solipsismus. Mögen Mach, Avenarius, Petzoldt und Konsorten diesen Solipsismus noch so sehr verleugnen, sie können ihn tatsächlich nicht abstreifen, ohne zu himmelschreienden logischen Absurditäten zu gelangen."

„Die Absurdität dieser Philosophie liegt darin" betont Lenin an anderer Stelle, „daß sie zum Solipsismus führt, zur Annahme der alleinigen Existenz des philosophierenden Individuums."[26]

Die sachliche Übereinstimmung zwischen Lenin und Planck in ihrer Auffassung über den Solipsismus als notwendige Konsequenz des Positivismus und über die Absurdität solcher philosophischen Theorien ist beachtenswert; verwunderlich ist sie nicht, da Planck von seinem allgemeinen erkenntnistheoretischen Materialismus zu dieser Einschätzung kommen mußte, sofern er nur konsequent blieb. Erfreulich ist, daß Planck bei seiner Kritik am Positivismus in diesem Punkt sogar einige Male seine sonstige betont kollegiale Haltung und vor allem Zurückhaltung sowie sein

[25] Ebenda, S. 147.

[26] *W. I. Lenin*, „Materialismus und Empiriokritizismus", S. 31 und 83.

höfliches Entgegenkommen auch bei der Kritik überwand und die Dinge beim richtigen Namen nannte.

Trotzdem kann man auch noch an diesen Formulierungen den Unterschied zwischen der revolutionären marxistischen Kritik Lenins und der einfachen naturwissenschaftlich-materialistischen Kritik Plancks heraushören.

Bei seiner Kritik des Positivismus hat Planck sich nicht nur mit dem Wesen der Erkenntnistheorie des Positivismus auseinandergesetzt, sondern auch einzelne Teilprobleme und besonders die wesentlichen Argumente der Positivisten erörtert. Da in der positivistischen Erkenntnistheorie die Sinneswahrnehmungen der immer wiederkehrende Angelpunkt für alle Probleme sind und diese Auffassungen mit der überragenden Bedeutung von Beobachtungen und Messungen in der Physik zu stützen versucht werden, mußte Planck bei der Kritik des Positivismus auf die Stellung von Beobachtung und Messung im Erkenntnisprozeß eingehen.

Planck anerkennt durchaus, daß

„alle physikalischen Erkenntnisse auf Messungen beruhen"

– und insofern schreibt Planck –

„teilen wir ganz den Standpunkt des Positivismus."[27]

Die Messungen sind aber nach Plancks Meinung nicht die einzige und ausschließliche Grundlage der Physik, wie der Positivismus behauptet. Planck schreibt über den Gegensatz zwischen seiner Auffassung und der positivistischen Meinung:

„Aber der Unterschied ist der, daß nach der positivistischen Auffassung die Messungsergebnisse die primären unteilbaren Elemente bilden, auf denen sich die ganze Wissenschaft aufbaut, während im Gegensatz dazu in der wirklichen Physik die Messungen betrachtet werden als das mehr oder minder verwickelt zusammengesetzte Endergebnis von Wechselwirkungen zwischen Vorgängen in der Außenwelt mit Vorgängen in den Meßinstrumenten, bzw. den Sinnesorganen, deren sachgemäße Entwirrung und Deutung eine Hauptaufgabe der wissenschaftlichen Forschung bildet. Daher müssen vor allem die Messungen zweckmäßig angeordnet werden, denn jede Versuchsanordnung stellt die prinzipielle Formulierung einer gewissen Frage an die Natur dar.

Aber zu einer vernünftigen Frage gelangt man nur mit Hilfe einer vernünftigen Theorie. Man darf nämlich nicht etwa glauben, daß man über den physikalischen Sinn einer Frage ein Urteil gewinnen kann, ohne überhaupt eine Theorie zu benützen."[28]

In diesen Ansichten steckt schon die Überwindung des einseitigen positivistischen Empirismus, eröffnet sich das Verständnis für die Bedeutung der Theorie und damit

[27] *M. Planck*, „Vorträge und Erinnerungen", S. 325 und S. 240. Der Irrtum Plancks ist hierbei wieder der schon dargelegte. Es ist nicht positivistisch, wenn man die Meinung vertritt, die Physik beruhe auf Messungen.

[28] Ebenda, S. 240. In seinem Vortrag „Sinn und Grenzen der exakten Wissenschaft" drückte Planck denselben Gedanken aus: „Ein Versuch bedeutet die Stellung einer an die Natur gerichteten Frage und eine Messung bedeutet die Entgegennahme der von der Natur darauf erteilten Antwort. Aber ehe man einen Versuch ausführt, muß man einen ersinnen, d. h. muß man die Frage an die Natur formulieren, und ehe man eine Messung verwertet, muß man sie deuten, d. h. man muß die von der Natur erteilte Antwort verstehen. Mit diesen beiden Aufgaben beschäftigt sich der Theoretiker. . ." (Ebenda, S. 376)

ein neuer, der zweite Aspekt zur materialistischen Lösung des Ausgangsproblems: wie kommt man von der subjektiven Sinnesempfindung zur objektiven wissenschaftlichen Erkenntnis. Der erste Aspekt der materialistischen Lösung dieses Problems durch Planck bestand darin, daß die reale Welt als primär gegenüber der Sinnenwelt erkannt wurde.

Von diesem prinzipiellen materialistischen Ausgangspunkt in der Erkenntnistheorie – die reale Welt ist die Ursache der Sinnenwelt – kommt Planck folgerichtig zu diesem zweiten Aspekt. Die Sinnenwelt enthält viele subjektive anthropomorphe Elemente. Sie ist deshalb nicht identisch mit der objektiven Erkenntnis der Außenwelt, wie sie die Wissenschaft zum Ziel hat. Diese objektive wissenschaftliche Erkenntnis wird gerade dadurch aus der Sinnenwelt herausgearbeitet, daß die subjektiven, sinnlichen und sonstigen anthropomorphen Elemente eliminiert werden. Diesen Aspekt hatte Planck schon bei der Kritik des Machschen Positivismus als einen die Machschen erkenntnistheoretischen Ansichten widerlegenden Grundzug der Geschichte der Wissenschaft bezeichnet. Denselben Gesichtspunkt betonte Planck auch wiederholt gegenüber den Auffassungen der modernen Positivisten. So heißt es z. B. im zweiten Leidener Vortrag „Das Weltbild der neuen Physik“:

„Zweitens ist es aber höchst bemerkenswert, daß, obwohl der Anstoß zu jeder Verbesserung und Vereinfachung des physikalischen Weltbildes immer durch neuartige Beobachtungen, also durch Vorgänge in der Sinnenwelt geliefert wird, dennoch das physikalische Weltbild sich in seiner Struktur immer weiter von der Sinnenwelt entfernt, daß es seinen anschaulichen, ursprünglich ganz anthropomorph gefärbten Charakter immer mehr einbüßt, daß die Sinnesempfindungen in steigendem Maße aus ihm ausgeschaltet werden, ... daß damit sein Wesen sich immer weiter ins Abstrakte verliert...“[29]

Für Planck ist also nicht die Sinnenwelt die objektive wissenschaftliche Erkenntnis, sondern diese wissenschaftliche Erkenntnis wird aus der Sinnenwelt erst gewonnen, und zwar mit Hilfe des abstrakten Denkens. Planck überwindet damit den ausschließlichen positivistischen Empirismus, ohne dabei in das entgegengesetzte Extrem, nämlich in einen aprioristischen Rationalismus zu verfallen.

Planck unterscheidet zwischen drei sogenannten Welten:

1. der realen Außenwelt,
2. der Sinnenwelt und
3. dem wissenschaftlichen Weltbild.

Planck betonte, daß keine dieser „Welten“ mit der anderen völlig identisch sei, daß aber alle drei in engem Zusammenhang stehen. Diese Dreiteilung brachte Planck besonders klar in seinem Vortrag „Das Weltbild der neuen Physik“ zum Ausdruck, wo er ausführte:

„Zu diesen beiden Welten, der Sinnenwelt und der realen Welt, kommt nun noch eine dritte Welt hinzu, die wohl von ihnen zu unterscheiden ist: die Welt der physikalischen Wissenschaft oder das physikalische Weltbild.“[30]

Kropp, Lankenau und andere sehen Plancks historisches Verdienst hinsichtlich seines philosophischen Schaffens gerade darin, daß er den Begriff eines Weltbildes

[29] Ebenda, S. 210. [30] Ebenda, S. 208.

in der Physik eingeführt habe. „Mit dieser neuen Idee wird Planck in die Philosophiegeschichte eingehen.“[31]

Planck hat mit seiner Unterscheidung zwischen Sinnenwelt und Weltbild darlegen wollen, daß die Bestandteile des Weltbildes Abstraktionen sind, die man nicht sinnlich wahrnehmen kann. Erkannte Gesetzmäßigkeiten, Begriffe wie Raum, Zeit, Kausalität usw. kennzeichnen das Weltbild. Das Weltbild ist nur denkbar, es ist nicht sinnlich wahrnehmbar.

Eine solche Unterscheidung zwischen sinnlicher und rationaler Stufe der Erkenntnis ist aber keine neue Entdeckung in der Geschichte der Philosophie. In der neueren Philosophie haben insbesondere Engels und Lenin an vielen Stellen auf diese Übergänge vom sinnlich-anschaulich Konkreten zum rational-abstrakt Allgemeinen hingewiesen und betont, daß das abstrakte Abbild der Wirklichkeit anderer Qualität ist als das sinnliche und daß abstrakte Begriffe nicht als solche sinnlich wahrnehmbar, nicht sinnlich nachzuweisen sind.[32]

Planck hat ähnliche Gedanken selbst entwickelt und als erster in die erkenntnistheoretische Deutung der physikalischen Wissenschaft eingeführt. Darin besteht zweifellos eines seiner Verdienste. Man kann aber nicht alle seine anderen philosophischen Leistungen hinter diesem „physikalischen Weltbild“ verblassen lassen; man kann dieses Weltbild nur als ein Glied seiner Erkenntnistheorie werten.

Auch in dieser Dreiteilung kommt materialistisches Gedankengut zum Ausdruck. Die Sinnenwelt ist die Welt der sinnlichen Wahrnehmungen, der mannigfaltigen Empfindungen; es ist die Welt der Beobachtungen und Messungen. Für den Positivisten gibt es nur diese Welt.

Planck aber vertritt die materialistische Auffassung, daß hinter dieser Sinnenwelt die reale Außenwelt existiert, die er als eine Welt der wahrgenommenen Gegenstände auffaßte, jener Gegenstände, die die Sinnesempfindungen hervorrufen und dabei aber von ihrem Wahrgenommen-werden durch das Bewußtsein völlig unabhängig sind.

Aus der von den realen Gegenständen verursachten Sinnenwelt gewinnt das menschliche Bewußtsein schließlich das Weltbild. Darunter versteht Planck die ideelle Welt der formulierten Gesetzmäßigkeiten, der mathematischen Formeln, der physikalischen Konstanten, kurz: die Welt der wissenschaftlichen Abstraktionen und der wissenschaftlichen Theorie überhaupt. Dieses Weltbild wird vom menschlichen Denken geschaffen, aber nicht aus sich heraus, sondern aus dem Material der subjektiv gefärbten Sinneseindrücke, der Beobachtungsdaten und Messungsergebnisse. Mit Hilfe der Hypothese und der gedanklichen Analyse leitet der Wissenschaftler aus diesem Material die Gesetzmäßigkeiten, kurz: das wissenschaftliche Weltbild ab.

Von dieser Auffassung aus hat Planck stets die Bedeutung der Theorie und insbesondere auch der Hypothesen hervorgehoben. Planck war stets bemüht, die

---

[31] *E. Lankenau*, „Max Planck und die Philosophie“, Bonn 1957, S. 9.

[32] Vgl. z. B. *F. Engels*, „Dialektik der Natur“, besonders S. 250/51; *W. I. Lenin*, „Aus dem philosophischen Nachlaß“, S. 89, 101 und 152.

Studenten und die werdenden Wissenschaftler von dem Wert der Theorie und der Hypothesen für die Erkenntnis zu überzeugen. Davon zeugen viele Stellen in seinen Vorträgen, besonders in den Vorträgen „Das Wesen des Lichts" und „Ursprung und Auswirkung wissenschaftlicher Ideen".

Im erstgenannten Vortrag hob Planck hervor, daß man die Hypothese nicht als Spiel einer zwar blühenden, aber doch leeren Phantasie bewerten dürfe. Das richtet sich offensichtlich gegen den Positivismus, der hinsichtlich der Theorie im allgemeinen und der Hypothese im besonderen, eine solche negative Ansicht vertritt. Planck zeigte, welche Bedeutung verschiedene Hypothesen in der Optik hatten: sogar falsche und fehlerhafte Theorien und Hypothesen haben zum Fortschritt der Erkenntnis beigetragen. Planck legt das am Beispiel der Ätherhypothese dar.[33]

Im Vortrag „Ursprung und Auswirkung wissenschaftlicher Ideen" geht Planck auf die Bedeutung der Hypothesen allgemein für jede Wissenschaft ein.[34]

Wenn die Wissenschaft die Ausarbeitung spezieller über die unmittelbare Erfahrung hinausgehender Hypothesen aufgeben und sich auf das rein Tatsächliche, d. h. auf die bloßen und nackten Erlebnisse und Messungen beschränken würde, so gäbe sie damit gerade

„... das wichtigste Hilfsmittel aus der Hand, das zum Vorwärtskommen unbedingt nötig... ist."[35]

Planck sah den schwerwiegenden Fehler der Positivisten nicht in der Hochschätzung der Erfahrung im allgemeinen und der Messungen und Beobachtungen im besonderen, sondern in der Überbewertung dieser notwendigen Teile des Erkenntnisprozesses; das kommt in seinen Vorträgen „Positivismus und reale Außenwelt" und „Physikalische Gesetzlichkeit" klar zum Ausdruck. An allen diesen Darlegungen Plancks wird deutlich, daß er das Schwergewicht seiner Ausführungen auf die Fehler der Positivisten, also richtig auf die Überbewertung der Messungen und Beobachtungen legt, daß er dabei immer wieder die Theorie als das unentbehrliche Instrument auf dem Weg zu neuen Erkenntnissen herausstellt. In seinem Vortrag „Positivismus und reale Außenwelt" betont er, daß

„es überhaupt keine physikalische Größe gibt, die unmittelbar gemessen wird. Vielmehr empfängt eine Messung ihren physikalischen Sinn immer erst durch die Deutung, welche ihr eine Theorie verleiht. Ein jeder, der in einem Präzisionslaboratorium Bescheid weiß, kann bezeugen, daß auch die diskreteste und feinste Messung, wie die eines Gewichts oder

[33] Vgl. *M. Planck*, „Verträge und Erinnerungen", S. 123.

[34] Vgl. ebenda, S. 271; ähnliche Ausführungen mit demselben Ziel finden sich in dem Vortrag „Physikalische Gesetzlichkeit". (Vgl. ebenda, S. 184/85)

[35] Ebenda, S. 117/18. – „Aber mit dem Messen allein ist es nicht getan. Jede Messung ist ein einzelnes, zunächst für sich stehendes Ereignis und als solches an ganz spezielle Umstände, vor allem an einen bestimmten Ort und eine bestimmte Zeit, sowie an ein bestimmtes Meßinstrument und einen bestimmten Beobachter gebunden, und wenn auch die erstrebte Verallgemeinerung in vielen Fällen auf der Hand liegt und sich sozusagen von selbst anbietet, so gibt es doch auch andere Fälle, wo es außerordentlich schwierig ist, für verschiedenartige vorliegende Messungen das gemeinsame Gesetz zu finden..." (Ebenda, S. 184/85)

einer Stromstärke, um physikalisch brauchbar zu werden, einer Anzahl Korrekturen bedarf, die nur aus einer Theorie, mithin aus einer Hypothese, abgeleitet werden können."[36]

Das abstrakte, über die sinnliche Anschauung hinausgehende Denken steht also nicht erst hinter der Messung und Beobachtung – obwohl auch daraus schon sein Wert und seine Bedeutung erwiesen wären –, sondern die Theorie steckt auch schon in der Messung drin, ja sie ist sogar vor der Messung und Beobachtung schon unbedingt erforderlich (besonders in der modernen Physik), denn der Wissenschaftler kann nur vom Standpunkt einer bestimmten Theorie aus überhaupt erst eine sinnvolle Frage an die Natur formulieren. Blindes Experimentieren ohne Theorie hat die Wissenschaft im allgemeinen und die Physik im besonderen noch nie vorwärtsgebracht. Jedes Experimentieren, jede Beobachtung und Messung muß schon in ihrer Vorbereitung durchdacht sein; desgleichen müssen die Messungsergebnisse und sonstigen praktischen Resultate (darunter auch alle Sinneswahrnehmungen) mit Hilfe einer wissenschaftlichen Theorie ausgewertet werden. Da jeder Forscher vom Standpunkt einer bestimmten Theorie und auch einer bestimmten Philosophie und Weltanschauung an seine Arbeit, an die Experimente herangeht und von diesen Aspekten her seine Fragen an die Natur richtet, gewinnt nicht nur die spezielle fachwissenschaftliche Theorie, sondern auch die allgemeine philosophische Theorie, ja die gesamte Weltanschauung für die einzelwissenschaftliche Forschungsarbeit und Erkenntnis Bedeutung.[37] Eine solche Bedeutung leugnet der Positivismus prinzipiell.

In seinem Nobelvortrag „Die Entstehung und bisherige Entwicklung der Quantentheorie" erwähnte Planck, daß er persönlich durch die ausschließliche Orientierung auf die vorliegenden Ergebnisse der Erfahrung in seiner Forschungsarbeit über die sogenannte schwarze Strahlung zuerst das eigentliche Problem, nämlich nach dem Zusammenhang zwischen Entropie und Wahrscheinlichkeit zu fragen, gar nicht recht begriffen hatte. Die Ursache dafür erblickte Planck eben in seiner damaligen philosophischen Auffassung. Er war damals in gewisser Weise positivistisch orientiert gewesen; mit diesem Standpunkt hatte er erst später unter dem Einfluß Boltzmanns gebrochen.

Neben philosophischen Erwägungen waren es also vor allem auch persönliche Erfahrungen aus der eigenen fachwissenschaftlichen Forschungsarbeit als theoretischer Physiker, die Planck den ausschließlichen Empirismus des Positivismus überwinden und seine Schwächen erkennen ließen. Seither galt sein stetes Bemühen

---

[36] Ebenda, S. 238.

[37] Dieser Gedanke bildete das Thema eines besonderen Vortrags Plancks. In seiner Arbeit „Die Physik im Kampf um die Weltanschauung" heißt es in den einleitenden Abschnitten u. a.: „Wie eine jegliche Wissenschaft ursprünglich vom Leben ausgeht, so läßt auch die Physik sich tatsächlich niemals vollständig trennen von den Forschern, die sie betreiben, und schließlich ist doch jeder Forscher zugleich auch eine Persönlichkeit, mit allen ihren intellektuellen und ethischen Eigenschaften. Daher wird die Weltanschauung des Forschers stets auf die Richtung seiner wissenschaftlichen Arbeit mitbestimmend einwirken, und es ist selbstverständlich, daß dann auch umgekehrt die Resultate seiner Forschung nicht ohne Einfluß auf seine Weltanschauung bleiben können." (Ebenda, S. 285)

dem Ziel, die studierende Jugend vor solchem einseitigen Empirismus zu warnen, ohne sie aber dabei dem Rationalismus in die Arme zu treiben. Deshalb wandte sich Planck einerseits gegen die spekulierende Naturphilosophie, z. B. in der Art von Ostwalds Energetik und gegen bloßes Theoretisieren[38], noch mehr aber gegen die starke und zum Teil absolute Überbewertung der Messungen und Beobachtungen durch die Positivisten, die sich ihrer Mißachtung der Theorie als unzuverlässiger Metaphysik, als leerer Phantasie auch noch rühmten und darin ein besonderes Verdienst erblickten.

Planck wurde nicht müde, gewissermaßen als Gegengewicht zur positivistischen Auffassung immer wieder die große Bedeutung des abstrakten theoretischen Denkens zu betonen, ohne das eine moderne Wissenschaft nicht möglich ist. Gleichzeitig aber forderte Planck hartnäckig im Kampf gegen naturphilosophische Schwärmer und andere Rationalisten die Achtung vor den experimentellen Tatsachen und allen sonstigen empirischen Fakten.[39] Diese Achtung vor den Tatsachen bezeichnete Planck als das „einzig wirksame Schutzmittel“ vor der Gefahr, die Wissenschaft zur Pseudowissenschaft zu machen. Genauso eindringlich warnte Planck vor bloßen mathematischen Spekulationen, die — losgelöst von der Erfahrung und ohne sachliche theoretische Deutung darüber, welche Seite der realen Außenwelt sie erfassen — zu „inhaltsleerem Formalismus“ ausarten[40] würden. Planck wandte sich auch gegen die neukantianischen Axiomatiker, die apriorisch Begriffe definieren wollten und die dazu neigten, das Weltbild aus dem reinen Denken heraus zu entwerfen. Planck betonte, daß die theoretische Arbeit der Axiomatiker notwendig und nützlich ist, er wies aber ausdrücklich auf die große „Gefahr der Einseitigkeit“ hin, die hierbei gegeben ist und die darin liegt, daß das physikalische Weltbild seine Bedeutung einbüßen und in einen inhaltsleeren Formalismus ausarten kann, wenn nicht die Tatsachen der Erfahrung aller Abstraktion zugrunde gelegt werden.[41]

Planck spricht manchmal davon, daß das Weltbild der Wissenschaft ein Produkt des menschlichen Geistes sei. Diese Meinung kann leicht als Ausdruck idealistischen Denkens gewertet werden; sie ist aber bei Planck nicht im Sinne des Konventionalismus gemeint. Nach Auffassung des Konventionalismus sind alle Gesetze und

---

[38] In seinem Vortrag über „Physikalische Gesetzlichkeit“weist Planck ausdrücklich daraufhin, „. . . daß das Wesen der physikalischen Gesetzlichkeit und der Inhalt der physikalischen Gesetze sich nicht durch reines Nachdenken erschließen läßt, sondern daß es hierfür keinen anderen Weg gibt als den, sich vor allem an die Natur zu wenden, in ihr möglichst zahlreiche und vielseitige Erfahrungen zu sammeln, dieselben miteinander in Vergleich zu bringen und — darauf weist er ebenso hin — „zu möglichst einfachen und weittragenden Sätzen zu verallgemeinern. . .“ (Vgl. ebenda, S. 184)

[39] Vgl. z. B. seinen Aufsatz „Wissenschaft und Glaube“.

[40] Unter ausdrücklichem Hinweis auf die Erfolge der Quantenmechanik von Heisenberg, Born und Jordan schrieb Planck in seinem Vortrag „Physikalische Gesetzlichkeit“: „Denn auch die schönsten mathematischen Spekulationen schweben solange in der Luft als ihnen nicht durch bestimmte Erfahrungstatsachen ein fester Halt gegeben wird. . .“ (Ebenda, S. 204).

[41] Vgl. „Das Weltbild der neuen Physik“ in: „Vorträge und Erinnerungen“, S. 209.

Formeln völlig freies, beliebiges Produkt des menschlichen Geistes. Plancks Auffassung ist anders. Er geht nicht von den Gedanken und Ideen aus, er will nicht aus reinem Denken das Weltbild entwickeln und sozusagen der Natur die Gesetze vorschreiben. In seinem Vortrag „Physikalische Gesetzlichkeit" hob Planck das besonders hervor:

„Die physikalische Gesetzlichkeit richtet sich eben nicht nach den menschlichen Sinnesorganen und dem ihnen entsprechenden Anschauungsvermögen, sondern nach den Dingen selber."[42]

Bei der Erörterung des Energieprinzips führte Planck in seinem Vortrag „Religion und Naturwissenschaft" 1937 aus:

„Nun hören wir häufig von positivistisch eingestellter Seite wieder die kritische Entgegnung: die genaue Gültigkeit eines solchen Satzes sei durchaus nicht verwunderlich. Das Rätsel kläre sich vielmehr einfach durch den Umstand, daß es schließlich der Mensch selber ist, welcher der Natur ihre Gesetze vorschreibe. Und bei dieser Behauptung beruft man sich sogar auf die Autorität von Immanuel Kant.

Nun, daß die Naturgesetze nicht von den Menschen erfunden worden sind, sondern daß ihre Anerkennung ihnen von außen aufgezwungen wird, haben wir wohl schon ausführlich genug besprochen. Von vornherein konnten wir uns die Naturgesetze, ebenso wie die Werte der universellen Konstanten auch ganz anders denken als sie in Wirklichkeit sind. Was aber die Berufung auf Kant betrifft, so liegt hier ein grobes Mißverständnis vor, denn Kant hat nicht gelehrt, daß der Mensch der Natur ihre Gesetze schlechthin vorschreibt, sondern er hat gelehrt, daß der Mensch bei der Formulierung der Naturgesetze auch etwas aus eigenem hinzufügt."[43]

Mit dem Eigenen, was der Mensch nach Kant den komplizierten Gesetzen hinzufügt, meinte Planck die Gefühle der Ehrfurcht gegenüber der Natur und ähnliches mehr. Er hatte aber vom erkenntnistheoretischen Gesichtspunkt auch noch einen anderen Aspekt im Auge. Planck interpretierte Kant materialistisch. Die Auffassung, daß die Anerkennung der Naturgesetze dem Menschen von außen aufgezwungen wird, unterscheidet sich grundlegend von der apriorischen Konzeption Kants. Plancks Auffassung ist Ausdruck eines erkenntnistheoretischen Materialismus, während Kants Position idealistisch ist.

Zwar ist auch Plancks Formulierung, daß das Weltbild vom Geist geschaffen wird, bzw. der Geist aus sich heraus Eigenes hinzufügt, nicht so eindeutig wie es möglich und wünschenswert wäre, aber im Zusammenhang mit den ganzen erkenntnistheoretischen Darlegungen Plancks ist ihr materialistischer Sinn doch zu erkennen. Es fragt sich allerdings, wieviel der Geist aus Eigenem zur Formulierung des Weltbildes dazu gibt und wie weit sich dieses „aus dem Geist schaffen" erstreckt. Im Zusammenhang mit anderen Darlegungen Plancks erweist sich jedoch, daß Planck damit sagen wollte, daß das Weltbild dem Menschen nicht so spontan gegeben ist wie die sinnlichen Abbilder der Außenwelt, sondern daß die abstrakten Begriffe und Urteile über allgemeine Zusammenhänge Produkte der abstrakten menschlichen Denktätigkeit sind, deren Notwendigkeit und Bedeutung er stets gegenüber dem

---

[42] Ebenda, S. 188.

[43] Ebenda, S. 328.

Positivismus betont hat. Gegen diese Auffassung, auch wenn sie nicht immer klar und präzis formuliert ist, ist nichts einzuwenden.

Aus den bisher umrissenen Auffassungen Plancks über die Rolle der Sinnesempfindungen, Messungen und Beobachtungen einerseits sowie des abstrakten Denkens, der wissenschaftlichen Theorie andererseits ist seine Stellung zu zwei sehr wesentlichen Richtungen der Erkenntnistheorie, nämlich zum Empirismus bzw. Sensualismus einerseits und zum Rationalismus andererseits leicht zu entnehmen. Planck hat aber auch seine Ansichten zu diesen beiden Richtungen direkt ausgedrückt. Es spricht für Plancks philosophisches Wissen und sein philosophisches Urteilsvermögen, daß er sich von dem jahrhundertelang währenden Streit dieser beiden Richtungen sowie den Umstand, daß – historisch gesehen – der Empirismus für die entstehende und sich entwickelnde Naturwissenschaft zu Beginn der Neuzeit weit fruchtbringender und nützlicher war als der Rationalismus, nicht wie viele seiner Kollegen für eine der beiden Extreme entschied, sondern die positiven und negativen Seiten beider Richtungen erkannte. Dem sachlichen Gehalt nach weisen seine diesbezüglichen erkenntnistheoretischen Auffassungen auch in diesem Punkt viel Gemeinsames mit der marxistischen Erkenntnistheorie auf, die ebenfalls einen einseitigen Empirismus oder Rationalismus verwirft, indem sie die Einheit der sinnlichen und rationalen Stufe der Erkenntnis betont.

Es zeugt vom philosophischen Weitblick Plancks, daß er sich weder durch seine Gegnerschaft gegenüber dem positivistischen Empirismus noch durch seinen Beruf als *theoretischer* Physiker irgendwie zum einseitigen Rationalismus hindrängen ließ. Auch der Einfluß der Philosophie Kants, deren Wirkung auf Planck meist etwas überschätzt wird, vermochte nur sehr schwache Tendenzen in dieser Richtung hervorzurufen. Ein Einfluß der Philosophie Kants auf Planck hat zweifellos bestanden. Dieser Einfluß kommt besonders in Plancks Auffassung von der Weltvernunft, von der Willensfreiheit und in ethischen Fragen zum Ausdruck, weniger oder fast gar nicht in der Erkenntnistheorie.

Nicht einmal in seinem Vortrag „Ursprung und Auswirkung wissenschaftlicher Ideen", der seiner thematischen Anlage nach jedem nur ein wenig zum Rationalismus neigenden Wissenschaftler zu einigen Bemerkungen in dieser Richtung verleitet hätte, finden sich auch nur die geringsten Formulierungen, die man als rationalistische Tendenzen deuten könnte. Gerade in diesem Vortrag legte Planck seine Auffassung dar, daß beide Richtungen einseitig sind. Deshalb werde weder der reine Rationalismus noch der reine Empirismus die Alleinherrschaft in der Erkenntnistheorie und der Wissenschaft erringen können.[44]

---

[44] Vgl. *M. Planck*, „Ursprung und Auswirkung wissenschaftlicher Ideen" in „Vorträge und Erinnerungen", bes. S. 283. – Dabei bediente sich Planck allerdings wieder einer unexakten Terminologie. So setzt er z. B. stellenweise statt Empirismus die Bezeichnung Positivismus und statt Rationalismus den Terminus „Metaphysik", was in Widerspruch zu seinem sonstigen Gebrauch dieser Worte steht. Planck bekennt sich nämlich an vielen Stellen selbst zu einem „metaphysischen" Standpunkt.

Fassen wir die Kritik Plancks am extremen Empirismus des modernen Positivismus zusammen, so können wir feststellen:

1. Planck baute auf seinem prinzipiell materialistischen Standpunkt auf und vertrat einen gesunden materialistischen Sensualismus: der Mensch erkennt die reale Außenwelt nur mit Hilfe der Sinnesorgane durch Beobachtungen und Erfahrungen; die Sinnesempfindungen sind die Quelle unseres Wissens. Das beweist, daß Planck kein neukantianischer Rationalist, kein Anhänger des Apriorismus ist.
2. Die Objekte der realen Außenwelt sind die Ursache der Empfindungen; diese sind der realen Außenwelt gegenüber sekundär. Die Welt der Gegenstände ist die reale Welt, die die Sinnenwelt hervorruft.
3. Die sinnlich wahrgenommenen Objekte existieren völlig unabhängig von ihrer Wahrnehmung durch den Menschen. Die positivistische Lehre, die die Welt in der Empfindung und Beobachtung auflöst, bezeichnete Planck als unvernünftig, weil sie der Praxis widerspricht. Der Gegenstand ist noch da, auch wenn niemand ihn sinnlich wahrnimmt. Die logisch zwingende Konsequenz des Positivismus ist ein absurder Solipsismus.
4. Alle physikalischen Erkenntnisse beruhen auf Messungen und Experimenten. Den physikalischen Sinn einer Messung oder Beobachtung erhält man aber erst durch theoretisches Verarbeiten. Die Theorie, das abstrakte Denken, analysiert das Rohmaterial der Sinnesdaten, befreit es von subjektiven anthropomorphen Elementen und gewinnt daraus das wissenschaftliche Weltbild.
5. Planck geriet bei seiner Kritik des flachen Empirismus nicht in den Rationalismus. Er kritisierte die positivistische Geringschätzung des theoretischen Denkens, warnte aber zugleich vor Spekulationen mit „reinem Denken“ und forderte nachdrücklich die Achtung vor den Tatsachen.
6. Eine Inkonsequenz des materialistischen Standpunkts von Planck besteht darin, daß er das Bewußtsein, das Geistige, nicht klar als Produkt der Materie auffaßt. Seine These vom idealen Geist bzw. der vernünftigen Weltordnung ist ein Überrest kantianischen Auseinanderreißens von Materiellem und Geistigen, ist ein idealistisches Element in seiner Philosophie. Die höhere Vernunft ist aber bei Planck weder eine absolute Idee im Sinne Hegels noch ein Schöpfer-Gott.

8. KAPITEL

PLANCKS KRITIK DER POSITIVISTISCHEN AUFFASSUNG DER ERKENNTNIS

Die Kritik Plancks an der positivistischen Erkenntnistheorie erschöpft sich nicht in der Kritik ihrer subjektiv-idealistischen Grundlagen und ihres verabsolutierten Empirismus, der bei konsequenter Fortsetzung im Solipsismus mündet, sondern erstreckt sich auch auf einen so wichtigen Problemkreis, wie die Frage nach dem

Wesen der Erkenntnis, der Erkennbarkeit der Welt und der gesamten theoretischen Problematik des Wahrheitsbegriffs. Wenn auch in diesen Fragenkomplexen Plancks Kritik am Positivismus etwas schwächer und sein eigener Standpunkt nicht mehr so klar, sowie weniger entschieden und eindeutig ist, so steht sie doch einmal immer noch dem materialistischen Standpunkt sehr nahe und gibt andererseits wertvolle Argumente, Hinweise und Aspekte, so daß es völlig gerechtfertigt ist, auch diesen Teil der Kritik Plancks eingehend darzustellen und zu würdigen.

Die Auffassungen Plancks über das Wesen der Erkenntnis wurden zum Teil schon gestreift, als Plancks Meinung über die Aufgabe und das Wesen der Wissenschaft sowie seine grundsätzlichen materialistischen erkenntnistheoretischen Ansichten über die Ursachen der Sinnesempfindungen und seine diesbezügliche Kritik am Positivismus dargelegt wurden. Aus allen entsprechenden Ausführungen Plancks ging hervor, daß die objektiv-reale Außenwelt das Entscheidende ist, das die Wissenschaft zu erkennen hat, und daß diese Außenwelt Ursache der Sinnesempfindungen ist, vermittels deren wir überhaupt etwas über die Außenwelt erfahren. Von diesem Standpunkt aus gelangte Planck zu einer wertvollen Kritik am erkenntnistheoretischen Relativismus, der sich als Folge der positivistischen Deutung der Relativitätstheorie ausbreitete und dessen erkenntnistheoretischer Grundgedanke auf die Leugnung des objektiven Charakters der Erkenntnis hinauslief. Das war eine neue Variante der Leugnung des Objektiven, das im Positivismus sonst allgemein ja schon dadurch als abgetan galt, daß alle Welt nur in der subjektiven Sinnenwelt bestand. Die Frage nach dahinterliegendem Realen galt als unzulässige Metaphysik. Die Kritik Plancks an diesen Auffassungen wurde schon dargelegt. Aber auch die andere, neuere theoretische Stütze des modernen Positivismus, den allgemeinen erkenntnistheoretischen Relativismus, unterzog Planck einer Kritik.

Planck selbst vertrat stets den Standpunkt, daß alle wahre Erkenntnis objektiven Charakter hat, allgemeingültig ist:

„Denn es ist das charakteristische Merkmal wahrer Wissenschaft, daß ihre Erkenntnisse allgemein, objektiv für alle Zeiten und alle Völker verbindlich sind, daß ihre Resultate daher unbeschränkte Anerkennung beanspruchen und schließlich auch immer durchsetzen. Fortschritte der Wissenschaft sind eben endgültig und lassen sich unmöglich auf die Dauer ignorieren.

Besonders deutlich zeigt sich dies in der Entwicklung, welche die Naturwissenschaft genommen hat. Daß der Mensch heute mit drahtloser Telegrafie innerhalb eines winzigen Bruchteils einer Sekunde beliebige Nachrichten nach den entferntesten Orten der Erde sendet, daß er im Flugzeug sich in die Luft erhebt und hoch über Berggipfeln und Meere dahinfährt, daß er mittels der Röntgenstrahlen das Innere eines jeden Lebewesens durchmustert und selbst die Lagerung der einzelnen Atome in den Kristallen feststellt, das sind objektive Leistungen der Wissenschaft und der durch sie befruchteten Technik, welche den alten Ben Akiba hundertmal Lügen strafen, vor denen die hochgepriesenen Kenntnisse aller Weltweisen und die jahrhundertelang geübten Künste aller Magier und Zauberer dahinsinken. Wer noch angesichts solcher handgreiflicher Erfolge die Augen verschließen und von einem Zusammenbruch der Wissenschaft faseln will, der verdient keine Widerlegung, sondern macht sich einfach lächerlich. Denn auf welche andere Art sollte man den Beweis dafür führen, daß es sich hier um einen wirklichen erkenntnismäßigen Fortschritt handelt als durch die Prüfung der tatsächlich vorliegenden Leistungen. Das untrügliche Kennzeichen für den Wert einer jeden Arbeitsrichtung sind und bleiben nun einmal die von ihr erzielten Früchte.“[1]

Hierin steckt im Keim die Anerkennung der objektiven Wahrheit in der Wissenschaft, wie sie auch von Lenin in seinem Werk „Materialismus und Empiriokritizismus“ gegen die Erkenntnistheorie Ernst Machs verteidigt wurde, — natürlich bei Lenin weit klarer und theoretisch fundierter sowie in der Kritik revolutionärer. Lenin stellte ganz klar und eindeutig die Frage:

„Gibt es eine objektive Wahrheit, d. h., kann es in den menschlichen Vorstellungen einen Inhalt geben, der vom Subjekt unabhängig ist, der weder vom Menschen noch von der Menschheit abhängig ist?“[2]

Er beantwortet diese Frage mit einem konsequenten Ja, wobei er betont, daß gerade darin der materialistische Standpunkt besteht.

Der Vergleich dcr Zitate zeigt die Grenzen des elementar-naturwissenschaftlich materialistischen Standpunkts. Ohne Kenntnis und Anwendung der Dialektik kann das Problem von relativer und absoluter Wahrheit, das sich aus dem Problem der objektiven Wahrheit ergibt, nicht tiefgehend und restlos gelöst werden. Trotz der Mängel und Ungenauigkeiten in der Formulierung aber ist die Tendenz Plancks zum Materialismus in diesen Fragen doch unverkennbar.

Es steckt noch ein zweiter wesentlicher Gesichtspunkt in Plancks Darlegungen: als entscheidendes Kriterium der objektiven Erkenntnis wird auf die praktischen Ergebnisse, die Leistungen oder „Früchte“ — wie Planck sagt — der Theorie verwiesen. Die Praxis wird von Planck spontan als Kriterium der Wahrheit angeführt.

Planck wendet sich auch gegen alle jene pessimistischen Stimmen, die vom Zusammenbruch der Wissenschaft sowie davon sprechen, die Wissenschaft habe jetzt ihre Grenzen erreicht. Der in dieser Kritik zum Ausdruck kommende Optimismus weist ebenfalls viele gemeinsame Züge mit dem Erkennbarkeitsoptimismus der marxistischen Erkenntnistheorie auf.

In seiner gesamten Kritik des Relativismus, besonders in seiner Vorlesung „Vom Relativen zum Absoluten“, verteidigt Planck vor allem seine materialistische Grundposition, die These von der realen Außenwelt, die ja die theoretische Voraussetzung für die Anerkennung einer objektiven Grundlage der Erkenntnis, eines objektiven Gehalts der Wahrheit ist:

„Die von Albert Einstein erarbeitete Erkenntnis, daß unsere Begriffe des Raums und der Zeit, wie sie Newton und ebenso Kant als die absolut gegebenen Formen unserer Anschauung ihren Gedankengängen zugrunde legten, wegen der Willkür, die in der Wahl des Bezugssystems und des Messungsverfahrens liegt, in gewissem Sinne nur eine relative

---

[1] *M. Planck*, „Kausalgesetz und Willensfreiheit“ in: „Vorträge und Erinnerungen“, S. 151/52. — In seinem Vortrag „Scheinproblem der Wissenschaft“ stellt Planck die Frage: „. . . Kommt nicht unsere wissenschaftliche Erkenntnis auf einen flachen Relativismus hinaus?“ Er beantwortet sie folgendermaßen: „Es wäre schlecht, wenn dem so wäre. Nein, wohl gibt es in der Wissenschaft auch absolut richtige und endgültige Sätze. . . und gerade diese Sätze. . . sind die wichtigsten. (Ebenda, S. 361)

[2] *W. I. Lenin*, „Materialismus und Empiriokritizismus“, S. 111.

Bedeutung besitzen, greift vielleicht am allertiefsten an die Wurzeln unseres physikalischen Denkens. Aber wenn dem Raum und der Zeit der Charakter des Absoluten abgesprochen worden ist, so ist das Absolute[3] nicht aus der Welt geschafft, sondern es ist nur weiter rückwärts verlegt worden, und zwar in die Metrik der vierdimensionalen Mannigfaltigkeit, welche daraus entsteht, daß Raum und Zeit mittels der Lichtgeschwindigkeit zu einem einheitlichen Kontinuum zusammengeschweißt werden. Diese Metrik stellt etwas von jeglicher Willkür abgelöstes Selbständiges und daher Absolutes dar.

So ist auch in der vielfach mißverstandenen Relativitätstheorie das Absolute nicht aufgehoben, sondern es ist im Gegenteil durch sie nur noch schärfer zum Ausdruck gekommen, daß und inwiefern die Physik sich allenthalben auf ein in der Außenwelt liegendes Absolutes gründet. Denn wenn das Absolute, wie manche Erkenntnistheoretiker annehmen, nur im eigenen Erleben zu finden wäre, so müßte es grundsätzlich ebenso viele Arten von Physik geben, wie es Physiker gibt, und wir würden der Tatsache völlig verständnislos gegenüberstehen, daß es wenigstens bis zum heutigen Tage möglich ist, eine physikalische Wissenschaft aufzubauen und zu pflegen, deren Inhalt für alle forschenden Intelligenzen, bei aller Verschiedenartigkeit ihrer Einzelerlebnisse, sich als der nämliche erweist. Daß nicht wir uns aus Zweckmäßigkeitsgründen die Außenwelt schaffen, sondern daß umgekehrt sich uns die Außenwelt mit elementarer Gewalt aufzwingt, ist ein Punkt, welcher in unserer stark von positivistischen Strömungen durchsetzten Zeit nicht als selbstverständlich unausgesprochen bleiben darf. Indem wir bei jeglichem Naturgeschehen von dem Einzelnen, Konventionellen und Zufälligen dem Allgemeinen, Sachlichen und Notwendigen zustreben, suchen wir hinter dem Abhängigen das Unabhängige, hinter dem Relativen das Absolute, hinter dem Vergänglichen das Unvergängliche. Und so weit ich sehe, zeigt sich diese Tendenz nicht nur in der Physik, sondern in jeglicher Wissenschaft, ja nicht nur auf dem Gebiet des Wissens, sondern auch auf dem des Guten und dem des Schönen."[4]

Besondere Beachtung verdient die Formulierung, daß sich uns die Außenwelt aufzwingt. Das ist eine eindeutig materialistische Linie in der Erkenntnistheorie. Gerade diese Linie durchzieht wie ein roter Faden die Gastvorlesung Plancks vor der Universität München aus dem Jahre 1914, die unter dem Thema stand „Vom Relativen zum Absoluten".

Dieser erkenntnistheoretische Zwang vom Objektiven her ist es auch, der die Veränderung des wissenschaftlichen Weltbildes verursacht, jene Veränderung, aus der der Positivismus auf die absolute Relativität aller menschlichen Erkenntnis schließt. Planck stellt dagegen ausdrücklich in seinem Vortrag „Sinn und Grenzen der exakten Wissenschaft" fest,

„daß die beständig fortgesetzte Ablösung eines Weltbildes durch das andere nicht etwa einem Ausfluß menschlicher Laune oder Mode entspringt, sondern daß sie einem unausweichlichen Zwang folgt. Sie wird jedesmal dann zur bitteren Notwendigkeit, wenn die

---

[3] Unter *dem* Absoluten versteht Planck in diesem Zusammenhang das absolut von den Sinnesempfindungen, von Messungsverfahren und Bezugssystemen Unabhängige, das objektiv Reale. In diesem Sinne vertritt Planck mit allerdings zweideutigen Formulierungen die Auffassung vom objektiven Charakter von Raum und Zeit, der durch die Relativitätstheorie nicht in erkenntnistheoretischer Beziehung relativiert worden ist. Planck meint damit aber nicht, daß Raum und Zeit etwa im Sinne Newtons weiterhin als absolut, als unabhängig von der Materie zu denken seien oder gar absolute Bezugssysteme hätten.

[4] *M. Planck*, „Vorträge und Erinnerungen", S. 181.

Forschung auf eine neue Tatsache stößt, welcher das jeweilige Weltbild nicht gerecht zu werden vermag."[5]

Als entscheidendes Argument gegen den Relativismus, der in extremer Form z. B. behauptet, daß alle Erkenntnisse von heute lediglich die Irrtümer von morgen sind (Uexküll), führt Planck an,

„daß das neue Weltbild das alte nicht etwa aufhebt, sondern es vielmehr in seiner ganzen Vollständigkeit bestehen läßt, mit dem einzigen Unterschied, daß es ihm noch eine besondere Bedingung hinzufügt — eine Bedingung, die einerseits auf eine gewisse Einschränkung hinausläuft, andererseits aber eben dadurch zu einer erheblichen Vereinfachung des Weltbildes führt."[6]

Planck fährt dann fort:

„Der ständige Wechsel des Weltbildes bedeutet daher nicht ein regelloses Hin- und Herschwanken im Zickzack, sondern bedeutet ein Fortschreiten, ein Verbessern, ein Vervollkommnen. Mit der Feststellung dieser Tatsache ist, wie ich meine, die grundsätzlich wichtige Errungenschaft bezeichnet, welche die naturwissenschaftliche Forschung überhaupt aufzuweisen hat."[7]

Auch diese Ausführungen haben dieselbe Zielrichtung wie diejenigen Lenins, der sich in ähnlicher Weise über den Relativismus äußerte:

„Denn den Relativismus zur Grundlage der Erkenntnistheorie machen, heißt unvermeidlich sich entweder zum absoluten Skeptizismus, zum Agnostizismus und zur Sophistik oder zum Subjektivismus verdammen. Der Relativismus als Grundlage der Erkenntnistheorie bedeutet nicht nur die Anerkennung der Relativität unserer Kenntnisse, sondern auch die Leugnung irgendeines objektiven, unabhängig von der Menschheit existierenden Maßes oder Modells, dem sich unsere relative Erkenntnis nähert."[8]

Planck ging es darum, den objektiven Gehalt des Weltbildes herauszustellen, der ungeachtet aller historischen Wandlungen und Veränderungen doch von bleibendem Wert ist. Um wieviel klarer allerdings, um wieviel schärfer, offensiver und wirkungsvoller hätte Planck seine Kritik am Positivismus und Relativismus üben können, wenn er den dialektischen und historischen Materialismus in Betracht gezogen hätte! Von diesem aber trennte Planck die alte preußische Tradition, seine Erziehung und Umgebung, sein gesamtes gesellschaftliches Dasein.

Andererseits aber ist es unter diesem Aspekt auch wieder verdienstvoll, daß er sich überhaupt zu sachlich-materialistischen Ansichten in der Erkenntnistheorie durchgearbeitet hat und sie gegen die herrschenden Zeit- und Modeströmungen des subjektiven Idealismus, des Skeptizismus und Agnostizismus verteidigte.

Die Ausführungen Plancks über das Wesen der Erkenntnis, über das Zustandekommen unserer subjektiven Vorstellungen von der realen Außenwelt (sowohl der sinnlichen als auch der abstrakten) und ihr Verhältnis zur Außenwelt lassen bei eingehender und detaillierter Analyse einige eigentümliche Formulierungen erkennen, die an die Hieroglyphentheorie des Physikers H. v. Helmholtz erinnern. So

---

[5] Ebenda, S. 371. [6] Ebenda. [7] Ebenda, S. 372.

[8] *W. I. Lenin*, „Materialismus und Empiriokritizismus", S. 125/26.

spricht Planck z. B. in seinem Vortrag „Die Kausalität in der Natur“ davon, daß das physikalische Weltbild keine direkt beobachtbaren Größen enthält, sondern nur „Symbole“.[9] Ist Planck Anhänger der Hieroglyphentheorie von Helmholtz, die Lenin in seinem Werk „Materialismus und Empiriokritizismus“ kritisiert?

Lenin schätzte Helmholtz als bedeutenden Naturwissenschaftler und auch dessen materialistische Tendenzen, ohne deswegen seine Inkonsequenzen und Halbheiten in der Kritik zu schonen. Helmholtz wurde von ihm als verschämter Materialist und inkonsequenter Kantianer eingeschätzt[10], der durch seine Hieroglyphen- oder Symboltheorie (die Empfindungen seien bloße Hieroglyphen oder Zeichen der Objekte, die diesen nicht ähnlich zu sein brauchten) den Versuch macht, „so etwas wie eine prinzipielle Trennungslinie zwischen 'Erscheinung‘ und ‚Ding an sich‘ zu ziehen.“[11] Besonders scharf wandte sich Lenin gegen den bei Helmholtz zum Ausdruck kommenden Konventionalismus (Symbole als konventionelle Zeichen, bei denen der Bezug zur objektiven Realität geleugnet bzw. nicht erwähnt wird).

Durch solche Bestrebungen geriet Helmholtz in den Agnostizismus und Idealismus. Bei der Erörterung anderer Fragen neigte er dagegen wieder zum Materialismus. Lenin zeigt dieses Schwanken sehr klar an verschiedenen Beispielen und bemerkt abschließend über den philosophischen Standort Helmholtz':

> „Von dem Kantianer Helmholtz ebenso wie von Kant selbst gingen die Materialisten nach links, die Machisten nach rechts.“[12]

Planck hatte bei Helmholtz studiert. Aus seinen „Persönlichen Erinnerungen aus alten Zeiten“ ist klar zu ersehen, daß er Helmholtz als Physiker sehr schätzte, ihn persönlich auch gut kannte und als Autorität ansah. Helmholtz war es auch gewesen, der Planck wichtige, für dessen Berufswahl entscheidende persönliche Ratschläge gegeben hatte.[13] Es ist daher nicht verwunderlich, daß Helmholtz eine

---

[9] *M. Planck*, „Vorträge und Erinnerungen“, S. 255; in seinem Vortrag „Das Weltbild der neuen Physik“ spricht er davon, daß die reale Außenwelt uns „Zeichen“ übermittelt. (Vgl. ebenda, S. 207)

[10] Lenin schrieb: „Helmholtz, eine der größten Kapazitäten in der Naturwissenschaft, war in der Philosophie, wie die große Mehrzahl der Naturforscher, inkonsequent. Er neigte zum Kantianismus, hielt aber auch in seiner Erkenntnistheorie nicht konsequent an diesem Standpunkt fest.“ (*W. I. Lenin*, „Materialismus und Empiriokritizismus“, S. 223.) Auf der nächsten Seite heißt es: „Helmholtz war ein inkonsequenter Kantianer, der bald die apriorischen Denkgesetze anerkannte, bald zu der ‚transzendenten Realität‘ von Raum und Zeit (d. h. zur materialistischen Auffassung derselben) neigte, der einmal die menschlichen Empfindungen von der Wirkung der äußeren Gegenstände auf unsere Sinnesorgane ableitete und ein andermal die Empfindungen für bloße Symbole erklärte, d. h. für irgendwelche willkürliche Bezeichnungen, die von der ‚ganz verschiedenen‘ Welt der bezeichneten Dinge losgetrennt seien...“ Und auf S. 225 findet sich die knappe Formulierung: „Der Agnostizismus von Helmholtz ähnelt ebenfalls einem ‚verschämten Materialismus‘ mit Kantianischen Ausfällen...“

[11] Ebenda, S. 225. [12] Ebenda, S. 228.

[13] Es ging darum, ob Planck eine ihm angebotene Lehrerstelle annehmen oder die unsichere akademische Laufbahn einschlagen sollte. Hier war es Helmholtz — und nicht

zeitlang großen Einfluß auf Planck ausübte; aber Planck hat sich trotz aller Hochschätzung Helmholtz' stets ein kritisches Urteil bewahrt und erlaubt. Man darf den philosophischen Einfluß Helmholtz' auf Planck nicht überschätzen. Dieser Einfluß war in der Jugendzeit und in den Anfangsjahren der wissenschaftlichen Laufbahn Plancks sehr groß, zu einer Zeit also, als auch der Einfluß Machs und Ostwalds auf Planck recht beachtlich war. Besonders in seiner Kieler Zeit (1885 – 1889) glaubte Planck, – wie schon erwähnt – überzeugter Positivist, zu sein, d. h. er war von Helmholtz unter dem Einfluß Machs nach rechts gegangen.

Später aber begann Planck selbständiger zu werden und überwand allmählich diese Einflüsse. Er hat sich zunehmend von dem philosophischen und auch von dem physikalischen Einfluß seiner Lehrergeneration gelöst und ist eigene Wege gegangen, sowohl in der fachwissenschaftlichen Forschung als auch bei der Bildung philosophischer Ansichten. Natürlich trat Planck gegen Helmholtz nie so auf wie gegen Mach. Helmholtz stand ihm näher, da er im gewissen Grade Materialist war wie Planck auch. Allerdings ist Planck ein weit konsequenterer Materialist als Helmholtz geworden. Trotzdem sah Planck aber nie eine Veranlassung gegen Helmholtz aufzutreten. Sein entscheidender Gegner war der Positivismus Machs sowie der moderne naturwissenschaftliche Positivismus, auf die er das Feuer seiner Kritik richtete. Deshalb gibt es keine direkte Ablehnung oder prinzipielle Kritik von Seiten Plancks an Helmholtz' Hieroglyphentheorie. Das bedeutet aber nicht, daß Planck vollauf mit ihr einverstanden gewesen wäre.

Planck kommt in zwei Vorträgen nebenbei auf diesen Punkt zu sprechen. In seiner ersten Berliner Rektoratsrede „Neue Bahnen der physikalischen Erkenntnis" (1913) sagte Planck:

„Vor 35 Jahren hat Hermann von Helmholtz an dieser selben Stelle ausgeführt, daß unsere Wahrnehmungen uns niemals ein Abbild, sondern uns höchstens ein Zeichen der Außenwelt zu liefern vermögen, denn um irgendeine Art von Ähnlichkeit zwischen der Eigentümlichkeit der äußeren Vorgänge und der Eigentümlichkeit der durch sie erregten Empfindung aufzuzeigen, fehlt es an jeglichen Anhaltspunkten; alle Vorstellungen, die wir uns etwa von der Außenwelt machen, spiegeln eben im letzten Grunde doch nur unsere eigenen Empfindungen wider. Hat es da überhaupt noch einen vernünftigen Sinn, unserem Selbstbewußtsein eine von demselben unabhängige ‚Natur an sich' gegenüberzustellen? Sind nicht vielmehr alle sogenannten Naturgesetze im Grunde genommen nur mehr oder minder zweckmäßige Regeln, mit denen wir den zeitlichen Ablauf unserer Empfindungen möglichst genau und bequem zusammenfassen?

Wenn das so wäre, so hätte sich nicht nur der gemeine Menschenverstand, sondern auch die exakte Naturforschung von jeher in einem grundsätzlichen Irrtum befunden; denn es ist unmöglich zu leugnen, daß die ganze bisherige Entwicklung der physikalischen Erkenntnis tatsächlich gerade auf eine möglichst weitgehende grundsätzliche Trennung der Vorgänge in der äußeren Natur von den Vorgängen in der menschlichen Empfindungswelt hinarbeitet.

Kirchhoff, wie es im Sammelband von Kurzbiographien „Deutsche auf die wir stolz sind" (1. Folge 1955, S. 334) steht – der ihm den für seinen Lebensweg entscheidenden Rat gab, doch die akademische Laufbahn einzuschlagen.

Der Ausweg aus dieser verfänglichen Schwierigkeit ergibt sich sehr bald, wenn man den eingeschlagenen Gedankengang nur noch einen Schritt weiter verfolgt. Setzen wir einmal den Fall voraus, es sei ein physikalisches Weltbild gefunden worden, das allen zu machenden Ansprüchen genügt, das also alle empirisch gefundenen Naturgesetze vollkommen genau darzustellen vermag, dann wird die Behauptung, daß jenes Bild der ‚wirklichen' Natur auch nur einigermaßen ähnlich sei, auf keinerlei Weise bewiesen werden können. Aber dieser Satz hat auch eine Kehrseite, die gemeiniglich viel zu wenig betont wird: Genau ebenso wird die noch weit kühnere Behauptung, daß das vorausgesetzte Weltbild die wirkliche Natur in allen Punkten ohne Ausnahme absolut getreu wiedergibt, auf keinerlei Weise zu widerlegen sein. Denn um einen solchen Widerlegungsbeweis auch nur anzutreten, müßte man von der wirklichen Natur irgend etwas mit Sicherheit aussagen können, was doch anerkanntermaßen gänzlich ausgeschlossen ist.

Man sieht: hier klafft ein ungeheures Vakuum, in welches keine Wissenschaft je einzudringen vermag: und die Ausfüllung dieses Vakuums ist Sache nicht der reinen, sondern der praktischen Vernunft, ist Sache einer gesunden Weltanschauung."[14]

Aus diesen Darlegungen geht hervor, daß Planck die Tendenz der Hieroglyphentheorie zum Positivismus und Agnostizismus sieht. Das zeigt sich ganz klar an seiner Formulierung der Fragen, die die positivistische Richtung ausdrücken.

Aus der entschiedenen Betonung der Kehrseite des Satzes durch Planck kann mit Recht gefolgert werden, daß er selbst nicht völlig mit Helmholtz übereinstimmt und jener „weit kühneren Behauptung" den Vorzug gibt, also jener Behauptung, die besagt, „daß das vorausgesetzte Weltbild die wirkliche Natur in allen Punkten ohne Ausnahme absolut getreu wiedergibt."

Es ist aber andererseits typische, sich als kollegiale Toleranz gebende bürgerliche Versöhnlichkeit, wenn Planck sagt, daß eben beide Standpunkte wissenschaftlich weder beweisbar noch widerlegbar seien. Das hängt mit seiner schon skizzierten Auffassung zusammen, daß die Weltanschauung zum Teil eine Sache des Glaubens (allerdings nicht des religiösen Glaubens) ist, die Sache einer vernünftigen, wissenschaftlich und logisch nicht beweisbaren Einstellung, eben, wie er es sagt, „Sache einer gesunden Weltanschauung". Es ist logisch anzunehmen, daß Planck seine Auffassung für vernünftig und gesund hielt. Darin steckt schon eine verborgene Kritik aller anderen Auffassungen. Mit Recht kann man daraus die gegenteiligen Aussagen für gegenteilige weltanschauliche und philosophische Auffassungen folgern; für den Positivismus hat Planck diese Folgerung selbst ausgesprochen, Helmholtz gegenüber nicht.

Siebzehn Jahre später kam Planck bei seinem Vortrag „Positivismus und reale Außenwelt" noch einmal auf Helmholtz zu sprechen.[15] Dabei bediente sich Planck

---

[14] *M. Planck*, „Vorträge und Erinnerungen", S. 77/78.

[15] „Dem Physiker ist das ideale Ziel die Erkenntnis der realen Außenwelt; aber seine einzigen Forschungsmittel, seine Messungen, sagen ihm niemals etwas direkt über die reale Welt, sondern sind immer nur eine gewisse mehr oder weniger unsichere Botschaft oder, wie es Helmholtz einmal ausgedrückt hat, ein Zeichen, das die reale Welt ihm übermittelt und aus dem er dann Schlüsse zu ziehen sucht, ähnlich einem Sprachforscher, welcher eine Urkunde zu enträtseln hat, die aus einer ihm gänzlich unbekannten Kultur stammt. Was er dabei von vornherein voraussetzt und voraussetzen muß, wenn seiner Arbeit überhaupt

sehr wahllos sowohl der zweideutigen Termini Helmholtz' als auch eindeutiger materialistischer Formulierungen. Er spricht von Zeichen und Botschaften der Außenwelt und benutzt zugleich auch Formulierungen, die dem konventionellen Gehalt der Symboltheorie entgegengesetzt sind. So heißt es z. B. gleich im Anschluß an den Absatz, in dem er über Helmholtz sprach:

„Vom Standpunkt des Positivismus betrachtet ist natürlich die Idee eines physikalischen Weltbildes und das stete Ringen nach Erkenntnis des Realen etwas Fremdes, Sinnloses. Denn wo kein Gegenstand vorhanden ist, da gibt es auch nichts, was abgebildet werden kann."[16]

Bemerkenswert ist hier die Formulierung, daß im physikalischen Weltbild die objektive Außenwelt *abgebildet* wird. Diese eindeutige Formulierung gebrauchte Planck auch an anderer Stelle. So z. B. in seiner Erwiderung auf die Antrittsrede von Schrödinger in der Akademie, in der Planck sagte, die physikalische Theorie müsse ein „getreues Abbild der Natur" darstellen.[17] Planck spricht auch davon, daß die Wissenschaft die Welt wirklich erkenne. Das richtet sich gegen Konventionalismus und erkenntnistheoretischen Relativismus. Die in solchen Formulierungen zum Ausdruck kommenden Ansichten haben mit der Symboltheorie von Helmholtz nichts mehr gemeinsam.

Allerdings hat Planck keine klare und bewußte Abbildtheorie entwickelt, sondern nur spontane Äußerungen in dieser Richtung getan. In dieser Beziehung ist seine Erkenntnistheorie noch recht ungeformt, aber der Unterschied zu Helmholtz ist vorhanden.

Gerade Lenin legte Wert auf die Formulierung „Abbild", „Widerspiegelung". Es ist keine zufällige stilistische Wendung, wenn Planck diese Formulierungen recht oft benutzt. Auch in seinem ersten Leidener Vortrag sprach Planck von Widerspiegelung.[18]

Wir können daraus mit Recht folgern, das Planck Helmholtz' Theorie materialistisch auffaßte und deutete, daß er sachlich keine Zugeständnisse an den Idealismus

---

ein Erfolg möglich sein soll, ist, daß der Urkunde ein gewisser vernünftiger Sinn innewohnt. So muß auch der Physiker voraussetzen, daß die reale Welt gewissen uns unbegreiflichen Gesetzen gehorcht, wenn er auch keine Aussicht hat, diese Gesetze vollständig zu erfassen oder auch nur ihre Natur von vornherein mit voller Sicherheit festzustellen.

Im Vertrauen auf die Gesetzlichkeit der realen Welt formt er sich nun ein System von Begriffen und Sätzen, das sogenannte physikalische Weltbild, welches er nach bestem Wissen und Können so ausstattet, daß es, an die Stelle der realen Welt gesetzt, ihm möglichst die nämlichen Botschaften zusendet als diese. Insoweit ihm das gelingt, darf er, ohne eine sachliche Widerlegung befürchten zu müssen, die Behauptung aufstellen, daß er eine Seite der realen Welt wirklich erkannt hat, obwohl sich eine solche Behauptung natürlich niemals direkt beweisen läßt. Ohne überheblich zu erscheinen, darf man wohl seinem Erstaunen und seiner Bewunderung Ausdruck geben, bis zu welch hohem Grade von Vollendung der menschliche Forschergeist seit den Zeiten des Aristoteles das physikalische Weltbild auszugestalten verstanden hat." (Ebenda, S. 235/36).

[16] Ebenda, S. 236.

[17] Vgl. „Max Planck in seinen Akademieansprachen", S. 122.

[18] *M. Planck*, „Vorträge und Erinnerungen", S. 29 und 47.

und Agnostizismus in diesem Punkt gemacht hat, daß er von Helmholtz aus nach „links" ging; allerdings arbeitet Planck an manchen Stellen terminologisch mit unsauberen Formulierungen, indem er einmal konsequente und eindeutige Formulierungen gebraucht, aber an anderen Stellen die zweideutigen Termini Helmholtz', wie z. B. Zeichen, Botschaft, Symbol usw. verwendet.

Bei der Einschätzung des Verhältnisses Plancks zu Helmholtz ist noch ein weiterer Gesichtspunkt wichtig.

Lenin kritisierte Helmholtz nicht so sehr wegen des bloßen Terminus Hieroglyphe oder Symbol, sondern vor allem wegen der Bemerkung, daß die Symbole keine Art von Ähnlichkeit mit dem Objekt, keinen eindeutigen vom Objekt bestimmten Bezug zu diesem haben, sondern daß sie konventionelle Zeichen sein sollen, die willkürlich vom Subjekt für praktische Zwecke festgelegt werden. Entscheidend ist also nicht die bloße Formulierung und das bloße Wort Symbol, sondern entscheidend ist, was man begrifflich mit diesem Wort faßt.

Lenin schreibt:

„Gewiß kann ein Abbild dem Modell nie ganz gleich sein, doch ist ein Abbild etwas ganz anderes als ein Symbol, ein *konventionelles Zeichen*. Das Abbild setzt die objektive Realität dessen, was ‚abgebildet' wird, notwendig und unvermeidlich voraus. Das ‚konventionelle Zeichen', das Symbol, die Hieroglyphe sind Begriffe, die ein absolut unnötiges Element des Agnostizismus hineinbringen."[19]

Bemerkenswert ist an der Leninschen Einschätzung Helmholtz' noch, daß Lenin Helmholtz trotzdem nicht zu Mach oder Poincaré, sondern zu der mechanisch-materialistischen Schule in der Physik zählte.[20]

Wenn wir Plancks Begriffe untersuchen, für die er manchmal eindeutige, zuweilen aber auch zweideutige Bezeichnungen verwendet, so zeigt sich, daß Planck unter Symbol nie ein konventionelles Zeichen versteht. Planck lehnte jeden Konventionalismus ab. Gegen A. Müller betonte er ausdrücklich:

„Diese im naturwissenschaftlichen Weltbild herrschende Gesetzlichkeit wird nicht nach allgemeiner Übereinkunft definiert, sondern sie wird von dem einzelnen Forscher entdeckt, sie drängt sich ihm, wenn er erst einmal auf ihre Spur gekommen ist, mit unwiderstehlicher Macht, manchmal sogar gegen seine Erwartung, auf und ist dann auch für alle anderen Forscher verbindlich."[21]

Planck verstand unter Symbol oder Zeichen nicht konventionelle Vereinbarungen sondern abstrakte Abbilder der Außenwelt im Weltbild im Unterschied zu sinnlichen Abbildern. Es handelt sich hier also nur um terminologische Differenzen mit dem Materialismus, weniger um sachliche Unterschiede. Planck betonte stets, daß die subjektive menschliche Konvention in der Formulierung der Gesetzmäßigkeiten und beim Entwicklungsgang des wissenschaftlichen Weltbildes völlig sekundär ist, daß stets objektive Gegenstände, Zusammenhänge der realen Außenwelt erfaßt bzw.

---

[19] *W. I. Lenin*, „Materialismus und Empiriokritizismus", S. 225.

[20] Vgl. ebenda, S. 247.

[21] *M. Planck*, „Naturwissenschaft und reale Außenwelt", in: „Die Naturwissenschaften", Heft 50/1940, S. 778.

abgebildet werden. Immer betonte Planck diesen eindeutigen Bezug auch der abstrakten Begriffe zur realen Außenwelt; das ist der grundlegende materialistische Gesichtspunkt in dieser Frage.

Der Idealismus und Agnostizismus beginnt dort, wo diese eindeutige Entsprechung zur Außenwelt geleugnet wird, wo die Erkenntnis und Begriffsbildung zu einer Sache menschlicher Willkür, Beliebigkeit oder Konvention deklariert wird. Wenn aber der Bezug zwischen dem abstrakten Begriff, den Planck manchmal Zeichen oder Symbol nennt, und der objektiven Realität eindeutig von dieser Realität her bestimmt wird und ist, so handelt es sich dabei um einen eindeutigen materialistischen Standpunkt.

Angesichts der unerhört abstrakten Begriffe der modernen Physik wird es überhaupt problematisch, noch weiter von immer mehr zunehmender Ähnlichkeit (im wörtlichen Sinn) zwischen der rational begrifflichen Widerspiegelung der Objekte und Prozesse und den Prozessen und Objekten selbst zu sprechen. Ohne Zweifel fassen die abstrakten Begriffe der Quantenphysik das Wesen der entsprechenden Prozesse besser, klarer und stellen eine tiefere Erkenntnis dar, aber daß sie den objektiven mikrophysikalischen Prozessen immer ähnlicher (im bildlichen und anschaulichen Sinn des Wortes) werden, ist wohl nicht anzunehmen.

Vom Standpunkt der marxistischen Erkenntnistheorie ist angesichts dieser Umstände wichtig, zu betonen, daß diese zunehmende Unanschaulichkeit keineswegs den Agnostikern, Positivisten und Konventionalisten recht gibt, sondern daß stets der objektiv bestimmte Bezug zwischen allen abstrakten Vorstellungen und Begriffen und der realen Außenwelt eindeutig gewahrt bleibt; und dieser eindeutig objektiv bestimmte Bezug ist das Entscheidende, nicht aber die These von der Ähnlichkeit oder Unähnlichkeit. Der moderne materialistische Standpunkt in der Erkenntnistheorie ist vollauf gewahrt, wenn man diesen eindeutigen objektiven Bezug anerkennt und nachweist. Auf die bildlich-anschauliche Ähnlichkeit, die es in den sinnlichen Widerspiegelungen gibt, muß und kann man im Reich der Abstraktion verzichten.

Wichtig ist für eine materialistische Erkenntnistheorie der prinzipielle Hinweis darauf, daß auch diese abstrakten Erkenntnisse ihrem erkenntnistheoretischem Wesen nach Widerspiegelungen, Abbilder der unabhängig vom menschlichen Bewußtsein existierenden Realität sind. Der Begriff des Abbildes darf in der Erkenntnistheorie nicht in mechanischer Analogie zum Spiegel oder dem Foto verstanden oder aufgefaßt werden, da das eine anschaulich-bildlich-konkrete Ähnlichkeit erfordert. Alle Kritiken der Abbildtheorie, die einen solchen Abbildbegriff zugrunde legen[22], machen sich deshalb des logischen Fehlers der ignoratio elenchi schuldig und treffen zwar die alte materialistische Abbildtheorie Demokrits, nicht aber die durch Lenin auf die Höhe wissenschaftlicher Abstraktion gehobene marxistische Abbildtheorie.

---

[22] Das geschieht z. B. in dem Versuch einer Kritik der marxistischen Erkenntnistheorie durch *A. Baumgartens* „Bemerkungen zur Erkenntnistheorie des dialektischen und historischen Materialismus", Berlin 1957, in denen eben aus solchen Erwägungen heraus prinzipielle Bedenken gegen die marxistische Abbildtheorie geltend gemacht werden. (Vgl. S. 135 ff.)

Im „Philosophischen Nachlaß" spricht Lenin davon[23], daß unsere Erkenntnis durch das Aufsteigen zum Abstrakten sich einerseits von dem Bild der Wirklichkeit 'entfernt' aber dabei diese tiefer erfaßt, da sie zum Wesen der Dinge vordringt und nicht nur die Oberfläche der Objekte und Prozesse widerspiegelt. Die sinnliche, anschauliche Widerspiegelung gibt uns nur das Äußere, die Oberfläche der Erscheinungen, in der entsprechende Abbilder den Objekten tatsächlich in bildlichem Sinn ähnlich sind. Das abstrakte Denken jedoch vermag zum Inneren, zum Wesen der Dinge vorzudringen und die Gesetzmäßigkeiten zu enthüllen; Unanschaulichkeit und geringe bildliche Ähnlichkeit sind dabei kein prinzipieller erkenntnistheoretischer Mangel.

In gewissem Sinne mag auch Planck von diesem Gesichtspunkt im Erkenntnisprozeß ausgegangen sein. Auch Planck spricht von der „fortschreitenden Abkehr des physikalischen Weltbildes von der Sinnenwelt" und faßt diesen Prozeß auf als „eine fortschreitende Annäherung an die reale Welt".[24] In dieser Beziehung vertrat Planck auch einen gewissen Erkennbarkeitsoptimismus.

Im Gegensatz zu den Positivisten spricht Planck nie von irgendwelchen Grenzen der Erkenntnis, an denen die Wissenschaft einmal werde haltmachen müssen. Im modernen naturwissenschaftlichen Positivismus wird der Agnostizismus hauptsächlich mit der Störung begründet, die jede physikalische Beobachtung oder Messung an den zu beobachtenden bzw. zu messenden mikrophysikalischen Prozessen hervorruft, sowie mit der sich aus Plancks Entdeckung des Wirkungsquantums ergebenden Heisenbergschen Unschärferelation.

Plancks Kritik an diesen Auffassungen und Argumenten des modernen Positivismus ist besonders dadurch gekennzeichnet, daß Planck sehr gut zu unterscheiden weiß zwischen gesicherten physikalischen Sätzen und den positivistischen Schlußfolgerungen, die daraus gezogen werden.

Es ist keineswegs so, daß Planck, der in den 30er Jahren immerhin schon über 70 Jahre war, die neueren Erkenntnisse und Fortschritte der Quantenphysik nicht mehr begriffen oder in bornierter und konservativer Art abgetan hätte. Im Gegenteil: er beschäftigte sich noch eingehend mit allen neuen Problemen und Forschungsergebnissen; er stand bis ins hohe Alter auf der Höhe des Entwicklungsstandes der Physik seiner Zeit.

Bei seiner Kritik positivistischer Schlußfolgerungen und Deutungen der Unbestimmtheitsrelation und der Störung hob Planck stets eindeutig hervor, daß er die Unbestimmtheitsrelation selbst als bewiesenen und gesicherten physikalischen Satz ansähe[25] und auch keineswegs bezweifle, daß bei mikrophysikalischen Experimenten

---

[23] Vgl. z. B. S. 89 und 152.

[24] *M. Planck*, „Das Weltbild der neuen Physik" in: „Vorträge und Erinnerungen", S. 210.

[25] Das bringt er besonders im zweiten Leidener Vortrag „Das Weltbild der neuen Physik" zum Ausdruck, wo Planck nach der Darlegung des Inhalts der Heisenbergschen Unschärferelation unter Hinweis auf ihre Gegensätzlichkeit zur klassischen Mechanik schreibt: „So

durch die Beobachtung und Messung Störungen im Ablauf der Prozesse auftreten müssen, weil eben die physikalischen Hilfsmittel in der Mikrophysik prinzipiell nicht unter die Größenordnung der zu messenden bzw. zu beobachtenden Vorgänge heruntergedrückt werden könnten.

Planck verwarf und kritisierte aber alle positivistischen Schlußfolgerungen aus diesen physikalischen Tatbeständen; er zeigte, daß die positivistische Auffassung keineswegs notwendig und logisch aus den physikalischen Fakten folgt; sie folge daraus nur unter stillschweigender Voraussetzung der positivistischen Grundthese im allgemeinen und der typisch positivistischen Geringschätzung der Theorie im besonderen.

Hinsichtlich der vom Positivismus postulierten Grenze der Erkennbarkeit, die angeblich aus dem Wirkungsquantum folge, bemerkte Planck, daß das Wirkungsquantum nur eine Grenze für die Genauigkeit der physikalischen Messungen ziehe,[26] nicht aber für die Erkennbarkeit. Dasselbe gelte für die erkenntnistheoretische Interpretation der Unbestimmtheitsrelation überhaupt.

Die objektive Schranke für die Messung ist keine prinzipielle Schranke der Erkenntnis – das betont Planck besonders deutlich in seinen Vorträgen „Determinismus und Indeterminismus" und „Die Physik im Kampf um die Weltanschauung". Dort heißt es:

„Freilich, die Hoffnung, durch Messungen einen einigermaßen direkten Einblick in die Art der Gesetzlichkeit atomarer Vorgänge gewinnen zu können, rückt immer weiter in die Ferne ... Aber zum Glück besitzen wir ein Meßinstrument, das an keinerlei Grenze der Feinheit gebunden ist, das ist der Flug unserer Gedanken."[27]

---

seltsam diese Behauptung klingt, so deutlich wird sie durch verschiedene Tatsachen bestätigt." (Ebenda, S. 219)

[26] Planck drückt das folgendermaßen aus: „Ja, in der Existenz des unteilbaren Wirkungsquantums ist sogar eine ganz bestimmte zahlenmäßig angebbare Grenze festgelegt, über die hinaus auch die feinste physikalische Meßmethode keinen Aufschluß über alle Fragen nach den Einzelheiten realer Vorgänge zu liefern vermag. Daher bleibt nur die Folgerung übrig, daß solche Fragen gar keinen physikalischen Sinn haben. Hier ist der Punkt, wo die Ergebnisse der Messung durch die freie Spekulation ergänzt werden müssen, um das physikalische Weltbild nach Möglichkeit abzurunden und damit einer Erkenntnis der realen Welt etwas näher zu kommen." (Ebenda, S. 240) (Die Formulierung „freie Spekulation" ist hier nicht im abwertenden Sinn gemeint, sondern Planck will damit die Arbeit des Theoretikers kennzeichnen, die über die bloße Messung und Beobachtung hinausgeht, die im relativ freien Kombinieren besteht und auf das Entdecken der Gesetze gerichtet ist.)

Ähnlich hatte Planck auch in seinem Vortrag „Kausalität in der Natur" formuliert: „Soviel darf allerdings nach dem Gesagten als festgestellt gelten, daß durch das elementare Wirkungsquantum eine objektive Schranke gezogen ist, über welche die Leistungsfähigkeit der uns zur Verfügung stehenden physikalischen Meßgeräte nicht hinausreicht und welche uns für alle Zeiten hindern wird, die feinsten physikalischen Vorgänge ‚an sich' d. h. unabhängig von ihrem Ursprung und von ihren Auswirkungen kausal vollständig zu verstehen." (Ebenda, S. 264)

[27] Ebenda, S. 345/46.

In seinem Vortrag „Die Physik im Kampf um die Weltanschauung" sind noch einmal alle Argumente gegen den Positivismus in dieser Frage zusammenfassend dargelegt:

„Daß den Messungen in der Atomphysik eine prinzipielle Genauigkeitsgrenze gezogen ist, wird auch durch die Überlegung verständlich, daß die Messungsinstrumente ja selber aus Atomen bestehen und daß die Genauigkeit jedes Meßinstrumentes ihre Grenze findet in der Empfindlichkeit, mit der es anspricht.

Mit einer Brückenwaage kann man nicht auf Milligramme genau messen.

Wenn man aber nur Brückenwaagen zur Verfügung hat und wenn jede Aussicht fehlt, sich feinere Waagen zu verschaffen? Ist es dann nicht ratsamer, auf den Versuch genauer Wägungen grundsätzlich zu verzichten und die Frage nach den einzelnen Milligrammen für sinnlos zu erklären, als einer Aufgabe nachzuspüren, die durch direkte Messung gar nicht gelöst werden kann?

Wer so spricht, unterschätzt die Bedeutung der Theorie, denn die Theorie führt uns in gewisser von vornherein gar nicht absehbarer Weise über die direkte Messung hinaus, vermittels der sogenannten Gedankenexperimente, die uns weitgehend unabhängig machen von den Mitteln der wirklichen Instrumente. Nichts ist verkehrter als die Behauptung, ein Gedankenexperiment besitze nur insofern Bedeutung, als es jeder Zeit durch Messung verwirklicht werden kann. Wenn das richtig wäre, so würde es z. B. keine exakten geometrischen Beweise geben...

Mit dem Gedankenexperiment erhebt sich der Geist des Forschers über die Welt der wirklichen Meßwerkzeuge hinaus. Sie verhilft ihm zur Bildung von Hypothesen und zur Formulierung von Fragen, deren Prüfung durch wirkliche Experimente ihm den Einblick in neue gesetzmäßige Zusammenhänge eröffnet, auch in solche Zusammenhänge, welche einer direkten Messung unzugänglich sind. Ein Gedankenexperiment ist an keine Genauigkeitsgrenze gebunden, denn Gedanken sind feiner als Atome und Elektronen, auch fällt dabei die Gefahr einer kausalen Beeinflussung des zu messenden Vorganges durch das Messungsinstrument fort. Die einzige Bedingung, von der die erfolgreiche Durchführung eines Gedankenexperiments abhängt, ist die Voraussetzung der Gültigkeit widerspruchsfreier gesetzlicher Beziehungen zwischen den betreffenden Vorgängen. Denn was man als nicht vorhanden voraussetzt, darf man auch nicht zu finden hoffen.

Gewiß ist ein Gedankenexperiment eine Abstraktion, aber diese Abstraktion ist dem Physiker, und zwar sowohl dem Experimentator wie dem Theoretiker bei seiner Arbeit ebenso unentbehrlich wie diejenige, daß es eine reale Außenwelt gibt. Denn ebenso, wie wir bei jedem Vorgang, den wir in der Natur beobachten, etwas voraussetzen müssen, was unabhängig von uns verläuft, müssen wir auf der anderen Seite danach trachten, uns von den Mängeln unserer Sinne und unserer Messungsmethoden möglichst zu befreien und von einer höheren Warte aus die Einzelheiten des Vorgangs zu durchschauen."[28]

Am konkreten Beispiel der Bestimmung des Gewichts eines Atoms zeigt Planck, daß der Pessimismus der Positivisten hinsichtlich der Erkennbarkeit solcher Vorgänge, die sich nicht direkt messen lassen, unbegründet und hemmend ist,[29] daß

---

[28] Ebenda, S. 293/94.

[29] „Noch vor 50 Jahren galt bei allen positivistisch denkenden Physikern die Frage der Bestimmung des Gewichts eines einzelnen Atoms als physikalisch sinnlos, als ein Scheinproblem, weil es einer wissenschaftlichen Untersuchung unzugänglich sei. Heute läßt sich das Gewicht eines Atoms bis auf den zehntausendsten Teil seines Betrages angeben, ob-

ihre allzu leichtfertige Bereitschaft, ein Problem als sinnlos, bzw. unerkennbar auszugeben,[30] im konkreten Fall bisher stets die physikalische Wissenschaft irritiert und aufgehalten hat, daß aber der Fortschritt der physikalischen Erkenntnis solche Auffassungen durch die Praxis wieder über den Haufen warf.

Auch die von den Positivisten vielfach besprochenen Störungen der Vorgänge sind nach Planck kein berechtigter Einwand gegen die These der grundsätzlichen Erkennbarkeit der Welt und schon gar nicht gegen die These von der realen Außenwelt.[31]

Die Störungen beweisen nicht, daß der Mensch irgendwo an prinzipielle Grenzen der Erkenntnis stoßen wird. An vielen Stellen seiner philosophischen Arbeiten kommt dieser Erkenntnisoptimismus zum Ausdruck.

Der stete Fortschritt der Wissenschaft hinsichtlich der Erkenntnis der realen Außenwelt war nach seiner Meinung durchaus gewährleistet. Planck war fest davon überzeugt, und begründete dies auch, daß der Mensch in immer größerem Maße seine Erkenntnis über die Außenwelt vermehren könne und vermehren werde.

Jedem Gerede vom Zusammenbruch der Wissenschaft trat er energisch entgegen. In der Geschichte der Wissenschaft und im Prozeß der ständigen Änderung der Weltbilder der Wissenschaft sah Planck einen Entwicklungsprozeß der immer weiteren Vervollkommnung des wissenschaftlichen Weltbildes, einen Prozeß der Annäherung der menschlichen Begriffswelt an die reale Welt, einen Prozeß, der auf ein immer besseres, tieferes und richtigeres Erfassen der objektiven Realität durch die Menschen und zu einer Abrundung seines gesamten Wissens tendiert. Gleichzeitig jedoch warnte Planck vor maßlosem Optimismus und betonte, daß der Mensch nie in die Lage geraten werde, sagen zu können: nun ist absolut alles erkannt und es bleibt nichts mehr zu erforschen übrig.

Vor einer solchen Auffassung, daß der Erkenntnisprozeß der gesamten Menschheit jemals zum Abschluß kommen würde, zu warnen, ist keineswegs Agnostizismus.

---

wohl unsere feinsten Waagen zur direkten Messung ebenso untauglich sind, wie eine Brükkenwaage zur Messung von Milligrammen. Daher muß man sich wohl hüten, ein Problem, für dessen Bewältigung vorerst kein deutlicher Weg zu erblicken ist, für ein Scheinproblem zu erklären. Es gibt eben nun einmal kein Kriterium, um a priori zu entscheiden, ob ein vorliegendes Problem physikalisch sinnvoll ist oder nicht. Das ist ein Punkt, der von den Positivisten vielfach übersehen wird." (Ebenda, S. 295)

[30] Diese zwei Formulierungen sind die beiden Varianten, in denen in der positivistischen Literatur der Agnostizismus vertreten wird. Häufig wird die Formulierung „unerkennbar" ersetzt durch die Behauptung, daß es sich bei der betreffenden Frage um ein Scheinproblem, um eine sinnlose Frage handele.

[31] „In jedem Fall", sagte Planck unter Hinweis auf die Unschärferelation und die Störungen, „sollten wir, wie ich meine, an der Grundvoraussetzung jeglicher wissenschaftlicher Forschung festhalten, daß alles Weltgeschehen unabhängig verläuft von den Menschen und ihren Meßwerkzeugen. Wenn wir nun auch, um von den Geschehnissen Kunde zu erhalten, in erster und letzter Linie auf Messungen angewiesen sind und wenn durch Messungen stets mehr oder weniger große Störungen in den Ablauf der zu messenden Vorgänge hineingebracht werden, so ist damit keineswegs von vornherein ausgeschlossen, daß diese Störungen erkannt und berücksichtigt werden können." (Ebenda, S. 345)

Planck betonte gleichzeitig immer, daß die Erkenntnis der gesamten Menschheit ein historisch fortschreitender Prozeß der unendlichen Annäherung an die — marxistisch formuliert — absolute Wahrheit ist (begriffen als Totalerkenntnis alles Existierenden, die Planck manchmal auch als das „Absolute" bezeichnet).

Bei diesem Entwicklungsprozeß wird es nirgendwo Probleme geben, die prinzipiell nicht lösbar, d. h. unerkennbar wären. Das ist auch Plancks Auffassung, die er besonders in seinem Vortrag „Die Physik im Kampf um die Weltanschauung" umriß:

„Wie dem immerhin sein mag und welche Erkenntnisse dereinst einmal ans Tageslicht kommen werden, eins läßt sich auf alle Fälle mit voller Sicherheit behaupten: von einer restlosen Erfassung der realen Welt wird ebensowenig die Rede sein können, wie von einer Erhebung der menschlichen Intelligenz bis in die Sphäre des idealen Geistes. Das sind und bleiben eben Abstraktionen, die begriffsmäßig außerhalb der Wirklichkeit liegen. Wohl aber hindert nichts an der Annahme, daß wir uns dem unerreichbaren Ziel fortdauernd und unbegrenzt annähern können, und dieser Aufgabe zu dienen, in der einmal als aussichtsreich erkannten Richtung dauernd vorwärts zu kommen, ist gerade der Sinn der unablässigen, tätigen, sich immer aufs neue korrigierenden, wissenschaftlichen Arbeit. Daß es sich dabei wirklich um ein Fortschreiten, nicht etwa nur um ein zielloses Hin- und Herpendeln handelt, wird dadurch bewiesen, daß wir von jeder neu gewonnenen Erkenntnisstufe aus alle vorherigen Stufen vollständig überschauen können, während der Blick auf die vor uns liegenden noch verhüllt ist, ähnlich wie ein zu neuen Höhen emporstrebender Bergwanderer die bereits erklommenen Gipfel von oben überschaut und den gewonnenen Überblick für den weiteren Aufstieg verwertet."[32]

Von prinzipieller Unerkennbarkeit oder sonstigen Grenzen und Schranken der Erkenntnis ist bei Planck im Gegensatz zu den Ausführungen der modernen Positivisten fast nie die Rede.

Im Kampf gegen den Relativismus verteidigte Planck den objektiven Charakter der Erkenntnis, den er meist als absoluten Charakter bezeichnet. Planck betonte dabei, daß der Erkenntnisprozeß insgesamt kein Schwanken von Irrtum zu Irrtum ist, sondern daß in diesem Prozeß eine Vorwärts- und Aufwärtsentwicklung stattfindet, daß immer mehr — marxistisch formuliert — objektive Wahrheiten angesammelt werden.[33]

---

[32] Ebenda, S. 296. — An anderer Stelle heißt es: „Die Arbeit der Wissenschaft stellt sich uns also dar als ein unablässiges Ringen nach einem Ziel, welches niemals erreicht werden wird und grundsätzlich niemals erreicht werden kann. Denn das Ziel ist metaphysischer Art, es liegt hinter jeglicher Erfahrung.

Aber heißt es nicht, alle Wissenschaft für sinnlos erklären, wenn man behauptet, daß sie nur einem luftigen Phantom nachjagt? — Mitnichten. Denn gerade aus diesem fortwährenden Ringen erwachsen in unaufhörlich anschwellender Menge die wertvollen Früchte, welche uns den handgreiflichen, allerdings auch den einzigen Beweis dafür liefern, daß wir auf dem rechten Wege sind und daß wir dem in unerreichbarer Ferne winkenden Ziel doch dauernd näher rücken." (Ebenda, S. 235)

[33] Planck sagte in seiner Gastvorlesung in München „Vom Relativen zum Absoluten": „Wer bürgt uns dafür, daß ein Begriff, welchem wir heute einen absoluten Charakter zuschreiben, vielleicht schon morgen sich in einem gewissen Sinn als relativ erweisen und

Einige Male benutzte Planck allerdings auch das Wort „unerkennbar", und zwar in seinen Vorträgen „Das Weltbild der neuen Physik"[34] und „Religion und Naturwissenschaft".

Im letzteren heißt es:

„In jedem Falle dürfen wir zusammenfassend sagen, daß nach allem, was die exakte Naturwissenschaft lehrt, im gesamten Bereich der Natur, in der wir Menschen auf unserem winzigen Planeten nur eine verschwindend kleine Rolle spielen, eine bestimmte Gesetzlichkeit herrscht, welche unabhängig ist von der Existenz einer denkenden Menschheit, welche aber doch, soweit sie überhaupt von unsern Sinnen erfaßt werden kann, eine Formulierung zuläßt, die einem zweckmäßigen Handeln entspricht. Sie stellt also eine vernünftige Weltordnung dar, der Natur und Menschheit unterworfen sind, deren eigentliches Wesen aber für uns unerkennbar[35] ist und bleibt, da wir nur durch unsere spezifischen Sinnesempfindungen, die wir niemals vollkommen ausschalten können, von ihr Kunde erhalten. Doch berechtigen uns die tatsächlich reichen Erfolge der naturwissenschaftlichen Forschung zu dem Schluß, daß wir uns durch unablässige Fortsetzung der Arbeit dem unerreichbaren Ziel doch fortwährend nähern, und stärken uns in der Hoffnung auf eine stete fortschreitende Verbindung unserer Einblicke in das Walten der über die Natur regierenden allmächtigen Vernunft."[36]

Auch hier kommt wieder die schon erwähnte objektiv-idealistisch-pantheistische Tendenz zum Ausdruck, die Planck das theoretische Fundament zu einer angeblichen Harmonie zwischen Naturwissenschaft und Religion geben soll, wovon noch zu sprechen sein wird. Man sieht, wie sich der Agnostizismus durch die theoretische Hintertür der Weltvernunft einschleichen kann. Diese Neigung zum Agnostizismus

---

einem höheren absoluten Begriff weichen wird? Hier kann es nur eine einzige Antwort geben!

Nach allem, was wir erlebt und gelernt haben, kann eine derartige Bürgschaft niemand in der Welt übernehmen. Ja, wir dürfen wohl sogar mit aller Sicherheit behaupten, daß das Absolute schlechthin uns niemals faßbar sein wird. Das Absolute bildet vielmehr ein ideales Ziel, das wir stets vor uns haben, ohne es doch jemals erreichen zu können — ein allerdings vielleicht betrüblicher Gedanke, mit dem wir uns eben abfinden müssen. Es geht uns darin ähnlich wie einem in unbekanntem Gelände wandernden Bergsteiger, der niemals weiß, ob hinter dem Gipfel, den er vor sich sieht und dem er mühsam zustrebt, sich nicht ein noch höherer auftürmt. Wohl aber mag es ihm, so auch uns zum Troste dienen, daß es dabei doch immer aufwärts und vorwärts geht und daß uns nichts hindert, dem ersehnten Ziel in unbeschränktem Grade näherzukommen. Diese Annäherung immer weiterzutreiben und immer enger zu gestalten, ist das eigentliche unausgesetzte Streben einer jeglichen Wissenschaft..." (Vgl. ebenda, S. 182)

[34] Vgl. ebenda, S. 223.

[35] Zwar findet sich in der bei Joh. A. Barth, Leipzig 1953 erschienenen 12., laut Angabe unveränderten Auflage des angeführten Vortrages Plancks, auf der Seite 25 statt dem Wort „unerkennbar" nur „erkennbar", es spricht jedoch sowohl der Satzbau als auch der Umstand, daß in allen Auflagen des alten Sammelbandes der Vorträge Plancks „Wege zur physikalischen Erkenntnis" und auch in dem 1949 in Stuttgart erschienenen Sammelband „Vorträge und Erinnerungen" „unerkennbar" steht, dafür, daß es sich in der Broschüre um einen Druckfehler handelt.

[36] Ebenda, S. 330/31.

findet aber in Plancks naturphilosophischen Ansichten keinen konkreten Boden. In dieser Beziehung war Planck kein Anhänger des Agnostizismus. Sein Agnostizismus wirkt sich vor allem hinsichtlich gesellschaftswissenschaftlicher Fragen aus. Er führte dort auf der Grundlage der Unkenntnis Plancks auf diesem Gebiet zu seiner Resignation und rief direkt fatalistische Neigungen hervor. Im Bereich der Naturwissenschaft dagegen ist Planck weit optimistischer. Hier steht der Agnostizismus außerordentlich im Hintergrund.

Der Agnostizismus vertritt vor allem die Meinung, daß es keine objektive Realität gibt, bzw. daß man von ihr nichts weiß und andererseits, daß es prinzipielle Schranken der Erkenntnis gibt, daß dieses oder jenes Problem unerkennbar, ein unlösbares Welträtsel sei, für das jenes Wort gilt, das Emil du Bois Reymond prägte: „Jgnorabimus". Solche Auffassungen hat Planck nicht vertreten. Ihm ging es in der Naturphilosophie vor allem um die Frage, ob die absolute Wahrheit erreichbar ist oder nicht. Die Unkenntnis des dialektischen Wechselverhältnisses von relativer und absoluter Wahrheit führte bei Planck zu unklaren und zweideutigen Formulierungen. Wenn er vom Unerforschlichen spricht, meint er sehr weitgehend die absolute Wahrheit im Sinne der Totalerkenntnis der Welt. Planck ahnt hier das dialektische Verhältnis von relativer und absoluter Wahrheit, eine Ahnung, die schon in seinen Ausführungen über die stete Annäherung der Erkenntnis der Menschheit an das ideale Ziel der Wissenschaft mitschwingt. Es geht also Planck an dieser Stelle wesentlich darum, zu betonen, daß die absolute Wahrheit unerreichbar ist. Statt der Formulierung „unerkennbar" sollte besser die Bezeichnung „unerreichbar" stehen, die den sachlichen Unterschied zum Agnostizismus eindeutig ausdrückt. An derselben Stelle sprach Planck ja auch vom unerreichbaren Ziel.

Von den Vertretern des Positivismus und Agnostizismus wird gern noch der Schluß des Vortrages Plancks „Sinn und Grenzen der exakten Wissenschaft" als Beweis dafür angeführt, daß Planck zum Agnostizismus neigt. Der 88jährige Greis schloß den erwähnten Vortrag mit folgendem Satz:

> „Und wem es vergönnt ist, an dem Aufbau der exakten Wissenschaft mitzuarbeiten, der wird mit unserem großen deutschen Dichter sein Genügen und sein innerliches Glück finden in dem Bewußtsein, das Erforschliche erforscht zu haben und das Unerforschliche ruhig zu verehren."[37]

Planck meint mit dem „Unerforschlichen" die gesamte vernünftige Weltordnung, die eben der Mensch insgesamt niemals erkannt haben wird, sondern um deren Erkenntnis sich die Menschheit durch Generationen hindurch immer mühen wird und der sie sich immer mehr annähert.

Außerdem ist bei diesem Vortrag im ganzen letzten Absatz ein gewisser besonderer Aspekt nicht zu verkennen, in dem Planck sozusagen das Fazit seines eigenen Lebens zieht. Planck hatte sich Zeit seines Lebens um die Erkenntnis gemüht. Er hat der Menschheit dabei viel gegeben, ohne aber deshalb den Anspruch erheben zu können und zu wollen, die absolute Wahrheit erkannt zu haben. Gerade diese Stimmung auf der Höhe seines Alters glaubt er nicht besser ausdrücken zu können

[37] Ebenda, S. 380.

als mit der Formulierung „das Erforschliche erforscht zu haben und das Unerforschliche ruhig zu verehren". Solche Bemerkungen können trotz ihrer agnostischen Tendenz den großen Gegensatz zwischen Plancks Auffassung und dem positivistischen Agnostizismus nicht aus der Welt schaffen. Sie zeigen allerdings, daß Planck hier nicht bis zu Ende konsequent war.

Die Auffassung Plancks von der unendlichen Annäherung des menschlichen Wissens an die totale Erkenntnis der Welt, die selbst nicht erreichbar ist, weist manche Ähnlichkeit mit den entsprechenden, im Kampf gegen den Relativismus erarbeiteten Darlegungen Lenins auf.

Dabei ist diese Ähnlichkeit keineswegs nur äußerlich und formal, sondern besteht auch im sachlichen Gehalt der Formulierung. Auch Lenin spricht davon, daß das menschliche Denken sich der absoluten Wahrheit immer mehr annähern wird, ohne sie jemals völlig zu erschöpfen.

Lenin formulierte als grundlegenden materialistischen Standpunkt

„. . . das Anerkennen der objektiven Realität der Außenwelt und der Gesetze der äußeren Natur, wobei sowohl diese Welt als auch diese Gesetze für den Menschen durchaus erkennbar sind, aber nie von ihm *restlos* erkannt werden können."[38]

Außer der teilweisen, zumindest tendenzhaften sachlichen Übereinstimmung der Auffassungen von Planck und Lenin gibt es in diesem Punkt allerdings auch mehr Unterschiede als in den bisher erörterten erkenntnistheoretischen Fragen. Deshalb kann man hier nicht mehr wie bei der erkenntnistheoretischen Grundfrage und beim Problem des Empirismus von einem im wesentlichen gemeinsamen Standpunkt Plancks und Lenins sprechen.

Planck weicht bei der Frage der Wahrheit von seinem erkenntnistheoretischen Materialismus etwas ab, indem er den Prozeß der steten Annäherung an die absolute Wahrheit als einen Prozeß der Annäherung an einen idealen Weltgeist, bzw. an eine vernünftige Weltordnung faßt, die er außerdem gelegentlich noch allgemein als Unerforschliches bezeichnet. Hier zeigen sich gewisse idealistische Momente in seiner Auffassung. Das ist ein sehr grundlegender Unterschied zur marxistischen Theorie der Wahrheit und zur marxistischen Auffassung vom historischen Erkenntnisprozeß als steter Annäherung an die absolute Wahrheit.

Außerdem fällt ins Gewicht, daß Planck vom Verhältnis zwischen relativer und absoluter Wahrheit nur eine außerordentlich verschwommene Ahnung hatte; darin liegt eine Schwäche seiner erkenntnistheoretischen Auffassung.

Bei seiner Einschätzung der philosophischen Auffassung des naturwissenschaftlich-materialistisch eingestellten Naturforschers Rücker hatte Lenin schon als eine der allgemeinen Schwächen jedes naturwissenschaftlichen Materialismus herausgefunden, daß das Problem der relativen und absoluten Wahrheit von diesem Standpunkt aus, d. h. also ohne Dialektik, nicht richtig gelöst werden kann.[39] Es war dies zwar nur eine Feststellung Lenins, die er nebenbei am Rande mit erwähnte, die sich aber am Beispiel Plancks doch sehr gut bestätigt; das beweist, daß Lenin auch

---

[38] *W. I. Lenin*, „Materialismus und Empiriokritizismus", S. 179.

[39] Vgl. ebenda, S. 270.

solche im Vergleich zu den Grundproblemen weniger wichtigen Detailfragen gründlich beachtete und seine entsprechenden Einschätzungen und Bemerkungen gebührende Beachtung verdienen, auch wenn sie nur in Nebensätzen dargelegt sind.

Fassen wir die dargelegte Kritik Plancks am Relativismus und Agnostizismus und seine Auffassung vom Wesen der Erkenntnis zusammen:

1. Planck lehnte den Relativismus ab, kritisierte ihn und zeigte, daß er nicht notwendig aus der Relativitätstheorie folgt. Dabei war Planck keineswegs Gegner der Relativitätstheorie oder sonst in naturwissenschaftlicher Hinsicht konservativ; er betonte aber sehr richtig, daß auch die Relativitätstheorie eine Erkenntnis der realen Außenwelt darstellt und auf diese hinweist.
2. Wahre Erkenntnis hat objektiven Charakter. Deshalb ist sie allgemeingültig; mit dieser Auffassung näherte sich Planck der materialistischen Theorie der objektiven Wahrheit.
3. Das Gerede vom Zusammenbruch der Wissenschaft verurteilte Planck als „Gefasel“, das keiner Kritik standhält; es widerspricht den praktischen Tatsachen. Jede Veränderung im Weltbild der Wissenschaft führt nach Planck zu tieferer umfassenderer Erkenntnis, nicht aber zum Zusammenbruch irgendeiner Wahrheit. Die Veränderungen im Weltbild der Wissenschaft sind nicht Sache des subjektiven Beliebens oder allgemeiner Konvention, sondern sie werden den Wissenschaftlern von der Außenwelt aufgezwungen, indem diese neue Seiten und Zusammenhänge erkennen. Durch ein neues Weltbild werden die Erkenntnisse des Alten nicht als falsch verworfen, sondern sie werden nur in neue umfangreichere Zusammenhänge einbezogen. Die Voraussetzungen ihrer Gültigkeit werden präzisiert.
4. Planck faßte das Wesen der Erkenntnis trotz mancher zweideutiger Bezeichnungen im wesentlichen materialistisch auf, nämlich als Widerspiegelung der außerhalb des Bewußtseins existierenden Welt. Planck ging von den Dingen zum Gedanken und nicht, wie die Idealisten, von den Empfindungen oder Gedanken zu den Dingen. Darin besteht sein Materialismus.
5. Der Einfluß der Symboltheorie von Helmholtz auf Planck ist sehr schwach. Planck ging von Helmholtz nach links; er interpretierte ihn materialistisch. Planck spricht direkt davon, daß das physikalische Weltbild ein getreues Abbild der realen Welt ist, bzw. sein soll. Er betonte – im Unterschied zu Helmholtz –, daß das Weltbild keine Sache der Konvention ist. Der menschliche Geist schafft zwar die Begriffe und das Weltbild, aber er erfindet sie nicht nach Belieben, sondern beide spiegeln Gesetze und Zusammenhänge der realen Außenwelt wider.
6. Planck lehnte die erkenntnistheoretischen Auffassungen des Positivismus, daß es Grenzen der Erkenntnis gebe und daß die Unbestimmtheitsrelation diese Grenzen zeige, als nicht zutreffend ab. Er erkannte die Unbestimmtheitsrelation als physikalische Beziehung an, wies aber nach, daß durch sie nicht die Grenzen der Erkenntnis, sondern nur die Grenzen der Genauigkeit von Messungen angegeben werden. Planck lehnte einen positivistischen Agnostizismus ab. Störungen des objektiven Vorgangs bei der Beobachtung im Experiment könnten berück-

sichtigt werden und stellen somit auch keine Schranke der menschlichen Erkenntnis dar.

7. Planck hob immer wieder hervor, daß die Wissenschaft sich dem idealen Ziel der restlosen Erfassung der Welt stetig annähert, daß aber der Mensch nie alles erkannt haben wird. Die Dialektik von relativer und absoluter Wahrheit blieb Planck jedoch unklar. Deshalb finden sich bei ihm stellenweise agnostische Formulierungen (z. B. wenn er vom Unerforschlichen spricht).

9. KAPITEL

PLANCKS KRITIK DES POSITIVISTISCHEN INDETERMINISMUS

Eine Besonderheit des modernen naturwissenschaftlichen Positivismus ist dessen außerordentlich breite Erörterung des Kausalitätsproblems. Im Empiriokritizismus Machs wurde im wesentlichen der objektive Charakter der Kausalität bestritten; das ergab sich aus den folgerichtig angewandten subjektiv-idealistischen Auffassungen in der Erkenntnistheorie. Die modernen naturwissenschaftlichen Positivisten dagegen fassen nicht nur die Kausalität subjektiv-idealistisch auf, sondern streiten ihre Gültigkeit in weiten Bereichen überhaupt ab. Die Behandlung des Kausalitätsproblems und die damit eng im Zusammenhang stehenden Fragen nach dem Determinismus und der Willensfreiheit überdecken in der modernen positivistischen Literatur die Darlegungen der erkenntnistheoretischen Grundlage des Positivismus. Die positivistischen Naturwissenschaftler rücken den Kampf zwischen Determinismus und Indeterminismus überall in den Vordergrund der Auseinandersetzungen. Hier fühlen sie sich besonders stark. Deshalb nehmen diese Fragen in ihren Ausführungen stets den größten Raum ein.

Trotzdem sind der sachlichen Bedeutung nach die subjektiv-idealistischen Lösungen der erkenntnistheoretischen Fragen die Grundlage des Positivismus. Jede gründliche Kritik muß von diesem Gesichtspunkt ausgehen.

Es ist eine der Stärken der Kritik Plancks am Positivismus, daß er in seinem Kampf gegen den Positivismus nicht bei einer Kritik des Indeterminismus begonnen hat oder dabei stehenblieb, sondern daß er zu den entscheidenden und grundlegenden erkenntnistheoretischen Fragen vorgestoßen ist und seine Kritik auf diese Weise entsprechend der sachlichen Logik der philosophischen Probleme aufbaute.

Die Auseinandersetzungen Plancks mit dem Indeterminismus des modernen Positivismus sind andererseits vollkommen zu Recht eine der beiden Schwerpunkte der Kritik Plancks überhaupt. Allein schon am quantitativen Ausmaß der Behandlung dieses großen Problemkreises in Plancks philosophischen Schaffen wird das deutlich.

Im Jahre 1923 trat Planck zum ersten Male mit einer zusammenfassenden und systematischen Darlegung seiner Gedanken zum Problem der Kausalität in einem Vortrag im Rahmen der Preußischen Akademie der Wissenschaften unter dem Thema „Kausalgesetz und Willensfreiheit" vor die Öffentlichkeit. Anlaß zu diesem Entschluß war – wie er selbst schreibt – der Umstand, daß über diesen Problemkreis schon seit langem nicht so heftig debattiert und gestritten worden sei, wie „in unseren Tagen" und daß in weiten Kreisen „eine höchst unerfreuliche Unklarheit" über diese Fragen bestehe. Es war jene Zeit, in der sich der Indeterminismus des modernen naturwissenschaftlichen Positivismus zu entwickeln begann und seine Schatten in den Diskussionen innerhalb der Naturwissenschaftler vorauswarf. Direkte beachtliche Publikationen von seiten der Vertreter des sich entwickelnden positivistischen Indeterminismus lagen 1923 noch nicht vor. Planck mag die Absicht gehabt haben, diesen seiner Meinung nach für die Physik und Naturwissenschaft sowie für die Philosophie überhaupt negativen und falschen Tendenzen durch sein Auftreten vorzubeugen. Er glaubte, sie auf solche Weise abwenden und unschädlich machen zu können. Das sollte sich aber als eine Illusion erweisen. Die schwierigen Probleme der modernen Quantenphysik waren eine hartnäckige und nicht auf Anhieb zu beseitigende Quelle solcher zum Indeterminismus tendierenden Betrachtungen. Hinzu kommt noch das allgemeine Interesse der bürgerlichen Ideologen am Indeterminismus, der in seiner Anwendung auf gesellschaftliche Probleme der herrschenden Klasse gute ideologische Dienste erwies, weshalb gerade dieser Standpunkt gefördert wurde und weite Verbreitung fand. Jede Äußerung prominenter Physiker in dieser Richtung wurde als neuer exakter naturwissenschaftlicher Beweis des Indeterminismus durch recht viele bürgerliche Organe der öffentlichen Meinungsbildung in die Köpfe der Menschen getrichtert. Diese Zusammenhänge hat Planck nie erkannt.

Obwohl Planck noch einige Male zum Thema „Kausalität" das Wort nahm, gibt schon dieser erste Vortrag wesentliche Aufschlüssc über Plancks eigene Meinung, über die Ausgangspunkte und Grundlagen seiner späteren direkten Kritik des positivistischen Indeterminismus. Dieser Vortrag zeigt auch schon, wie Planck seinen erkenntnistheoretischen Materialismus folgerichtig auf das Problem der Kausalität anwendet. Planck ist von der 1923 dargelegten Auffassung nie prinzipiell abgewichen.

In seinen Darlegungen ging Planck vom Alltagsbegriff der Kausalität aus[1] und zeigte seine praktische Bedeutung im Leben. Trotzdem – sagte Planck – kann der Mensch akausal denken, ohne die Gesetze des Denkens zu verletzen.[2] Das Kausali-

---

[1] Planck schreibt: „Der Kausalbegriff ist uns aus dem gewöhnlichen Leben vertraut und erscheint daher zunächst als der einfachste der Welt. Alles, was sich ereignet, hat eine oder mehrere Ursachen, welche zusammen das betreffende Ereignis als Wirkung notwendig nach sich ziehen, und umgekehrt kann jedes Ereignis als die Ursache eines oder mehrerer mit Notwendigkeit darauf folgender Ereignisse angesehen werden." (*M. Planck*, „Vorträge und Erinnerungen", S. 141)

[2] „So unsinnig und unmöglich uns vom Wirklichkeitsstandpunkt aus das Eintreten eines solchen aller Kausalität spottenden Ereignisses scheinen mag, so ist diese Art der

tätsprinzip faßt Planck deshalb nicht als Denkgesetz, nicht als logisches Prinzip auf. Daraus leitet er die wichtige Feststellung ab, daß „eine Verletzung des Kausalgesetzes sich mit der formalen Logik sehr wohl vertragen kann. Hieraus folgt für uns das wichtige Resultat, daß sich über die Gültigkeit des Kausalgesetzes in der wirklichen Welt auf rein logischem Wege sicherlich nichts entscheiden läßt."[3]

Hiermit hebt Planck den empirischen Charakter der menschlichen Kausalitätsvorstellung hervor und lehnt unausgesprochen den Kantschen Standpunkt vom apriorischen Kausalitätsbegriff ab. Diese Ablehnung wird an anderen Stellen noch deutlicher: so z. B. wenn Planck alle Versuche des Rationalismus, durch reines Denken etwas zur Erhellung des Kausalitätsbegriffs beizutragen, als einen Weg kennzeichnet, auf dem nicht recht vorwärts zu kommen ist und dabei sagt, „daß ... die Frage nach dem Wesen und der Allgemeingültigkeit des Kausalgesetzes in endgültiger, allgemein anerkannter Weise durch reines Nachdenken nicht zu entscheiden ist."[4]

Von einer allgemeinen Charakterisierung der Kausalität als „dem gesetzmäßigen Zusammenhang im zeitlichen Ablauf der Ereignisse" ausgehend, leitet Planck auf eine sehr wesentliche philosophische Frage über:

„Ist nun dieser Zusammenhang in der Natur der Dinge selbst begründet oder ist er ganz oder teilweise ein Produkt der Einbildungskraft, welches der Mensch sich ursprünglich zu dem Zweck geschaffen hat, um sich im praktischen Leben zurechtzufinden, und das ihm in der Folge unentbehrlich geworden ist?"[5]

Die Antwort kann in Anbetracht seines erkenntnistheoretischen Materialismus nicht zweifelhaft sein:

„Mit der Annahme der Existenz einer selbständigen Außenwelt verknüpft die Wissenschaft sogleich auch die Frage nach der Kausalität, d. h. nach der Gesetzlichkeit im Weltgeschehen als eines von unseren Sinnesempfindungen ganz unabhängigen Begriffs und betrachtet es als ihre Aufgabe zu untersuchen, ob und inwiefern das Kausalgesetz auf die verschiedenen Vorgänge in der Natur und in der Geisteswelt anwendbar ist."[6]

An anderer Stelle heißt es ganz eindeutig:

„Denn die Kausalität ist, wie wir wohl ausführlich genug besprochen haben, transzendental; sie ist ganz unabhängig von der Beschaffenheit des erforschenden Geistes, ja sie würde auch beim völligen Fehlen eines erkennenden Subjekts ihre Bedeutung behalten."[7]

Planck versteht also unter Kausalität einen objektiv existierenden Zusammenhang in der realen Außenwelt, der unabhängig von unserem Anschauungsvermögen, unabhängig von unseren Vorstellungen, Denkschemata und dergleichen existiert. Das ist eine materialistische Auffassung. Was Lenin über den entsprechenden Standpunkt Feuerbachs schreibt, trifft auch auf Plancks Meinung zu:

Unmöglichkeit dennoch wohl zu unterscheiden von einer logischen Unmöglichkeit oder Vernunftwidrigkeit, wie z. B. derjenigen, daß jemals ein Teil irgendeines Dinges größer sein könnte als das Ganze. Denn das vermögen wir beim besten Willen nicht zu denken, da es einen Widerspruch in sich selbst enthält." (Ebenda, S. 141/42)

[3] Ebenda, S. 142. [4] Ebenda, S. 150. [5] Ebenda, S. 143.

[6] Ebenda, S. 154. [7] Ebenda, S. 161.

„Feuerbach erkennt also die objektive Gesetzmäßigkeit in der Natur, die objektive Kausalität an, die durch die menschlichen Vorstellungen von Ordnung, Gesetz usw. nur annähernd richtig widergespiegelt wird. Die Anerkennung der objektiven Gesetzmäßigkeit der Natur ist bei Feuerbach mit der Anerkennung der objektiven Realität der Außenwelt, der Gegenstände, Körper und Dinge, die in unserem Bewußtsein widergespiegelt werden, unauflöslich verbunden. Die Auffassung Feuerbachs ist eine konsequent materialistische. Und jede andere Auffassung, richtiger, jede andere philosophische Linie in der Frage der Kausalität, die Leugnung der objektiven Gesetzmäßigkeit, Kausalität, Notwendigkeit in der Natur, zählt Feuerbach mit Recht zur fideistischen Richtung."[8]

Aus dem Gebrauch der Formulierungen auch an anderen Stellen ist zu erkennen, daß Planck einen gewissen Unterschied macht zwischen der Gültigkeit und der Anwendbarkeit des Kausalgesetzes.[9] Gültig sei das Kausalgesetz immer, aber für den Menschen nicht immer durchführbar (besonders in der Anwendung auf sich selbst). Hier steht im Hintergrund noch die von Laplace stammende Hypostasierung des erkennenden Bewußtseins zum sogenannten Laplaceschen Geist, der unter Voraussetzung einer höchsten Intelligenz und des mechanischen Determinismus sofort absolut alles erkannt haben würde.

Planck will mit dieser Unterscheidung zwischen der Gültigkeit und der Anwendbarkeit des Kausalgesetzes die theoretische Voraussetzung zur Anerkennung der Willensfreiheit schaffen, worauf noch an anderer Stelle eingegangen werden wird.

Wichtig ist an allen diesen Ausführungen Plancks besonders, daß er den objektiven Charakter der Kausalität betont und verteidigt. Das ist zugleich sein Ausgangspunkt im Kampf gegen die *positivistische Subjektivierung*.[10]

---

[8] *W. I. Lenin*, „Materialismus und Empiriokritizismus", S. 143/44. – Bei seiner Einschätzung Tschernyschewskis als des einzigen großen russischen Schriftstellers, der im 19. Jahrhundert auf dem Niveau eines geschlossenen philosophischen Materialismus blieb, erwähnt Lenin dessen materialistische Auffassung der Kausalität und schreibt: „Den Machschen Wirrköpfen zur Beachtung: Für Tschernyschewski wie für jeden Materialisten gibt es in Wirklichkeit das, was uns als Verknüpfung von Ursache und Wirkung erscheint, gibt es eine objektive Kausalität oder Naturnotwendigkeit." (Ebenda, S. 352)

[9] „Wir müssen eben, wie überall, so auch bei den geistigen Vorgängen unterscheiden zwischen der Gültigkeit und der Durchführbarkeit des Kausalgesetzes. Gültig bleibt das Kausalgesetz unter allen Umständen vermöge seines transzendentalen Charakters, aber durchführbar ist es, wie in der Natur nur für einen mikroskopischen Beobachter, so in der Geisteswelt nur für einen Geist, dessen Intelligenz diejenige des zu erforschenden Geistes des untersuchten Objekts in einem gewissen ungemein großen Abstand übertrifft." (*M. Planck*, „Vorträge und Erinnerungen", S. 161)

[10] Unter Hinweis auf den empirischen Agnostizismus Humes, eines Stammvaters des Positivismus, schreibt Planck im erwähnten Vortrag über „Kausalgesetz und Willensfreiheit" über den positivistischen Standpunkt: „Im Licht dieser Auffassung löst sich die sogenannte Außenwelt auf in einem Komplex von Empfindungen, und das Kausalgesetz bedeutet nichts weiter als eine erfahrungsgemäß festgestellte Regelmäßigkeit in der Aufeinanderfolge von Empfindungen, die wir als etwas Gegebenes, nicht weiter Analysierbares hinnehmen müssen, die aber jeden Augenblick auf einmal ein Ende nehmen könnte... Danach beschränkt sich der ganze Inhalt des Kausalgesetzes im Grunde genommen auf

Nach einem Hinweis auf die grundsätzlichen Schwierigkeiten jeder Wissenschaft, ihre allgemeinsten Grundbegriffe zu bestimmen, betonte Planck in seinem Londoner Vortrag „Die Kausalität in der Natur“ die besondere Schwierigkeit, aber auch die besondere Wichtigkeit des Kausalitätsbegriffs:

„Und doch läßt gerade das nie erlahmende und sogar gegenwärtig in stetigem Ansteigen begriffene Interesse der denkenden Menschheit in der Frage nach dem Wesen und der Gültigkeit des Kausalgesetzes vermuten, daß es sich beim Kausalbegriff um etwas ganz Fundamentales handelt, um einen Begriff, der im Grunde unabhängig ist vom menschlichen Sinn und menschlicher Intelligenz und der mit seinen tiefsten Wurzeln in die reale, einer direkten wissenschaftlichen Prüfung unzugänglichen Welt hineinreicht, denn es wird wohl kaum jemand daran zweifeln, daß, wenn einmal unsere Erde mit allen ihren Bewohnern zugrunde ginge, die kosmischen Vorgänge ihren kausalen Gesetzen nach wie vor gehorchen würden, wenn auch kein Mensch in der Lage ist, den Sinn und die Berechtigung einer solchen Behauptung zu prüfen.

Wie dem nun aber auch sein mag: das einzige Mittel, das wir besitzen, um dem wahren Wesen der Kausalität auf die Spur zu kommen, besteht darin, daß wir von der uns nun einmal gegebenen Welt der Tatsachen, nämlich von unseren Erlebnissen ausgehen und durch gehörige Bearbeitung und Verallgemeinerung derselben und möglichste Eliminierung aller beigemischten antropomorphen Elemente uns allmählich an den objektiven Begriff der Kausalität herantasten.“[11]

Mit solchen Darlegungen verteidigt Planck in der Frage der Kausalität und Gesetzmäßigkeit eindeutig den materialistischen Standpunkt: Es gibt eine objektive Kausalität bzw. Gesetzmäßigkeit in der Natur und auch in der – wie Planck es ausdrückt – Geisteswelt.

Wichtig ist hierbei der Umstand, daß Planck gegen Kants Apriori-Lehre hinsichtlich der Kausalität sehr kritisch eingestellt ist. Gleich am Anfang seines Vortrages „Die Kausalität in der Natur“ grenzt er seinen Standpunkt von dem Kants ab:

„Es geht heute nicht mehr an, daß man, wie es Kant getan hat, das Kausalgesetz als Ausdruck der Gültigkeit unverbrüchlicher Regeln für alles Geschehen einfach mit zu den Kategorien rechnet, als eine Form der Anschauung, ohne die wir überhaupt nicht im Stande sind, Erfahrungen zu sammeln.“[12]

Planck schätzte zwar Kants Philosophie auch in dieser Beziehung und spricht mit Hochachtung von ihr – trotzdem bildete er sich eine eigene Auffassung und sprach auch offen aus, daß er von Kant abweicht.[13] Planck ging beim Kausalitäts-

---

den Satz, daß auf gleiche oder ähnliche Empfindungskomplexe als Ursache stets gleiche oder ähnliche Empfindungskomplexe als Wirkung folgen, wobei die Frage, was als ähnlich zu bezeichnen ist, einer jedesmaligen besonderen Prüfung bedarf. Durch diese Formulierung wird dem Kausalbegriff jeder tiefere Sinn aberkannt, wenn auch die praktische Bedeutung des Kausalgesetzes, die darin besteht, daß es dem denkenden Menschen den Blick in die Zukunft eröffnet, im wesentlichen ungeschmälert bestehen bleibt.“ (Ebenda, S. 145/46)

[11] Ebenda, S. 251/52. [12] Ebenda, S. 250.

[13] Vgl. z. B. auch den Vortrag „Kausalgesetz und Willensfreiheit“ (Ebenda, besonders S. 149).

begriff nicht wie Kant vom Verstand, vom Denken aus, sondern vertrat die materialistische Auffassung, daß unser Denken sich an die objektive Kausalität herantasten muß. Der Idealismus aller Art leitet dagegen, wie Lenin betonte, die Ordnung und Kausalität der Natur aus dem Verstand, dem Denken oder der Anschauung ab, während der Materialismus Notwendigkeit und Ordnung aus der realen Welt, aus der Natur ableitet. Gerade das letztere tat Planck. Überreste kantischen Denkens sind bei Planck nur dort zu finden, wo er zweideutig von der vernünftigen Weltordnung spricht.

Die Betonung des objektiven Charakters der Kausalität ist für Planck die Einleitung zur Darlegung der eigenen Auffassungen und zur Auseinandersetzung mit dem positivistischen Indeterminismus, d. h. mit der positivistischen Leugnung der Gültigkeit der Kausalität.

In seiner Gastvorlesung in London über das Thema „Die Kausalität in der Natur" (1932) hat Planck seine 9 Jahre vorher dargelegte allgemeine Charakterisierung der Kausalität präzisiert. Er schrieb:

„Wenn von einem Kausalzusammenhang zwischen zwei aufeinanderfolgenden Ereignissen die Rede ist, so meint man damit ohne Zweifel eine gewisse gesetzmäßige Verkettung der beiden Ereignisse, wobei das frühere Ereignis als Ursache, das spätere als Wirkung bezeichnet wird."[14]

Planck geht dann sofort zu der Frage über:

„Gibt es ein untrügliches Zeichen dafür, daß ein gewisses in der Natur stattfindendes Ereignis kausal durch ein anderes bedingt ist?"[15]

Seine Frage beantwortet er mit dem Satz:

„Ein Ereignis ist dann kausal bedingt, wenn es mit Sicherheit vorausgesagt werden kann,"

setzte aber gleich hinzu:

„Damit soll selbstverständlich nur gesagt sein, daß die Möglichkeit, eine zutreffende Voraussage für die Zukunft zu machen, ein untrügliches Kriterium für das Walten eines Kausalzusammenhangs bildet, nicht etwa, daß sie mit diesem gleichbedeutend sei. Denken wir nur an das bekannte Beispiel von Tag und Nacht."[16]

Nun lehren aber andererseits alle Erfahrungen der physikalischen Wissenschaft, daß es in keinem einzigen Fall möglich ist, ein physikalisches „Ereignis genau vorauszusagen." Daraus ergebe sich ein „unbequemes, aber unausweichliches Dilemma".

Dieses „Dilemma" ist ein Zeichen für die objektive Dialektik der Natur, für die wechselseitige Verwobenheit von Zufall und Gesetzmäßigkeit, weshalb tatsächlich nicht alles absolut genau voraussagbar ist. Deshalb muß der mechanische Kausalitätsbegriff modifiziert werden. Das ahnt Planck mehr, als er es rational versteht, und er versucht, sich irgendwie zu helfen. Die Unkenntnis der Dialektik erschwert ihm das außerordentlich. Positiv aber ist zu werten, daß Planck immer die zwei Grundmöglichkeiten, die zwei Grundlinien herausstellt: entweder Determinismus

---

[14] Ebenda, S. 250. [15] Ebenda. [16] Ebenda, S. 252.

oder Indeterminismus, und daß er bei allem Modifizieren der alten Kausalitätsauffassung doch nie zum Indeterminismus kam, sondern im Gegenteil betonte, daß die Naturwissenschaft am Determinismus festhalten muß. Ein Modifizieren der alten Kausalitätsauffassung darf nie zum Indeterminismus führen. Von diesem Grundsatz ließ sich Planck sowohl bei seinen eigenen Versuchen als auch bei sciner Kritik des positivistischen Indeterminismus leiten.

Den naturwissenschaftlichen und naturphilosophischen Gehalt des positivistischen Indeterminismus hatte Planck sehr richtig erkannt.

„Es gibt gegenwärtig eine Reihe von Physikern und Philosophen, welche sich für die erste Alternative entscheiden, ich will sie hier die Indeterministen nennen. Nach ihnen gibt es in der Natur überhaupt keine echte Kausalität, keine strenge Gesetzlichkeit. Dieselbe wird nur vorgetäuscht durch das Auftreten gewisser, allerdings oft mit sehr großer Annäherung, aber doch niemals genau gültiger Regeln. Grundsätzlich genommen sucht der Indeterminist bei jedem physikalischen Gesetz, auch bei der Gravitation, auch bei der elektrischen Anziehungskraft, nach einer Wurzel statistischer Art; sie sind ihm allesamt Wahrscheinlichkeitsgesetze, die sich nur auf Mittelwerte aus zahlreichen gleichartigen Beobachtungen beziehen, für einzelne Beobachtungen aber nur annähernde Gültigkeit besitzen und stets Ausnahmen zulassen...

In gleicher Weise wie die Gasgesetze und die radioaktiven Gesetze führen die Indeterministen jede andere Art von physikalischer Gesetzlichkeit in letzter Linie auf den Zufall zurück. Für sie herrscht in der Natur ausschließlich die Statistik und ihr Ziel ist, die Physik auf der Wahrscheinlichkeitsrechnung aufzubauen.“ [17]

Auf die Frage nach dem Verhältnis von statistischen und dynamischen Gesetzmäßigkeiten, die im Indeterminismus eine besondere Rolle spielt, war Planck schon lange vor der Herausbildung des modernen Positivismus in seiner Berliner Rektoratsrede aus dem Jahre 1914 eingegangen.[18]

Am Beispiel des natürlichen Uranzerfalls hatte Planck auf den großen Wert der statistischen Methode, auf ihre Notwendigkeit und Nützlichkeit hingewiesen, ohne aber einen Zweifel daran zu lassen, daß er jede Konzeption für falsch hält, die die Physik oder eine andere Wissenschaft nur auf statistische Gesetzmäßigkeiten beschränken will. Er betonte in einer für bürgerliche Naturwissenschaftler leider heute selten gewordenen Weise die Einheit der Wissenschaft, indem er erklärte, daß für jede Wissenschaft der Gesetzesbegriff der Angelpunkt ist, und daß auch die Gesellschaftswissenschaften dabei keine Ausnahme machen, daß es auch in den von ihnen untersuchten Bereichen Gesetzmäßigkeiten gibt. Auch für diese Bereiche habe die statistische Methode Bedeutung, sie könne aber auch hier nicht die Grundlage der Wissenschaft sein. Die entgegengesetzten Auffassungen schätzte Planck als einen verhängnisvollen und kurzsichtigen Irrtum ein.

Bei seiner Beweisführung legte Planck dar, daß die statistischen Gesetzmäßigkeiten gerade die dynamischen zur Voraussetzung hätten; beide könnten und müßten in der Wissenschaft ihren Platz haben; da aber die statistischen Gesetzmäßigkeiten etwas Zusammengesetztes sind, sei es letztlich Aufgabe der Wissenschaft, sie auf dynamische, also rein kausale Gesetzmäßigkeiten zurückzuführen.

[17] Ebenda, S. 253/54. [18] Vgl. ebenda, S. 81 – 94.

Dieselben Gedanken äußerte Planck 18 Jahre später in seinem Vortrag „Die Kausalität in der Natur“ erneut. Auch hier betonte er, daß die Wissenschaft nicht bei den statistischen Gesetzmäßigkeiten stehenbleiben könne. Neu ist an diesem Vortrag, daß Planck sehr ausführlich auf die bis dahin vorgetragenen positivistischen Argumente eingeht. Die für die Forschung nachteiligen Auswirkungen des Indeterminismus versuchte Planck am Beispiel der Erklärung der unregelmäßigen Schwankungsvorgänge, welche dem Druck eines Gases oder der Brownschen Molekularbewegung entsprechen, darzustellen. Es galt, für diese Vorgänge eine dynamische Gesetzmäßigkeit zu finden. Vom Standpunkt des Indeterminismus indessen brauchte man danach gar nicht zu forschen:

„Für die Indeterministen lag hier kein eigentliches Problem vor, denn da diese hinter jeder Regel die Regellosigkeit suchen, ist die statistische Gesetzlichkeit für sie das unmittelbar Befriedigende.“[19]

Dagegen führte der Standpunkt des Determinismus dazu, diese Aufgabe in Angriff zu nehmen und zu lösen. Es war nicht zufällig, daß das Lebenswerk des Deterministen und Materialisten L. Boltzmann in der Lösung dieser Probleme bestand. Zwar habe die Entdeckung des elementaren Wirkungsquantums die Hoffnung zunichte gemacht, mit den alten mechanischen Vorstellungen überall den Determinismus aufrechterhalten zu können, aber deshalb sei nicht der Determinismus überholt, sondern nur die alten mechanischen Vorstellungem von ihm.

Das physikalische Paradeargument des Indeterminismus war und ist die Heisenbergsche Unsicherheitsrelation. Wie schon erwähnt, besagt sie u. a., daß „je genauer man die räumliche Lage eines Elektrons mißt, desto ungenauer die Messung der Geschwindigkeit ausfällt und umgekehrt.“ Aus diesem physikalischen Tatbestand ergeben sich hinsichtlich des Kausalitätsproblems verschiedene Konsequenzen. Planck erkannte, daß „der Durchführung einer strengen Kausalität eine Schwierigkeit erwächst, welche einige Indeterministen schon dazu geführt hat, das Kausalgesetz in der Physik als endgültig widerlegt zu bezeichnen. Indessen erweist sich bei näherer Betrachtung diese Schlußfolgerung, welche auf einer Verwechslung des Weltbildes mit der Sinnenwelt beruht, denn doch zumindest als voreilig...“[20]

Planck wies darauf hin, daß gewisse Schwierigkeiten nicht auf ein Versagen der Kausalität zurückzuführen sind, sondern auf die stillschweigend vorausgesetzte klassische Struktur des physikalischen Weltbildes. „Und da das klassische Weltbild versagt hat, ist es durch ein anderes zu ersetzen.“[21]

Damit sind die zwei grundsätzlichen theoretischen Ansatzpunkte der Kritik Plancks am positivistischen Indeterminismus dargelegt: Planck zeigte erstens, daß aus der Unbestimmtheitsrelation keine prinzipiellen Schwierigkeiten für die Durchführung des Kausalitätsprinzips im Weltbild der Physik resultieren, sondern daß diese Schwierigkeiten sich nur in der Sinnenwelt, der Welt der Messungen und Beobachtungen ergeben, was aber nicht auf ein Versagen der objektiven Kausalität zurückzuführen ist, sondern auf die Unmöglichkeit, die Meßapparate immer weiter zu verfeinern. Nur wenn man beide Welten, also die reale Welt und die Sinnenwelt

[19] Ebenda, S. 256/57. [20] Ebenda, S. 259. [21] Ebenda.

unzulässig vermengt oder verwechselt, ergeben sich Bedenken gegenüber der Kausalität. Sonst ist in Heisenbergs Unschärferelation von Indeterminismus keine Rede.[22] Zweitens resultieren gewisse Schwierigkeiten bei der Durchführung des Kausalitätsprinzips aus den Vorstellungen des bisherigen klassischen Weltbildes der Physik, aus seiner Struktur und seinen Begriffen. Planck stößt hier von seiner Fachwissenschaft her auf gewisse Unzulänglichkeiten der mechanischen Kausalitätsauffassung und des mechanischen Materialismus allgemein. Hier pocht die Dialektik sozusagen an die Tür – doch spontan wird selbst aus dem besten Naturwissenschaftler kein wirklicher Dialektiker. Deshalb kann Planck ohne Kenntnis der Dialektik die Grenzen des mechanischen Materialismus nicht völlig überwinden.

In seinem Vortrag „Physikalische Gesetzlichkeit" (1926) hatte sich Planck noch darauf beschränkt, lediglich herauszustellen, daß aus der Unbestimmtheit der Messungen nicht die Leugnung der absoluten Gesetzmäßigkeit folgt, obwohl eine olche Leugnung logisch durchführbar sei. Aus der unvermeidlichen Fehlerquelle der Messungen folgt, daß es durch bloße Messungen nie gelingen wird zu entscheiden, ob ein Gesetz dynamischer oder statischer Natur ist, und ob es in der Natur absolut so gilt, wie es formuliert ist oder nicht. Deshalb kam Planck zu der Schlußfolgerung:

„Man muß also vom logischen Standpunkt aus der Hypothese, daß es in der Natur nur statistische Gesetzlichkeit gibt, von vornherein volle Berechtigung zugestehen". Eine andere Frage sei jedoch, führte Planck gleichzeitig aus, „ob diese Annahme sich für die Forschung empfiehlt und diese Frage möchte ich mit Entschiedenheit verneinen."[23]

Das Bestehen einer strengen Gesetzlichkeit zählt Planck deshalb zu den Grundvoraussetzungen jeder Wissenschaft überhaupt.[24]

Danach wird auch die Frage stets einen wohlberechtigten Sinn behalten, „warum von zwei benachbarten Uranatomen das eine um viele Millionen Jahre früher ex-

---

[22] „Wenn es wirklich wahr ist, daß die Struktur des physikalischen Weltbildes in ihren fortwährenden Wandlungen immer weiter von der Sinnenwelt abrückt und sich in entsprechendem Maße der realen prinzipiell unerkennbaren Welt immer mehr annähert, so ist selbstverständlich, daß das Weltbild in fortschreitendem Maße von allen anthropomorphen Elementen gesäubert werden muß. Es ist also gänzlich ausgeschlossen, in das physikalische Weltbild Begriffe aufzunehmen, die irgendwie mit der Kunst menschlicher Meßtechnik zusammenhängen. Das geschieht aber auch bei der Heisenbergschen Unschärferelation in keiner Weise... Mit Messungen hat dieser Satz gar nichts zu tun... Von Indeterminismus ist dabei keine Rede." (*M. Planck*, „Das Weltbild der neuen Physik", in „Vorträge und Erinnerungen", S. 223).

[23] Ebenda, S. 194/95.

[24] Im erwähnten Vortrag heißt es dazu: „Daher liegt es nach meiner Meinung durchaus im Interesse einer gesunden Fortentwicklung, nicht nur das Bestehen einer Gesetzlichkeit überhaupt, sondern auch den streng kausalen Charakter dieser Gesetzlichkeit mit zu den Postulaten der physikalischen Wissenschaften zu rechnen, wie das im Grunde bisher stets geschehen ist, und das Ziel der Forschung nicht eher als erreicht zu betrachten, als bis eine jede Beobachtung statistischer Gesetzlichkeit in einer oder mehreren dynamischen aufgelöst ist... Die Voraussetzung einer strengen Kausalität wird auch die Wissenschaft vom geistigen Leben niemals entbehren können." (Ebenda, S. 195/96).

plodiert als das andere", ein Problem, das im positivistischen Indeterminismus als sinnlos gilt, weshalb gar nicht erst danach geforscht zu werden brauche. Die Auffassung, daß es sich bei dem genannten Problem doch um ein sinnvolles und physikalisch entscheidbares handelt, vertrat Planck entgegen dem Positivismus immer wieder.

Bei seiner Kritik des Positivismus erkannte Planck auch, daß die Leugnung der Kausalität eng zusammenhängt mit der Leugnung der objektiv realen Außenwelt. Nur wenn man Sinnenwelt und reale Außenwelt identifiziert oder in positivistischer Weise nur die Sinnenwelt als reale Welt anerkennt, kann man die erkenntnistheoretischen Schwierigkeiten des Menschen bei der Aufdeckung der Wirkung der Kausalität im konkreten Fall mit Hilfe von Beobachtungen und Messungen zu Schwierigkeiten innerhalb der realen Welt selbst aufblähen und behaupten, die Kausalität sei doch nicht überall gültig.

Planck legte dar, daß die Leugnung der Kausalität im Positivismus sich nicht zwangsläufig aus der Unbestimmtheitsrelation ergibt, sondern auf die subjektiv-idealistischen Grundlagen der positivistischen Erkenntnistheorie zurückzuführen ist und aus der Unbestimmtheitsrelation nur dann folgt, wenn man diese Grundlagen stillschweigend voraussetzt.

Das ist jedoch nur die eine Seite der Problematik. Weitere Schwierigkeiten, die die Positivisten zur Leugnung der Kausalität ausnutzen, ergaben sich aus dem Weltbild der klassischen Physik. Planck betont dabei sehr richtig, daß diese Schwierigkeiten nicht dem Kausalitätsgesetz zur Last gelegt werden dürfen, sondern daß gewisse Vorstellungen des alten Weltbildes korrigiert werden müssen. Planck erkennt also durchaus an, daß die moderne Physik gewisse alte Vorstellungen über den Haufen werfen muß. Diese alten Vorstellungen erblicken die modernen Positivisten irrtümlich in der Kausalitätsauffassung der klassischen Physik. Planck dagegen sieht richtiger – wenigstens von physikalischer Seite her – daß nicht die Kausalitätsauffassung überhaupt, sondern nur einige ihrer aus der klassischen Mechanik folgende Aspekte beseitigt werden müssen. Planck erkennt, daß der Grundbegriff der klassischen Mechanik und des mechanischen Materialismus, der materielle Punkt, entthront werden muß:

„Das neue Weltbild der Quantenphysik ist gerade dem Bedürfnis entsprungen, die Durchführung eines strengen Determinismus auch mit dem Wirkungsquantum zu ermöglichen. Zu diesem Zweck mußte der bisherige Urbestandteil des Weltbildes: der materielle Punkt, seines elementaren Charakters entkleidet werden; er ist aufgelöst worden in einem System von Materiewellen. Diese Materiewellen bilden die Elemente des neuen Weltbildes."[25]

Durch diesen theoretischen Schritt beginnt Planck die Schranken der alten mechanisch materialistischen Naturauffassung wenigstens vom engeren Aspekt der theoretischen Physik her zu durchbrechen. Zum völligen Überwinden des mechanisch materialistischen Standpunkts – sowohl physikalisch als auch philosophisch – fehlte Planck die Kenntnis der Dialektik; er kannte weder Hegels ideali-

[25] Ebenda, S. 259/60.

stische Dialektik noch die materialistische Dialektik von Marx und Engels. In seinen philosophischen Arbeiten findet sich kein Hinweis auf die Dialektik Hegels oder auf den dialektischen Materialismus.

So vermochte Planck nur in einigen mehr physikalischen Fragenkomplexen Ansätze zur Überwindung der mechanischen Beschränktheiten der philosophischen Grundlagen der klassischen Physik und der Naturwissenschaft des 19. Jahrhunderts zu entwickeln.

Diese Ansätze zeigen einmal, wie sehr die moderne Naturwissenschaft einer fortgeschrittenen Philosophie, insbesondere einer materialistischen Dialektik, bedarf; sie zeigen andererseits, daß Planck die Notwendigkeit erkannte, gewisse alte Vorstellungen aufzugeben, daß man ihn also nicht unter die konservativen, sich allem Neuen verschließenden Physiker der alten Schule zählen darf, jener alten Schule, die zwar auch am Materialismus — allerdings am mechanischen — festhielt, die aber jede größere Wirksamkeit auf die jüngeren Wissenschaftler dadurch einbüßte, daß sie nicht nur den Positivismus ablehnte, sondern auch in bornierter Weise gegen alle neuen Erkenntnisse der modernen Physik zu Felde zog. Zu dieser Schule zählten viele Gegner der Relativitätstheorie Einsteins und der neuen Quantenphysik (z. B. H. A. Lorentz, Ph. Lenard u. a.).

Planck umriß seine Stellung zur mechanischen Naturanschauung zum ersten Mal in seinem Vortrag vor der 82. Versammlung Deutscher Naturforscher und Ärzte in Königsberg im Jahre 1910. Er hob einleitend die fruchtbare Bedeutung dieser Naturanschauung hervor[26] und kennzeichnete als ihren wesentlichen Grundgedanken sehr richtig die Ansicht, daß alle physikalischen Vorgänge sich vollständig auf Bewegungen von unveränderlichen gleichartigen Massenteilchen oder Massenelementen zurückführen lassen. Alle qualitativen Unterschiede sollten durch einfache Bewegung erklärt werden. Mit diesen Feststellungen erfaßte Planck in prägnanter und treffender Kürze das typisch Mechanische dieser Naturauffassung.

Er geht dann auf die Frage ein, ob im Lichte der neuen Entwicklung der Physik diese Auffassung noch haltbar ist. Dabei prägte er die prophetischen Worte, daß sich als Endresultat einer tiefgehenden Entwicklung der theoretischen Physik in letzter Zeit eine Bewegung von solch radikaler und umwälzender Art vorbereite, in deren Gefolge „sich wissenschaftliche Kämpfe ankündigen, denen nur noch die um die kopernikanische Weltanschauung geführten vergleichbar sein werden."

Diese Bemerkung zeigt, welch großes Verständnis Planck der tiefgreifenden Umwälzung entgegenbrachte und in welch großem Maße er die Bedeutung dieser sich anbahnenden Umwälzung nicht nur für die Physik, sondern auch für die ganze Naturwissenschaft sowie für alle philosophischen und weltanschaulichen Fragen erkannt hatte.

So positiv er die mechanische Naturanschauung einschätzte, so sieht er zugleich, daß „die Blütezeit der mechanischen Naturanschauung im vorigen Jahrhundert lag." In der Hertzschen Mechanik habe sie ihre ideale Vervollkommnung

---

[26] „Diejenige Naturanschauung, die bisher der Physik die wichtigsten Dienste geleistet hat, ist unstreitig die mechanische." (Ebenda, S. 53).

im Bereich der eigentlichen Mechanik erfahren. Danach aber habe die Entwicklung der Physik Bahnen eingeschlagen, die von ihr wegführen. Die Schwierigkeiten aus einigen konkreten Konsequenzen dieser allgemeinen Naturanschauung, insbesondere das Problem des sogenannten Lichtäthers, haben schließlich prinzipiellen Bedenken Raum gewinnen lassen. Schon die mechanische Interpretation der Maxwell-Hertzschen Differentialgleichungen stieß auf größte prinzipielle Schwierigkeiten. Die Versuchsergebnisse A. Michelsons führten schließlich zu Fragestellungen, die mit der mechanischen Naturauffassung unvereinbar waren, Fragen, die dann zur Begründung der Relativitätstheorie geführt hatten.[27]

Planck erörterte dann verschiedene Möglichkeiten der Abänderung der mechanischen Naturanschauung, wobei er insbesondere schon die Beseitigung der zentralen Stellung des Begriffes des Massenpunktes in Erwägung zog. Diesen zentralen Begriff der klassischen Physik wollte er durch die universellen Naturkonstanten ersetzen.

In seiner Rektoratsrede aus dem Jahre 1913 bezeichnete er drei typische Prinzipien der mechanischen Naturanschauung als „unhaltbar oder wenigstens höchst zweifelhaft“:

> „die Unveränderlichkeit der chemischen Atome, die gegenseitige Unabhängigkeit von Raum und Zeit, die Stetigkeit aller dynamischen Wirkungen.“[28]

Mit erstaunlicher Deutlichkeit trat die dialektische Struktur der Natur zutage und erzwang die Aufgabe dieser drei typisch metaphysischen Thesen. Die Schranken seiner bürgerlichen Welt und seiner philosophischen Bildung verhinderten indessen, daß Planck sich dieser Umwälzung philosophisch voll bewußt geworden wäre.

Im zweiten Leidener Vortrag legte Planck unter Hinweis auf die Quantenmechanik dar, daß man „den Begriff des materiellen Punktes, den elementarsten Begriff der klassischen Mechanik“ als „zentralen Begriff grundsätzlich opfern muß.“[29]

Diese Hinweise mögen zur Charakterisierung und als Beweis des Umstandes genügen, daß Planck nicht starr an der alten mechanischen Naturanschauung festhielt, sondern relativ früh (1910) ihre Schranken – allerdings nur vom engeren Aspekt der Physik her – erkannte und sie zu überwinden versuchte.

Entscheidend ist dabei, daß er das Mechanische an dieser alten Naturanschauung als das überholte erkannte und nicht absolut alles über Bord werfen und aufgeben wollte, wie die Positivisten.[30] Planck sah, daß gewisse Prinzipien dieser alten

---

[27] „Ebenso kann man gewiß mit Recht behaupten, daß der erste Schritt zur Entdekkung des Prinzips der Relativität zusammenfällt mit der Frage: Welche Beziehungen müssen zwischen den Naturkräften bestehen, wenn es unmöglich sein soll, an dem Lichtäther irgendwelche stoffliche Eigenschaften nachzuweisen?“ (Ebenda, S. 61)

[28] Ebenda, S. 72. [29] Ebenda, S. 251.

[30] In seinem Aufsatz zum 10jährigen Bestehen der Bohrschen Atomtheorie „Die Bohrsche Atomtheorie“ (1923) drückte Planck diesen Gedanken besonders deutlich aus. Nachdem er vorher objektiv die „verblüffenden Erfolge der Bohrschen Theorie“ anerkannt und gewürdigt hatte, sagte er: „Freilich ist es damit nicht getan, daß man nun einfach alles Bisherige fortwirft und mit fliegenden Fahnen in das Lager des neuen Propheten über-

Naturanschauung, nämlich ihr grundsätzlich materialistischer Standpunkt und ihr Determinismus, weiterhin gültig bleiben und verteidigt werden müssen, da sie den neuen Erkenntnissen der modernen Physik keineswegs widersprechen.

Dieses kritische Distanzieren von der mechanischen Naturanschauung hatte seine Auswirkung auf Plancks Auffassung vom Determinismus[31] und auf seine Kritik am positivistischen Indeterminismus.

Obwohl Planck immer weit von einem dialektischen Determinismus entfernt war, faßte er doch den Determinismus nicht absolut mechanisch, als Kausalität korpuskularer materieller Punkte. Er betonte, daß die Materiewellen der Quantenphysik auf andere Art determiniert sind als die Korpuskelbewegungen der klassischen Mechanik.[32]

Er wies anschließend darauf hin, daß sich unter diesem Aspekt auch ein von den Indeterministen oft angeführtes experimentelles Beispiel[33] erklären läßt und fährt fort:

„Wir sehen: In dem Weltbilde der Quantenphysik herrscht der Determinismus ebenso streng wie in dem der klassischen Physik, nur sind die benutzten Symbole andere, und es wird mit anderen Rechnungsvorschriften operiert."[34]

Da in der Quantenmechanik alle Gesetzmäßigkeiten der Wellenbewegung Wahrscheinlichkeitscharakter haben, richtet der Indeterminismus von diesem Punkt aus erneut Angriffe gegen das Kausalitätsprinzip und erklärt die statistische Gesetzmäßigkeit als die einzige und endgültige Grundlage aller mikrophysikalischen Prozesse. Die Frage nach der Kausalität der einzelnen Prozesse sei sinnlos.

---

geht. Das wäre noch weit schlechter als die grundsätzliche Opposition, das starre Festhalten am Überlieferten." („Die Naturwissenschaften", 1923, S. 535)

[31] Vgl. den zweiten Leidener Vortrag, (Ebenda, S. 225)

[32] 1932 erklärte Planck: „Selbstverständlich sind die Gesetze der Wellenmechanik grundverschieden von denen der klassischen Mechanik materieller Punkte, wesentlich ist aber der Umstand, daß die für die Materiewellen charakteristische Größe, die Wellenfunktion, durch die Anfangsbedingungen und die Randbedingungen für alle Orte und Zeiten vollständig determiniert ist, nach ganz bestimmten Rechnungsregeln, sei es, daß man sich dabei der Schrödingerschen Operatoren oder der Heisenbergschen Matrizen oder der Diracschen q-Zahlen bedient." (Ebenda, S. 260)

[33] Es handelt sich hier um die Frage, wie sich ein einzelnes Elektron beim Auftreffen auf eine Kristallplatte verhält, ob es reflektiert wird oder in die Platte eindringt. Sieht man in dem Elektron nur das mechanische Teilchen, so gerät man in Schwierigkeiten bei der theoretischen Deutung des Experiments. Faßt man aber das Elektron als Welle, so besteht die Möglichkeit, daß es sich teilt. Daraus ergibt sich die Möglichkeit einer Interferenz der an der Vorderseite und der an der Rückseite der Platte reflektierten Wellen. Allerdings ist dieser theoretische Hinweis Plancks zur Klärung der Schwierigkeit in der Deutung dieses Experiments noch kein endgültiger und vollständiger Beweis und auch noch keine erschöpfende Erklärung (das schreibt Planck selbst, vgl. S. 354), sie zeigt aber, daß die Deutung im Sinne des Indeterminismus nicht die allein mögliche, oder gar notwendige ist. Darin liegt der philosophische Wert der Hinweise von Planck.

[34] Ebenda, S. 260.

Planck bezeichnete eine solche Auffassung als „zumindest stark bedenklich" und betonte, „daß die Gültigkeit statistischer Gesetze mit dem Walten einer strengen Kausalität sehr wohl verträglich ist."[35]

Auf den bekannten Einwand, daß es doch im Bereich der Unbestimmtheitsrelation, d. h. innerhalb der durch das Wirkungsquantum gezogenen objektiven Grenzen der Genauigkeit der Messungen keine Kausalität, sondern nur noch Zufälle gäbe, erwiderte Planck:

„Der Grund für die Ungenauigkeit der Messungen in der Atomphysik braucht nicht in einem Versagen der Kausalität zu liegen, sondern sie kann ebensowohl auf einem Fehler der Begriffsbildung und der daran anknüpfenden Fragestellung beruhen."[36]

Gerade die Wechselwirkung zwischen dem Messungsvorgang und dem realen Vorgang mache die Ungenauigkeit kausal verständlich, so daß die Unbestimmtheitsrelation selbst die Gültigkeit des Kausalitätsprinzips zur Voraussetzung hat und die

„... objektive Schranke, wie sie durch das elementare Wirkungsquantum dargestellt wird, muß als ein Zeichen für das Walten einer gewissen neuartigen Gesetzlichkeit bewertet werden, die doch ihrerseits sicherlich nicht auf Statistik zurückgeführt werden kann."[37]

Planck verweist dabei noch auf die universellen Konstanten, denen keinerlei Ungenauigkeit zukommt, die man aber auch nicht direkt messen kann. Die Grenze der Genauigkeit bezieht sich nicht auf die Konstanten, sondern nur auf die Möglichkeit ihrer Messung. Ähnlich könne man zwar die durchgängige Kausalität auch nicht durch Messungen allein nachweisen, aber mit Hilfe der Theorie kann man sowohl die Atomgewichte absolut bis zum tausendsten Bruchteil bestimmen und desgleichen auch die absolute Gültigkeit der Kausalität im Rahmen des physikalischen Weltbildes, auch der modernen Quantenphysik, nachweisen.

Zum positivistischen Indeterminismus gelangt man nur über die subjektiv-idealistische Grundlage der positivistischen Erkenntnistheorie, insbesondere über die These des Positivismus, daß „physikalisch sinnvoll nur solche Fragen seien, welche sich durch Messungen prüfen lassen" bzw. daß nur die Sinnenwelt wirklich sei. An einem sehr anschaulichen Beispiel legt Planck diesen Gedanken in seinem Vortrag „Determinismus oder Indeterminismus" dar:

„Denken wir an das morgige Wetter. Ist das morgige Wetter determiniert oder ist es nicht determiniert? Wenn man bedenkt, daß es unter allen Arten von Prophezeiungen natürlicher Ereignisse kaum eine gibt, die trügerischer ist als die Wetterprognose, so wird man ohne weiteres das morgige Wetter als indeterminiert bezeichnen.

Anders wird die Sache, wenn in Betracht gezogen wird, daß die Faktoren, die das Wetter bedingen: Temperatur, Luftdruck, Windrichtung und Windstärke, Feuchtigkeit wohlbekannten physikalischen Gesetzen unterworfen sind, nach denen sie sich in ganz bestimmter Weise ändern. Im Hinblick auf diese Gesetze wird man dann schließen, daß die Unsicherheit des morgigen Wetters nur auf unserer Unkenntnis der tatsächlichen Verhältnisse beruht und daß in Wirklichkeit das morgige Wetter vollkommen determiniert ist...

[35] Ebenda, S. 292. [36] Ebenda, S. 293. [37] Ebenda.

Um nun auf unseren Satz zurückzukommen, daß das morgige Wetter ‚in Wirklichkeit‘ determiniert ist, so hängt bei seiner Beurteilung offenbar alles davon ab, was man als Wirklichkeit ansehen will...

... man kann sagen: ‚wirklich‘ sind nicht die physikalischen Gesetze und deren Anwendung zur exakten Berechnung aller Einzelheiten des Wetters, sondern ‚wirklich‘ sind die Meteorologen, die den Wetterdienst verrichten und die auf Grund des ihnen vorliegenden Materials ihre Prognose ausarbeiten. Alles andere ist Theorie, ist Verallgemeinerung, Idealisierung, aber nicht Wirklichkeit. Von diesem Standpunkt aus gesehen ist also das morgige Wetter ‚in Wirklichkeit‘ indeterminiert, für jetzt und wohl auch für alle absehbaren Zeiten."[38]

Hier zeigt Planck den engen Zusammenhang zwischen den verschiedenen Auffassungen über die Kausalität und den grundlegenden erkenntnistheoretischen Auffassungen, aus denen der Determinismus oder Indeterminismus folgt. Wenn man von verschiedenen philosophischen Voraussetzungen ausgeht, kommt man zu verschiedenen Ergebnissen. Das liegt aber dann an der Voraussetzung und nicht an der Sache.

Das Kausalitätsproblem ist keine Frage, die nur durch Messungen zu entscheiden ist. Kausalverhältnisse sind in erster Linie objektiv reale Verhältnisse und erst davon abgeleitet gibt es kausale Beziehungen auch innerhalb der Sinnenwelt. Die kausale Aufeinanderfolge von Sinneseindrücken ist also durch die objektive Kausalität in der realen Außenwelt verursacht. Deshalb kann man die Frage nach der Gültigkeit der Kausalität in der Außenwelt nicht durch Betrachtungen der Sinnenwelt allein entscheiden. Nur wenn man die reale Außenwelt nicht anerkennt, folgt der positivistische Indeterminismus.

Die Positivisten operieren auch gern mit dem Unterschied zwischen der Mikrowelt und der Makrowelt, woraus sie die These entwickeln, im Makrokosmos sei das Geschehen determiniert, im Mikrokosmos indeterminiert.

Darauf erwiderte Planck, daß es eine scharfe und prinzipielle Grenze dieser beiden Bereiche gar nicht gibt und daß ein indeterminiertes Geschehen im Mikrokosmos in seiner logischen Konsequenz einen strengen Determinismus im Makrokosmos unmöglich macht.[39]

In seinem letzten Vortrag zu diesem Thema „Determinismus und Indeterminismus" findet sich noch eine sehr wichtige Vertiefung der Deutung des schon erwähnten Beispiels der Elektronenreflexion und der Unbestimmtheitsrelation. Planck hebt hier hervor, daß dieser Vorgang nur deshalb indeterminiert erscheine, weil die Begriffe der alten Physik (Elektron als Korpuskel) noch benutzt werden.[40]

---

[38] Ebenda, S. 335/36.

[39] „Es bleibt also konsequenterweise nichts übrig, als den Indeterminismus entweder gänzlich auszuschalten oder grundsätzlich allenthalben einzuführen, ein Drittes ist nicht möglich." (Ebenda, S. 343)

[40] „Daß der Vorgang der Elektronenreflexion indeterminiert erscheint, hat in der Tat darin seinen Grund, daß wir bei dem Versuch, die Gesetzlichkeit im Vorgang der Elektronenreflexion aufzuspüren, ein Elektron im Sinne der klassischen Physik als eine Art Korpuskel behandelt haben. Wir haben uns nämlich vorgestellt, daß das Elektron wie ein materieller Punkt mit einer bestimmten Geschwindigkeit in einer bestimmten Stelle auf

Davon ausgehend stellt Planck die Frage:

„Worin liegt denn nun aber die tiefere Ursache für das eigentliche Versagen der klassischen Physik in der Frage der Kausalität, wenn dafür weder die Störung, die ein physikalischer Vorgang durch das zu seiner Messung benutzte Instrument erleidet, noch die mangelnde Genauigkeit der Meßwerkzeuge einen hinreichenden Grund abgeben kann? Offenbar bleibt nichts übrig als die allerdings sehr naheliegende radikale Annahme, daß die elementaren Begriffe der klassischen Physik in der Atomphysik nicht mehr ausreichen."[41]

Als Ergebnis solcher Überlegungen erhebt Planck die Forderung:

„Indem also das Gesetz der Unschärfe die Voraussetzung der klassischen Mechanik, die zur Annahme des Indeterminismus gezwungen hat, aufgibt, schafft es tatsächlich die Vorbedingung für die Möglichkeit einer deterministischen Theorie und öffnet damit die von dem prinzipiellen Indeterminismus verschlossene Eingangspforte zu neuartigen Gebieten der Erkenntnis."[42]

Dann sagt Planck ehrlich, daß auch er noch nicht anzugeben vermag, welche neuen Prinzipien, welche neuen Gesetze das im einzelnen sein werden, aber er weist nach vorwärts.

„Aber das Unschärfegesetz allein genügt noch nicht zum Aufbau einer vollständigen Theorie des Determinismus. Da es durch eine Ungleichung ausgedrückt wird, so bildet es gewissermaßen nur den Rahmen zur Aufnahme eines weiteren Prinzips mit bestimmterem Inhalt. Wie wird dies Prinzip lauten? Das vermag heute niemand zu sagen. Möglicherweise wird es zu seiner Formulierung der Einführung neuartiger Begriffe abstrakter Natur bedürfen, die der klassischen Theorie gänzlich fremd sind. Aber soll man deshalb unterlassen, nach einem solchen Prinzip zu suchen? Das würde doch wieder eine Rückkehr zum prinzipiellen Indeterminismus bedeuten, dessen Schwierigkeiten wir zur Genüge kennengelernt haben. Diesem verhängnisvollen Dilemma zu entrinnen, darf nach meiner Meinung kein Preis zu hoch erscheinen. Wer nicht sucht, der wird nicht finden."[43]

In einer Mitteilung über „Die physikalische Realität der Lichtquanten" an das Franklin-Institut in Philadelphia gab Planck einen sehr interessanten und zu wenig beachteten allgemeinen Hinweis, der in seiner Konsequenz darauf abzielt, den einseitigen alten Kausalitätsbegriff als eine Seite der universellen Wechselwirkung zu erkennen und einzuführen.

---

den Kristall auftrifft. Aus diesen Angaben allein kann aber die Frage nach dem weiteren Verlauf der Bahn des Elektrons unmöglich beantwortet werden, und daher ist dieser Vorgang indeterminiert." (Ebenda, S. 344)

Daraus folgert er: „Wenn also der Indeterminismus ausgemerzt werden soll, so muß vor allem jene der klassischen Physik entnommene Voraussetzung fallen. Ein Elektron darf nicht mehr als Korpuskel betrachtet werden. Und gerade dies ist es nun, was die Wellenmechanik, die an Stelle der klassischen Mechanik getreten ist, ihrerseits zur Voraussetzung macht." (Ebenda) Wenn das Elektron als Welle gedeutet wird, so ergibt sich logisch, daß es keine diskrete räumliche und zeitliche Begrenzung wie ein klassisches Teilchen haben kann. Gerade das zeigt die Unschärferelation.

[41] *M. Planck*, „Die Physik im Kampf um die Weltanschauung", in: „Vorträge und Erinnerungen", S. 295.

[42] Ebenda, S. 345. [43] Ebenda.

„In der Tat legt die Form mancher sehr allgemeiner Sätze der allgemeinen Mechanik und der Atomphysik die Auffassung nahe, den Verlauf eines Vorgangs außer von dem Anfangszustand auch vom Endzustand abhängig zu denken und so eine gewisse direkte Wechselwirkung der beiden zeitlich auseinanderliegenden Zustände einzuführen. Das Prinzip der Kausalität würde dadurch nicht in seinem Wesen, sondern nur in seiner Form beeinflußt werden. Immerhin bedeuten derartige Gedankengänge eine schwere Belastung unseres derzeitigen Vorstellungsvermögens und ihre Durchführung würde eine tiefgreifende Umwälzung aller unserer physikalischen Anschauungen mit sich bringen.“[44]

In den entsprechenden Ausführungen liegt im Keim die Erkenntnis vor, daß der mechanische Kausalitätsbegriff zum dialektischen Begriff allseitiger Wechselwirkung erweitert werden muß.

In derselben Arbeit versuchte Planck, auch die metaphysische Entgegensetzung von Korpuskel und Welle, dieses starre Entweder-Oder der klassischen physikalischen Denkweise zu überwinden.

„Die klassische Theorie kennt und behandelt nur die beiden extremen Fälle: einerseits die korpuskularen Bewegungen, an deren äußersten Grenze die gradlinige gleichförmige Bewegung eines Massenpunktes steht, andererseits die Wellenbewegungen, an deren äußersten Grenze das statische homogene Feld steht.

Vom neu gewonnenen Standpunkt aus betrachtet gibt es aber weder reine korpuskulare Bewegung noch eine reine Wellenbewegung. Vielmehr trägt jede korpuskulare Bewegung etwas von einer Wellenbewegung und jede Wellenbewegung etwas von einer Korpuskularbewegung an sich. Der Unterschied ist nur ein gradueller, quantitativer. Sobald nämlich bei der Bewegung eines materiellen Punktes das Verhältnis des Impulses zu der Bahnkrümmung, welches bei der geradlinigen Bewegung einen unendlich großen Wert besitzt, auf die Größenordnug des universellen Wirkungsquantums herabsinkt, beginnen die Wellengesetze eine merkliche Rolle zu spielen, und umgekehrt: sobald bei einem monochromatischen Lichtstrahl das Verhältnis seiner Energie zu seiner Frequenz, welches für ein statisches Feld unendlich groß ist, auf die nämliche Größenordnung herabsinkt, beginnen die Korpuskulargesetze sich bemerklich zu machen.“[45]

Hierbei tastete sich Planck unbewußt an die dialektische Erkenntnis von der Einheit der Gegensätze heran, an die Erkenntnis, daß korpuskulare und wellenartige Erscheinungen nichts Selbständiges, voneinander Getrenntes, sondern zwei gegensätzliche Aspekte ein und derselben physikalischen Realität sind, d. h. daß die physikalischen Objekte selbst eine Einheit von mehr oder weniger hervortretenden gegensätzlichen Seiten sind.

Zugleich stößt Planck hier auf einen weiteren Zug der dialektischen Beschaffenheit des Naturgeschehens, auf den Umschlag von Quantität in Qualität: sobald bei der Bewegung des materiellen Punktes das Verhältnis des Impulses zur Bahnkrümmung einen bestimmten quantitativen Grenzwert erreicht, wirken qualitativ andere Gesetze; und dasselbe gilt prinzipiell auch bei der Bewegung von Lichtstrahlen. Die objektive Dialektik der Natur pocht hier gewissermaßen an die Tür. Leider hat Planck Gedanken dieser Art nicht weiter im einzelnen ausgeführt, weder ihre Konsequenz verfolgt noch ihre philosophische und physikalische Bedeutung konkret

[44] „Die Naturwissenschaften“, Heft 26/1927, S. 531. [45] Ebenda.

analysiert. Es handelte sich nur um eine spontane Ahnung der dialektischen Zusammenhänge.

Die Ausführungen Plancks zeigen, daß er nach Wegen suchte, die bewährten klassischen Vorstellungen von ihren Schranken zu befreien. Dabei ist hervorzuheben, daß Planck prinzipiell am Determinismus festhielt, wobei er von seinem erkenntnistheoretischen Materialismus ausging. Insofern ist die Linie Plancks in dieser Frage materialistisch; er betonte den objektiven Charakter der Kausalität und verteidigte diesen prinzipiellen Standpunkt gegen alle idealistischen Auffassungen. Die eindeutige Verteidigung des Determinismus, der dem philosophischen Materialismus immer nahegestanden hat und nahesteht, durch Planck[46] ist als ein sehr wichtiger Zug seiner gesamten Kritik des Positivismus zu werten und als ein wichtiger Beitrag im Kampf gegen die positivistische Philosophie der Willensfreiheit der Elektronen und anderer mikrophysikalischer Objekte, gegen die Linie der Ursachlosigkeit und der Verabsolutierung des Zufalls einzuschätzen. Auch in dieser Hinsicht ist Planck ein wertvoller Bundesgenosse des dialektischen Materialismus, der ja ebenfalls jeden Indeterminismus sowohl in der Natur- als auch der Gesellschaftswissenschaft bekämpft.

Bei der Hochschätzung des Kampfes Plancks gegen den Indeterminismus darf aber nicht vergessen werden, daß seine Kritik des Indeterminismus auch manche Schwächen aufweist. Unter dem Eindruck der Tatsache, daß die Mehrzahl der Physiker dem Indeterminismus zuneigte, ließ sich Planck zwar in seiner prinzipieller Überzeugung nicht beirren, machte aber doch gewisse Konzessionen. Die Tendenz zu Zugeständnissen rührt auch wesentlich mit aus seiner allgemeinen falschen Toleranz und Kollegialität gegenüber seinen theoretischen Gegnern her, sowie aus seinem allgemein zur Versöhnlichkeit tendierenden Prinzip, überall zuerst das Gute und Nützliche herauszufinden. Diesem Bestreben waren wir schon bei seiner Kritik der Erkenntnistheorie des Positivismus begegnet und sie hatte schon manche seiner Kritiken etwas abgeschwächt. Verstärkt finden wir dieselben Züge bei seiner Kritik des Indeterminismus; hier noch vergrößert dadurch, daß Planck in einigen Punkten selbst nicht in der Weise Lösungen von Problemen zu geben vermochte, wie er es wünschte.

Zwar führen alle die angeführten Merkmale seiner Kritik nie dazu, daß er von seinem prinzipiellen Standpunkt abweicht, aber sie haben zum Ergebnis, daß er dem Indeterminismus einen erkenntnisfördernden Wert beimaß und es begrüßte (!),

> „daß die Physiker, . . . sich in zwei Lager spalten, von denen das eine dem Determinismus, das andere dem Indeterminismus zuneigt.“[47]

---

[46] Ein eindeutiges Bekenntnis zum Determinismus gibt Planck besonders in seinem zweiten Leidener Vortrag „Das Weltbild der Physik“ ab: „Denn der Determinismus ist, falls man überhaupt die Wahl hat, nach meiner Meinung unter allen Umständen dem Indeterminismus vorzuziehen, einfach aus dem Grunde, weil eine bestimmte Antwort auf eine Frage immer wertvoller ist als eine unbestimmte.“ (*M. Planck*, „Vorträge und Erinnerungen“, S. 222/23).

[47] Ebenda, S. 262/63.

Gewiß fördert der Streit der Meinungen die Entwicklung der Wissenschaft, das heißt aber nicht, daß das Vertreten eines falschen Standpunkts immer ein notwendiges Moment eines solchen die Wissenschaft vorwärtsbringenden Streits der Meinungen sein muß. In diesem konkreten Fall hätte eine Diskussion zwischen verschiedenen Lösungsversuchen der einzelnen Probleme auf dem Boden des Determinismus und der Anerkennung der Gültigkeit des Kausalitätsprinzips die Physik schneller und besser vorangebracht. Ein solcher Meinungsstreit beginnt sich in jüngster Zeit zu entwickeln. Die Abwendung de Broglies vom Indeterminismus, die Versuche des ungarischen Physikers L. Janossy, sowie die der Physiker Vigier, Bohm, Bopp und vor allem der sowjetischen Quantenphysiker beweisen das. Die lebhafte Diskussion über dieses Problem im Zusammenhang mit Heisenbergs neuer Formel auf den Tagungen der Physikalischen Gesellschaften zu Plancks 100. Geburtstag brachten das zum Ausdruck. Es hat sich gezeigt, daß der Weg zum Indeterminismus, den ein Teil der Physiker ging, der Weg in eine Sackgasse war und die Physik nicht fördern konnte. Deshalb kann es nie begrüßenswert sein, wenn ein solcher Weg erst von einer so großen Zahl bedeutender Physiker beschritten wird. Hier irrte Planck in seiner Einschätzung und unterschätzte den Wert des eigenen Standpunktes. Eine solche Unterschätzung des Kausalitätsprinzips kommt auch in der Formulierung zum Ausdruck — die sich allerdings nur ein einziges Mal bei Planck findet —, daß das Kausalitätsprinzip lediglich ein heuristisches Prinzip sei, das sich ebensowenig beweisen wie widerlegen ließe. Allerdings betont Planck in demselben Satz, daß das Kausalitätsgesetz der wertvollste Wegweiser ist, den die Wissenschaft besitzt.[48] Dieses Zugeständnis in den Darlegungen Plancks gibt es nur in seinem Vortrag, den er in London hielt. Das erweckt den Eindruck, als habe er seinen englischen Hörern nicht gar so scharf entgegentreten wollen. Höflichkeit und Entgegenkommen gegenüber Gastgebern ist gewiß richtig, darf aber nie dem wissenschaftlichen Standpunkt irgendwie Abbruch tun und zu Zugeständnissen führen.

Obwohl seine Verteidigung des Determinismus Planck zum Bundesgenossen des dialektischen Materialismus auch in dieser wichtigen philosophischen Frage macht, gibt es zwischen dem dialektischen Materialismus und dem Standpunkt Plancks außer den kurz skizzierten Schwächen der Argumentation und seinen gewissen Zugeständnissen an den Indeterminismus noch wesentliche Unterschiede in der Auffassung des Determinismus. Diese rühren daher, daß Planck zum Teil im mechanischen Determinismus befangen bleibt und nur in einzelnen Fragen (z. B. beim Problem des materiellen Punktes) den engen Kreis des Mechanismus durchbricht. Ihm fehlte die Kenntnis der Dialektik. Plancks Fehler liegen — vom Standpunkt des dialektischen Materialismus eingeschätzt — darin, daß er

1. Kausalität und Gesetzmäßigkeit einfach identifizierte,
2. die objektive Existenz von Zufällen überhaupt leugnete und

---

[48] Vgl. *M. Planck*, „Die Kausalität in der Natur“, in: „Vorträge und Erinnerungen“, S. 268/69.

3. deshalb jede statistische Gesetzmäßigkeit unbedingt auf dynamische reduzieren wollte.

Deshalb läuft Planck bei der Verteidigung des Determinismus im Zusammenhang mit der Erörterung der Willensfreiheit oft Gefahr, in den Fatalismus zu geraten oder den durchgängigen Determinismus preiszugeben. Er rettet seine durchgängige Kausalität nur durch die idealistische Hypothese vom idealen Geist. Die Problematik von Zufall und Gesetzmäßigkeit, die Differenzierung der verschiedenen Kausalzusammenhänge, der wechselseitige Zusammenhang von statistischen und dynamischen Gesetzmäßigkeiten,[49] die dialektische Lösung des Problems der Freiheit und der Vorherbestimmtheit blieben ihm verschlossen. Aus Plancks Auffassung vom Determinismus resultierte eine gewisse Tendenz zum Fatalismus, die er zwar aus ethischen Gründen überwand, die ihn aber immer wieder zu Widersprüchen bzw. theoretischen Konstruktionen zwang.

Planck machte keinen Unterschied zwischen Kausalität und Gesetzmäßigkeit. In typischer Art eines auf dem Boden des mechanischen Materialismus stehenden Determinismus lehnte er Zufälle überhaupt ab.

Der Zufall ist für Planck gleichbedeutend mit dem ursachlosen Wunder, bzw. dem Wunder im religiösen Sinn, das keine natürliche Ursache hat.[50] Da nun ein wesentliches Kennzeichen des Kausalgesetzes die Voraussagbarkeit der Ereignisse ist, muß Planck unter Determinismus nicht nur kausale Bedingtheit. sondern lückenlose Vorherbestimmtheit verstehen. Es sind für ihn auch die nebensächlichsten Ereignisse, wie z. B. ein Lotteriegewinn oder die Besonderheit einer Meereswoge, vollständig determiniert, nicht nur in dem Sinne, daß sie ihre sie auslösende Ursache haben, sondern im Sinne von gesetzmäßiger Vorherbestimmtheit.[51]

Unsicherheit in den Voraussagen resultiere nur aus der Unkenntnis der natürlichen Verhältnisse. Das ist ein metaphysischer (im marxistischen Sinn des Wortes) Standpunkt.

Die Kenntnis der Ausführungen von Friedrich Engels über das dialektische Verhältnis von Zufall und Gesetzmäßigkeit am Beispiel der Erbsenschote[52] hätten

---

[49] Den Versuch einer dialektischen Lösung des Verhältnisses von dynamischen und statischen Gesetzmäßigkeiten stellten kürzlich die sowjetischen Wissenschaftler Wonsowski und Kursanow zur Diskussion (vgl. „Deutsche Zeitschrift für Philosophie", Heft 1/1958), wobei sie darauf hinwiesen, daß es im atomaren Bereich keine absolut reinen dynamischen Gesetzmäßigkeiten gäbe, sondern jede dynamische Gesetzmäßigkeit einen statistischen Aspekt aufweise und umgekehrt, ähnlich wie alle Erscheinungsformen der Materie einen korpuskularen und einen wellenförmigen Aspekt — allerdings in verschiedenem Grade — aufweisen.

[50] Vgl. ebenda, bes. S. 157.

[51] „Wenn wir am Meeresufer dem Spiel der schäumenden Brandung zuschauen, so hindert uns nichts an der Überzeugung, daß jedes einzelne Wasserbläschen bei seiner Bewegung streng kausalen Gesetzen folgt, obwohl wir nicht daran denken können, sein Entstehen und Vergehen im einzelnen zu verfolgen, geschweige denn vorauszuberechnen." (Vgl. ebenda, S. 293, vgl. auch S. 337)

[52] Vgl. *F. Engels*, „Dialektik der Natur", S. 232/33.

Planck wertvolle und entscheidende Hinweise gegeben; so aber blieb er in diesen Fragen im überholten mechanischen Materialismus stecken. Er erkannte nicht, daß es für die Wissenschaft außerordentlich wichtig ist, das Zufällige vom Gesetzmäßigen zu trennen und sich auf das Gesetzmäßige zu orientieren. Die Wissenschaft soll nicht erforschen, warum in dieser einzelnen Erbsenschote fünf und in jener sechs Erbsen sind, sondern muß sich um die Gesetzmäßigkeitcn des Wachstums der Pflanzen kümmern. Dabei bedeutet die Anerkennung von Zufällen als real existierende Zusammenhänge im dialektischen Materialismus nicht die Anerkennung von Wundern; denn auch die Zufälle haben ihre sie bedingende Ursache, sind also kausal bedingt, aber doch nicht in dem Sinn vorherbestimmt wie gesetzmäßige Ereignisse. Das bedeutet, daß es Kausalzusammenhänge gibt, die keine Gesetzmäßigkeiten sind und daher auch nicht vorausbestimmt und voraussagbar sind. Vorhersehbar ist nur das Gesetzmäßige, nicht das Zufällige. Kausalbedingt aber ist beides. Die Nichtidentität von Kausalität und Gesetzmäßigkeit zeigt sich aber nicht nur daran, daß nicht alle Kausalbeziehungen gesetzmäßig sind, sondern auch daran, daß nicht alle gesetzmäßigen Zusammenhänge kausaler Art sind (wie z. B. die gesetzmäßige Beziehung $E = mc^2$). Die mechanische Auffassung von der Kausalität und dem Determinismus besteht eben gerade in der Identifizierung von Kausalität und Gesetzmäßigkeit, in der daraus folgenden Leugnung eines objektiven Zufalls und in dem fatalistischen Determinismus, wonach *alles* objektiv vorherbestimmt ist. Der dialektische Determinismus dagegen vertritt die These, daß alles Geschehen nur in den Grundzügen gesetzmäßig, also vorherbestimmt und voraussagbar ist, daß aber ansonsten im Rahmen dieser Gesetze die einzelnen Details zufällig entstehen und wirken.

Dabei sind in der Wirklichkeit Gesetzmäßigkeiten und Zufälle untrennbar miteinander verwoben. Jedes Ereignis weist sowohl den zufälligen als auch den gesetzmäßigen Aspekt auf; aber nur das Gesetzmäßige ist als Ereignis vorherbestimmt und von langer Sicht vorraussagbar. Plancks Gegenüberstellung der beiden Sätze: „Ein Ereignis ist dann kausal bedingt, wenn es mit Sicherheit vorausgesagt werden kann" und: „In keinem einzigen Falle ist es möglich, ein physikalisches Ereignis genau vorauszusagen" mußte ihn eigentlich auf das Wechselverhältnis und den untrennbaren Zusammenhang von Zufall und Gesetzmäßigkeit stoßen, aus dem eben folgt, daß nur das Gesetzmäßige an den Ereignissen voraussagbar ist, nicht aber alle zufälligen Begleitumstände, die oft sogar das Gesetzmäßige verdecken. Aus diesem Sachverhalt zieht der dialektische Materialismus die Schlußfolgerung, daß nichts absolut genau in allen Zusammenhängen voraussagbar ist, daß es eben keine reinen Gesetzmäßigkeiten gibt, sondern diese sich durch die Zufälle durchsetzen, so daß also bei allen Vorgängen immer Zufälle mitwirken.

Planck dagegen ließ sich von der metaphysischen Alternative, entweder etwas ist zufällig oder gesetzmäßig, dazu verleiten, die Gesetzmäßigkeit auf das Niveau der Zufälligkeit herunterzuziehen. Das war andererseits für seinen undialektischen Standpunkt die einzige Möglichkeit, den Determinismus zu verteidigen. Eine Ahnung des Wechselverhältnisses zeigt sich in Plancks Vortrag „Determinismus und Indeterminismus". Hier spricht Planck davon, das dieselbe Sache je nachdem, in welchem objektiven Zusammenhang sie betrachtet wird, determiniert oder indeterminiert erscheint:

„Wenn man nur die Hauptsätze der Wärmetheorie benützt, sind die Bewegungen der einzelnen Moleküle indeterminiert, wenn man aber die Wechselwirkungen der Moleküle mit zur Betrachtung heranzieht, hindert nichts, solche Annahmen zu machen, daß der ganze Vorgang vollkommen determiniert ist."[53]

Allerdings ist hier der Ausdruck indeterminiert völlig fehl am Platze, denn das Zufällige ist ebenfalls determiniert, d. h. kausal bedingt, ganz gleich, von welchem Aspekt aus es betrachtet wird. Auch an diesem Zitat kommt zum Ausdruck, daß Planck völlig von der metaphysischen Entgegensetzung von Zufall und Gesetzmäßigkeit beherrscht war.

Die Positivisten, die diesem zum großen Teil mechanischen Determinismus entgegentreten wollten, landeten aus Unkenntnis der Dialektik im Indeterminismus, also im anderen Extrem.

Bei der Erörterung des Problems der Willensfreiheit und bei seinem Lösungsversuch dieser Frage bleibt Planck ebenfalls in der Metaphysik stecken. Er setzt die Freiheit der Notwendigkeit entgegen. Zwar stellt er richtig dar, daß die durchgängige Gültigkeit der Kausalität zu keinem Widerspruch mit der These von der Willensfreiheit führen muß,[54] daß auch im Reich des Geistes, des Wollens und Fühlens strenge kausale Zusammenhänge bestehen:

„Das Kausalgesetz verlangt, daß sowohl die Handlungen als auch die seelischen Vorgänge, insbesondere auch die Willensmotive eines jeden Menschen, in irgendeinem Augenblick vollständig bestimmt sind durch den Zustand seiner gesamten Innenwelt im vorhergehenden Augenblick und die hinzutretenden Einflüsse der Umwelt. Wir haben keinerlei Grund, an der Richtigkeit dieses Satzes zu zweifeln."[55]

Jede Willensentscheidung sei durch Motive, die als Ursache fungieren, determiniert. Das ist richtig.

„Die Rolle, welche in der Natur die Kraft als Ursache der Bewegungen spielt, übernimmt hier in der Welt des Geistes das Motiv als Ursache der Handlungen, und wie in

[53] *M. Planck*, „Vorträge und Erinnerungen", S. 348.

[54] „Wie schwierig es ist, eine befriedigende Antwort auf diese Frage zu gewinnen, beweist der Umstand, daß einige namhafte Physiker gegenwärtig der Meinung sind, man müsse, um die Willensfreiheit zu retten, das Kausalgesetz zum Opfer bringen, und daher keine Bedenken hatten, die bekannte Unsicherheitsrelation der Quantenmechanik als eine Durchbrechung des Kausalgesetzes zur Erklärung der Willensfreiheit heranzuziehen. Wie sich allerdings die Annahme eines blinden Zufalls mit dem Gefühl der sittlichen Verantwortung zusammenreimen soll, lassen sie dahingestellt. Demgegenüber habe ich schon vor mehreren Jahren zu zeigen versucht, wie man vom naturwissenschaftlichen Standpunkt aus, ohne die Voraussetzung einer universellen, strengen Kausalität preiszugeben, sehr wohl zu einem Verständnis für die Tatsache der Willensfreiheit und des sittlichen Verantwortungsgefühls gelangen kann." (Aus *M. Plancks* Vortrag „Vom Wesen der Willensfreiheit", in „Vorträge und Erinnerungen", S. 196)

[55] Aus dem Vortrag „Physikalische Gesetzlichkeit" in „Vorträge und Erinnerungen", S. 196.

jedem Augenblick die Bewegungen eines materiellen Körpers mit Notwendigkeit aus dem Zusammenwirken verschieden gerichteter Kräfte hervorgehen, so entspringen die Handlungen des Menschen mit gleicher Notwendigkeit dem Wechselspiel der einander verstärkenden oder widerstreitenden Motive, die teilweise mehr oder weniger bewußt, teilweise auch ihm unbewußt zur Wirksamkeit gelangen."[56]

Planck behauptet aber gleichzeitig, daß das Kausalgesetz vom Menschen auf sein eigenes Ich nicht anwendbar sei.

„In der Tat, es gibt nur einen Punkt, einen einzigen Punkt, in der weiten unermeßlichen Natur- und Geisteswelt, welcher jeder Wissenschaft und daher auch jeder kausalen Betrachtung nicht nur praktisch, sondern auch logisch genommen unzugänglich ist und für immer unzugänglich bleiben wird: dieser Punkt ist das eigene Ich."[57]

Die Freiheit des Menschen bestehe darin, daß er sich frei fühle, weil er die kausale Bedingtheit seiner Willensentscheidung immer erst hinterher feststellen könne und nie vorher. Planck begründet diesen Gedanken in seinem Vortrag „Wesen der Willensfreiheit" damit, daß erst hinterher die Bedingung der Passivität des Beobachters gegeben sei, vorher jedoch wirke jede Überlegung selbst wieder als verändernde Ursache, störe also den Akt der Selbstbeobachtung und mache eine zutreffende Aussage deshalb unmöglich. Allerdings könne „ein an Weisheit uns himmelhoch überlegenes Wesen, welches jede Falte in unserem Gehirn und jede Regung unseres Herzens durchschauen kann, unsere Gedanken und Handlungen als kausal bedingt erkennen...

Soweit wir dagegen selbst als erkennendes Subjekt auftreten, müssen wir auf eine rein kausale Beurteilung unseres gegenwärtigen Ich Verzicht leisten.

Hier ist also die Stelle, wo die Willensfreiheit ansetzt und ihren Platz behauptet..."[58]

Zu beachten ist noch, daß Planck unter Willensfreiheit meist schon die Handlungsfreiheit mit versteht.

Diese ganze Auffassung hält einer marxistischen Kritik nicht stand.

Für Planck jedoch ist diese These der theoretische Ansatzpunkt dazu, die Notwendigkeit der Religion zu postulieren. Da das Kausalgesetz auf das eigene Ich nicht anwendbar ist, so kann das Kausalgesetz und damit die Wissenschaft, die ja das Kausalgesetz voraussetzt, „uns auf unserm Lebenswege kein Führer sein ... Aber der Mensch braucht nun einmal Grundsätze, nach denen er sein Tun und Lassen einrichtet, er bedarf ihrer sogar noch viel dringender als der wissenschaftlichen Erkenntnis. Eine einzige Tat hat manchmal für ihn mehr Bedeutung als alle Wissenschaft der Welt zusammengenommen. Deshalb ist er genötigt, sich an dieser Stelle nach einer anderen Führung umzusehen, und eine solche findet er nur dadurch, daß er statt des Kausalgesetzes das Sittengesetz, die ethische Pflicht, den kategorischen Imperativ einführt. Dann tritt an die Stelle des kausalen „Muß" das

[56] Ebenda, S. 159.

[57] Aus *M. Plancks* Vortrag „Kausalgesetz und Willensfreiheit" in: „Vorträge und Erinnerungen", S. 163.

[58] *M. Planck*, „Vorträge und Erinnerungen", S. 164, vgl. auch dazu S. 267 und 307.

sittliche „Soll", an die Stelle der Intelligenz der Charakter, an die Stelle der wissenschaftlichen Erkenntnis der religiöse Glaube."[59] Nach Planck ist demnach eine wissenschaftliche Ethik nicht möglich. Hier stoßen wir auf den Grundirrtum Plancks, der ihn schließlich zur Bejahung einer pantheistischen Religiosität führte; die Religion müsse den Menschen die ethische Richtschnur für sein Verhalten geben. Planck lehnte zwar Offenbarungsreligion und offizielle Glaubenslehre ab, sah aber in jeder Religion ethische Werte.

Bei dieser aus praktisch-ethischen Gründen getroffenen Einschätzung Plancks ist der Einfluß der ethischen Konzeptionen Kants deutlich erkennbar.

Die Unkenntnis der Dialektik führte den erkenntnistheoretischen Materialisten Planck auf diese Weise über eine falsche Auffassung vom Wesen des Determinismus und der Willensfreiheit folgerichtig zu einem gewissen Fideismus. In Plancks Auffassung der Willensfreiheit ist sogar ein gewisses agnostisches Moment enthalten.

Die Willensfreiheit existiere für den Menschen, weil dieser die kausale Gebundenheit des eigenen Willens nie vollständig und endgültig erkennen könne; in Wirklichkeit aber sei auch der Wille vollständig determiniert. Planck drückte seinen Standpunkt zusammenfassend in folgendem Satz aus:

„Vom Standpunkt eines idealen, alles durchschauenden Geistes betrachtet, ist der menschliche Wille, wie überhaupt alles körperliche und geistige Geschehen kausal vollständig gebunden. Dagegen vom Standpunkt des eigenen Ich betrachtet ist der auf die Zukunft gerichtete eigene Wille nicht kausal gebunden, und zwar deshalb, weil das Erkennen des eigenen Willens selber den Willen immer wieder kausal beeinflußt, so daß hier von einer endgültigen Erkenntnis eines festen Kausalzusammenhangs gar nicht die Rede sein kann. Man könnte dafür auch kurz sagen: objektiv, von außen betrachtet, ist der Wille kausal gebunden, subjektiv, von innen betrachtet, ist der Wille frei."[60]

Deshalb vertrat Planck die Meinung, daß man durchaus die Willensentscheidungen der anderen Menschen recht gut kausal verstehen, ja sogar voraussagen kann, weil man sich ihnen gegenüber in der Lage des passiven Beobachters, also in der Lage des angenommenen idealen Geistes befinde.

„Je besser wir einen Menschen kennen, um so sicherer ist unser Urteil über sein Verhalten, und wenn er sich anders benimmt, als wir erwarten, so schieben wir das nicht auf eine Lücke im Kausalzusammenhang, sondern auf die Wirkung besonderer, uns vorher nicht bekannter oder nicht genügend beachteter Umstände."[61]

Wenn wir nun allerdings z. B. das Zustandekommen des „Faust" und sonstige geniale Leistungen der Menschen nicht vollständig in ihrer kausalen Bedingtheit erkennen können, so liegt das an unserem beschränkten Erkenntnisvermögen, besonders daran, daß wir prinzipiell gleichartige Menschen sind wie diese, ja, daß wir jenen Genies sogar in gewisser Beziehung geistig unterlegen sind. Aber ein idealer (Laplacescher) Geist könnte auch alle genialen Leistungen der Menschen schon vorher in ihrer kausalen Bedingtheit erkennen und daher bis ins einzelne voraussagen.[62]

---

[59] Ebenda, S. 165. [60] Ebenda, S. 297.
[61] Ebenda, S. 304. [62] Ebenda, S. 267.

Das grenzt hart an Fatalismus, denn dann wären ja objektiv diese genialen Leistungen vorausbestimmt und mußten zustande kommen. Planck zieht selbst diese Konsequenzen:

„So müssen wir unweigerlich zugeben, daß selbst der Geist eines jeden unserer allergrößten Meister, der Geist eines Kant, eines Goethe, eines Beethoven, sogar in den Augenblicken seiner höchsten Gedankenflüge und seiner tiefsten innersten Seelenregungen dem Zwang der Kausalität unterworfen, ein Werkzeug in der Hand eines mächtigen Weltgesetzes ist.“[63]

Planck will sich vor dem mechanischen Determinismus retten und gerät dabei – infolge seiner Unkenntnis der Dialektik – in einen pantheistischen Determinismus, der alles als Werkzeug der Weltvernunft oder der vernünftigen Weltordnung auffaßt.

Allerdings läßt dieser pantheistische Determinismus die für die Ethik gesuchte Lücke, um die Verantwortlichkeit des Menschen auf diese Weise ohne logischen Widerspruch postulieren zu können.

Das wäre vom Standpunkt des konsequenten mechanischen Determinismus nicht möglich gewesen.

Vor all diesen fideistischen Konsequenzen bewahrt nur eine dialektisch-materialistische Lösung des Problems des Determinismus und der Willensfreiheit; nur eine solche Lösung ermöglicht einen bis zu Ende geführten konsequenten Materialismus.

Auch der dialektische Materialismus geht bei dem Problem der Willensfreiheit wie Planck davon aus, daß die verschiedenen Motive des Menschen die wichtigste Ursache seiner Entscheidungen und Handlungen sind, daß sie die Entscheidungen und Handlungen determinieren. Die Motive werden selbst ebenfalls kausal verursacht, sie sind determiniert vom Bewußtsein (weltanschaulichen, darunter besonders ethischen Auffassungen, Zielen u. a. m.), sowie den Gefühlen der Menschen; alle diese Faktoren haben ihre entscheidende, sie bedingende Ursache in dem gesellschaftlichen Sein der Menschen. Denn woher kommen denn Motive, Ideen, Gefühle, die den Menschen zu Entscheidungen und Handlungen veranlassen? Sie sind ihm nicht angeboren, sondern anerzogen. Er hat sie erworben. Und dabei ist eben entscheidend, welchen Einflüssen der Mensch ausgesetzt war, in welchem sozialen Milieu er aufwuchs. In einer antagonistischen Klassengesellschaft wird sich auf diese oder jene Weise immer der ideologische Standpunkt einer Klasse niederschlagen, ganz gleich, ob sich der betreffende Mensch dessen bewußt ist oder nicht. Und insofern wirken sich hier also letztlich die materiellen Verhältnisse einer bestehenden Gesellschaft auf das Geistesleben, das Bewußtsein und die Willensbildung des einzelnen aus, ohne es aber im fatalistischen Sinn festzulegen. Letztlich muß doch der Mensch selbst die Entscheidung zwischen den Grundtendenzen der Einflüsse fällen. Diese Einflüsse aber sind gesellschaftlicher Art. Diese Beziehungen hat Planck überhaupt nicht beachtet. In dieser Hinsicht war Planck Idealist. Die wichtige Frage nach den materiellen Ursachen der ideellen Motive usw. hat er nicht gestellt.

[63] Ebenda, S. 160.

Unrichtig ist Plancks Auffassung, daß die Freiheit des Menschen darin bestehe, sich frei zu fühlen, weil er das Kausalgesetz nicht auf sich anwenden könne, weil er die kausale Bedingtheit seiner eigenen Willensentscheidungen nicht zu erkennen vermöge.[64]

Das wäre ja nur eine Illusion der Freiheit, denn in Wirklichkeit ist nach Planck alles vollständig determiniert. Die marxistische Lösung des Problems der Willensfreiheit ist eine wesentlich andere.

Die Freiheit des Menschen besteht gerade darin, daß er sich selbst in seinen Entscheidungen und Handlungen bewußt determinieren kann, daß er also durchaus das Kausalgesetz auf sich selbst anzuwenden vermag, indem er sich seine Motive bewußt macht, sie einer wissenschaftlichen Betrachtung unterzieht und sich in seinem Wollen und Wünschen und vor allem in seinem Handeln von wissenschaftlichen Erkenntnissen leiten läßt (besonders bei den großen wichtigen Lebensentscheidungen). Dadurch wird seine Entscheidung gerade determiniert und sozusagen teilweise vorausentschieden; die Freiheit besteht gerade darin, daß das Bewußtsein selbst seine Willensbildung und seine Handlungen zu determinieren imstande ist. Das mindert nicht die Freiheit des Menschen, sondern macht sie erst möglich. Eine Entscheidung ist dann frei, wenn sie mit Sachkenntnis getroffen ist. Und gerade diese Sachkenntnis determiniert diese Entscheidungen und Handlungen des Menschen, der die Sachkenntnis besitzt. Nur durch diese Sachkenntnis realisiert der Mensch seine Freiheit.

Symbol der aus Unkenntnis resultierenden Pseudofreiheit dagegen ist es, wenn man würfelt oder an den Knöpfen abzählt, wie man handeln soll. Es bedarf also nicht erst der Hypostasierung des menschlichen Bewußtseins zum idealen Geist und es bedarf schon gar nicht des agnostischen Elements in Plancks Lösung der Frage, um die Willensfreiheit mit dem Kausalgesetz widerspruchsfrei verbinden zu können. Zwar wird immer eine gewisse selbständige Gefühlskomponente bei den Willensentscheidungen mit im Spiel sein, diese Gefühlskomponente aber muß nicht unbedingt irrational sein; es kommt darauf an, daß die bewußten Überlegungen, das rationale Denken bei den Entscheidungen die dominierende Rolle spielen.

Am Beispiel Plancks sehen wir wieder, wie jeder undialektische Materialismus aus Gründen der inneren Logik seiner metaphysischen Anlage in gesellschaftlichen Fragen in den Idealismus führt, wie also die Metaphysik eine Quelle des Idealismus ist.

Aus Plancks Kritik am positivistischen Indeterminismus und aus seinen Ausführungen über die mechanische Naturanschauung und zur Frage der Willensfreiheit ergibt sich zusammengefaßt folgendes Bild:

1. Planck vertrat eine materialistische Auffassung hinsichtlich der Kausalität und des Determinismus. Die Kausalität ist für ihn weder eine Kantische apriorische

[64] „Der Begriff der menschlichen Willensfreiheit hat nur den Sinn, daß der Mensch sich selbst innerlich frei fühlt, und ob das der Fall ist, kann nur er selber wissen. Damit steht nicht in Widerspruch, daß seine Willensmotive von einem idealen Geist vollständig durchschaut werden können." (Ebenda, S. 262)

Form der Anschauung oder ein erfundenes Ordnungsprinzip des rationalen Denkens, noch ist sie der subjektiv-idealistische Zusammenhang zwischen regelmäßig aufeinanderfolgende Empfindungen, sondern die Kausalität hat objektiven Charakter; sie ist ein wirklicher Zusammenhang in der realen Außenwelt, der unabhängig vom forschenden Bewußtsein existiert.

2. Planck erkannte, daß die alten Vorstellungen vom Determinismus modifiziert werden müssen; er betonte aber, daß die Mikrophysik mit ihren Erkenntnissen (so z. B. der Heisenbergschen Unschärferelation) nicht den Determinismus widerlegt. Das Kausalitätsprinzip muß nach wie vor Grundprinzip wissenschaftlichen Denkens bleiben. Planck bekannte sich eindeutig zum Determinismus.
3. Planck entwickelte zwar von der Physik her einige Ansätze zur Überwindung des Mechanizismus in der mechanischen Naturanschauung, er sah ihre engen Grenzen und bewies durch viele Ausführungen, daß er kein konservativer Anhänger der alten mechanischen Naturauffassung und der Denkweise der klassischen Physik ist, wie z. B. H. A. Lorentz. Die Unkenntnis der Dialektik verhinderte aber, daß sich Planck aus dem mechanischen Materialismus befreit und eine neue geschlossene Auffassung entwickelt hätte.
4. Planck wies nach, daß der Indeterminismus des Positivismus auf den allgemeinen subjektiv-idealistischen Grundauffassungen des Positivismus beruht und sich daraus ergibt, daß die Positivisten noch in der Denkweise und mit den Begriffen der klassischen Physik operieren. Der positivistische Indeterminismus führe dazu, daß leichtfertig wirkliche Probleme und Fragen als sinnlos hingestellt werden und dadurch die weitere Forschung gehemmt wird. Über das im Positivismus im Vordergrund stehende Komplementaritätsprinzip spricht Planck nicht.
5. Planck vertrat gegenüber dem Positivismus entschieden die Auffassung, daß sich prinzipieller Determinismus und Anerkennung der Willensfreiheit nicht ausschließen. Seine Lösung des Problems der Willensfreiheit aber war völlig beherrscht von der metaphysischen Entgegensetzung von Freiheit und Notwendigkeit. Das führte zu seiner Auffassung, daß zwar unsere Handlungen — objektiv gesehen — alle kausal bedingt seien, daß wir aber vorher diese Bedingtheit nie erkennen könnten und daß wir deshalb — subjektiv gesehen — völlig frei entscheiden würden. Auf diese Weise rettet Planck das ethische Prinzip der Verantwortung und versucht es so mit der durchgängigen Gültigkeit des Kausalprinzips in Einklang zu bringen. Gleichzeitig treibt ihn diese undialektische Lösung des Problems zur Rechtfertigung der Religion. Hierbei werden starke Züge kantischen Denkens erkennbar.

Mit der Kennzeichnung und der Kritik der Auffassung Plancks vom Wesen der Willensfreiheit schließen wir die Darlegung der Kritik Plancks an den grundlegenden Auffassungen des Positivismus ab; gewiß sind damit nicht alle erwähnenswerten Einzelaspekte vollständig erfaßt, aber eine ausführliche Darlegung aller einzelnen Spezialfragen und Detailaspekte würden den Rahmen der Arbeit sprengen und sie zersplittern.

Unsere Betrachtung hat uns in einem großen Bogen von den Anfängen philosophischer Äußerungen Plancks bis zu seiner bewußten und für einen bürgerlichen

Naturwissenschaftler außerordentlich klaren, philosophischen Kritik des Positivismus in dessen Grundansichten geführt.

Wir haben dabei verschiedene Gelegenheiten benutzt, schon in der Darlegung das Wesen der Kritik Plancks am Positivismus zu kennzeichnen, es mit der Kritik Lenins am Empiriokritizismus Machs zu vergleichen, Gemeinsames herauszustellen und auch die sie unterscheidenden Ansichten voneinander abzugrenzen. Dabei konnten wir schon auf gewisse Schwächen der Kritik Plancks im einzelnen hinweisen. Der Schlußteil der Arbeit soll nunmehr die verstreuten einzelnen konkreten Beurteilungen zusammenfassen und verallgemeinern, um zu einer marxistischen Gesamteinschätzung der Kritik Plancks zu gelangen, die ihr grundsätzliches, philosophisches Wesen, ihre allgemeinen Stärken und Schwächen sowie die Bedeutung seines Kampfes und seines philosophischen Schaffens überhaupt beinhaltet.

III. DIE BEDEUTUNG DES PHILOSOPHISCHEN KAMPFES MAX PLANCKS

10. KAPITEL

DAS PROGRESSIVE IM PHILOSOPHISCHEN SCHAFFEN PLANCKS UND DIE STÄRKEN SEINER KRITIK AM POSITIVISMUS

Im Lichte der Leninschen Hinweise über den Parteienkampf in der Philosophie und angesichts seiner und Engels Aufmerksamkeit diesen Fragen gegenüber ist auch der Kampf zu werten, der um das philosophische Erbe Max Plancks geführt wird.

Die Persönlichkeit Plancks und sein Wirken lenken noch aus zwei besonderen Gründen die Aufmerksamkeit in dieser Beziehung auf sich:

1. ist Planck einer der größten Physiker des 20. Jahrhunderts, der das Tor zu einer neuen Etappe der physikalischen Wissenschaft aufstieß, und

2. hat er in besonders starkem Maße – mehr als die meisten jener Naturwissenschaftler, mit denen sich Engels und Lenin beschäftigten – direkt philosophisch gewirkt.

Das wissenschaftliche Schaffen Max Plancks erstreckte sich auf zwei Bereiche: es ist einmal gekennzeichnet durch hervorragende und erfolgreiche fachwissenschaftliche Forschungen, die die historische Größe Plancks als Physiker ausmachen und zum anderen durch beachtenswerte philosophische Leistungen, die ihn als tiefen Denker vor allem in den Grundfragen der Philosophie ausweisen. Den bürgerlichen Philosophen, die auf der anderen Seite im Parteienkampf standen und stehen, gefällt dieses Wirken Plancks nicht; besonders seine philosophische Tiefe hinsichtlich der Grundfragen ist ihnen unangenehm. Deshalb versuchen sie, Plancks philosophische Leistungen zu bagatellisieren und sprechen nur mit Geringschätzung von ihnen.[1]

Die hohen Auflagen der philosophischen Schriften Plancks sind ein kleiner Gradmesser des Einflusses, den das philosophische Denken Plancks ausgeübt hat und auch heute noch ausübt.[2]

---

[1] So z. B. *G. Kropp* in seinem Aufsatz „Die philosophischen Gedanken Max Plancks" in „Zeitschrift für philosophische Forschung", 1951/52, S. 434 ff.; seiner Auffassung nach hat Planck nichts philosophisch Wesentliches zum Ausdruck gebracht.

[2] Lankenau spricht direkt vom Planckianismus; er meint, ein Ende der weitverbreiteten Anerkennung dieser Richtung naturphilosophischen Denkens sei wohl kaum abzu-

Schon die Tatsache allein, daß Plancks Lebenswerk eine so harmonische Einheit zweier zwar verschiedener, aber eben doch innerlich zusammengehöriger Komponenten ist (nämlich der Fachwissenschaft und der Philosophie), ist für alle Naturwissenschaftler ein verpflichtendes Erbe der 90 schaffensreichen Lebensjahre des großen deutschen Physikers.

Der bleibende Wert und die besondere Bedeutung des philosophischen Wirkens Plancks liegt in dem sachlichen Gehalt der von ihm verfochtenen philosophischen Auffassungen: in seiner Verteidigung eines in vielen Zügen eindeutig materialistischen Standpunkts und in seinem Kampf gegen die in der Naturwissenschaft im Zeitalter des Imperialismus besonders stark anwachsende idealistische Modephilosophie des Positivismus.

Die philosophischen Arbeiten Plancks erhalten durch verschiedene Umstände ein besonderes Gewicht.

Die materialistische Kritik am Positivismus hätte als solche schon beachtliches Gewicht wegen ihres sachlichen Gehalts, auch wenn sie nicht aus der Feder eines Max Planck stammen würde. Die materialistische Kritik des Positivismus durch Planck wiegt nun dadurch noch schwerer, daß Max Planck – neben Einstein – der bedeutendste theoretische Physiker in der ersten Hälfte des 20. Jahrhunderts in Deutschland war, dem die Naturwissenschaft zahlreiche wichtige Forschungsergebnisse verdankt. Die bedeutendste war die Entdeckung des elementaren Wirkungsquantums, $h = 6{,}624 \cdot 10^{-27}$ erg/sec, eine der wenigen universellen Naturkonstanten, die bei der Erforschung der Atomstruktur und in der Kernphysik überhaupt eine überragende Rolle spielt, eine Konstante, auf die sich die ganze Quantenmechanik aufbaut.

Die Verteidigung materialistischer Grundsätze durch Planck ist weiter besonders bedeutungsvoll deswegen, weil Planck selbst die ganze Entwicklung der physikalischen Wissenschaft seit Helmholtz, Clausius und Kirchhoff, die seine wichtigsten Lehrer waren, bewußt miterlebt und in steigendem Maße dann auch mitgestaltet hat. Er hat selbst die Krise der Physik miterlebt, er kennt alle Probleme und Schwierigkeiten, die der Mikrokosmos der alten klassischen Physik und ihren Begriffen und Methoden bereitete.

Er sah die Erschütterung des alten mechanisch materialistischen Weltbildes der klassischen Physik, er mußte im eigenen Kopf mit vielen verwurzelten und gewohnten Vorstellungen brechen, er vertiefte durch die Ergebnisse seiner wissenschaftlichen Forschung diese Krise, aus der gerade der Positivismus seine Argumente und seine philosophische Haltung herleitet. Ja, unter dem Eindruck dieser Krise der Physik und unter dem Einfluß solcher damaligen Autoritäten, wie Ostwald, Mach und andere, war Planck selbst während seiner Kieler Zeit (1885 – 1889) Anhänger des Positivismus gewesen.

Aber Planck war der Typ eines rastlos vorwärtsstrebenden Forschers, sowohl auf seinem Fachgebiet als auch auf philosophischem Gebiet. Überall und stets suchte er

---

sehen. Plancks Naturphilosophie werde in Kreisen der Naturwissenschaftler noch lange „Sinn und Bedeutungshaftigkeit, Geltung und Anhängerschaft besitzen". (*E. Lankenau*, a. a. O., S. 13)

alle Probleme immer tiefer und allseitiger zu erfassen, er beugte sich keiner Autorität, nur weil es eine Autorität war, sondern nur echten wissenschaftlichen Beweisen.

Viele seiner neuen physikalischen und auch philosophischen Erkenntnisse hat Planck sich selbst im harten geistigen Ringen gegen alte gewohnte Vorstellungen in seinem eigenen Bewußtsein erarbeitet. Er ist nie ein Wissenschaftler gewesen, der auf seinem Fachgebiet konservativ und borniert in alten Vorstellungen befangen blieb und sich weigerte, neue Gesichtspunkte zu berücksichtigen. Gerade deshalb ist es auch nicht verwunderlich, daß er bald die Unfruchtbarkeit und Einseitigkeit des Positivismus erkannte und den Einfluß dieser philosophischen Anschauung bei sich selbst überwand. Er war von da an bis zu seinem Tode der geistige Führer des naturwissenschaftlich-materialistischen Lagers der deutschen Naturforscher.

Es kennzeichnet die Größe Plancks in dieser Beziehung, daß er sich inmitten des großbürgerlichen Milieus einer kaiserlich-imperialistischen Gesellschaft gegen die allmählich zur Herrschaft gelangende subjektiv idealistische Philosophie des Positivismus wandte, die viele seiner jüngeren Kollegen später leidenschaftlich verfochten. Die Ursache dafür, daß nach 1920 gerade jüngere Physiker positivistisch dachten, liegt nicht darin, daß diese Wissenschaftler jünger und deshalb etwa revolutionärer im Denken gewesen wären, sondern sie liegt darin, daß diese Wissenschaftler ihre akademische Ausbildung schon unter den gesellschaftlichen Verhältnissen der imperialistischen Fäulnisperiode des Kapitalismus erhalten hatten, daß ihr philosophisches Bewußtsein, ihr philosophisches Denken schon während der Studien- und Assistenzzeit von der imperialistischen Periode verformt worden war. Deshalb wurden viele Physiker, die auf der Grundlage der Entdeckung von Planck die Quantentheorie weiter ausbauten, so leicht Anhänger des Positivismus. Lediglich einige engere Schüler Plancks, wie z. B. Max von Laue, den Planck als den ihm am nächsten stehenden seiner Schüler bezeichnete,[3] wurden von ihm im Sinne seiner philosophischen Ansichten beeinflußt.

In seinem Kampf gegen die von der herrschenden Klasse unterstützte positivistische Philosophie wuchs Planck über das philosophische Niveau aller seiner Gegner und auch seiner naturwissenschaftlich-materialistisch eingestellten Kollegen weit hinaus. Lenin kennzeichnete den naturwissenschaftlichen Materialismus am Beispiel Boltzmanns, Rückers und Haeckels als „. . . elementare, nicht erkannte, ungeformte philosophisch-unbewußte Überzeugung der erdrückenden Mehrzahl der Naturforscher, daß der sich in unserem Bewußtsein widerspiegelnden Außenwelt objektive Realität zukommt."[4]

Max Planck aber formte nach 1908 schon bewußt seinen philosophischen Standpunkt und kämpfte bewußt gegen den Positivismus als eine eigene philosophische Strömung in der Naturwissenschaft. Bei Planck handelt es sich also nicht mehr nur um spontane materialistische Randbemerkungen, wie man sie bei vielen Naturwissenschaftlern finden kann, sondern um bewußtes philosophisches Schaffen. Aller-

---

[3] Vgl. *M. Planck*, „Wissenschaftliche Selbstbiographie", S. 29.

[4] *W. I. Lenin*, „Materialismus und Empiriokritizismus", S. 338.

dings trifft Lenins Hinweis insofern auch auf Planck zu, als dieser sich ebenfalls nicht dessen bewußt war, daß er einen materialistischen Standpunkt vertrat. Planck hat sich nie als Materialist bezeichnet. Er hatte vor dieser Bezeichnung die typische Scheu bürgerlicher Gelehrter. Der Grund hierfür liegt in den Verleumdungen der materialistischen Philosophie, die die bürgerlichen Ideologen, besonders die Vertreter der Religion gerade nach 1900 immer stärker in die Hirne der Menschen hämmerten, sowie auch darin, daß das Aussehen des Materialismus durch die vulgärmaterialistischen Reden und Schriften von Vogt, Büchner und Moleschott unter den Wissenschaftlern nicht gerade gehoben wurde. Die Scheu, sich Materialist zu nennen, stellte Lenin schon bei Feuerbach, Boltzmann und Haeckel fest. Das hat Lenin jedoch nie davon abgehalten, ihren Standpunkt dort als Materialismus zu bezeichnen, wo er es der Natur der Sache nach war. Dasselbe gilt für Plancks Kampf gegen den Positivismus.

Planck hat sich stets besonders ernsthaft mit allen Argumenten des Positivismus auseinandergesetzt und auch stets seine eigenen philosophischen Ansichten an den neuesten Ergebnissen der Physik überprüft: das Ergebnis war stets ein konsequentes Festhalten am materialistischen Standpunkt in den so wichtigen Fragen der objektiven Außenwelt, der Erkenntnistheorie und des Determinismus. Es handelt sich bei Planck um eine bewußte, geformte und klar begründete Überzeugung von der Existenz einer objektiv-realen Außenwelt und einer sie beherrschenden Gesetzmäßigkeit, die der Mensch mit Hilfe seiner Sinne und seines abstrakten Denkens immer besser zu erkennen imstande ist. Stolz konnte Planck als 75jähriger im Vorwort zum Sammelband seiner philosophischen Vorträge „Wege zur physikalischen Erkenntnis“ feststellen:

„Bedenkt man, daß seit der Ausarbeitung meines ersten in Leiden gehaltenen Vortrages volle 25 Jahre verflossen sind und daß währenddem die physikalische Wissenschaft Wandlungen erfahren hat von einem Ausmaß wie kaum je zuvor in einem gleichen Zeitraum, so wird man es selbstverständlich finden, daß in den Anschauungen eines Physikers, der alle diese Eindrücke miterlebt hat, sich gewisse Um- und Weiterbildungen vollzogen haben. Dennoch glaube ich mit gutem Gewissen behaupten zu können, daß die Auffassung, die ich bezüglich der großen allgemeinen Fragen der Physik und der physikalischen Erkenntnis bisher zu entwickeln und zu begründen suchte, sich bewährt hat, und daß ich den in meinen früheren Schriften dargelegten grundsätzlichen Standpunkt auch heute noch zu vertreten allen Grund habe.“[5]

Die Positivisten möchten allerdings gern Plancks antipositivistische Überzeugung als Ausdruck konservativen, überholten Denkens hinstellen und herabwürdigen, um auf diese Weise seine Bedeutung abzuschwächen. Anmaßend und beleidigend wird dieses Unterfangen, wenn sie Planck sein Alter vorwerfen und behaupten, er verstehe die neue Physik nicht mehr. Max von Laue hat in seiner Rede zum 100. Geburtstag Max Plancks allen solchen Tendenzen eine höfliche, aber bestimmte Abfuhr zuteil werden lassen.[6]

---

[5] *M. Planck*, „Vorträge und Erinnerungen“, S. V.

[6] Vgl. „Die Naturwissenschaften“, Heft 10/1958, S. 225/26.

Es ist unrichtig, wenn die Positivisten Planck als einen konservativen Denker hinstellen, der mit der modernen Wissenschaft nicht richtig Schritt hielt, der in den Anschauungen der klassischen Physik befangen blieb und der der vagen Hoffnung lebte, daß sich die alten mechanistischen Thesen der klassischen Physik doch noch bestätigen würden.[7] Planck ist mit konservativen Physikern, wie H. A. Lorentz, in dieser Beziehung nicht zu vergleichen. In der Gedächtnisrede für H. A. Lorentz vor der Physikalischen Gesellschaft in Berlin im Jahre 1928 hat Planck kritisch auf die konservative, in den alten Vorstellungen der klassischen Physik beharrende Denkweise dieses letzten großen Vertreters der klassischen Theorie und des mechanisch-materialistischen Denkens hingewiesen.[8] Noch klarer geht Plancks durchaus modernes physikalisches Denken aus seinem gesamten physikalischen und philosophischen Schaffen hervor.

Planck hat nachgewiesen, daß die neuesten Ergebnisse der physikalischen Wissenschaft, insbesondere der Atomphysik, keineswegs zu positivistischen Auffassungen zwingen, sondern seine materialistische Position bestätigen.

Es wird stets unsere Aufgabe sein, die naturwissenschaftlich-materialistischen Auffassungen Max Plancks gegen jede Verfälschung oder Herabwürdigung zu verteidigen, denn diese Seite Max Plancks — und es ist die bestimmende Seite in seinem ganzen Lebenswerk als philosophischer Denker — gehört zum wissenschaftlichen Erbe, steht würdig in der Reihe der großen naturwissenschaftlichen und auch philosophischen Leistungen unserer Nation. Wir müssen Planck verteidigen gegen Leute, wie G. Kropp und H. Hartmann, die einerseits Planck höflicherweise als große Persönlichkeit, als Naturforscher und Denker rühmen, andererseits aber sich bemühen, seinen eindeutigen materialistischen Standpunkt zu verdunkeln, abzuschwächen und sein stellenweises Abrutschen in den Idealismus aufzubauschen; außerdem wollen sie aus seinem unklaren Gebrauch philosophischer Termini Kapital für den Positivismus schlagen, was soweit geht, die volle Übereinstimmung Plancks mit dem Positivismus in einigen Fragen zu behaupten, und das andere als eklektisches Gemenge von platonischer Philosophie, „Transzendentalphilosophie Kants" und Pragmatismus herabzuwürdigen.[9]

H. Dingler wiederum polemisiert als Vertreter einer verschwommenen und mystischen subjektiv-idealistischen Lebensphilosophie gegen Planck, der angeblich im Banne seiner unrichtigen Philosophie und ihrer „metaphysischen Überwelt" Dinglers seit 30 Jahren geführten Beweise überhaupt nicht berücksichtige und mit seinem Denken im „Chaos ausarte". Dingler versteigt sich zu der absurden Behauptung, Planck würde „nicht nur das Ende der Kausalität, sondern das der Physik überhaupt" proklamieren; er wirft Planck „reine Mystik" vor und anderes mehr.[10]

---

[7] Solche Einschätzungen gibt besonders Jordan gern. Vgl. *P. Jordan*, „Physik des 20. Jahrhunderts", S. 115 und „Anschauliche Quantentheorie", S. VIII.

[8] Vgl. *M. Planck*, „H. A. Lorentz" in: „Die Naturwissenschaften", 1928, S. 549 ff.

[9] Vgl. *G. Kropp*, „Die philosophische Verantwortung in der Physik", bes. S. 27/28 und *H. Hartmann*, „Max Planck als Mensch und Denker", 1948, S. 114.

[10] *H. Dingler*, „Max Planck und die Begründung der sogenannten modernen theoretischen Physik", Berlin 1939, bes. S. 8 — 14.

Im Hintergrunde der Gegnerschaft Dinglers Planck gegenüber erkennt man faschistische Mystik Rosenbergscher Prägung, erkennt man die philosophischen Interpreten der nazistischen „deutschen Physik“. Dingler kann es Planck vor allem nicht verzeihen, daß der „Jude Einstein“ sich Plancks Entdeckung, der Quantenhypothese, „bemächtigen“ konnte, „um sich als Umwerfer aller bisherigen Physik in den Vordergrund zu spielen“.

In der Beweisführung für seine philosophischen Ansichten und bei seiner Kritik des Positivismus hat sich Planck in den Fragen nach der objektiven Realität in der Erkenntnistheorie und beim Problem des Determinismus zu prinzipiellen materialistischen Erkenntnissen durchgerungen, die zum Teil sogar mit den entsprechenden Ansichten Lenins vergleichbar sind. Diese Vergleiche sind an Hand der einzelnen Probleme und Zitate Plancks schon dargelegt worden. Aus ihnen ergibt sich klar und eindeutig, daß der sachliche Gehalt der philosophischen Ausführungen Plancks in wichtigen Grundfragen mit vollem Recht als materialistisch eingeschätzt werden kann, auch wenn Planck selbst eine andere Bezeichnung (Realismus) vorzog. Wichtig aber ist nicht der Name, sondern das sachliche Wesen seiner Überzeugung.

Hat Planck dieses materialistische Denken einfach von einem Philosophen übernommen, wie es bei den idealistischen Kollegen von ihm oft der Fall ist? Nein. Planck hat sich mit Werken verschiedener Philosophen beschäftigt; von den klassischen deutschen Philosophen schätzte er insbesondere Kant, er kannte Leibniz und Spinoza und erwähnte auch Descartes, Locke, Berkeley und Hume.[11] Er hat aber keinem philosophischen System eines dieser großen Denker voll zugestimmt. Die bestimmenden Komponenten für seine naturphilosophischen Ansichten bildeten die philosophischen Anregungen aus seiner Studienzeit, der elementare, ungeformte und zum Teil inkonsequente Materialismus von Helmholtz, vor allem aber der relativ konsequente Materialismus Boltzmanns; hinzu kommen dann seine eigenen Überlegungen, die stark von den persönlichen Erfahrungen aus seiner Arbeit als Naturwissenschaftler geprägt sind.

Werke zeitgenössischer bürgerlicher Philosophen hat Planck ebenfalls gelesen. Aus den erhalten gebliebenen Beständen seiner Bibliothek[12] ersieht man, daß Planck selbst viele philosophische Bücher zeitgenössischer Autoren besaß. Von modernen bürgerlichen Philosophen oder naturwissenschaftlichen Autoren philosophischer Werke sind vertreten: Schwegler, Mach, Poincaré, Harnack, Jeans, Schlick, Reichenbach, Cornelius, Cassirer, Jaspers, Dingler, Riehl, Mie, Beggerow und besonders

[11] Vgl. insbes. seinen Vortrag „Kausalgesetz und Willensfreiheit“.

[12] Es handelt sich hier um jene Teile, die nicht in Plancks Haus in Berlin-Grunewald lagerten und die deshalb nicht wie so vieles außerordentlich wertvolle — z. B. vollständige Jahrgänge von Fachzeitschriften, Erstausgaben u. a. m., vor allem aber Plancks umfangreiches wissenschaftliches Tagebuch — im Hagel amerikanischer Bomben vernichtet wurden. Diese Teile der Bibliothek sind 1945 von Sowjettruppen sichergestellt, in die Sowjetunion überführt und großzügigerweise anläßlich des 100. Geburtstages Max Plancks der Physikalischen Gesellschaft der DDR übergeben worden. Sie sind in Berlin im Magnus-Haus im Max-Planck-Zimmer aufbewahrt.

Erich Becher. Randbemerkungen in den Büchern pflegte Planck nicht zu machen. Außer einigen Längsstrichen am Rande des Textes und einigen „Ehem!" in Machs Werken enthalten diese Bücher keinerlei Hinweise auf Plancks Meinung gegenüber den enthaltenen Darlegungen.

Zu zeitgenössischen bürgerlichen Autoren hat Planck sich auch nur wenig geäußert. Zustimmende Bemerkungen sind besonders selten. Lediglich aus dem Jahre 1940 liegt eine bemerkenswerte und aufschlußreiche Äußerung über E. Becher vor. In einer Erwiderung auf die Kritik A. Müllers an seiner Schrift „Positivismus und reale Außenwelt" erwähnte Planck beiläufig, daß er im allgemeinen sehr mit dem Philosophen E. Becher übereinstimme.[13]

Von besonderem Interesse ist dieser Hinweis deshalb, weil Lenin, der sonst keine direkten Einschätzungen Plancks gegeben hat,[14] in einigen Randbemerkungen und vor allem in einer Fußnote in seinem Werk „Materialismus und Empiriokritizismus" seinerseits den philosophischen Standort Bechers einschätzte.

Kennzeichnend für Becher ist schon die Tatsache, daß auch er sich gegen die Philosophie von Mach gewandt hatte. Aus den Bemerkungen Lenins lassen sich Schlußfolgerungen zur Einschätzung Plancks ziehen. Bei Lenin heißt es in der ausführlichen Fußnote:

„Die Arbeit von Erich Becher ‚Philosophische Voraussetzungen der exakten Naturwissenschaften' (Leipzig 1907), die ich erst nach Beendigung dieses Buches kennengelernt habe, bestätigt das in diesem Abschnitt Ausgeführte. Der Verfasser, der dem erkenntnistheoretischen Standpunkt von Helmholtz und Boltzmann, d. h. dem ‚verschämten', nicht zu Ende gedachten Materialismus am nächsten steht, macht sich in seiner Arbeit die Rechtfertigung und Deutung der Grundannahmen von Physik und Chemie zur Aufgabe. Aus dieser Rechtfertigung wird natürlich ein Kampf gegen die Mode gewordene, aber auf immer größeren Widerstand stoßende machistische Richtung in der Physik. Treffend charakterisiert E. Becher diese Richtung als einen ‚subjektivistischen Positivismus' und verlegt den Schwerpunkt des Kampfes gegen sie auf den Nachweis der ‚Hypothese' der Außenwelt, auf den Nachweis ihrer ‚vom Wahrgenommenwerden unabhängigen Existenz'. Die Verneinung dieser ‚Hypothese' durch die Machisten führe diese häufig zum *Solipsismus*... In den letzten zwei Kapiteln seines Buches vergleicht E. Becher nicht schlecht die alte mechanistische Theorie mit der neuen elektrischen Theorie der Materie und deren Weltbild... Der Grundmangel des Becherschen Buches besteht darin, daß dem Verfasser der dialektische Materialismus absolut unbekannt ist. Diese Unkenntnis verleitet ihn oft zu ungereimtem und krausem Zeug, bei dem wir uns hier nicht aufhalten können."[15]

Diese Bemerkungen Lenins treffen auch voll für Planck zu.

Das philosophische Schaffen Plancks läßt folgende Grundmerkmale erkennen, die zugleich Grundlage einer allgemeinen marxistischen Einschätzung sein müssen.

Die Stärke des philosophischen Standpunkts Plancks ist sein erkenntnistheoretischer Materialismus, der bei Planck noch deutlicher und klarer herausgearbeitet

[13] Vgl. *M. Planck*, „Naturwissenschaft und reale Welt" in: „Die Naturwissenschaften", Heft 50/1940, S. 778/79.

[14] Plancks philosophisches Wirken begann erst 1908, als Lenin sein Werk „Materialismus und Empiriokritizismus" schon geschrieben hatte.

[15] *W. I. Lenin*, „Materialismus und Empiriokritizismus", S. 280/81.

ist als bei Helmholtz, Rücker u. a. An diesem Materialismus hat Planck während seines ganzen Lebens konsequent festgehalten. Er hat sich diesem Standpunkt nicht nur genähert, wie es z. B. bei O. Klohr heißt.[16] Wir haben besonders als Vertreter des dialektischen Materialismus keinen Grund, Plancks Materialismus irgendwie zu schmälern oder zu verniedlichen. Völlig verfehlt ist es aber, Planck einfach mit unter die physikalischen Idealisten zu zählen, weil bei ihm vom idealen Geist und von Gott die Rede ist.[17] Auch sonst wird in den marxistischen Schriften Planck viel zu einseitig und überbetont als Repräsentant und Typ des religiösen Naturwissenschaftlers hingestellt; es wäre viel besser und entspräche vor allem den Tatsachen, wenn sein naturwissenschaftlicher Materialismus hervorgehoben und seine materialistischen Auffassungen auf diesem Gebiet ausgewertet würden. Gewiß dürfen bei der Einschätzung Plancks Inkonsequenzen und idealistische Abweichungen nicht vertuscht werden, aber die Proportionen müssen dem Sachverhalt entsprechen. Wer *nur* Jagd macht auf idealistische Abweichungen, schießt sowohl sachlich als auch politisch-ideologisch über das Ziel hinaus, er entstellt Plancks philosophisches Schaffen und läuft Gefahr, in sektiererisches Verhalten zum progressiven philosophischen Erbe der bürgerlichen Naturwissenschaftler zu geraten. Damit würde das Bündnis des dialektischen Materialismus mit den materialistisch eingestellten Naturwissenschaftlern untergraben und die breite Front gegen Idealismus und Agnostizismus ungerechtfertigt eingeengt. Lange genug haben wir in Deutschland Planck denen überlassen, die nicht im Sinne seiner Philosophie wirken, sondern die im Lager des Idealismus stehen.

Von seinem materialistischen Standpunkt aus hat Max Planck versucht, der Verbreitung der subjektiv-idealistischen Philosophie Machs in der Naturwissenschaft entgegenzuwirken; er hat dabei ihre Unfruchtbarkeit für die wissenschaftliche Arbeit eindeutig dargelegt und begründet. Planck hat mit seinem Kampf gegen Mach objektiv – ohne es zu wissen und zu wollen und auch aus ganz anderen Grün-

[16] *O. Klohr*, „Max Planck – Naturwissenschaft – Religion“ in: „Wissenschaftliche Zeitschrift der Martin-Luther-Universität Halle-Wittenberg“, Mathematisch-naturwissenschaftliche Reihe, 2/VI, S. 299.

[17] So schreiben z. B. *O. W. Trachtenberg* und *J. F. Pomogajewa:* „H. Lewy und J. Bernal ... unterziehen, auf den Leitsätzen des dialektischen Materialismus fußend, die idealistischen Anschauungen bürgerlicher Gelehrter, wie J. Jeans, A. Eddington, W. Heisenberg, P. Jordan, E. Schrödinger, M. Planck und andere über Materie, Zeit und Raum und Gesetzmäßigkeit einer entscheidenden Kritik.“ (Im Abschnitt 12 „Philosophie“ des Artikels „Großbritannien“ der Reihe „Länder der Erde“ der Großen Sowjetenzyklopädie, Leipzig 1954, S. 308.) Eine solche Gleichsetzung zwischen Planck, Jordan, Heisenberg und anderen ist absolut ungerechtfertigt und oberflächlich. Im Artikel „Planck“ (Bd. 33 der Großen Sowjetenzyklopädie, S. 177) ist dieser Fehler nicht gemacht worden. Hier werden sehr richtig Plancks materialistische Auffassung und seine Kritik der Philosophie Machs betont.

Prof. Iwanenko (ein Teilnehmer der Delegation der sowjetischen Wissenschaftler zu den Planck-Feierlichkeiten in der DDR im April 1958) äußerte ebenfalls auf eine Frage in der Leipziger Kongreßhalle, daß in der Sowjetunion Plancks Denken als ein realistisches, praktisch-materialistisches Begreifen der Natur gewertet würde.

den — als Bundesgenosse Lenins gegen die aufkommende neue idealistische Philosophie in der Naturwissenschaft gekämpft und ihre Ausbreitung gehemmt.

Ostwald und Gerhardsen[18] haben den für alle Wissenschaften zutreffenden philosophischen Gehalt der Kritik Plancks an Mach nicht voll erkannt. Ihre Meinung, Planck sei Machs eigenartiger allgemeiner und groß angelegter Weltauffassung nicht gerecht geworden, da er nur das physikalisch Reale vertritt und mit physikalischen Begriffen nicht alle anderen Wissenschaften begründet werden könnten, trifft nicht zu. Wohl ging Planck vom physikalisch Realen aus, er ließ aber keinen Zweifel daran, daß das philosophische Wesen dieses Realen in seiner Existenz unabhängig vom Bewußtsein, unabhängig vom Psychischen liegt und daß ein solches Reales allen Wissenschaften zugrunde liegt, daß die Wissenschaft nur dadurch objektive Wissenschaft wird, daß sie dieses „metaphysisch Reale" erforscht und erkennt. Planck kritisierte Mach nicht vornehmlich als Physiker — obwohl er auch das tat —, sondern als Philosoph vom weiten Gesichtspunkt der philosophischen Grundlagen der Wissenschaft überhaupt, darunter auch der philosophischen Grundlagen der Physik.

Plancks großes Verdienst ist es ferner, in den philosophischen Auffassungen der sogenannten Kopenhagener Schule die alten subjektiv-idealistischen Auffassungen Machs im Kern wiedererkannt und den Kampf gegen diesen modernen naturwissenschaftlichen Positivismus erneut mit Leidenschaft geführt zu haben. Aus seiner ausführlichen und detaillierten Kritik an der Erkenntnistheorie des Positivismus gewann Planck seine allgemeine Einschätzung über den Wert der positivistischen Erkenntnistheorie für die Naturwissenschaften. Diese Einschätzung aus berufenem Munde ist sehr eindeutig und für den Positivismus wenig schmeichelhaft. Sie unterscheidet sich nicht wesentlich von Plancks Einschätzung der Machschen Philosophie. Seine prinzipielle Beurteilung des Positivismus schrieb Planck im Geleitwort zu dem Sammelband seiner Reden und Aufsätze „Wege zur physikalischen Erkenntnis" im Jahre 1933 nieder:

„Ich halte diese Auffassung, so einleuchtend sie auf den ersten Blick erscheint und so unanfechtbar sie vom rein logischen Standpunkt aus ist, dennoch für kurzsichtig und unfruchtbar."[19]

Die Sterilität dieser philosophischen Richtung hinsichtlich der naturwissenschaftlichen Forschung umriß Planck in seinem Vortrag „Religion und Naturwissenschaft". Er erwähnte erst einige positive Züge, den angeblichen „eigentümlichen Wert" des Positivismus und begründete aber dann seine Meinung, daß der Positivismus der naturwissenschaftlichen Forschung keine Impulse geben kann:

„Gewiß ist zuzugeben, daß die positivistische Betrachtungsweise ihren eigentümlichen Wert besitzt; denn sie hilft dazu, die Bedeutung physikalischer Sätze begrifflich zu klären, das empirisch Bewiesene vom empirisch Unbewiesenen zu trennen, gefühlsmäßige, lediglich

[18] Vgl. „Annalen der Naturphilosophie" 1/1910, S. 105/06; „Zeitschrift für Philosophie und Soziologie", 1912, S. 19 ff.

[19] *M. Planck*, „Vorträge und Erinnerungen", S. VI.

von lang gewohnter Anschauung genährte Vorurteile zu entfernen und dadurch der vorwärts drängenden Forschung den Weg zu ebnen. *Aber, um auf dem Wege führend zu wirken, dazu fehlt dem Positivismus die treibende Kraft.* Er kann wohl Hemmungen beseitigen. aber er *kann nicht fruchtbar gestalten*, denn seine Tätigkeit ist wesentlich kritisch, *sein Blick rückwärts gerichtet. Zum Vorwärtskommen gehören aber neue schöpferische, aus Messungsresultaten allein nicht abzuleitende, sondern über sie hinausgehende Ideenverbindungen und Fragestellungen, und solchen steht der Positivismus grundsätzlich ablehnend gegenüber.*

Daher haben auch die Positivisten aller Schattierungen der Einführung atomistischer Hypothesen und damit auch der Anerkennung der oben genannten universellen Konstanten bis zuletzt den schärfsten Widerstand entgegengesetzt. Das ist wohl verständlich; denn die Existenz dieser Konstanten ist ein greifbarer Beweis für das Vorhandensein einer Realität in der Natur, die unabhängig ist von jeder menschlichen Messung.

Freilich könnte ein konsequenter Positivist auch heute noch die universellen Konstanten als eine Erfindung bezeichnen, die sich deshalb als ungemein nützlich erwiesen hat, weil sie eine neue und vollständige Beschreibung der verschiedenartigsten Messungsergebnisse ermöglicht. Aber es wird kaum einen richtigen Physiker geben, der eine solche Behauptung ernst nehmen würde. Die universellen Konstanten sind nicht aus Zweckmäßigkeitsgründen erfunden worden, sondern sie haben sich mit unwiderstehlichem Zwang aufgedrängt. . .“[20]

In diesem längeren Zitat ist zugleich noch einmal Plancks philosophischer Standpunkt gegen den Positivismus knapp umrissen. Schwer wiegen im Munde des höflichen zurückhaltenden Planck solche Worte über den Wert des Positivismus wie: der Positivismus kann nicht fruchtbar gestalten, sein Blick ist rückwärts gerichtet; das heißt praktisch, der Positivismus kann die Naturwissenschaft nicht führen, er kann ihr keine zum Vorwärtskommen nötigen Impulse, keine fruchtbaren Arbeitshypothesen und -ideen geben. Mancher bürgerliche Physiker beginnt erst heute — 30 Jahre nachdem Planck diese Einschätzung gab — die Berechtigung der Worte von Planck zu erkennen und die notwendigen Konsequenzen daraus zu ziehen. Planck aber hat mit seinem philosophischen Kampf gegen den Positivismus die großen und für die Naturwissenschaft so bedeutungsvollen Traditionen des naturwissenschaftlichen Materialismus weiter geführt und lebendig erhalten. Er hat damit im Parteienkampf in der Philosophie unbewußt auf der Seite Lenins, auf der Seite des dialektischen Materialismus gestanden. Sein Beispiel zeigt, daß sogar ein bürgerlicher Naturwissenschaftler, der den dialektischen und historischen Materialismus nicht kennt, zu sachlich fast denselben Einschätzungen über den Positivismus kommen kann wie Lenin. Vom klaren naturwissenschaftlichen Standpunkt ausgehend gelang es Planck, viele Argumente gegen den Positivismus darzulegen, die mit denen übereinstimmen, die Lenin bei seiner marxistischen Kritik des Machschen Positivismus erarbeitet hatte. Voraussetzung zu solcher philosophischen Kritik am Positivismus ist allerdings, daß der betreffende Naturwissenschaftler einen festen materialistischen — wenn auch nur naturwissenschaftlich-materialistischen — Standpunkt hat, von dem er ausgeht und daß er sich nie allzusehr von irgendwelchen Dogmen oder Thesen der idealistischen Philosophie leiten oder einfangen läßt, sondern die Natur auch philosophisch stets so betrachtet, wie sie eben ist, ohne jede

[20] Ebenda, S. 326/27 (Hervorhebungen von mir).

phantastische Zutat. Gerade eine solche Betrachtungsweise bezeichnete Engels als Grundmerkmal des philosophischen Materialismus.[21] Wenn diese Auffassung bewußt zur Grundlage der philosophischen Betrachtungsweise gemacht wird, dann kann auch ein bürgerlicher Naturwissenschaftler in seinen verallgemeinernden Schlußfolgerungen zum erkenntnistheoretischen Materialismus vordringen, wie wir es am Beispiel Plancks gesehen haben.

Daß Planck sich andererseits nach mühevollen und langwierigen Überlegungen und wiederholten Auseinandersetzungen mit sich selbst sowie durch stetes kritisches Überprüfen und Abändern seiner eigenen philosophischen Anschauungen — das Überwinden des Positivismus hat ihn fast zwei Jahrzehnte gekostet! — in vielen erkenntnistheoretischen Fragen zu materialistischen Ansichten durchgerungen hat, zeigt zweierlei:

1. daß die materialistische Erkenntnistheorie, die in der marxistischen Erkenntnistheorie ihre höchste Entwicklungsstufe erreicht hat, mit den Erkenntnissen der modernen Naturwissenschaft, insbesondere der modernen Physik, vollkommen übereinstimmt, ihre Ergebnisse am besten, harmonischsten und einfachsten zu verallgemeinern vermag, ohne zu Widersprüchen oder zu absurden Konsequenzen zu führen, und daß sie andererseits manchen wertvollen Hinweis über die Aufgabenstellung und die einzuschlagende Forschungsrichtung geben kann;
2. daß jeder Naturwissenschaftler diese materialistische Erkenntnistheorie braucht und daß er am besten beraten ist, sie als wissenschaftlich erarbeitetes Ergebnis philosophischen Erkenntnisstrebens gründlich zu studieren, um von vornherein historisch notwendige Irrwege nicht unnötigerweise zu wiederholen, wie es z. B. Planck zu tun gezwungen war, weil ihn sein bürgerliches Milieu von der Philosophie der Arbeiterbewegung isolierte und entfremdete.

Die Erfolge der sowjetischen Naturwissenschaft und Technik können auch mit als Beleg dafür herangezogen werden, daß es sehr nützlich und wertvoll ist, die junge heranwachsende Generation von Wissenschaftlern schon von vornherein mit dieser höchsten Entwicklungsstufe der Philosophie des 20. Jahrhunderts möglichst gründlich vertraut zu machen. Zugleich ist diese Philosophie, der dialektische und historische Materialismus, das einzig wissenschaftliche Fundament einer für das Leben brauchbaren Weltanschauung, die den Menschen nicht nur befähigt, die Natur richtig zu betrachten und die Zusammenhänge im Leben der menschlichen Gesellschaft zu erkennen, sondern ihn vor allem in die Lage versetzt, bewußt und zielstrebig die Natur zum Wohl der Menschen zu verändern und in der Gesellschaft aktiv zu wirken, um sie nach wissenschaftlicher Erkenntnis sozialistisch zu gestalten und damit zugleich die Voraussetzungen für eine gedeihliche wissenschaftliche Arbeit auch für sich selbst zu sichern; kurz gesagt, der Wissenschaftler wird durch die Kenntnis des dialektischen und historischen Materialismus nicht nur in seiner fach-

---

[21] „Allerdings heißt materialistische Naturanschauung weiter nichts, als einfache Auffassung der Natur so, wie sie sich gibt, ohne fremde Zutat. . ." *F.* Engels, „Dialektik der Natur," Berlin 1952, S. 211; vgl. auch „Ludwig Feuerbach und der Ausgang der klassischen deutschen Philosophie", Berlin 1953, S. 36.

wissenschaftlichen Arbeit gefördert, sondern er erarbeitet sich dabei eine abgerundete, wirklich allseitig wissenschaftliche Weltanschauung, deren Fehlen bei Planck so tragisch ins Gewicht fällt.

Die Bildung einer solchen Weltanschauung kann natürlich nicht dem Selbstlauf überlassen werden; insbesondere der jungen werdenden Intelligenz muß dabei Hilfe und Unterstützung gewährt werden. Die Bourgeoisie hat aus verständlichen Klasseninteressen nichts dafür übrig – ihr kann es nur recht sein, wenn die Intelligenz ahnungslos und ratlos in dieser Beziehung ist, wenn sie die Zusammenhänge im politischen und wirtschaftlichen Geschehen nicht durchschaut. Der Arbeiterklasse jedoch ist das keineswegs gleichgültig. Sie ist an der konsequenten Aufdeckung und möglichst großen Verbreitung der Wahrheit gerade hinsichtlich dieser gesellschaftlichen, wie auch der naturwissenschaftlichen und technischen Probleme interessiert. Deshalb wird dort, wo die Arbeiterklasse die Macht hat, die heranwachsende Intelligenz nicht nur einseitig fachwissenschaftlich, sondern zugleich auch philosophisch und gesellschaftswissenschaftlich gebildet.

Gerade darin besteht eine der wesentlichen Aufgaben des gesellschaftswissenschaftlichen Grundstudiums an den Hochschulen und Universitäten der DDR sowie des gesamten sozialistischen Lagers. Die von Planck nach vielen gedanklichen Irrwegen erarbeiteten philosophischen Auffassungen, ihre positiven Seiten sowie ihre Schwächen und Mängel sind uns Beweis dafür, auf dem rechten Wege zu sein.

Der materialistische Standpunkt Plancks besteht vor allem darin, daß er die These von der unabhängig vom menschlichen Bewußtsein bestehenden realen Außenwelt als Grundlage jeder „vernünftigen Weltanschauung" – und jeder Wissenschaft – damit eben auch der Physik[22] – sowie die Bedeutung des abstrakten theoretischen Denkens gegen den extremen Empirismus des Positivismus entschieden vertreten hat. Er hat zugleich den Determinismus und den objektiven Charakter der Kausalität als unabdingbare Grundsätze wissenschaftlichen Denkens gegen alle Angriffe konsequent verteidigt. Das ist alles im einzelnen dargelegt worden.

---

[22] „Die beiden Sätze: ‚Es gibt eine reale von uns unabhängige Außenwelt'; ‚Die reale Außenwelt ist nicht unmittelbar erkennbar' bilden zusammen den Angelpunkt der ganzen physikalischen Wissenschaft." (*M. Planck* in seinem Vortrag „Positivismus und reale Außenwelt" in: „Vorträge und Erinnerungen", S. 234)

Man vergleiche diesen Angelpunkt der physikalischen Wissenschaft hinsichtlich seines philosophischen Wesens mit dem Angelpunkt des philosophischen Materialismus, wie ihn Lenin formuliert: „‚... die *einzige*, Eigenschaft' der Materie, an deren Anerkennung der philosophische Materialismus gebunden ist, ist die Eigenschaft, *objektive Realität zu sein*, außerhalb unseres Bewußtseins zu existieren." (*W. I. Lenin*, „Materialismus und Empiriokritizismus", S. 250/51)

„... eben diese einzig kategorische, einzig bedingungslose Anerkennung ihrer (der Natur H. V.) *Existenz* außerhalb des Bewußtseins und außerhalb der Empfindung des Menschen unterscheidet den dialektischen Materialismus vom relativistischen Agnostizismus und vom Idealismus." (Ebenda, S. 253)

Dabei war Planck kein konservativer Vertreter der alten mechanischen Naturanschauung, sondern hat in seinem philosophischen Kampf den neuen Erkenntnissen der Relativitätstheorie und der Quantenphysik, die er voll anerkannte, stets Rechnung getragen. Er hat auch die physikalischen Leistungen seiner philosophischen Gegner (besonders die Leistungen Bohrs, Heisenbergs, Jordans und anderer) anerkannt und ihnen manche würdigende Bemerkung zuteil werden lassen; das bezog sich aber nie auf die philosophischen Auffassungen der betreffenden positivistischen Physiker. Planck hat immer sehr klar zwischen den bewiesenen physikalischen Erkenntnissen und den aus ihnen gefolgerten und sie interpretierenden philosophischen Ansichten unterschieden.

In seinem philosophischen Kampf zeigte Planck besonders zu Anfang seines philosophischen Wirkens persönlichen Mut; er schreckte nicht vor Kritik an Autoritäten zurück. Eine aufrechte, ehrliche und kompromißlose Haltung kennzeichnen seine Kritik. Er wollte nie einen faulen Kompromiß oder irgendwelche verschwommenen Versöhnungsprojekte. „Die transzendentale und die positivistische Auffassung sind unversöhnlich und werden es bleiben, solange es selbständig philosophierende Köpfe gibt".[23]

Plancks Kritik ist ansonsten durch höfliche Schärfe und sachliche Gründlichkeit gekennzeichnet. Ihm ging es nie um kleinliche Rechthaberei, sondern stets um die Sache, um die Wahrheit. Wissenschaftlicher Meinungsstreit muß immer der Wahrheit und dem Streben nach weiterer Erkenntnis dienen. Davon ließ sich Planck leiten, der selbst noch unermüdlich bis zu seinem Tode nach Vertiefung seiner Erkenntnisse strebte. Allerdings war Planck manchmal bei seiner Kritik zu höflich und zu tolerant; er deckte nicht immer die theoretischen Gegensätze in ihrer ganzen Tiefe und Schärfe auf und neigte dazu, dem Positivismus auch gute Seiten zuzugestehen.

In diesen dargelegten Zügen besteht im allgemeinen das Progressive im philosophischen Schaffen Max Plancks. Diese Seiten machen den großen deutschen Physiker zum Bundesgenossen des dialektischen Materialismus in seinem Kampf gegen Idealismus, Mystizismus, Subjektivismus und Agnostizismus in der Naturwissenschaft. Die Auswirkungen der positivistischen Philosophie für die Naturwissenschaften hat Planck in sehr vielen Punkten genauso eingeschätzt wie Lenin. Auch sonst weist ihre Darlegung gewisser erkenntnistheoretischer Probleme der Naturwissenschaften große Übereinstimmung auf. Diese Tatsachen sind bei der Propagierung der Philosophie des dialektischen Materialismus unter Naturwissenschaftlern bisher viel zu wenig betont worden.

Die Kritik Plancks am Positivismus zeigt bei einem Vergleich mit Lenin zweierlei:

1. Der dialektische Materialismus befähigte Lenin auch als Nichtphysiker zu sachlich sehr richtigen und treffenden Einschätzungen, zu sehr wertvollen Hinweisen,

[23] Aus dem Vortrag „Kausalgesetz und Willensfreiheit" in: *M. Planck*, „Vorträge und Erinnerungen", S. 150.

Unter transzendentaler Auffassung verstand Planck eine materialistische Position, die Anerkennung der Existenz einer realen, von unseren Empfindungen unabhängigen Welt. Transzendent heißt bei ihm nicht hinter der Realität, sondern hinter der Sinnenwelt.

die manchem Naturwissenschaftler Irrwege und Sackgassen in seiner Arbeit hätten ersparen können.

2. Planck als bürgerlicher Physiker kam unabhängig von Lenin weitgehend zu derselben Bewertung der positivistischen Philosophie, weil er als Physiker bei seinen Forschungsarbeiten entsprechende Erfahrungen gesammelt hatte und weil er von einem prinzipiell naturwissenschaftlich-materialistischen Standpunkt ausging.

Das ist einerseits eine glänzende Bestätigung für Lenins Arbeit und andererseits zeigt Plancks Wirken, sowohl als Physiker als auch als Philosoph, wie sehr und wie stark die moderne Physik zum modernen Materialismus, zum dialektischen Materialismus drängt, wie sehr sie ihn braucht und wieviel er auch jenen Naturwissenschaftlern geben könnte, die sich in ihrer Forschungsarbeit und Weltanschauung noch nicht von seinen bewährten Erkenntnissen leiten lassen. In der Adresse des ZK der SED zum 100. Geburtstag Plancks heißt es:

„Stets hat die Wissenschaft gegen Hindernisse zu kämpfen und muß dabei auch manchen zeitweiligen Mißerfolg in Kauf nehmen. Komplizierte und schwierige Versuche müssen durchgeführt werden, um die Theorie auf ihre Wahrheit zu prüfen. Aber es waren nicht allein diese Hindernisse, die in der Natur der Sache liegen, zu überwinden. Nicht geringere Hindernisse erwuchsen aus den wissenschaftlichen und weltanschaulichen Vorurteilen in den Köpfen der Physiker selbst. Schon die erste grundlegende Entdeckung Max Plancks, daß die Energie nicht kontinuierlich, sondern nur in einzelnen Portionen – den Quanten – übertragen wird, war nur ermöglicht worden, weil Planck die Kraft besaß, mit eigenen, fest eingewurzelten Vorstellungen zu brechen. Plancks Entdeckung war, ohne daß er sich dessen bewußt war, ein neuer Einblick in die Dialektik der Natur. Es war so wie Lenin sagte: 'Die moderne Physik macht diesen Schritt und wird ihn vollziehen, sie steuert auf diese einzig richtige Methode und einzig richtige Philosophie der Naturwissenschaften hin, aber nicht schnurstracks, sondern im Zickzack, nicht bewußt, sondern sich ihm tastend, schwankend nähernd, manchmal sogar mit dem Rücken voran. Die moderne Physik liegt in Geburtswehen. Sie ist dabei, den dialektischen Materialismus zu gebären. Die Entbindung verläuft schmerzhaft. Außer dem lebendigen und lebensfähigen Wesen kommen unvermeidlich noch gewisse tote Produkte, einige Abfälle zum Vorschein, die in die Kehrichtgrube gehören.“[24]

11. KAPITEL

DER TIEFE WIDERSPRUCH IN DER WELTANSCHAUUNG PLANCKS

a) Plancks gesellschaftliche Haltung

So sehr es bei einer marxistischen Einschätzung des philosophischen Wirkens Plancks darauf ankommt, das Positive herauszustellen und zu würdigen, so gilt es jedoch gleichzeitig, neben den Stärken der Kritik Plancks am Positivismus auch

[24] „Neues Deutschland“ vom 23. 4. 1958, S. 3. Die Gedanken Lenins sind aus seinem Werk „Materialismus und Empiriokritizismus“, S. 303/4 zitiert.

seine Schwächen und Mängel zu analysieren sowie auf die Inkonsequenzen seines allgemeinen materialistischen Standpunkts einzugehen: Erstens deshalb, um Plancks philosophischen Standort von dem des dialektischen Materialismus abzugrenzen und zweitens um aus seinen Fehlern und Schwächen die Lehren zu ziehen. Diese sind besonders für jene Naturwissenschaftler wichtig, die glauben, auch heute noch käme man mit einem solchen elementaren naturwissenschaftlichen Materialismus gut aus.

Lenins kritische Bemerkung gegenüber Becher weist zugleich auf den Grundmangel der philosophischen Position Plancks hin. Dieser Grundmangel liegt in der Unkenntnis des dialektischen Materialismus. Damit ist zugleich gesagt, daß Plancks Materialismus kein konsequenter sein konnte. Der philosophische Materialismus Plancks erstreckte sich im wesentlichen nur auf seine philosophische Betrachtung der Natur. So nahe Planck in der philosophischen Verallgemeinerung der Ergebnisse der Naturwissenschaften in einigen Punkten dem dialektischen Materialismus, speziell seiner Erkenntnistheorie, kam, so sehr er in dieser Beziehung hinsichtlich der Grundfragen nicht nur allen philosophierenden bürgerlichen Fachkollegen, sondern auch vielen bürgerlichen Philosophen von Beruf überlegen war, so hoch er sich in dieser Beziehung über das allgemeine ideologische Niveau seiner bürgerlich-gesellschaftlichen Umwelt erhob, so tief steckte er andererseits in den unwissenschaftlichen bürgerlich-idealistischen Vorstellungen vom Leben und der Entwicklung der menschlichen Gesellschaft. Das war der große Widerspruch in der Weltanschauung des naturwissenschaftlichen Materialisten Max Planck. Es ist ein Widerspruch, der für viele bürgerliche Gelehrte charakteristisch ist, ein Widerspruch, der theoretisch in der allgemeinen Beschränktheit des mechanischen bzw. des naturwissenschaftlichen Materialismus begründet ist, denn der Materialismus wird erst konsequenter Materialismus, wird erst dialektischer Materialismus, wenn er die Gesetzmäßigkeiten und das Wesen der menschlichen Gesellschaft und des menschlichen Denkens selbst materialistisch begreift und untersucht, d. h. wenn der Materialismus historischer Materialismus wird. Das wiederum ist nur möglich, wenn die Erkenntnisschranken des bürgerlichen Denkens durchbrochen werden, und sich die Wissenschaftler auf den Standpunkt der Arbeiterklasse stellen. Die Hauptursache für den tiefen Widerspruch einer Weltanschauung liegt also nicht in theoretischen Irrtümern, sondern in der Klassenbeschränktheit des Denkens der meisten Angehörigen der bürgerlichen Intelligenz.

Für bürgerliche Wissenschaftler, die ihrem gesellschaftlichen Milieu und ihrer Klasse von Kindheit an verhaftet sind, wie es auch Planck war, ist es schon viel, wenn sie in naturphilosophischen Fragen materialistisch denken; um sich auch zur materialistischen Betrachtung der Gesellschaft durchzuringen, um zur Weltanschauung der Arbeiterklasse zu finden, dazu gehört ein viel tieferer, viel weitgehenderer Bruch mit ihrer Umwelt, als ihn das Bekenntnis zum naturwissenschaftlichen Materialismus erfordert. Zu einem solchen Bruch haben sich nur sehr wenige bürgerliche Gelehrte durchringen können. Planck vermochte ihn nicht zu vollziehen. Auch er konnte die gesellschaftliche Schranke, die ihn vom historischen Materialismus trennte, nicht überwinden. Er war zwar um die Erhaltung der Grundlagen wissenschaftlichen Denkens in der Naturwissenschaft bemüht und arbeitete hier konsequent wissenschaftlich, er hat sich aber nie zu einer wissenschaftlichen Denkweise hinsichtlich gesellschaftlicher Probleme durchgerungen und blieb hier stets in den Vorurteilen der bürgerlichen Klasse befangen. Es liegt also nicht einmal an mangelndem persönlichen Mut, daß er mit seiner gesellschaftlichen Umwelt und seiner Klasse nicht brach, sondern es liegt vor allem daran, daß er gar nicht die dazu nötige Erkenntnis, daß er nicht die Einsicht in die wirklichen gesellschaftlichen Verhältnisse und Kräfte gewann, daß er hier also gewissermaßen wie ein Blinder umhertappte. In der Adresse des ZK der SED zu Plancks 100. Geburtstag heißt es dazu:

„Aber so sehr auch Planck im wissenschaftlichen Meinungsstreit stets von einem klaren und konsequent materialistischen Standpunkt ausging, weltanschaulich fand er nie den Weg zum modernen Materialismus, der nicht nur die Natur, sondern auch den Menschen und die menschliche Gesellschaftsentwicklung begreift. So sehr er auf dem Gebiet der Wissenschaft ein weit voraussehender, schöpferischer Denker, ein Seher war, in den Fragen des menschlichen Lebens, des politischen Kampfes zwischen Sozialismus und Kapitalismus gelang es ihm nicht, das Wesen unserer Epoche zu erfassen.
Seinem Herkommen und seiner Entwicklung nach war Max Planck mit der bürgerlichen Welt verbunden.“[1]

Planck entstammte einer angesehenen preußisch gesinnten, gläubigen Familie mit theologischer Tradition. Der Vater Max Plancks war Professor für Rechtsgeschichte, Großvater und Urgroßvater waren Professoren der protestantischen Theologie. Planck heiratete 1887 die Tochter des Münchener Bankiers Merck und nach deren Tod ihre Nichte Marga von Hoesslin; er verkehrte gesellschaftlich nur in bürgerlichen Kreisen und hatte keinerlei Berührung mit der Arbeiterklasse oder gar der Arbeiterbewegung. Auch sonst ist ihm der Sozialismus fremd geblieben.

Allerdings war Planck 1925 als Vertreter der Preußischen Akademie der Wissenschaften mit der deutschen Delegation zu den Feierlichkeiten anläßlich des 200-jährigen Bestehens der Russischen Akademie der Wissenschaften in Moskau und Leningrad.[2] Dieser Aufenthalt hat wenigstens die von der bürgerlichen Propaganda gezüchteten abstrusen Vorstellungen über den ersten Arbeiter-und-Bauern-Staat etwas verdrängt.

Planck erstattete am 22. 10. 1925 in einer Gesamtsitzung der preußischen Akademie eingehend Bericht über den Besuch in der Sowjetunion. Der Bericht wurde mündlich gegeben. Im Protokoll der Sitzung ist dazu vermerkt:

„Er (Planck – H. V.) sowohl wie Herr Lüders (der 2. Vertreter der Akademie, der in der Sowjetunion war – H. V.) haben neben befremdlichen auch günstige Eindrücke gehabt und erhoffen für die Zukunft manches von der nahen wissenschaftlichen Fühlung zwischen Deutschland und Rußland.“[3]

---

[1] „Neues Deutschland“ vom 23. 4. 1958, S. 4.

[2] Vgl. die Arbeit von *R. Ludloff*, „Der Aufenthalt deutscher Hochschullehrer in Moskau und Leningrad 1925“ in: „Wissenschaftliche Zeitschrift der Friedrich-Schiller-Universität Jena“, Gesellschaftswissenschaftliche Reihe, Heft 6/1956/57, S. 715.

[3] Sitzungsprotokoll der Preußischen Akademie der Wissenschaften, Protokoll der Sitzung vom 22. 10. 1925, Punkt 30, handschriftlich, unveröffentlicht, Akademiearchiv Berlin.

Angesichts der großen Widerstände,[4] die es vor der Reise gegen die Teilnahme deutscher Wissenschaftler an den Feierlichkeiten in Moskau und Leningrad gegeben hatte und angesichts der antisowjetischen Hetze sowie der „normalen" bürgerlichen Voreingenommenheit gegenüber der Sowjetunion überhaupt, ist es beachtlich, daß Planck überhaupt in die Sowjetunion gefahren ist. Einstein z. B. war nie dort gewesen. Planck war immerhin so objektiv, daß er trotz der vielen negativen Oberflächenerscheinungen des Lebens in der Sowjetunion von 1925 – diese für einen bürgerlichen Gelehrten befremdlichen Erscheinungen in der Sowjetunion resultierten aus dem schweren Erbe, das die Sowjetmacht aus dem 1. Weltkrieg und aus dem Bürgerkrieg übernommen hatte – die großen Anstrengungen des sozialistischen Staates besonders auch zur Förderung der Wissenschaften sah, anerkannte und vor der Akademie in Berlin öffentlich darüber berichtete. Planck und Lüders wurden in den Sonderausschuß zur Zusammenarbeit der deutschen und russischen Wissenschaft gewählt.[5] Das alles ist beachtlich, darf aber nicht überschätzt werden. Sympathien oder auch nur Verständnis für das Wesen des Sozialismus hatte Planck nie. Die politische Ordnung „Rußlands" war ihm stets befremdlich und unverständlich. Für den ehemaligen echt preußischen Monarchisten war es schon viel, daß er in ein Land fuhr, wo diejenigen herrschten, die ein gekröntes Haupt, den Zaren, gestürzt hatten. Zu dieser Zeit hatte sich Planck aber schon etwas aus seiner chauvinistisch-monarchistischen Verblendung befreit.

Wie tief Planck vorher von der bürgerlich-chauvinistischen Ideologie verblendet war, zeigt besonders deutlich seine Haltung im 1. Weltkrieg; sie unterschied sich nicht von der Haltung der chauvinistisch verhetzten Spießbürger und Hurrapatrioten. Planck diente dem säbelrasselnden preußisch-deutschen Imperialismus willig und – das ist das Tragische – aus ehrlicher Überzeugung.

An manchen Stellen hat sich Planck gegen die angeblich unnatürliche und unerquickliche Vermengung von Wissenschaft und Politik gewandt[6]; er hat nach 1918 den wissenschaftlichen Organisationen der Ententeländer bittere Vorwürfe gemacht, daß sie eine Zeitlang deutsche Wissenschaftler oft sogar satzungsgemäß ausgeschlossen haben.[7]

Dieser Kampf gegen die Auswirkungen des imperialistischen Vertrages von Versailles im wissenschaftlichen Bereich war berechtigt.[8] Traurig und beschämend ist

[4] Staatliche Behörden hatten Druck ausgeübt, die Presse griff den Prozeß gegen eine deutsche Terroristengruppe („Organisation Consul") in der Sowjetunion auf und hetzte gegen die Sowjetunion; die bayrische Akademie der Wissenschaften hatte sich am 28. 5. 1925 gegen die Annahme der sowjetischen Einladung gewandt.

[5] Vgl. Akten des Akademiearchivs Berlin, Akte betr.: d. Internation. Assoziat. d. Akad. 1923 – 25, VI a, 17, Bd. 17.

[6] Vgl. z. B. seine Ansprache zum Leibniztag 1915, in: „Max Planck in seinen Akademieansprachen", S. 28.

[7] Vgl. z. B. Plancks Gedächtnisrede für H. A. Lorentz, in: „Die Naturwissenschaften", 1928, S. 549 – 554.

[8] Es ist kennzeichnend für die wahrhaft internationalistische Haltung der Sowjetunion, daß die Akademien der UdSSR sich weigerten, internationalen wissenschaftlichen Organi-

nur, daß sich Planck und viele deutsche Wissenschaftler nie ihrer eigenen Schuld bewußt wurden, die sie auf sich geladen haben, indem sie sich bei Kriegsbeginn in ihrem Manifest „An die zivilisierten Völker" als Vertreter deutscher Wissenschaft und Kultur zum aggressiven deutschen Imperialismus und den Kriegsverbrechen seiner Militaristen in Belgien und anderen Ländern bekannten. Hier haben diese angeblich so „unpolitischen" Professoren Wissenschaft und Politik auf eine sehr schlechte und verderbliche Art verbunden.

Anläßlich der Rektoratsübergabe 1914 führte Planck in seinem Bericht folgendes über den imperialistischen Raubkrieg und seine bedauernswerten Opfer aus:

„Ehre und Ruhm diesen Helden, die freudig, ohne Vorbehalt, ohne Klage, ihr junges hoffnungsreiches Leben für das Vaterland dahingaben; sie haben den köstlichsten Preis sich errungen! Uns aber, die Zurückgebliebenen mag wohl ein Gefühl wie das des Neides überkommen, daß es uns nicht auch vergönnt ist, unser Bestes, uns selbst, für das höchste aller irdischen Ideale einzusetzen."[9]

Der monarchistisch-preußische Nationalismus war so stark in das Bewußtsein von Planck eingedrungen, daß Planck noch 1917, nachdem er seinen ältesten Sohn vor Verdun auf der Schlachtbank des imperialistischen Krieges verloren hatte, in seiner Eröffnungsansprache zur Feier des Geburtstages Seiner Majestät vor der Akademie öffentlich behauptete, das gesamte deutsche Volk sei in den Kampf getreten „unter der Führung seines Kaisers, zu dem es sich niemals einmütiger, niemals aufrichtiger, niemals freudiger (!) bekannt hat, wie gerade zu dieser Zeit der rücksichtslosen Lebensbejahung..."[10] Das war 1917, wo täglich Tausende Deutscher den „Heldentod für Gott, Kaiser und Reich" sterben durften! In solchem Ton ist die ganze Rede Plancks gehalten. Hieran wird deutlich, daß Planck tatsächlich die naivsten Vorstellungen von der „Welt der bösen Feinde" hatte, die den Deutschen den Platz an der Sonne nicht gönnen, die den Krieg entfesselt haben, daß er sich Illusionen machte von der angeblich unverbrüchlichen Friedensliebe des deutschen Kaisers und seiner Regierung. Planck nahm alle monarchistischen, vaterlandstreuen Zeitungsphrasen jener Zeit als bare Münze und machte sie sich zu eigen.

Die Behörden des deutschen Kaiserreiches wußten, wofür sie Planck den Orden „Pour le mérite" der Friedensklasse gaben.

Das alles kennzeichnet den großen Widerspruch in Plancks Wirken: einerseits seine wissenschaftliche Größe als Physiker und auch als Naturphilosoph — andererseits seine weltanschauliche Beschränktheit hinsichtlich der Gesellschaftslehre und

sationen — z. B. dem Gelehrtenrat — beizutreten, solange dort die Gelehrten Deutschlands, Österreichs und Bulgariens ausgeschlossen wurden. Das ist eine beispielhafte Haltung. Auch an dieser kleinen, im Vergleich zu den weltpolitischen Geschehnissen nebensächlichen Frage zeigt sich die tiefe Kluft zwischen der Haltung der wissenschaftlichen Institutionen eines Arbeiter-und-Bauern-Staates und der Stellung wissenschaftlicher Gremien der chauvinistisch verseuchten imperialistischen Länder.

[9] „Rektorwechsel der Friedrich-Wilhelm-Universität 15. 10. 1914", Berlin 1914, S. 16.

[10] Sitzungsbericht der Königlich-Preußischen Akademie der Wissenschaften, 1917, S. 35/36.

seine naive politische Rückständigkeit. Planck stand als Naturwissenschaftler und Naturphilosoph bewußt auf der Seite der neuen sich durchsetzenden Erkenntnis; er erkannte ihre Bedeutung und auch die Tragweite des naturwissenschaftlichen und philosophischen Kampfes um diese Fragen. Er hatte aber andererseits nicht das geringste Verständnis für die gesellschaftlichen Kämpfe seiner Zeit, besonders den Kampf der Arbeiterklasse gegen die Bourgeoisie, den Kampf um den Sozialismus und gegen den Krieg. Planck schätzte Liebknecht und alle Kriegsgegner ernsthaft als Vaterlandsverräter ein, warf ihnen von der Tribüne der Akademie egoistische Kurzsichtigkeit vor und diffamierte ihren selbstlosen Kampf als „Appell an die niedersten Instinkte von ihnen umschmeichelter Volkskreise."[11] Seine chauvinistische Verblendung war vollkommen. Frühauf schwächte diese chauvinistische Verblendung führender deutscher Gelehrter und auch Plancks in seinem Vortrag am 23. 4. 1958 „Max Planck als beständiger Sekretar" ungerechtfertigt ab, wenn er ausführte: „Es gab nicht die geringste Regung einer Kriegsbegeisterung, eines ‚alldeutschen Eroberertums'." Diese Einschätzung ist in solcher Form auch nicht dadurch zu begründen, daß die Berliner Akademie unter maßgeblichem Einfluß Plancks ihre Beziehungen zu den Akademien ‚feindlicher' Länder nicht abgebrochen hat. Dieser Schritt ist auf Plancks praktische Weitsicht zurückzuführen, wie auch aus der Begründung seines diesbezüglichen Antrages hervorgeht, nicht aber auf eine „chauvinistische Tendenzen ablehnende Stellungnahme". Plancks Reden vor der Akademie sind bedauerlicherweise ziemlich deutlich, deutlicher als ein so hoher „Staatsbeamter" in dieser Stellung hätte sein müssen.

Planck hat nie begriffen oder auch nur gesehen, daß die Arbeiterklasse in ihrem historischen Kampf eine einheitliche, harmonische, auch die Naturphilosophie umfassende Weltanschauung, den dialektischen und historischen Materialismus entwickelt hatte und daß sie das Neue, Zukunftsträchtige in der gesellschaftlichen Entwicklung darstellte.

„Er sah nicht, daß dieser Kampf der Arbeiterklasse zugleich der Kampf um die Trockenlegung und endgültige Beseitigung jenes ideologischen Sumpfes in der Wissenschaft war, gegen den er selbst ein ganzes Leben lang so tapfer und unter so vielen schweren Opfern gekämpft hat. Und er sah nicht, daß dieser Kampf überhaupt nur als Kampf der Arbeiterklasse um eine neue, höhere Ordnung der Gesellschaft erfolgreich geführt werden kann; daß erst die sozialistische Gesellschaft alle Bedingungen für die von Planck so sehnlichst gewünschte ungehinderte Entfaltung der exakten Wissenschaft hervorbringt und damit auch erst die ganze Kraft und Fruchtbarkeit ihrer Rückwirkung auf das materielle und geistige Leben. Daß Planck all dies nicht sehen und daher den Weg an die Seite der Arbeiterklasse nicht finden konnte, das machte die Größe seines Lebens zur Tragödie seines Lebens."[12]

Das sind auch die Gründe, weshalb Plancks Kritik am Positivismus nur wissenschaftlich-intellektuell, nur rein naturphilosophisch und erkenntnistheoretisch war; deshalb hat Planck nie den Zusammenhang begriffen, der zwischen den philoso-

[11] Ebenda.

[12] *K. Zweiling*, „Der dialektische Materialismus – die einzig wissenschaftliche Grundlage für die Befreiung der Wissenschaft", in: „Einheit", Heft 4/1958, S. 510.

phischen und physikalischen Problemen einerseits und den gesellschaftlichen Verhältnissen der ihn umgebenden Wirklichkeit andererseits besteht. Gerade dieser Umstand hinderte ihn daran, das gesellschaftliche Wesen und die Auswirkungen des Positivismus voll zu erfassen und seine richtige physikalische und erkenntnistheoretische Kritik am Positivismus zu ergänzen. So aber wunderte er sich oft darüber, daß eine so einseitige und unfruchtbare philosophische Haltung, die so viele Absurditäten hervorbringt, überhaupt noch immer weiter existierte und Anhänger fand, obwohl sie von ihm und anderen hart und scharf kritisiert wurde. Er sah und verstand nicht, welche Rolle die bürgerlichen Schulen und Universitäten sowie die bürgerliche Presse dabei spielten, er verstand nicht, warum zwanzig mal mehr und auch billigere positivistische Literatur erschien als materialistisch-kritische, warum in der Presse weit öfter positivistische Ansichten propagiert wurden als materialistisch-kritische; er sah hinter all diesen Dingen keinerlei gesellschaftspolitische Hintergründe. Das aber sind eben alles Fragen der gesellschaftlichen Verhältnisse, Fragen des ideologischen Klassenkampfes. Zur Erkenntnis solcher Zusammenhänge vermochte sich jedoch der bürgerliche aufrechte Gelehrte Max Planck nicht durchzuringen. Er verstand nicht, daß die herrschende Klasse einer imperialistischen Gesellschaft, die ihre Lohnsklaven alle 20 Jahre für ihre Profite auf die Schlachtbank des Weltkrieges führen will, ein großes Interesse an einer solchen positivistischen Philosophie und Literatur hat, die im Volke Pessimismus verbreitet, Unglaube an die Wissenschaft und ihre Ergebnisse (besonders an jegliche objektive Gesellschaftswissenschaft), Zweifel an der Gesetzmäßigkeit in Natur und Gesellschaft, sowie an der Erkennbarkeit dieser Gesetzmäßigkeiten, ja die sogar solche Gesetzmäßigkeiten leugnet und überall nur ein zu ordnendes Chaos von Empfindungen sieht. Planck verstand nicht, daß diese herrschende Klasse gar kein Interesse mehr hat an einem gedeihlichen Fortschritt der Wissenschaft, wie er ihn erstrebte, sondern daß sie vor allem dort Spezialgebiete fördert, wo sie sich Maximalprofite erhofft. Dazu natürlich werden die positivistischen und andere apologetische Lehren unterstützt, da sie die Ausbeutung ideologisch tarnen, die Werktätigen und gerade auch die Intelligenz verwirren und auf diese Weise ebenfalls der Sicherung des Maximalprofits dienen.

Planck verstand das alles nicht, obwohl er genügend praktischen Anschauungsunterricht darin erleben mußte; er erlebte selbst die ganze geschichtliche Entwicklung unserer Nation von der Einigung Deutschlands „von oben" 1871 bis zu seiner erneuten Spaltung nach 1945. Er erlebte den kapitalistischen Aufstieg Deutschlands und die Entwicklung zum kaiserlich-preußischen Imperialismus, den blutigen ersten Weltkrieg, in dem einer seiner Söhne für die höheren Profite eines Krupp und Thyssen fiel, die Weimarer Republik sowie die barbarische, terroristische und blutige Naziherrschaft, unter der er persönlich zu leiden hatte, weil er mutig für den Humanismus eintrat (selbst gegenüber Hitler persönlich). Das faschistische Henkerbeil entriß dem 87jährigen weltberühmten Wissenschaftler ungeachtet seines persönlichen Gnadengesuches an Hitler noch 1945 seinen letzten Sohn, der in Verbindung zu Kreisen des 20. Juli gestanden hatte. Erwin Planck hatte am Entwurf der geplanten Verfassung mitgearbeitet. Diese Ereignisse haben Plancks idealistische Staatsauffassung völlig erschüttert. Max von Laue sagte zu Plancks Staatsauffassung in seiner Rede zu Plancks 100. Geburtstag:

„Seine ganze Haltung war staatsbejahend. Meines Wissens hat er sich nie zur Hegelschen Philosophie geäußert: aber die Auffassung vom Staat als einer Verwirklichung der Ethik war doch wohl die Grundlage seiner Haltung als Staatsbürger. Als dann das Hitlerregime diese Auffassung gründlichst ad absurdum führte, stand Planck dem manchmal ratlos gegenüber.“[13]

Der grauenhafte faschistische Weltkrieg brachte Planck durch anglo-amerikanische Bomben um seinen ganzen Besitz, insbesondere um seine wertvolle Bibliothek, und die Folgen dieses zweiten Weltkrieges ließen den vorher rüstigen und gesunden fast 90jährigen an seinem Lebensende noch in einer kalten Dachkammer den furchtbaren Hunger nach einem einfachen Stück Brot kennenlernen, was seine Gesundheit und Schaffenskraft brach. Dieser tragische persönliche Lebensweg Max Plancks, eines der größten Söhne unserer Nation, sollte unserem deutschen Volk und vor allem seiner Intelligenz Mahnung und Verpflichtung sein, mit aller Kraft dafür zu sorgen, daß sich so eine Entwicklung, wie sie Max Planck erlebte, nie wiederholt.

Diese persönliche Tragik des großen deutschen Physikers, dem außerordentlich viele und hohe Ehrungen vom In- und Ausland zuteil geworden waren, ist symbolisch für die Lage und Perspektive ehrlicher und humanistisch gesinnter bürgerlicher Wissenschaftler in der imperialistischen Periode des Kapitalismus. Planck hat diese Zusammenhänge nie erkannt. Zwar war seine typisch bürgerliche, preußisch-monarchistische Vaterlandsgesinnung und vor allem sein Vertrauen zum Kaiserreich, zu den Generalen und Beamten durch die nach 1918 bekanntgewordenen Tatsachen erschüttert worden, aber für Planck bedeutete das den Verlust seines bisherigen Halts hinsichtlich der Orientierung in gesellschaftlicher Beziehung. Planck verfiel immer mehr in Ratlosigkeit und Resignation; er konnte die Ereignisse im Leben der Gesellschaft nicht mehr begreifen.

„Die bürgerliche Enge seiner Weltanschauung gestattete ihm nicht, die furchtbaren persönlichen Erlebnisse richtig in ihrer gesellschaftlichen Bedingtheit zu begreifen und sich dadurch über seine eigenen gesellschaftlichen Bedingungen zu erheben“ stellt Zweiling treffend fest.

Als Physiker wußte Planck um die furchtbaren Möglichkeiten, die in den Erkenntnissen der Atomphysik lagen. Er sah auch die entsetzliche Möglichkeit eines Mißbrauchs dieser Erkenntnisse und kämpfte dagegen; er verfiel nicht in grenzenlosen Pessimismus, aber er wußte keinen klaren realen Weg zu empfehlen, solchen möglichen Mißbrauch zu verhindern und die Anwendung der Ergebnisse seiner Fachwissenschaft zum Wohle der Menschheit zu garantieren. Deshalb sind seine Schlußbemerkungen in dem Vortrag „Sinn und Grenzen der exakten Wissenschaft“ (in der überarbeiteten Fassung aus dem Jahre 1946) vom Geist müder enttäuschter Resignation erfüllt, einer Resignation, die Spuren eines fatalistischen Agnostizismus

[13] „Die Naturwissenschaften“, Heft 10/1958, S. 221.

hinsichtlich der gesellschaftlichen Zukunft enthält. Zwar äußert er sich optimistisch über den allgemeinen Fortschritt der Menschheit und wendet sich gegen eine historische Kreislauftheorie, er weiß aber seinen Mitmenschen nur stille Ergebung und tapferes Ausharren zu empfehlen:

„Freilich: dem Einzelnen ist mit solchen Überlegungen auf weite Sicht (bezüglich des Fortschritts der Menschheit im Maßstab der Jahrhunderte – H. V.) nicht gedient, sie können ihm keine Hilfe in der Not, keine Heilung seiner Schmerzen bringen. Diesem bleibt nichts übrig als ein tapferes Ausharren im Lebenskampf und eine stille Ergebung in den Willen der höheren Macht, die über ihm waltet."[14]

Diese Resignation, diese zum Schicksalsglauben neigende Einstellung Plancks hat ihre Ursachen in seiner Unkenntnis der realen Zusammenhänge des gesellschaftlichen Seins der Menschen. Aus der Unkenntnis der Gesetzmäßigkeiten der menschlichen Gesellschaft und jener Zusammenhänge, die das Schicksal von tausenden einzelner Menschen weitgehend bestimmen, aus der Unkenntnis des Wirkens der gesellschaftlichen Kräfte, besonders der Klassen, aus der Unkenntnis der verschiedenen objektiven Widersprüche der menschlichen Gesellschaft (besonders des Widerspruchs zwischen Proletariat und Bourgeoisie und der Widersprüche zwischen der Bourgeoisie verschiedener Nationen), aus der Unkenntnis des „Geheimnisses", wie Kriege entstehen – aus all dem resultierte Plancks Auffassung, daß hier höhere Mächte das Schicksal des Einzelnen und der Völker lenken, Mächte, die der Mensch wohl nicht ganz durchschauen und erkennen kann, denen er sich beugen müsse. Solche Auffassung war zugleich eine Wurzel seiner Religiosität und ein Grund, weshalb Planck nie aktiv politisch wirkte (abgesehen von seinem Auftreten für den kaiserlichen Imperialismus 1914 – 1918). In der Weimarer Republik war er Mitglied der Deutschen Volkspartei[15], blieb aber passiv. Diese Mitgliedschaft entspricht seiner konservativen politischen Einstellung.

Planck hat aber dem räuberischen und aggressionslüsternen deutschen Imperialismus nur einmal willig und in ehrlichem Glauben gedient, er hat nachher seine Schlußfolgerungen gezogen; beim zweiten großen Raubkrieg diente er dem deutschen Imperialismus nicht mehr. Er stand aber dem Faschismus verständnislos gegenüber; er erkannte nicht, welche gesellschaftlichen Kräfte hinter diesem barbarischen Rassenwahn, dem Terror und dem Chauvinismus standen, wem das alles diente, wie es überhaupt entstehen konnte. Daß im Deutschland Goethes und Schillers, im Deutschland Beethovens und Bachs, im Deutschland eines Helmholtz und Clausius solche Verbrechen geschehen können (von denen er ja nur einen geringen Bruchteil kannte), daß Hunderte der besten Wissenschaftler und Künstler aus dem Lande vertrieben wurden u. a. m., hat Planck tief getroffen und beunruhigt; aber er sah keinen richtigen Weg, wirksam und erfolgreich dagegen zu kämpfen. Auf Grund des engen Vertrauensverhältnisses zwischen Max Planck und

---

[14] *M. Planck*, „Vorträge und Erinnerungen", S. 380.

[15] Vgl. Personalakte Planck im Akademiearchiv Berlin (Fragebogen aus dem Jahre 1939).

seinem Sohn Erwin ist anzunehmen, daß er um dessen Tätigkeit in der Anti-Hitler-Bewegung der großbürgerlich-liberalen Kräfte um Goerdeler gewußt hat und sie billigte. Das Scheitern dieser Bewegung hat den greisen Planck 1944 völlig deprimiert.

Es ehrt Planck aber, daß er nie — auch nicht gegenüber Hitler persönlich — seine antifaschistische Gesinnung verhehlt hat. Sein Auftreten bei seiner ersten und letzten Audienz bei Hitler, die er als Präsident der Kaiser-Wilhelm-Gesellschaft abstattete, gab ein Beispiel seiner humanistischen Einstellung und vor allem seines persönlichen Mutes. Hitler war über solche Widerspenstigkeit gleich beim ersten Empfang sehr erbost, er redete zu Planck wie zu einer Volksversammlung und steigerte sich in seiner Wut.[16] Planck fiel dadurch von Anfang an bei den Faschisten in Ungnade. Er tat auch viel, seinen Ruf bei den Nazis als „weißer Jude" zu rechtfertigen. So führte er z. B. 1934 eine Feier für den jüdischen Wissenschaftler Fritz Haber durch, an der viele deutsche Wissenschaftler trotz des Verbots des faschistischen Reichserziehungsministers Rust teilnahmen; es war eine kleine bescheidene aber doch sichtbare Demonstration gegen die Faschisten. Auch sonst hatte sich Planck sehr oft für jüdische Kollegen eingesetzt.

In gehässigen und unsachlichen Pamphleten wurde Planck von faschistisch eingestellten Kollegen, besonders vom Präsidenten der Physikalisch-Technischen Reichsanstalt Johannes Stark,[17] sowie von dem bekannten Physiker Ph. Lenard und dem weniger bekannten Wilhelm Müller in Zeitschriften und Zeitungen als Verfechter „jüdischer Physik", „jüdischen Geistes", als „Judenknecht", „arischer Judengenosse" u. a. m. diffamiert.[18] Seine Absetzung als Präsident der Kaiser-Wilhelm-Gesellschaft zur Förderung der Wissenschaften und der Entzug anderer Funktionen wurde gefordert; es geschah schließlich auch. Auf Betreiben der Faschisten erhielt Planck auch den ihm zugedachten Goethe-Preis der Stadt Frankfurt nicht (er hat ihn dafür 1946 erhalten). Stark drohte solchen Physikern, wie Planck, von Laue, Heisenberg u. a.:

> „Sie allesamt sind Statthalter des Judentums im deutschen Geistesleben, die ebenso verschwinden müssen wie die Juden selbst."

Angesichts dieser Tatsachen mutet der Versuch von Hans Hartmann seltsam an, Planck als „echt deutschen Mann" herauszustreichen.[19] Dabei stützt sich Hartmann

[16] Vgl. Plancks Bericht „Mein Besuch bei Adolf Hitler" in: Physikalische Blätter, Heft 3/1947, S. 143.

[17] Planck hatte 1934 einen schon verfaßten Wahlantrag zur Aufnahme des fanatischen Nationalsozialisten J. Stark als Mitglied in die Akademie wieder zurückgezogen. Auch das ist ein Beispiel dafür, daß Planck sich den Wünschen und dem Druck der Faschisten nicht so ohne weiteres beugte.

[18] Vgl. die Originalzitate aus dem „Schwarzen Corps" vom 15. 7.1937 aus Reden Starks, aus den faschistischen Machwerken Lenards „Deutsche Physiker" und Starks und Müllers „Jüdische und deutsche Physik", die zum Teil in den „Physikalischen Blättern", 1946, S. 232 ff. abgedruckt sind.

[19] Vgl. *Hans Hartmann*, „Max Planck als Mensch und Denker", Ausgabe aus dem Jahre 1938.

vorwiegend auf Plancks nationalistische Haltung in der Zeit vor und nach 1914 und auf Plancks berechtigten Kampf gegen die Verfemung deutscher Gelehrter nach 1918. Hartmann ignoriert aber, daß Planck ein absoluter Gegner aller „deutschen Physik", ein Gegner des „Nationalsozialismus" und seines „deutschen Geistes", seiner „deutschen Auffassung von der Wissenschaft" war.[20] Trotz dieses Buches von Hartmann nahm das offizielle Deutschland vom 80. Geburtstag eines seiner größten Wissenschaftler keine Notiz.

Max Planck und alle jene Wissenschaftler, die damals an seiner Seite standen, verdienen unsere Achtung. Plancks persönliche Haltung im Faschismus wird stets als eine der beispielhaften Seiten in seinem Leben gewürdigt werden. Das nach 1939 fortschreitend sich vollziehende Verhängnis, die sich anbahnende nationale Katastrophe, dazu die schon erwähnten harten persönlichen Schicksalsschläge ließen in dem greisen Planck tiefe Niedergeschlagenheit aufkommen.

Wir sehen hier erneut von einer anderen Seite den tiefen Bruch, den für Planck unüberwindlichen Widerspruch in seiner Weltanschauung:

Der große Naturforscher auf der einen Seite, der um die Gesetzmäßigkeiten des Naturgeschehens weiß, der in dieser Beziehung außerordentlich klar wissenschaftlich-materialistisch denkt — auf der anderen Seite der ratlose, niedergeschlagene, resignierende, unwissende Bürger, der die Gesetzmäßigkeiten der Gesellschaft nicht kennt, der in dieser Beziehung unklare, verschwommene, halbfatalistische, religiös-idealistische, kurz: völlig unwissenschaftliche Auffassungen hat.

Aus diesem Widerspruch resultiert auch seine zwiespältige, tief widerspruchsvolle Haltung gegenüber Religion und Kirche.

b) Die Stellung Plancks zur Religion

Über kein Teilproblem der Weltanschauung und des philosophischen Schaffens Plancks ist soviel von bürgerlichen Autoren geschrieben worden, wie über seine Stellung zur Religion. Das ist auch erklärlich. Seinen erkenntnistheoretischen Materialismus darzustellen, entsprach und entspricht nicht den ideologischen Bedürf-

---

Im 3. Kapitel „Max Planck, der Deutsche" will Hartmann Planck scheinbar bei den Nazis beliebter machen.

„Max Planck ist ein deutscher Mann" (S. 30). „Es scheint uns von großer Bedeutung zu sein, daß Max Planck deutlich von dieser, an sich sicher undeutschen Haltung abrückt... so geht es tief in das Reich deutscher Auffassung von Erkenntnis und Wissenschaft hinein" (S. 37).

[20] In der stark gekürzten Ausgabe von 1948 ist dieses 3. Kapitel nicht enthalten. In der in Basel 1953 erschienenen neuen Ausgabe des Buches von Hartmann ist es wieder aufgenommen worden — allerdings in geänderter Fassung unter der Überschrift „Max Planck und seine Zeit". Die meisten faschistischen Formulierungen sind in diesem Buch ausgemerzt. Schon der erste Satz des Buches lautet nicht mehr „Das Ideal des deutschen Forschers ist eine völlige Verschmelzung von Persönlichkeit und Werk...", sondern schlicht „Das Ideal des Forschers ist..." In der Ausgabe von 1953 hat Hartmann auch — in völligem Gegensatz zu 1938 — auf einmal Plancks antifaschistische Einstellung entdeckt.

nissen der bürgerlichen Gesellschaft. Aber seine Stellung zur Religion schien dazu gut geeignet. In allen bürgerlichen Schriften und Aufsätzen über Planck wird daher seine „Religiosität", sein ehrfurchtsvoller Glaube gebührend betont. Ob es Hartmann, Kropp oder direkt Theologen und Geistliche sind, wie Jacob, Bavink, Muschalek u. a. – bei allen herrscht eine Tendenz vor: Max Planck ist der große christliche Physiker. Er habe durch seine praktische weltanschauliche Haltung die Vereinbarkeit von Religion und moderner Naturwissenschaft bewiesen und damit die entsprechend entgegengesetzten Thesen des dialektischen Materialismus entkräftet. Die Meinung über Plancks Haltung und Ansicht in diesem Punkt war so geschlossen, daß selbst marxistische Autoren in Planck mehr den christlichen Gläubigen als den materialistischen Naturforscher sahen. Selbst in dem Beitrag von Mende auf der Jenaer Planck-Konferenz am 23. 4. 1958 „Max Planck und die Religion" wird dieses Problem nicht kritisch genug untersucht.

Planck hat sich zu diesem Problemkreis sehr oft geäußert. In seinen Schriften findet sich genügend Material, um seine Stellung zur Religion herauszuarbeiten. Auf einen Teil dieses Materials verweisen die Verfechter der Religion besonders gern: Scheint er doch völlig ihre Auffassung zu bestätigen: Planck als tiefreligiöser Naturwissenschaftler. Gewisse Zitate von ihm werden daher sehr oft in Büchern, christlichen Zeitungen, kirchlichen Schau- und Aushangkästen zitiert. Tatsächlich macht das Argument, Planck als tiefgläubiger Christ, auf viele Intellektuelle, besonders Naturwissenschaftler, Lehrer, Studenten und Schüler Eindruck.

Wir wollen im folgenden untersuchen:

1. Was äußerte Planck über das Verhältnis von Wissenschaft und Religion?
2. Was meinte er sachlich damit?
3. Was verstand er unter Religion und Gott und worin sieht er die Merkmale und Kriterien einer religiösen Haltung?

In dem auch bei uns weit verbreiteten Vortrag Plancks „Religion und Naturwissenschaft" findet sich die scheinbar eindeutige und jede weitere Erörterung überflüssig machende Aussage:

> „Wohin und wieweit wir also blicken mögen, zwischen Religion und Naturwissenschaft finden wir nirgends einen Widerspruch... Religion und Naturwissenschaft – sie schließen sich nicht aus, wie manche heutzutage glauben oder fürchten, sondern sie ergänzen und bedingen einander."[21]

Das ist eine der „stärksten" Stellen, die Verfechter der Religion zitieren können und oft genug zitieren. Es sind auf den ersten Blick recht eindeutige Worte, jedoch so klar und uneingeschränkt, wie es im ersten Moment aussieht, wird darin nicht für die Religion Stellung genommen. Eine tiefere Analyse all dessen, was Planck insgesamt zur Religion schrieb, deckt die Fragwürdigkeit des Arguments auf, daß seine Position die praktische Versöhnbarkeit von Wissenschaft und Religion beweise.

Max Planck schreibt zwar, daß Naturwissenschaft und Religion sich nicht widersprächen – aber er knüpft daran eine entscheidende theoretische Bedingung, die

---

[21] *M. Planck*, „Religion und Naturwissenschaft", 12. Auflage, S. 28/29.

die Gültigkeit der religiösen Dogmen unerhört einschränkt, ja eigentlich, in der Konsequenz durchdacht, unmöglich macht:

„Nur das eine liegt mir daran, hier hervorzuheben, daß mit einem streng wissenschaftlichen Standpunkt jedwede Religion vereinbar ist, *falls und insofern sie* (Hervorhebung von mir – H. V.) nur weder mit sich selber noch mit dem Gesetz der kausalen Bedingtheit aller Außenvorgänge in Widerspruch gerät.“[22]

Und ferner:

„Schritt für Schritt muß der Glaube an Naturwunder vor der vorausschreitenden Wissenschaft zurückweichen, und wir dürfen nicht daran zweifeln, daß es mit ihm über kurz oder lang zu Ende gehen muß.“[23]

Man vergleiche im Lichte dieser Gedanken den Glauben an solche religiösen Dogmen, wie die von der Weltschöpfung Gottes aus dem Nichts oder der Auferstehung des Fleisches u. a., ganz zu schweigen von den in der Heiligen Schrift berichteten Wundern, die ja nach kirchlicher Auffassung alle von Gott den Gläubigen geoffenbarte Glaubenswahrheiten sind.

Man vergleiche die Position Plancks mit den Ansichten des glaubenseifrigen Bavink, der sich auf Planck beruft[24] und dabei die Wunder unter Hinweis auf Zufälle verteidigt:

„Zufall ist die freie Setzung des Einzelnen durch Gott“, „der Zufall ist Gottes unmittelbarer Wille.“[25]

Während Planck ganz klar zwischen Wissenschaft und Religion unterscheidet, den Anspruch der Religion, sich in die Wissenschaft einzumischen, streng zurückweist und Gott und die Religion aus der Naturwissenschaft hinauskomplimentiert und auf andere Bereiche verweist, versuchen Bavink u. a. bürgerlich-religiöse Autoren unter Berufung auf Planck die Religion zur weltanschaulichen Grundlage der Naturwissenschaft zu machen. Plancks philosophisches Schaffen beweist aber eindeutig, daß er nicht die Religion zur weltanschaulich-philosophischen Grundlage der Naturwissenschaft machte, daß er klar ausdrückte, daß sie dazu nicht geeignet sei. Bavink aber schreibt:

„Physik treiben heißt im Grunde nichts anderes als Gott seine elementaren Wirkungsakte nachzählen.“

Und:

„Es existiert nicht ein einziges Wirkungsquant in der Welt, ohne daß es ganz direkt und unmittelbar aus Gott hervorginge.“[26]

Sich mit solchen Thesen und Behauptungen auf Planck zu berufen, ist reichlich unverfroren. Planck erkennt – wie erwähnt – eine Verträglichkeit von Wissenschaft und Religion nur an, wenn die Religion nicht mit der Grundthese der Wissenschaft

[22] *M. Planck*, „Vorträge und Erinnerungen“, 1949, S. 165.
[23] *M. Planck*, „Religion und Naturwissenschaft“, S. 6.
[24] *B. Bavink*, „Die Naturwissenschaften auf dem Wege zur Religion“, 1947, S. 139.
[25] Ebenda, S. 100 und 115.
[26] Ebenda, S. 114/15.

von der kausalen Bedingtheit aller Außenvorgänge in Widerspruch gerät. Welche Dogmen der Religion aber stehen dazu nicht in Widerspruch? Ist die religiöse Behauptung von der Allmacht Gottes, der Schöpfungsakte setzt, wie es ihm beliebt, nicht gänzlich unvereinbar mit der Grundthese der Naturwissenschaft von der kausalen Bedingtheit aller Außenvorgänge, wie sie Planck vertritt? Erst wenn man, wie es der moderne Positivismus tut, diese von Planck stets leidenschaftlich verteidigte Grundthese von der unverbrüchlichen Gesetzlichkeit der Naturvorgänge fallen läßt, steht die Naturwissenschaft zum religiösen Dogma von der Allmacht Gottes und anderen Dogmen nicht mehr in unversöhnlichem Widerspruch. Doch dann hat sich eine solche Naturwissenschaft ihr eigenes Grab geschaufelt.

Wir sehen also, daß die anfangs zitierten Äußerungen Plancks über die Vereinbarkeit von Wissenschaft und Religion nicht so zu verstehen und auszulegen sind, wie es die Diener der christlichen Kirchen gern möchten. Die Theologen und Geistlichen, zumal die katholischen, wünschen eine Versöhnung von Wissenschaft und Religion auf dem Boden der alten Theorie von der doppelten Wahrheit. Nach ihnen offenbart sich Gott natürlich – im Bereich der Wissenschaft, im Bereich wissenschaftlicher Wahrheiten, und auch übernatürlich – im eigentlichen Bereich der Religion, der Glaubenswahrheiten, der Mysterien, die übervernünftig sind. Hierhin gehören alle religiösen Dogmen, wie die von der Trinität, der Allmacht Gottes, der Auferstehung des Fleisches, des letzten Gerichts, der Unsterblichkeit der Seele, der unbefleckten Empfängnis, der Weltschöpfung aus Nichts u. a. m. Im Konfliktfalle zwischen Wissens- und Glaubenswahrheiten entscheiden die Glaubenswahrheiten, als die direkte göttliche Offenbarung. Es ist wohl offensichtlich, daß die Auffassungen Plancks mit solchen Theorien prinzipiell unverträglich sind.

Auf welcher Basis aber sind denn nach Meinung Plancks Wissenschaft und Religion nun verträglich, ergänzen sie sich? Bisher haben wir nur von der negativen Seite her eine Antwort auf diese Frage gegeben, und die lautete: sie ergänzen einander nur unter der Bedingung, daß sich die Religion nicht in den Bereich der Wissenschaft drängt, daß sie keine Aussagen über reale Tatsachen macht, also auf der Basis einer strikten prinzipiellen Trennung zwischen der Wissenschaft, ja sogar jeglichem wissenschaftlichen Weltbild, und der Religion.

Plancks Auffassung vom notwendigen, sich ergänzenden Zusammenwirken von Wissenschaft und Religion – die aber dabei immer scharf voneinander getrennt werden müssen – im Leben der Menschen läßt deutlich den Einfluß der entsprechenden Gedanken aus der Philosophie Kants erkennen.

Kant hatte das sittliche Sollen als wissenschaftlich unableitbar und unbeweisbar in den Bereich der Dinge an sich, in den Bereich des Glaubens verwiesen, in den der Mensch als Träger des sittlichen Lebens hineinrage. Damit war die Brücke zwischen Wissenschaft und Religion geschlagen, war der Religion eine Daseinsberechtigung gesichert.[27] Solche Gedanken findet man auch bei Planck. So schreibt Planck:

---

[27] Von seiten der evangelischen Theologie her näherte sich Adolf v. Harnack dieser theoretischen Position, wenn er schreibt, daß die Religion und ihr Bekenntnis keinerlei be-

„Aber der Mensch braucht nun einmal Grundsätze, nach denen er sein Tun und Lassen einrichtet..., deshalb ist er genötigt, sich an dieser Stelle nach einer anderen Führung (als der Wissenschaft – H. V.) umzusehen, und eine solche findet er nur dadurch, daß er statt des Kausalgesetzes das Sittengesetz, die ethische Pflicht, den kategorischen Imperativ einführt. Dann tritt an die Stelle des kausalen Muß das sittliche Soll, an die Stelle der Intelligenz der Charakter, an die Stelle der wissenschaftlichen Erkenntnis der religiöse Glaube."[28]

Und:

„Die Naturwissenschaft braucht der Mensch zum Erkennen, die Religion aber braucht er zum Handeln."[29]

Die theoretische Basis des Ausgleichs von Wissenschaft und Religion, des widerspruchslosen „friedlichen Nebeneinanderbestehens" beider ist bei Planck also im Grunde genommen ein sehr oft anzutreffender grundlegender Irrtum, der darin besteht, Religion mit Moral, Ethik, Sittenlehre zu identifizieren. Die Annahme und Meinung, daß wissenschaftliches Denken keine ethischen Normen begründen könne, daß eine wissenschaftliche Ethik und Moral unmöglich sei, daß ethische Normen unbedingt einer transzendentalen mystischen Begründung bedürften und wissenschaftlicher Erkenntnis, rationalem Denken, wissenschaftlicher Beweisführung unzugänglich seien, daß jede Moral eine religiöse Moral sei und sein müsse – das ist dieser grundlegende Irrtum.

Planck vertrat die Meinung, daß beide – Wissenschaft und Religion – für das Leben der Menschen notwendig seien, da die Menschen nicht nur wissenschaftliche Erkenntnis, sondern auch bestimmte Regeln des Verhaltens zueinander brauchen, ohne die ihr Zusammenleben in einer beliebigen Gesellschaft unmöglich ist. Und diese Regeln könne nur die Religion dem Menschen geben und begründen – deshalb sei sie notwendig.

Planck war immer bestrebt, der Religion und der Kirche positive Seiten abzugewinnen. Er sah in der Religion jene ideologische Kraft, die dem Menschen moralische Grundsätze und ethische Werte vermittelt und in der Kirche die Institution, die praktisch die Moral lehrt und auf ihre Einhaltung einwirkt. Außerdem spenden Religion und Kirche – nach Plancks Meinung – dem Gläubigen besonders in schweren Zeiten den so nötigen Trost und die Kraft zum Ausharren. Planck war auch der Meinung, daß der Glaube an Gott inneren Seelenfrieden, Ausgeglichenheit und Standhaftigkeit geben könne. Davon zeugen viele seiner Briefe sowie seine ganze persönliche Haltung, besonders nach 1945.

Der Grundirrtum Plancks ist die Identifizierung von Moral und Religion. Ethische Werte und Normen könnten nur mystisch-religiös begründet werden; es könne – darauf läuft es letztlich hinaus – nur eine religiöse Moral geben. Eine atheistische Moral war für Planck unvorstellbar. Auch hier zeigt sich Planck außerordentlich tief

---

stimmte Naturkenntnis voraussetzen oder damit verknüpft seien, sondern sich lediglich auf das Sittliche beziehen. (Vgl. *A. v. Harnack*, „Wesen des Christentums", Berlin 1950, S. 88).

[28] *M. Planck*, „Vorträge und Erinnerungen", S. 165.

[29] *M. Planck*, „Religion und Naturwissenschaft", S. 28.

in den Vorurteilen seines gesellschaftlichen Milieus befangen. Gerade die bürgerliche Ideologie und vor allem die Vertreter der Kirche hatten um die Jahrhundertwende und später den Kampf gegen den Atheismus und besonders den Marxismus mit jener Verunglimpfung und Verleumdung geführt, die den Menschen weismachen soll, daß der Atheismus jede Form der Moral, sowie alle ethischen Werte zerstöre, daß Atheisten und Marxisten bar jeder Moral, jeder Ehrfurcht seien. Ohne Ehrfurcht vor Gott sei keine Sittlichkeit, kein Humanismus, keine Menschenwürde usw. möglich. So hörte und hört man es heute noch von Seiten sehr vieler christlicher Philosophen und Theologen, so las und liest man es noch heute in Büchern, Zeitschriften und Zeitungen des sogenannten „christlichen Abendlandes". Dieses diffamierende und gehässige bürgerliche Vorurteil findet mitten im 20. Jahrhundert noch Eingang in angeblich „objektive", „wissenschaftliche" Lexika. So schreibt z. B. W. Brugger (S. J.) in seinem 1957 erschienenen Philosophischen Wörterbuch unter dem Stichwort „Materialismus": „Der Materialismus ist wirklichkeitsblind . . . In seiner Auswirkung auf das Leben zersetzt er Kultur und Sittlichkeit."[30]

Das wurde 40 Jahre nach der Oktoberrevolution, im Jahr 1 der Kosmischen Zeitrechnung, im Jahr des Starts des ersten Sputniks, publiziert. Hunderttausende von kommunistischen Atheisten hatten in der finsteren Nacht des Faschismus Sittlichkeit, Humanismus und Menschenwürde verteidigt und damit in hohem Maße bewiesen — trotzdem wird dieses bürgerliche Vorurteil, diese gehässige Diffamierung fortgesetzt.

Der Kampf gegen die Religion wurde und wird als Kampf gegen die Moral hingestellt. Diese hemmungslos mit allen Mitteln der Meinungsbildung betriebene Verleumdung des dialektischen Materialismus und des naturwissenschaftlichen Atheismus hat auch ihre Spuren bei Planck hinterlassen. Ihre sachlich vollkommene Haltlosigkeit erkannte Planck nicht. Auch bei ihm finden sich weitgehend direkte[31] und noch mehr indirekte Zugeständnisse an dieses herrschende Vorurteil der bürgerlichen Gesellschaft. Sie waren indessen bei Planck nicht gehässig gemeint und wurden nicht wider besseres Wissen gemacht.

Planck konnte auf Grund seiner verschwommenen mystischen und unwissenschaftlichen Auffassungen von der Gesellschaft nicht das Wesen der Religion erkennen. Er hat weder den Klassencharakter und die gesellschaftliche Funktion noch auch nur das sachlich-theoretische Wesen des religiösen Glaubens richtig erfaßt.

Das theoretische Wesen und die Funktion der Religion bestehen nicht im Begründen ethischer Werte und Normen, ihr Wesen ist es nicht, Moral zu sein, sondern ihr Wesen besteht im Glauben an übernatürliche Kräfte, an ein übernatürliches, immaterielles allmächtiges Wesen, das das Universum und den Menschen geschaffen haben soll und angeblich erhält. Nur wer diesen Glauben hat, ist ein wahrhaft religiöser und konsequent gläubiger Mensch. Die Frage der Religiosität des Men-

[30] W. Brugger „Philosophisches Wörterbuch", Freiburg 1957, S. 188.

[31] Vgl. Plancks Bemerkungen in seinem Vortrag „Religion und Naturwissenschaft", wo er davon spricht, daß die Gottlosenbewegung zersetzend wirke und die Kultur zerstöre (*M. Planck*, „Vorträge und Erinnerungen", S. 320). Allerdings muß hierbei berücksichtigt werden, daß Planck mit den Gottlosen vorwiegend die Faschisten gemeint hat.

schen ist keineswegs die Frage nach seinen moralischen Qualitäten. Religion und Moral sind zwei grundverschiedene Dinge. Die religiöse Moral ist nicht die einzige und auch gar nicht einmal die beste. Von solcher Erkenntnis war Planck stets weit entfernt.

Wir haben also gesehen:

Planck bejaht zwar in Worten ausdrücklich die Koexistenz von Naturwissenschaft und Religion, er meint, sie ergänzen sich; aber er meint sachlich damit, daß die Naturwissenschaft notwendig durch Sittenlehre, ethische Normen ergänzt werden muß, die die Naturwissenschaft dem Menschen nicht vermitteln kann. Hinsichtlich des gesellschaftlichen Lebens sieht Planck also die Religiosität in Sittlichkeit und Tugend.

Wie steht es aber mit der religiösen Weltanschauung hinsichtlich der Natur, hinsichtlich des Glaubens an einen Gott? Daß die Identifizierung von Moral und Religion falsch ist, kann heute ernstlich nicht mehr bestritten werden. Das eigentliche Wesen der Religion ist der Glaube an Gott und die Verehrung dieses angenommenen höheren Wesens. Das war auch Planck bewußt. Auf die Frage: Was ist Religion? antwortete er in seinem Vortrag „Religion und Naturwissenschaft“:

„Religion ist die Bindung des Menschen an Gott. Sie beruht auf der ehrfurchtsvollen Scheu vor einer überirdischen Macht, der das Menschenleben unterworfen ist und die unser Wohl und Wehe in ihrer Gewalt hat. Mit dieser Macht sich in Übereinstimmung zu setzen und sie sich wohlgesinnt zu erhalten, ist das beständige Streben und das höchste Ziel des religiösen Menschen. Denn nur so kann er sich vor den ihm im Leben bedrohenden Gefahren, den vorhergesehenen, und den unvorhergesehenen, geborgen fühlen und wird des reinsten Glückes teilhaftig, des inneren Seelenfriedens, der nur verbürgt werden kann durch das feste Bündnis mit Gott und durch das unbedingt gläubige Vertrauen auf seine Allmacht und seine Hilfsbereitschaft.“[32]

Planck stellt dann noch die Frage, ob diese Religion auf einer subjektiven oder einer objektiven Grundlage stehen soll; er formuliert diese Frage so:

„Lebt Gott nur in der Seele der Gläubigen oder regiert er die Welt unabhängig davon, ob man an ihn glaubt oder nicht?“

Und er fährt dann fort:

„Der religiöse Mensch beantwortet die Frage dahin, daß Gott existiert, ehe es überhaupt Menschen auf der Erde gab, daß er von Ewigkeit her die ganze Welt, Gläubige und Ungläubige, in seiner allmächtigen Hand hält und daß er auf seiner aller menschlichen Fassungskraft unzugänglichen Höhe unveränderlich thronen bleibt, auch wenn die Erde mit allem, was auf ihr ist, längst in Trümmer gegangen sein wird. Alle diejenigen, die sich zu diesem Glauben bekennen und sich, von ihm durchdrungen, in Ehrfurcht und hingebenden Vertrauen unter dem Schutz des Allmächtigen vor allen Gefahren des Lebens gesichert fühlen, aber auch nur diese, dürfen sich zu den wahrhaft religiös Gesinnten rechnen.“[33]

Planck steht somit in Kampfstellung gegen jene Richtung der protestantischen Konfession, die die Religion subjektiviert, die dem subjektiven religiösen Erlebnis die Hauptbedeutung zumißt und Gott in die Seele der Gläubigen „verlegt“.

[32] *M. Planck*, „Religion und Naturwissenschaft“, S. 8/9. [33] Ebenda, S. 14/15.

Planck schreibt, daß der Glaube an überirdische Kräfte das Wesen der Religiosität ausmacht. Es ist interessant, daß er nicht den Begriff „übernatürlich“ verwendet. Das hängt mit dem pantheistischen Inhalt seines Gottesbegriffes zusammen. Der eigentlich religiöse Glaube äußert sich in allen Weltreligionen als Glaube an einen Gott als ein allmächtiges, übernatürliches Wesen, das Himmel und Erde geschaffen und das Wohl und Wehe der Menschen in der Hand hat, sie nach ihren Taten dereinst richten wird und das man durch Kulthandlungen irgendwelcher Art verehrt. Die Frage der Vereinbarkeit von Wissenschaft und Religion spitzt sich also auf diese Weise im wesentlichen auf die Frage zu, ob wissenschaftliche Erkenntnis und das Grundprinzip der Wissenschaft von der allseitigen kausalen Bedingtheit aller Außenvorgänge mit dem Glauben an einen solchen Gott vereinbar sind oder nicht.

Denn was ist eine Religion ohne Glauben an Gott? Ob Buddha, Allah, Jehova oder Jesus Christus — der Gottesglaube ist der Angelpunkt, die Basis einer jeden Religion. An ihm rütteln, heißt an der Religion als solcher rütteln. Man kann jede Religion variieren, umwandeln, modernisieren, man kann einzelne Dogmen verschieden deuten, sogar ganz aufgeben, ohne daß die Religion fällt — aber man kann nicht den Gottesglauben aufgeben, ohne die Religion aufzugeben. Gott sei allmächtig, allgütig und allweise — so oder ähnlich heißt es in fast allen Weltreligionen — und das eben ist mit der Wissenschaft, mit der „kausalen Bedingtheit aller Außenvorgänge“ nicht vereinbar. Durchgängige, unverbrüchliche Naturgesetzlichkeit und Allmacht eines übernatürlichen Wesens schließen sich absolut aus. Eines von beiden muß fallen — das ist klar. Theologen und konsequente Positivisten lassen die durchgängige Kausalität fallen bzw. durchbrechen sie, lassen sie nur bedingt gelten.

Wie versucht Planck dieses Problem zu lösen? Läßt er sein fundamentales Prinzip von der lückenlosen kausalen Bedingtheit fallen oder den Glauben an einen Gott, wie ihn die Religionen in verschiedenen Varianten lehren?

Planck bemühte sich bei seinem Lösungsversuch, jeden offenen Bruch mit der Religion zu vermeiden. Das ist seiner Herkunft, Erziehung, seiner ganzen gesellschaftlichen Stellung nach verständlich. In seinen Kreisen gehörte religiöse Lebensart zum sogenannten gesellschaftlichen Anstand. Im Leben der Kirche war Planck daher auch aktives Mitglied. Aber seine weltanschaulichen Ansichten waren genau genommen „ketzerisch“, auch wenn er sie nie so offen und kraß formuliert hat, wie etwa Ernst Haeckel. Nicht aus Angst und Feigheit tat er das, sondern weil er ehrlich überzeugt war, daß die Kirche zum Leben der Gesellschaft nötig sei, um den Menschen Moral beizubringen. Was aber die Lehre von Gott betraf, so hatte Planck eigene, ganz andere Ansichten als das Christentum und andere Religionen. Planck hat den Gottesglauben nie direkt angegriffen. Viele Textstellen sind für die Kirche wunderbar geeignet — unter einem Vorbehalt: Man darf nicht kritisch und tief untersuchen, was Planck sachlich unter dem Terminus Gott versteht. Das bloße Wort Gott, das Planck oft gebraucht, dient ihm vorzüglich dazu, seine Differenz mit dem wirklichen religiösen Gottesglauben zu verdecken. Planck hat den Begriffsinhalt des Wortes Gott für sich völlig verändert. In seinem Vortrag „Religion und Naturwissenschaft“ identifizierte Planck die Naturgesetzlichkeit, seine „vernünftige Weltordnung" mit dem religiösen Gottesbegriff[34], den er damit seines eigentlichen religiösen Gehalts beraubte. Irgendwelche Eingriffe Gottes in das Geschehen oder sonstige Wunder lehnte Planck entschieden ab. Gott war für ihn kein Wesen außerhalb oder über der Natur, sondern die Natur selbst. Planck macht Gott aus einem übernatürlichen Wesen zu einer naturgesetzlichen Kraft, er identifiziert Gott mit der Natur und der in ihr wirkenden Gesetzmäßigkeit, d. h. er sieht die Lösung des Problems im Pantheismus. Er schreibt:

„Nichts hindert uns also... die Weltordnung der Naturwissenschaft und den Gott der Religion miteinander zu identifizieren. Danach ist die Gottheit, die der religiöse Mensch mit seinen anschaulichen Symbolen sich nahezubringen versucht, wesensgleich mit der naturgesetzlichen Macht, von der den forschenden Menschen die Sinnesempfindungen bis zu einem gewissen Grade Kunde geben."[35]

Das heißt letztlich, für Planck war die naturwissenschaftliche Forschung praktische Religionsausübung. Seine Religiosität und sein Gottesbegriff erweisen sich bei tieferer Analyse als ein Trojanisches Pferd für Religion und Kirche.

Weshalb ist Plank aber nicht gegen religiöse Kulthandlungen, worin sieht er deren Wert, worum geht es ihm dabei? Es geht ihm darum, daß die Gefühle der Ehrfurcht, der Achtung usw., die die Religion den Massen der Menschen einzuflößen verstand und die an sich ja nichts Schlechtes sind und von der Kirche und den herrschenden Klassen nur immer mißbraucht wurden, daß diese Gefühle nicht verlorengehen, und er sieht innerhalb der nüchternen Wissenschaft dazu keine Möglichkeit. Er will, daß man alle die tiefen Gefühle und Regungen der Verehrung und Bewunderung, die der ehrliche Gläubige Gott und den religiösen Symbolen gegenüber empfindet, auf die Natur und ihre Gesetzmäßigkeit übertrage. Hier spielen also Gesichtspunkte der Ethik und Ästhetik wesentlich mit. Daher die Identifizierung Gottes mit der Naturgesetzlichkeit und Naturschönheit. Planck schreibt in diesem Zusammenhang:

„Wie wäre es sonst auch denkbar, daß Kant nach seinem eigenen Ausspruch durch keinen äußeren Eindruck sich zu tieferer Ehrfurcht gestimmt fühlte, als durch den Anblick des gestirnten Himmels? Dem Positivisten freilich ist eine solche Ehrfurcht fremd. Für ihn sind die Sterne nichts weiter als optische Empfindungskomplexe, alles andere ist nach seiner Meinung nützliche, aber im Grund willkürliche und entbehrliche Zutat."[36]

Planck geht es also darum, daß die Ehrfurcht vor dem „gestirnten Himmel über mir" nicht verloren geht, daß die Menschen auch fernerhin die Erhabenheit und Größe der Natur voll empfinden, in ehrfürchtigem Schauder ob ihrer eigenen Winzigkeit und trotzdem bewußt der Kraft ihres Geistes, der sie alles erkennen läßt. Das zu erhalten, glaubte Planck, sei nur mit einer Religion zu erreichen, einer Religion allerdings, die mit kirchlich-dogmatischem Wunderglauben nichts zu tun hat.

Planck, dem jede Berührung mit dem Sozialismus fremd geblieben war, hatte von atheistischen Bewegungen nur jene snobistisch-nihilistischen kennengelernt, die

---

[34] Vgl. *M. Planck*, „Vorträge und Erinnerungen", S. 331.

[35] *M. Planck*, „Religion und Naturwissenschaft", S. 27.

[36] Ebenda, S. 22.

vulgärmaterialistisch alle höheren Werte leugnen, die erhebenden Gefühle beim Anblick des „gestirnten Himmels“, der Schönheit der Natur usw. als Trugbilder verhöhnen und jegliche ästhetischen Genüsse sowie ethische und moralische Pflichten verpönen.

Solche Haltung mußte einen Max Planck abstoßen, denn er liebte die Natur so wie Newton, als analysierender Forscher, der ihr „mit Hebeln und mit Schrauben“ ihre Geheimnisse abzwingt (was ein Goethe stets als Vergewaltigung der Natur empfand); aber er liebte die Natur auch so, wie Goethe, der sich am Ganzen einer blühenden Landschaft oder der Schönheit eines Alpengipfels (die Max Planck noch im hohen Alter oft im Urlaub bestieg) von Herzen erfreuen und erheben konnte.

Planck sah keinen Weg zu einer wissenschaftlichen Ästhetik und Ethik, deshalb nahm er zu einem religiösen Pantheismus Zuflucht und verurteilte schärfstens die vulgärmaterialistische „Gottlosenbewegung“, die eine zersetzende Wirkung ausübe und deren Sieg die wertvollsten Schätze unserer Kultur und die Aussichten auf eine bessere Zukunft vernichten würde. Zu dieser Art Gottlosen zählte Planck vor allem die Nazis, die ihren Kampf gegen moralische Normen und kulturelle Werte mit scheinrevolutionären antichristlichen Gesten tarnten, dabei aber die urtümlichsten Mythen germanischer Vorzeit, den Wotan- und Baldurglauben u. dgl. zu erneuern versuchten.

Es besteht kein Zweifel, daß Planck über solche Atheisten, wie es die Marxisten sind, eine vollkommen andere Meinung gehabt hätte, wenn er mit ihrer Theorie und vor allem mit der Praxis einer sich voll entfaltenden sozialistischen Gesellschaftsordnung richtig bekannt geworden wäre, einer Gesellschaftsordnung, in der Kultur und Wissenschaft eine allseitige, vorher nicht gekannte Förderung auf allen Gebieten erhalten, und die den Humanismus auf ihre Fahne geschrieben hat.

Die Frage der Ehrfurcht vor der Natur, des Empfindens einer Lebensfreude, des Schätzens ethischer und ästhetischer Werte ist durchaus keine Frage der Religiosität. Hier liegt der Irrtum Plancks. Alle diese Dinge brauchen dem Atheisten nicht fremd zu sein, ohne daß er dadurch ein religiöser Mensch würde. Gerade den von optimistischer Lebensfreude und Zukunftszuversicht erfüllten Kommunisten ist es keineswegs fremd, die Erhabenheit und Größe der Natur zu empfinden, sich an ihrer Schönheit zu erfreuen, ihre Pracht und Harmonie zu bewundern. Gerade die Kommunisten kennen und schätzen ethische Werte und ästhetische Genüsse, und sie streben danach und kämpfen dafür, daß sie allen Menschen zuteil werden und daß alle Menschen das rechte Verständnis dafür erlangen. Ein kommunistischer Atheist ist in dieser Beziehung nicht ärmer als ein religiöser Mensch, sondern reicher.

Das aber vermochte Planck nicht zu begreifen, da sein historisches Milieu es ihm nicht gestattete, solche Menschen und Verhältnisse kennenzulernen. Deshalb vertrat er die Meinung, die Pflege solcher edlen emotionalen Regungen im Menschen und das ethische Verhalten überhaupt seien nur im Rahmen einer Religion möglich, seien überhaupt an sich Merkmale der Religiosität, und ihr Verlust bedeute den Verlust aller Ethik und Ästhetik. Er meinte, ein Atheist müsse die Seele leugnen, alles als seelenlos ansehen, ja müssc dadurch selbst ein seelenloses Wesen werden. Das ist aber keineswegs der Fall. Eine materialistische Erklärung des Seelenlebens der Menschen bedeutet doch nicht, dieses zu leugnen und seine Bedeutung im menschlichen Leben zu negieren.

Wenn wir also die Frage beantworten, was Planck unter Religion und Gott verstand, so können wir sagen: Planck war Pantheist. Daher verstehen wir dann auch erst, weshalb er seinen Vortrag „Religion und Naturwissenschaft" mit der Goetheschen Bemerkung einleitete „Will niemandem sein Gefühl und seine Kirche rauben".[37] Ein Geistlicher oder ein zutiefst christlicher Mensch braucht solch einleitende Beteuerung nicht. Wer aber pantheistische Gedanken vor christlichen Hörern entwickelt, hat einen Grund, so einzuleiten.

Welche Rolle kann der Pantheismus aber im 20. Jahrhundert spielen? Angesichts der Ausbreitung des dialektischen Materialismus als der einzig konsequent wissenschaftlichen Weltanschauung kann der Pantheismus heute nicht mehr jene bahnbrechende progressive Rolle spielen wie im 16. und 17. Jahrhundert. Trotzdem wäre es falsch, ihn als reaktionär einzuschätzen, nur weil er im Vergleich zum dialektischen Materialismus schon historisch überholt ist. Im Vergleich zum Positivismus, Neothomismus und anderer bürgerlicher und bürgerlich-klerikaler Ideologie steht der Pantheismus dem dialektischen Materialismus nahe. Er ist eine Form der bürgerlichen Weltanschauung, die viele bürgerliche Naturwissenschaftler teilen, ohne sie besonders zu propagieren, eine Weltanschauung, die für den dialektischen Materialismus viele gute Anknüpfungsmöglichkeiten bietet. Unsere Aufgabe ist daher nicht, diese Ansichten zu bekämpfen, sondern bei ihnen anzuknüpfen und zu den Konsequenzen zu drängen, vor denen bürgerliche Gelehrte natürlich zurückschrecken.

Eine treffende Einschätzung des Pantheismus von Planck in seiner historischen Stellung gab Klaus Zweiling mit den Worten:

„Das ist der gleiche Pantheismus, der gleiche Materialismus, der noch nicht die Kraft zu seiner eigenen Konsequenz gefunden hat, wie der um dessentwillen $3\frac{1}{2}$ Jahrhunderte früher Giordano Bruno von den herrschenden Feudalgewalten auf den Scheiterhaufen geschleppt wurde. Aber Giordano Bruno stand am Anfang der Entwicklung der kapitalistischen Gesellschaft, Planck an ihrem Ende. Giordano Brunos Pantheismus stieß weit das Tor auf zur Neuentwicklung des Materialismus, der seine eigenen Konsequenzen noch nicht gefunden hatte, aber leidenschaftlich suchte. Plancks Pantheismus war — trotz Plancks materialistischem Kampfgeist — ein müder bürgerlicher Materialismus, der seine eigene Konsequenz scheute, vor ihr zurückschreckte, da sie zum Materialismus der Arbeiterklasse führt."[38]

Für diesen Pantheismus hätte Planck aber immerhin 200 Jahre früher als verfemter Ketzer auf dem Scheiterhaufen der allerchristlichen Kirche landen können. Daran sollten alle jene glaubenseifrigen Vertreter der christlichen Religion denken, die allzu gern Planck zum Kronzeugen des christlichen Glaubens machen. In der „Mecklenburgischen Kirchenzeitung" heißt es z. B. zum 100. Geburtstag von Max Planck:

---

[37] *M. Planck*, „Vorträge und Erinnerungen", S. 319.

[38] *K. Zweiling*, a. a. O., S. 510/11.

„Er war ein bedeutender Forscher und ein Mensch von beispielhafter politischer Haltung, er war aber auch ein Christ, dem das Bekenntnis zum Christentum selbstverständlich war.“[39]

Wenn es diesbezüglich noch eines Beweises bedurft hätte, daß solches Unterfangen völlig unbegründet ist und dem Geist Plancks widerspricht, so liegt dieser Beweis in einem Antwortschreiben Plancks an den freigeistigen Ingenieur Kick vor. Kick hatte Planck 1947 über seine Stellung zur christlichen Glaubenslehre befragt. In der schriftlichen Antwort Plancks[40] vom 18. 6. 1947 heißt es:

„In Beantwortung Ihres Schreibens vom 10. 6. 1947 kann ich Ihnen mitteilen, daß ich selber seit jeher tief religiös veranlagt bin, daß ich aber nicht an einen persönlichen Gott, geschweige denn an einen christlichen Gott glaube. Näheres darüber würden Sie in meiner Schrift 'Religion und Naturwissenschaft' finden.

Hochachtungsvoll! Dr. Max Planck“

Plancks Gott war die Natur. Auch im Stifter der christlichen Religion, in Jesus Christus, sah Planck kein übernatürliches Wesen, sondern einen Menschen, der eine neue religiöse Lehre begründete.

In mancher Diskussion um diese Fragen mit christlich eingestellten Wissenschaftlern wurde gesagt: Das sind freilich alles Fakten — aber trotzdem: Plancks ganzes Leben, seine ganze Lebensführung ist doch von einer tiefen und ernsten Religiosität durchdrungen. Das sei doch nun einmal ebenfalls eine schwerwiegende Tatsache! Gewiß ist das eine Tatsache, aber was ist denn damit gemeint, wenn man sagt (was Planck ja auch selbst von sich sagt), daß er tief religiös war? Damit ist doch gesagt, daß seine Lebenshaltung durchdrungen war von tiefer Ehrfurcht, Bewunderung und Verehrung der Natur gegenüber! Diese Haltung ähnelt stark der Haltung des Gläubigen gegenüber Gott und seinen Symbolen. Deshalb hat Planck beide für sich gleichgesetzt.

Plancks „Religiosität“ bestand also im wesentlichen in seiner tiefen inneren, stark gefühlsbetonten Beziehung zur Natur. Planck suchte fast immer in den Wochen seines Urlaubs in der Natur den so notwendigen Ausgleich zu der Welt der toten und kalten, kahlen und öden, farblosen und nüchternen Welt der elektromagne-

[39] Vgl. ferner: *G. Jacob*, „Religion und Naturwissenschaft“, in: „Die Kirche“, Nr. 4, 5, 6/1957. Vgl. auch die Gedenkartikel zu Plancks 100. Geburtstag am 23. 4. 1958, in: „Die Kirche“, im „Demokrat“und anderen Zeitungen und Zeitschriften christlicher Richtung. Man vergleiche weiter *B. Bavink*, „Die Naturwissenschaften auf dem Wege zur Religion“; *Muschalek*, „Gottesbekenntnisse moderner Naturforscher“ und andere Werke christlicher Schriftsteller zu diesen Fragen.

[40] Dieser Brief wurde zum ersten Mal im November 1953 in der Zeitschrift „Licht und Weg“ (Nr. 6/1953) publiziert. Ein Faksimileabdruck erschien im Mai 1957 in der „Freigeistigen Aktion“ und im September 1957 in der Zeitschrift „Wissenschaft und Fortschritt“. Die Echtheit dieses Briefes konnte selbst von hohen katholischen Geistlichen nicht bestritten werden. Wenn allerdings der päpstliche Hausprälat Prof. Dr. J. Höfer meint, Planck will damit lediglich eine Vorstellung Gottes als vergrößerten Menschen ablehnen, so hält diese Auffassung keiner Kritik stand. Plancks Worte sind deutlich genug.

tischen Strahlen, die seine persönliche Welt, die Welt seiner wissenschaftlichen Arbeit ausmachten. Die ausgleichende Erholung und Entspannung fand Planck nirgends so wie in der stillen Majestät der Natur, besonders im Hochgebirge; für ihre farbenreiche Pracht, für ihre Harmonie und Erhabenheit war Planck außerordentlich feinfühlig und empfindsam. Noch im Alter von über 70 Jahren bestieg Planck manchen Gipfel in den Alpen. Diese tiefe Ehrfurcht gegenüber der Natur, diese Verehrung der Natur, das war es, was Planck – abgesehen von den ethischen Komponenten – als seine tiefe Religiosität bezeichnete. Deshalb war für ihn die Natur das, was für den Gläubigen Gott ist. Plancks Gott ist also der Gott Spinozas, Goethes und Einsteins, ist weitgehend die Gott-Natur von Haeckel. Auch für Planck treffen die bekannten Bemerkungen von Fr. Engels zu: „Welch ein Abstand vom alten Gott – Schöpfer Himmels und der Erden, Erhalter aller Dinge, ohne den kein Haar vom Haupte fallen kann." – „Gott wird nirgends schlechter behandelt als bei den Naturforschern, die an ihn glauben."[41]

Eine solche Religiosität ist außerordentlich fragwürdig; sie hat mit den religiösen Glaubenslehren nichts zu tun,[42] sie beweist absolut nicht die Vereinbarkeit von Naturwissenschaft und Religion, sondern lediglich die Vereinbarkeit von Pantheismus und Ethik mit der Naturwissenschaft. Wichtig ist vor allem, daß Planck an keinen Schöpfer-Gott glaubte, daß er in dieser Beziehung kein objektiver Idealist war, daß er die Welt nicht als von einem geistigen Wesen geschaffen ansah. Die objektive, unabhängig vom Bewußtsein existierende Natur steht bei Planck am Anfang, ihr kommt das Primat zu. In seiner Verehrung dieser erhabenen Natur „des gestirnten Himmels über mir" – als Ergänzung dazu „des moralischen Gesetzes in mir" – wird der Einfluß der Philosophie Kants in dieser Beziehung deutlich.

Der andere Aspekt bestand darin, daß Planck innere seelische Ausgeglichenheit, Standhaftigkeit, Zuversicht und Vertrauen in die Zukunft als notwendig religiöse Charakteristika ansah, daß er meinte, ein nicht-religiöser Mensch sei in dieser Beziehung seelisch ärmer als der religiöse Mensch. Auch das ist ein grundsätzlicher Irrtum Plancks.

Ein Atheist kann auf der Grundlage des dialektischen Materialismus durch seine wissenschaftlich begründete Weltanschauung, durch seine wissenschaftlich erarbeiteten ethischen Prinzipien zu einer viel höheren Festigkeit und Standhaftigkeit gelangen als der religiöse Mensch. Ja noch mehr: er hat einen klaren, von wissenschaftlicher Erkenntnis getragenen weiten Blick, er lebt nicht im Dunkel der blinden Erwartung des Schicksals, er lebt nicht in stiller Ergebenheit in das Walten ihm unbekannter Mächte, sondern er gestaltet nach wissenschaftlicher Erkenntnis und damit aus freiem Willen in zunehmendem Maße selbst sein Schicksal. Auch in persönlich schweren Zeiten, bei harten Rückschlägen bewährt sich eine solche wissenschaftliche Weltanschauung; sie gibt zwar keinen billigen Trost auf ein besseres

[41] *F. Engels*, „Dialektik der Natur", S. 213/14.

[42] Planck ist auch nicht – wie oft auf Grund einer Falschmeldung der Westpresse behauptet wird – im hohen Alter zur katholischen Kirche übergetreten.

Jenseits, dafür gibt sie aber Zuversicht und Stärke für das Diesseits. Damit ist zugleich die geistige Grundlage gegeben für eine genau so tiefe und wertvolle Beziehung des Menschen zur Natur, dafür, daß der Mensch sich an der Natur erfreut und sie schätzen lernt.

Eine wissenschaftliche Weltanschauung vermag genau so viel und noch mehr innere Festigkeit und Standhaftigkeit zu gewährleisten als die religiöse Überzeugung, vermag eine genau so gute und noch bessere Grundlage dafür abzugeben, daß der Mensch im praktischen Leben richtige Entschlüsse faßt und den Anforderungen des Lebens stets sicher gewachsen ist. Das haben nicht zuletzt neben den atheistischen Märtyrern des Mittelalters auch die Kommunisten in der modernen Geschichte, speziell in Europa unter der furchtbaren Terrorherrschaft des Hitlerfaschismus, bewiesen. Solch innere Festigkeit und moralische Standhaftigkeit, wie die dieser Kommunisten, war geboren aus der tiefen Überzeugung von der Richtigkeit ihrer wissenschaftlichen Weltanschauung in allen ihren Teilen, auch ihrer Ethik, für deren große Kraft sie ein ewig leuchtendes Vorbild bleiben.

Obwohl die theoretisch-philosophische Konzeption Plancks im Grunde areligiös und eben mit wahrer Religion unverträglich ist, war Planck kein religionsfeindlicher Mensch. Hier liegt ein Widerspruch, eine Inkonsequenz seines Denkens und Handelns vor, die wir schon zu erklären versuchten. Seine Haltung ist also zwiespältig. So falsch und nicht der Wahrheit entsprechend es ist, Planck zum Verfechter und Symbol der christlichen Religion in der Naturwissenschaft zu machen, so haben wir nicht die Absicht, ihn als konsequenten Atheisten einzuschätzen. Das war er nicht. Seine theoretisch- philosophische Konzeption steht zwar dem Materialismus näher als der Religion, er ist Verbündeter des dialektischen Materialismus, trotzdem aber gibt es viele Reste religiöser Auffassungen, viele Inkonsequenzen, große Zwiespältigkeit. Diese Überreste wirklich religiöser Einstellung zeigen sich in seiner Philosophie, aber auch in seiner praktischen Haltung. Hier knüpfen die Verfechter der Religion an und übersehen, daß diese Reste in der gesamten Philosophie Plancks keine Basis haben.

Die religiös-idealistischen Reste in Plancks philosophischer Konzeption bestehen vor allem darin, daß Planck eine nüchterne wissenschaftliche Begründung ethischer Normen und Wertungsmaßstäbe für unmöglich hielt. Woher kommt innerer Seelenfrieden, Vertrauen, Treue und vieles andere an ethischen Werten? Die Naturwissenschaft kann das nicht klären. Planck kannte nur religiöse Morallehren. Deshalb seine Meinung, sittliches Sollen könne nur religiös begründet werden. Von daher werden manche Textstellen Plancks verständlich, auf die Vertreter des Christentums so oft und gern verweisen, wie z. B. folgende:

„Wir stehen mitten im Leben und müssen in dessen mannigfachen Anforderungen und Nöten oft sofortige Entschlüsse fassen oder Gesinnungen betätigen, zu deren richtiger Ausgestaltung uns keine langwierige Überlegung verhilft, sondern nur die bestimmte und klare Weisung, die wir aus der unmittelbaren Verbindung mit Gott gewinnen. Sie allein vermag uns die innere Festigkeit und den dauernden Seelenfrieden zu gewährleisten, den wir als das höchste Lebensgut einschätzen müssen; und wenn wir Gott außer seiner Allmacht und Allwissenheit auch noch die Attribute der Güte und Liebe zuschreiben, so gewährt die

Zuflucht zu ihm dem Trost suchenden Menschen ein erhöhtes Maß sicheren Glücksgefühls. Gegen diese Vorstellung läßt sich vom Standpunkt der Naturwissenschaft nicht das mindeste einwenden, weil ja die Fragen der Ethik, wie wir schon betont haben, gar nicht in ihren Zuständigkeitsbereich gehören."[43]

Ein zweiter Überrest religiöser Vorstellungen ist der Umstand, daß Planck religiöse Termini, Rituale und Symbole ernstlich anerkannte und nichts gegen sie einzuwenden hatte. Er begründete das damit, daß diese Dinge für breite Volkskreise ethischen Wert besäßen, da sie edle Gefühle, wie Ehrfurcht, Trost und Erbauung auslösen würden, und daß ihre Beseitigung dem moralischen Niveau der Menschen Abbruch tun könnte. Außerdem band ihn natürlich auch eine ihm teure Erinnerung an seine Kindheit im tief religiösen Elternhaus an diese Dinge und er hatte eine Scheu davor, all das, was ihm aus Tradition und Familie her teuer und wertvoll war, irgendwie über Bord zu werfen. Er sah auch nicht, ob und wie man einen vollwertigen Ersatz dafür schaffen könnte. Deshalb war Planck auch nicht gegen die Kirche. Er trat deshalb gegen alle auf, die sich über kirchliche Riten, religiöse Symbole und gläubige Menschen lustig machten. Zwar habe jeder das Recht, auf religiöse Symbole zu verzichten, aber wer gegen solche Symbole sei, solle, „. . . sich sorgfältig hüten, den anderen, denen der Anblick geflügelter Engel Trost und Erbauung gewährt, die heilige Stimmung zu schmälern oder zu verderben."[44]

Auf diese Weise kommt der bahnbrechende deutsche Physiker, der naturwissenschaftlich-materialistische Denker Planck dazu, den an Götzendienst anmutenden katholischen Reliquienkult, der die Gläubigen in Unwissenheit, Furcht und Aberglauben beläßt, noch „gute" Seiten abzugewinnen! Das ist die tragische Ironie seiner zwiespältigen Stellung zur Religion.

c) *Allgemeine Schwächen der Kritik Plancks am Positivismus*

Plancks falsche Auffassung von der Religion war die Ursache eines großen Mangels seiner Kritik am Positivismus. Die Beziehungen zwischen dem Positivismus und der Religion, die objektive gesellschaftliche Wirkung des Positivismus schon bei Mach — der nach Lenin die Naturwissenschaften an den Fideismus und die Religion verrät, indem er für sie eine Bresche schlug —, all diese Zusammenhänge erkannte Planck nicht und konnte sie deshalb auch nicht kritisieren. Von seinem pantheistischen Standpunkt aus hatte er am Positivismus nur das eine auszusetzen, daß dem Positivisten jede Verehrung der Natur abgeht, daß dieser die ganze Pracht der Natur nur in subjektiven Empfindungskomplexen auflöst.[45]

Planck konnte diese Richtung der bürgerlichen Philosophie auch deshalb nicht allseitig kritisieren, ja nicht einmal verstehen, weil er nur von dem relativ engen Aspekt der Naturwissenschaft und der Naturphilosophie gegen sie kämpfte, aber

---

[43] *M. Planck*, „Religion und Naturwissenschaft", S. 28.

[44] Ebenda, S. 11.

[45] Vgl. *M. Planck*, „Religion und Naturwissenschaft", in: „Vorträge und Erinnerungen" S. 328.

blind war hinsichtlich der sozialen und klassenmäßigen Bedingtheit dieser idealistischen Philosophie. Daraus erklärt sich der oft vorhandene versöhnlerische, kollegial-tolerante Charakter seiner Kritik am Positivismus. Planck sah in den Vertretern des Positivismus nur irrende Kollegen und konnte auf Grund seiner gesellschaftlichen Schranken in ihnen ja nichts anderes, keine Gegner im ideologischen Klassenkampf sehen, weil er einmal gesellschaftlich selbst auf der Seite der Bourgeoisie — wenn auch nicht auf der Seite des reaktionären Teiles derselben — stand, und weil er zum anderen hinsichtlich dieser Probleme überhaupt ungebildet war. Es gilt daraus die Erkenntnis zu ziehen, daß keine ideologische Erscheinung und damit keinerlei philosophische Richtung gründlich und allseitig in ihrem Wesen verstanden, analysiert und kritisiert werden kann, wenn man nicht mit Hilfe des historischen Materialismus ihre gesellschaftliche Bezogenheit, ihre objektive Funktion hinsichtlich des ideologischen Klassenkampfes erkennt und untersucht.

Es ist ein grober und gefährlicher Irrtum, zu meinen, irgendwelche naturphilosophische Richtungen hätten überhaupt nichts mit Politik zu tun. Das trifft nicht einmal für die Naturwissenschaften selbst zu (wie die Beispiele Galileis, Kopernikus, Darwins, Haeckels und Einsteins augenfällig zeigen), geschweige denn für die Naturphilosophie. Ohne es zu wollen, haben Galilei und Kopernikus in den ideologischen Kampf zwischen der feudalen katholischen Weltanschauung und der sich entwickelnden bürgerlich-materialistischen Weltanschauung eingegriffen, obwohl sie doch nur sozusagen „rein" naturwissenschaftliche Erkenntnisse erarbeitet hatten. Diesen Erkenntnissen war aber eine für die feudalen Mächte gefährliche weltanschauliche Konsequenz eigen. Das Schicksal der Relativitätstheorie, ihre Verfemung als bolschewistische Physik, ihre weltanschauliche Verdrehung im Dienste der bürgerlichen Ideologie zeigen dasselbe. Ganz offensichtlich sind die reaktionären Zwecke der naturphilosophischen Schriften des skrupellosen Befürworters der atomaren Aufrüstung der Bundeswehr P. Jordan.

Der dargelegte allgemeine Mangel in Plancks Weltanschauung mußte sich notwendig auf naturphilosophische, speziell erkenntnistheoretische Ansichten auswirken, denn erkenntnistheoretische Probleme und soziologische Fragen stehen nicht isoliert nebeneinander, sondern wirken gegenseitig aufeinander ein. Deshalb führen Mängel oder gar unwissenschaftliche Auffassungen auf dem einen Gebiet zwangsläufig zu Mängeln auf dem anderen.

Konsequenter Materialismus ist — wie schon erwähnt — nur als dialektischer *und* historischer Materialismus möglich. Jede Negierung eines Teils ist gleichzeitig die Negierung der Konsequenz des anderen Teils.

Bei Planck führten seine völlig unwissenschaftlichen Ansichten hinsichtlich gesellschaftlicher Probleme dazu, daß er in der Erkenntnistheorie keinen konsequenten und wissenschaftlichen Praxisbegriff entwickeln konnte. So wertvolle und richtige Ansätze es bei Planck vom „rein" erkenntnistheoretischen und naturwissenschaftlichen Aspekt aus gibt (Betonung des Experiments als letzter und höchster Prüfstein der Wahrheit, Kampf gegen naturphilosophisch-apriorische Spekulationen, Hinweis auf die Technik usw.), so hinderte ihn doch seine gesellschaftliche Auffassung daran, zu einem konsequenten Praxisbegriff vorzudringen, der auch das gesellschaftliche Leben des Forschers und die gesellschaftlichen Wirkungen der naturwissenschaftlichen Entdeckungen in der Wirtschaft, der Politik und in der historischen Entwicklung der Menschheit allgemein mit einbegriffen hätte. Die dominierende Bedeutung dieses umfassenden konsequent wissenschaftlichen Praxisbegriffs für die Erkenntnistheorie erkannte Planck nicht. Er stieß deshalb auch nicht einmal von seinem engen, naturwissenschaftlichen Aspekt aus zu der Erkenntnis vor, daß die Praxis nicht nur Kriterium, sondern zugleich auch Grundlage und Ziel jeder Erkenntnis und somit jeder Wissenschaft ist.

In diesem wichtigen Punkte blieb Planck weit hinter der Erkenntnistheorie des dialektischen Materialismus zurück. Wenn er auch gelegentlich betonte, daß die Wissenschaft dem Leben dienen müsse und ohne die lebendigen Impulse dieses Lebens verdorre, so spukt an anderen Stellen doch auch wieder die Idee der „reinen" Wissenschaft.

Die bisher analysierten falschen Ansichten in der Weltanschauung Plancks hatten ihre direkten letzten Ursachen im gesellschaftlichen Sein, in der ihm selbst nicht bewußten Klassenposition des großen Physikers.

Auch Plancks Bewußtsein wurde weitgehend und dominierend von seinem gesellschaftlichen Sein bestimmt. Sein gesellschaftliches Sein weist allerdings zwei Bereiche auf, die im wesentlichen die Widersprüchlichkeit, den Bruch in seiner Weltanschauung hervorriefen.

Es ist erstens das gesellschaftliche Sein Plancks als bürgerlicher Gelehrter, als Mitglied der der imperialistischen Bourgeoisie ideologisch nahestehenden, ihr ökonomisch und politisch verhafteten und ihr dienenden deutschen Intelligenz; es ist zweitens sein berufliches Sein als Naturforscher, der die objektive Außenwelt untersucht, ihr ihre Geheimnisse abringt, dabei aber zugleich eine tiefe innere gefühlsmäßige Bindung zu dieser Natur bewahrt.

Beide Bereiche formten Plancks Weltanschauung, verschiedene Impulse verwoben sich auf originelle Weise. Hinzu kamen dann noch die ebenfalls durch das gesellschaftliche Sein vermittelten direkten ideologischen und philosophischen Einflüsse; insbesondere war es das philosophische Denken Kants, von dem Planck beeinflußt war und von dem er sich nie völlig frei gemacht hat. Die gesellschaftlich bedingten Ursachen dieses Umstandes liegen darin, daß Ende des 19. und Anfang des 20. Jahrhunderts im bürgerlichen Deutschland der Neukantianismus in Blüte stand. Er beherrschte die meisten Lehrstühle für Philosophie an den Universitäten und drückte auch der philosophischen Literatur in Deutschland seinen Stempel auf.

Einflüsse Kantscher Philosophie sind bei verschiedenen Problemen erkennbar, worauf schon an den entsprechenden Stellen hingewiesen wurde. Diese Einflüsse sind ein weiteres allgemeines Charakteristikum der Weltanschauung Plancks auf das manche Mängel, manche Inkonsequenzen zurückzuführen sind. Trotzdem ist es nicht richtig, Planck ohne weiteres einen Kantianer zu nennen, wie es Vertreter des Neukantianismus gern tun; denn Planck hat sich in vielen Punkten von Kant gelöst oder ihn materialistisch ausgelegt. Allerdings hat er einen allgemeinen Zug Kantischen Denkens nie überwunden, das ist das Auseinanderreißen von Denken und materiellem Sein; in seinem immer wieder in Vorträgen ausgedrückten Staunen über das angeblich unbegreifliche Wunder, daß unser Denken, seine Gesetze, seine Erkenntnisse, seine Produkte übereinstimmen mit den objektiven Gesetzmäßigkeiten und den Tatsachen der Natur, kommt dieses Auseinanderreißen bei Planck zum Ausdruck. Im ersten Absatz seiner wissenschaftlichen Selbstbiographie ist dieser Kantsche Zug – zugleich mit zum Materialismus tendierenden Formulierungen – ebenfalls deutlich ausgedrückt. desgleichen in all jenen Darlegungen, wo von der Weltvernunft u. ä. die Rede ist.

12. KAPITEL

UNSERE STELLUNG ZU PLANCK

Bei Einschätzungen des philosophischen Schaffens von Planck wird oft die Frage gestellt: Hat Planck in naturphilosophischer Beziehung etwas Neues gedacht, hat er das naturphilosophische Denken um neue, noch nicht erarbeitete Erkenntnisse bereichert?

Mit der allgemeinen Verneinung dieser Frage verbinden bürgerliche Philosophen und Gelehrte, wie z. B. Kropp, Lankenau u. a., eine etwas geringschätzige Bewertung seines philosophischen Schaffens. Planck habe nur alte, seit Jahrtausenden durchdachte Probleme neu erörtert und Stellung zu ihnen genommen; er habe nur Lösungen vertreten, die andere vor ihm vertraten. Deshalb hinke seine Naturphilosophie weit hinter seiner theoretischen Physik hinterher. Darin sehen die bürgerlichen Ideologen den Mangel des philosophischen Schaffens Plancks.

Aber gerade das ist doch sein Verdienst! Planck hat nicht irgendwelche „originellen" philosophischen Konstruktionen entwickelt, nicht ein tausend und erstes „neues" Systemchen erfunden, sondern er ist auf die alten Grundfragen der Philosophie eingegangen und hat klar Stellung genommen. Diese Grundfragen der Philosophie sind eben seit Jahrtausenden dieselben. Seit die Menschen Philosophie betreiben, erörtern sie die Grundfrage aller Philosophie. Seit dieser Zeit kämpfen die beiden Grundrichtungen, der Materialismus und der Idealismus, miteinander und dieser Kampf ist auch im 20. Jahrhundert keineswegs veraltet, auch dann nicht, wenn manche ihn als veraltet abtun oder nicht wahrhaben wollen.

Allerdings ist es unter originalitätssüchtigen bürgerlichen Philosophen Mode geworden, um die alten philosophischen Grundprobleme wie die Katze um den heißen Brei herumzuschleichen und sich um eine Stellungnahme zu drücken. Neu und modern heißt bei ihnen, irgendwelche zehntrangigen abseitigen Spezialprobleme geistreich zu analysieren und irgendeine „originelle" Lösung zu erfinden. Die Untersuchung solcher Spezialprobleme soll durchaus nicht generell abgelehnt werden, auch das gehört zur philosophischen Forschung. Sie wird aber dann fragwürdig, wenn es ohne solide allgemeine Grundlage geschieht, bzw. wenn die Lösungen der

Grundfragen — die man ja nicht umgehen kann — stillschweigend eingeschmuggelt werden.

Worauf es in der philosophischen Arbeit unter anderem immer ankommt, ist das stete Überprüfen der bisher gewonnenen Ansichten an allen neuen Erkenntnissen der Einzelwissenschaften und ihre jederzeitige erneute Erörterung. Der Philosoph muß seine Augen immer wieder auf die Praxis, auf das reale, sich vollziehende Leben richten und daraus seine Impulse schöpfen. Dabei sind oft dieselben Fragen, auch wenn sie zum 10. Mal dieselben sind, eben unter neuen Verhältnissen, im Lichte neuer einzelwissenschaftlicher Ergebnisse, angesichts neuer Veränderungen im realen Leben doch immer wieder auch neue Fragen. Das wird von manchen bürgerlichen Modephilosophen allzu leicht vergessen.

Und wenn ein großer Naturwissenschaftler und ein tiefer Denker wie Planck offen und klar auf dem Hintergrund der modernen Physik alte philosophische Fragen neu erörtert, die Lösungen vergangener philosophischer Denker auf ihre Übereinstimmung mit neuen Erkenntnissen überprüft — und diese Übereinstimmung ist ja letztlich eines der wesentlichen Kriterien der Richtigkeit der philosophischen Theorie — dann zetern die bürgerlichen Ideologen: er erörtert nur alte philosophische Probleme und bietet nur alte, schon bekannte Lösungen erneut an — philosophische Bedeutung kann man ihm deshalb nicht beimessen! Hans Hartmann macht hierbei unter den bürgerlichen Ideologen, die sich mit Planck beschäftigen, eine Ausnahme. Auf dem 2. internationalen Kongreß für Philosophie der Wissenschaften in Zürich 1954 würdigte er Plancks philosophisches Denken in einem Referat mit dem programmatischen Thema „Das Denken Plancks und Einsteins als Pole künftiger Naturphilosophie“. In der 1953 erschienenen Auflage seines Buches „Max Planck als Mensch und Denker“ wirft Hartmann Kropp „viel zu einfaches, seinerseits simplifiziertes Urteilen“ über Plancks philosophisches Denken vor (S. 225). Hartmann tut das indessen nicht, um Plancks materialistische Erkenntnistheorie in ihrer wahren Bedeutung zu unterstreichen, — diese Seite des philosophischen Schaffens Plancks kommt bei ihm außerordentlich knapp weg — sondern um Plancks „religionsphilosophische“ Gedanken herauszustreichen.

Vom Standpunkt des dialektischen Materialismus sehen wir gerade darin Plancks große Bedeutung, daß er altes materialistisches Gedankengut wieder aufnahm, daß er die Ergebnisse der modernen Physik materialistisch interpretierte und gegen alle positivistischen Verdrehungen verteidigte. Gewiß hat er dabei keine neuen umwälzenden Entdeckungen gemacht. Verglichen mit den neuen Erkenntnissen, die Marx, Engels und Lenin in der Geschichte der Philosophie erarbeitet haben, muß man sogar feststellen, daß Planck nicht einmal den fortgeschrittensten Stand philosophisch-materialistischer Erkenntnis seiner Zeit erreichte. Darin besteht natürlich ein großer Mangel seines philosophischen Schaffens. Trotzdem bleibt sein philosophischer Kampf bedeutungsvoll. Die Verdienste, die er sich durch sein philosophisches Wirken und seine Kritik des Positivismus erworben hat, dürfen nicht geschmälert oder gar verleugnet werden.

Als Naturwissenschaftler war Planck bewußt Materialist. Darauf können und sollen wir stolz sein. Natürlich ist Planck weit davon entfernt, ein konsequenter

Materialist oder ein dialektischer Materialist zu sein; das soll auch nicht behauptet werden. Aber Feuerbach, Haeckel u. a. waren ebenfalls keine konsequenten Materialisten, sie hatten hinsichtlich ethischer und gesellschaftlicher Fragen idealistische Ansichten.

Wir wollen Plancks Inkonsequenzen nicht verschweigen oder bagatellisieren, weder sein Abgleiten in den objektiven Idealismus und die Einflüsse Kantischen Denkens noch seine mechanistischen Überreste. Wer aber auf der Suche nach Abweichungen Plancks vom Materialismus die breite und klare materialistische Grundkonzeption der Erkenntnistheorie Plancks aus dem Auge verliert, macht sich zum Bundesgenossen solcher bürgerlichen Ideologen wie Hartmann, Kropp, Bavink u. a., die ein Herausstreichen der idealistischen Auffassungen Plancks in Fragen des gesellschaftlichen Lebens und der Psychologie nötig haben, um in Plancks Namen den Idealismus zu verfechten. Leider haben diese Herren erreicht, daß viele Philosophen und Naturwissenschaftler auch bei uns in der DDR Planck für eine philosophisch sehr fragwürdige Gestalt halten, weil er persönlich religiös war. Daß selbst diese Religiosität außerordentlich zwiespältig ist, wird dabei oft noch übersehen. Es ist ein entscheidender Unterschied, ob man in Planck einen objektiv-idealistischen und religiösen Denker mit materialistischen Brocken oder einen naturwissenschaftlichen Materialisten mit objektiv-idealistischen und pantheistischen Inkonsequenzen sieht. Der Sache nach ist allein die letztere Einschätzung gerechtfertigt.

Eine solche Einschätzung des philosophischen Schaffens Max Plancks stieß und stößt auf Einwände und Proteste. Kein geringerer als Max Born hat sich die Mühe gemacht zu protestieren.[1]

Wir achten und schätzen Max Born nicht nur als bedeutenden Physiker, sondern auch – ähnlich wie Planck – als philosophischen Kritiker des Positivismus. Auf Born selbst trifft in vielen Fragen unsere philosophische Einschätzung Plancks ebenfalls zu.[2] Born ist über unsere Wertschätzung nicht erfreut. Das ist verständlich. Von Anhängern des dialektischen Materialismus als ihm nahestehend bezeichnet zu werden ist im Bonner Staatswesen und in der bürgerlichen Gesellschaft ein Makel. Für die Bonner Staatsorgane war Born als einer der Unterzeichner des Göttinger Appells gegen die atomare Aufrüstung Westdeutschlands ohnehin schon verdächtig. Wir verstehen, daß Born das Etikett „Materialismus" nicht annehmen will und daß er auch nicht Plancks oder Einsteins philosophische Ansichten als materialistisch eingeschätzt wissen will. Wir streiten nicht darüber, ob Planck die Bezeichnung Materialismus akzeptiert hätte. Das hätte er sicher ebensowenig wie Born. Hier hat Born recht. Aber es geht um die Sache. Und der sachliche Vergleich der philosophischen Ansichten Plancks mit denen Machs und Jordans einerseits und Lenins andererseits spricht für sich. Darauf stützen wir uns. Wir können daher Born nicht zustimmen, wenn er schreibt:

[1] Vgl. *M. Born*, „Voraussagbarkeit in der klassischen Mechanik", in: „Physikalische Blätter", Heft 8/1959, und „Die Physik und die Ismen", in: „Physikalische Blätter", Heft 4/1960.

[2] Vgl. „Um das Weltbild des modernen Naturwissenschaftlers", in: „Das Hochschulwesen", Heft 1–5/1959.

„Ich will auf die Frage: War Planck ein Positivist oder ein Antipositivist nicht weiter eingehen. Ich nehme an, daß er das vernünftige beider Richtungen anerkannt und das Verfehlte und Übertriebene bekämpft hat... Ich ziehe... die Lehre, daß es sinnlos ist, die philosophische Haltung bedeutender Physiker in die geläufigen Systeme einzuordnen."

Weg mit den „Ismen" ist die Losung Borns. Nun, man mag über die „Ismen" denken wie man will: Schließlich kann und muß man sachlich feststellen, wessen philosophische Ansichten einander widersprechen und ausschließen und welche verwandt sind. Das haben wir hinsichtlich der Positivisten, Plancks und Lenins getan, Jeder kann das nachprüfen und mag daran beurteilen, ob unsere Schlußfolgerungen berechtigt sind oder nicht. Wir sind bereit, jeden Einwand ernsthaft zu diskutieren. Mit allgemeiner Ablehnung von philosophischen „Ismen" ist es u. E. jedoch nicht getan.

Es geht heute im Kampf der beiden Lager in der Philosophie darum, das philosophische Erbe des materialistischen Naturwissenschaftlers Planck wieder sichtbar und wirksam zu machen; die pantheistische Religiosität des bürgerlichen Menschen Planck und seine unwissenschaftlichen Vorstellungen von der Gesellschaft, die aus seinem Milieu herrühren, schätzen wir kritisch ein und ziehen die Lehren daraus.

Es ist bedauerlich, daß anläßlich seines Todes 1947 und auch nachher Planck in unserer Presse vorwiegend nur deswegen geehrt wurde, weil er die Physik um wertvolle Erkenntnisse bereichert hat. Seine philosophische Haltung, seine materialistische Kritik am Positivismus wurden nicht genügend betont, ja nicht einmal überall auch nur erwähnt. Lediglich im Gedenkartikel zu Plancks Tod von Zweiling in der „Einheit"[3] wird auf Plancks philosophischen Materialismus hingewiesen. Zweiling und Ackermann führten 1947 in Berlin in öffentlichen Diskussionen auch manche Auseinandersetzung mit bürgerlichen Ideologen über die philosophische Rolle Max Plancks, wobei seine materialistische Auffassung verteidigt wurde. Das blieben aber Einzelbeispiele. Im Bewußtsein der Mehrzahl der Naturwissenschaftler und auch vieler Vertreter des dialektischen Materialismus in der DDR stand Plancks „Religiosität" im Vordergrund. Die deutschen materialistischen Philosophen haben sich in ihrer Mehrzahl lange nicht um das wertvolle philosophische Erbe Plancks gekümmert. Es gibt fast keine marxistischen Darstellungen über Plancks philosophisches Wirken. Die erste ausführlichere Publikation über Plancks philosophische Bedeutung vom marxistischen Standpunkt war der Vortrag des sowjetischen Wissenschaftlers A. Kwassow „Max Plancks Weg zu philosophischer Erkenntnis"[4]. Kwassow hatte in diesem Vortrag im Haus der Kultur der Sowjetunion am 23. 5. 1949 die progressive Seite des *philosophischen* Wirkens Plancks zum ersten Mal in den Mittelpunkt eines Vortrages über Planck gestellt; er schloß seine Ausführungen mit folgender treffender und richtungsweisender Einschätzung:

„Wir sehen also, welche gewaltige Bedeutung das philosophische Erbe von Planck für den Kampf gegen den physikalischen Idealismus hat. Obwohl Planck von dem Begriff

[3] *K. Zweiling*, „Zum Tode von Max Planck" in: „Einheit", Nr. 11/1947.

[4] Vgl. „Neue Welt", Nr. 13/1949.

Materialismus selbst loszukommen suchte, obwohl er die Begriffe Materialismus und Mechanismus, Materialismus und Metaphysik durcheinander brachte, obwohl er die Existenz des dialektischen Materialismus nicht in Erwägung zog und obwohl er sogar den Glauben an die Existenz einer religiösen Welt vertrat, stand er doch während seiner ganzen wissenschaftlichen Tätigkeit auf dem Gebiete der Physik im Lager des naturwissenschaftlich-historischen Materialismus. Er führte einen Kampf gegen Mach und Ostwald, gegen die idealistischen Schlußfolgerungen aus der Quantenmechanik, indem er das Prinzip des Materialismus in der Physik verteidigte. Er scheute sich nicht, offen auszusprechen, daß er mit solchen Autoritäten wie Einstein und Schrödinger nicht einer Meinung sei; selbst in dem feierlichen Augenblick, als diese Physiker zu Mitgliedern der Akademie der Wissenschaften ernannt wurden, hielt er es für notwendig, seine Grundsätze zu verteidigen.

Sein Kampf für die Prinzipien des Materialismus bleibt lehrreich für die modernen Physiker, die beim Aufbau der neuen demokratischen Kultur in Deutschland der Propagierung des Antiintellektualismus, des Alogismus und der Mystik, die die Existenzgrundlagen der Wissenschaft unterminieren. nicht zustimmen können und dürfen."[5]

Diese Bemerkungen sind heute von noch größerer Aktualität. Im Kampf gegen die von Westdeutschland ausgehende bürgerliche Ideologie, im Kampf gegen die gerade auch von manchem reaktionären Naturwissenschaftler, wie z. B. Jordan, verbreiteten subjektiv-idealistischen und mystischen Auffassungen, gilt es, das progressive Ideengut viel stärker lebendig zu machen, zu verbreiten, es den Menschen bewußt zu machen, kurz: es zu aktivieren. Dabei ist gerade das philosophische Schaffen Plancks eine wertvolle Hilfe, es stellt einen wichtigen Teil unseres fortschrittlichen Erbes in dieser Beziehung dar, das längst einer ausführlicheren Würdigung harrte.

Die guten Ansätze von 1947 sind anläßlich des 100. Geburtstags von Planck endlich weitergeführt worden. Neben vielen Zeitungsartikeln erschienen auch würdigende Aufsätze, Vorträge im Rundfunk und im Fernsehen. Das Zentralkomitee der Sozialistischen Einheitspartei Deutschlands hat an diesem Gedenktag die Persönlichkeit Plancks und die Bedeutung seines naturwissenschaftlichen und philosophischen Schaffens durch eine offizielle Adresse gewürdigt; darin werden in knappen, aber doch wesentlichen Hinweisen Plancks physikalische Leistung, sein philosophisches Wirken und seine gesellschaftliche Haltung allseitig eingeschätzt. Möge ein solches Bild des großen Sohnes unserer Nation in den Kreisen der Wissenschaftler aller Länder, im deutschen Volk und insbesondere unter der lernenden Jugend Verbreitung finden!

Es gibt in der deutschen Geschichte verschiedene Traditionen, letzten Endes jedoch nur 2 Gruppen: fortschrittliche und humanistische einerseits und reaktionäre und menschenfeindliche andererseits. So sehr auf den verschiedensten Gebieten des gesellschaftlichen Lebens, in Politik, Wissenschaft, Kunst, Recht, Moral u. a. in Deutschland zeitweise die reaktionären und menschenfeindlichen Tendenzen herrschten, so verfehlt wäre es, die Geschichte des deutschen Volkes, auch die der letzten Jahrzehnte, allein als eine Geschichte der Misere, der Reaktion, als eine Periode finsterer Mächte darzustellen. Das gilt auf dem Gebiet der Politik

[5] *A. Kwassow*, „Max Plancks Weg zur philosophischen Erkenntnis" in: „Neue Welt". Nr. 13/1949, S. 91.

genauso wie auf dem Gebiet der Ideologie. Das gilt auch für die Geschichte dei deutschen Universitäten, für die Geschichte der deutschen Wissenschaft und desgleichen für die philosophische Traditionen der deutschen Naturwissenschaft. Es gibt hier viel mehr Positives, als allgemein bekannt ist. Die früher herrschende bürgerliche Ideologie hat vieles in Vergessenheit geraten lassen, was nicht in ihre Funktion und Aufgabenstellung paßte. Wir aber werden diese positiven Traditionen wieder lebendig machen, denn die Arbeiterklasse und die mit ihr verbündeten Klassen und Schichten, die daran gehen, den Sozialismus zu erbauen, sind die einzig rechtmäßigen Erben all des Progressiven, das auf den verschiedensten Gebieten in der Vergangenheit erarbeitet wurde. Wir lehnen nicht sektiererisch die gesamte bürgerliche Kultur und Wissenschaft (einschließlich Philosophie) ab, weil sie bürgerlich ist, sondern wir prüfen sehr kritisch und sondern sozusagen die Spreu vom Weizen. Und unter dem Haufen von Spreu, der sich dem oberflächlichen Betrachter auf den ersten Blick darbietet, ist viel mehr Weizen verborgen, als dieser erste Blick ahnen und vermuten läßt.

Was Planck betrifft, so gehört er nicht nur als bahnbrechender theoretischer Physiker, sondern auch als tiefer philosophischer Denker zu den positiven Traditionen der deutschen Wissenschaft im allgemeinen und denen der Naturwissenschaft im besonderen, steht er in einer Reihe mit den Brüdern Humboldt, mit Kant, Fichte, Hegel, Feuerbach, Dietzgen, Marx und Engels, und noch enger mit du Bois-Reymond, mit v. Helmholtz, Büchner, Rücker, Haeckel, Boltzmann, Ostwald, Einstein und vielen anderen. Die andere Tradition verkörperten in der jüngsten deutschen Geschichte in besonders prägnanter Weise die Vertreter der sogenannten „deutschen Physik", Menschen wie Ph. Lenard, Joh. Stark und ihre Anhänger, verkörpern heute die Verteidiger und Verfechter des Atomrüstungswahnsinns, zu denen besonders der Professor der theoretischen Physik P. Jordan gehört.

Dieser Traditionen muß sich jeder ehrliche Deutsche und vor allem jeder ehrliche Wissenschaftler schämen. Wenn wir die heutige Lage unter den deutschen Naturwissenschaftlern einschätzen, so können wir mit Freude feststellen, daß die positiven Traditionen fest verwurzelt sind und unerschrocken verteidigt werden, Jordan ist ziemlich isoliert, politisch und auch philosophisch.

Das physikalische und philosophische Schaffen Plancks und sein bedeutsamer Lebensweg (einschließlich der tragischen Momente darin) sind gewissermaßen ein großes Vermächtnis, ein mahnendes Erbe für alle Naturwissenschaftler, für unser ganzes Volk.

Planck war 1946 der älteste lebende deutsche Physiker unter den großen Bahnbrechern — und er war einer der ersten, die warnend und mahnend öffentlich ihre Stimme erhoben und dazu aufriefen, die Gefahr eines Atomkrieges zu bannen und die großen Möglichkeiten der Naturwissenschaft und Technik nur zu friedlichen Zwecken einzusetzen. Man kann die für Planck typischen schlichten, klaren und eindringlichen Worte, die er als 88jähriger der Menschheit mit auf den Weg gab, nicht ohne innere Anteilnahme lesen:

„Die Gefahr der Selbstausrottung, welche der gesamten Menschheit droht, falls ein zukünftiger Krieg zur Anwendung solcher Bomben in größerer Zahl führen sollte, kann man nicht ernst genug nehmen; keine Phantasie vermag sich die Folgen auszumalen. Eine überaus eindringliche Friedensmahnung liegt in den . . . Toten von Hiroshima . . . und Nagasaki für alle Völker, vornehmlich für ihre verantwortlichen Staatsmänner"[6]

Jeder kann heute beurteilen, wer diese ernsten Worte Plancks beherzigt und in seinem Sinne handelt.

Und was das philosophische Wirken Plancks betrifft, so gehört es zu jenen Traditionen, auf die wir stolz sind, die wir ehren, bewahren und fortführen wollen. Der Kampf Max Plancks gegen den Positivismus, seine Verteidigung des Materialismus in der Erkenntnistheorie und sein Eintreten für die Kausalität und den Determinismus machen ihn trotz gewisser Inkonsequenzen und Mängel zu einem wertvollen naturwissenschaftlichen Verbündeten des dialektischen Materialismus. Als materialistisch denkender Naturforscher gehört Planck zu uns. Unsere Stellung zu ihm als philosophischen Denker kann man am besten ausdrücken in dem knappen Satz:

Er war und bleibt unser Mitstreiter!

---

[6] M. Planck „Vorträge und Erinnerungen", S. 379.

LITERATURVERZEICHNIS

I

Albrecht, Erhard: „Darstellung und Kritik der erkenntnistheoretischen Grundlagen, der Kausalitätsauffassung und der Ethik des Neopositivismus", Rostock (Diss.) 1949

Albrecht, Erhard: „Beiträge zur Erkenntnistheorie und das Verhältnis von Sprache und Denken", Halle 1959

Baumgarten, Arthur: „Bemerkungen zur Erkenntnistheorie des dialektischen und historischen Materialismus", Berlin 1957

Barnett, Lincoln: „Einstein und das Universum", Frankfurt/Main 1951

Bavink, Bernhard: „Die Naturwissenschaften auf dem Wege zur Religion", Frankf./Main 1934

Bavink, Bernhard: „Ergebnisse und Probleme der Naturwissenschaften", Zürich 1954 (10. Auflage)

Becher, Erich: „Philosophische Voraussetzungen der exakten Naturwissenschaften", Leipzig 1907

Berkeley, George: „Abhandlung über die Prinzipien der menschlichen Erkenntnis" (Bd. 20 der Philosophischen Bibliothek, F. Meiner Leipzig)

Blochinzew, D. J.: „Grundlagen der Quantenmechanik", Berlin 1953

Bohr, Niels: „Atomtheorie und Naturbeschreibung", Berlin 1931

Born, Max: „Physik im Wandel meiner Zeit", Braunschweig/Berlin 1958

de Broglie, Louis: „Licht und Materie", Hamburg 1943

de Broglie, Louis: „Physik und Mikrophysik", Hamburg 1950

Chaßchatschich, F. I.: „Materie und Bewußtsein", Berlin 1955

Cornforth, Maurice: „Wissenschaft contra Idealismus", Berlin 1953

Dampier, W. C.: „Geschichte der Naturwissenschaft und ihrer Beziehung zu Philosophie und Weltanschauung", Wien/Stuttgart 1952

Dogigli, Giovanni: „Entfesselte Naturkraft", Frankfurt/M. 1950

Dingler, Hugo: „M. Planck und die Begründung der sog. modernen theoretischen Physik", Berlin 1939

Einstein, Albert: „Mein Weltbild", 1934

Einstein, Albert: „Aus meinen späten Jahren", Stuttgart 1952

Engels, Friedrich: „Ludwig Feuerbach und der Ausgang der klassischen deutschen Philosophie", Berlin 1946

Engels, Friedrich: „Herrn Eugen Dührings Umwälzung der Wissenschaft" („Anti-Dühring"), Berlin 1953

Engels, Friedrich: „Dialektik der Natur“, Berlin 1955
„Friedrich Engels' philosophische Leistung und ihre Bedeutung für die Auseinandersetzung mit der bürgerlichen Naturphilosophie“, Berlin 1957
Ertel, Hans: „Kausalität, Teleologie und Willensfreiheit als Problemkomplex der Naturphilosophie“, Berlin 1954
Falkenhagen, Hans: „Naturwissenschaft in Lebensbildern großer Forscher“, Zürich 1949
Fogarasi, Bela: „Kritik des physikalischen Idealismus“, Berlin 1953
Fogarasi, Bela: „Logik“, Berlin 1955
Frank, Philipp: „Das Kausalgesetz und seine Grenzen“, 1932
Gerlach, Walter: „Die Quantentheorie. Max Planck, sein Werk und seine Wirkung“, Bonn 1948
Große Sowjetenzyklopädie „Die Naturwissenschaft“, Jena 1955
Große Sowjetenzyklopädie „Atom, Atomspektren“, Leipzig 1954
Große Sowjetenzyklopädie „Atomistik“, Berlin 1954
Große Sowjetenzyklopädie „Planck“, Band 33 (russ.)
Hartmann, Hans: „Max Planck als Mensch und Denker“, Berlin 1938; Leipzig 1948; Basel 1953
Heisenberg, Werner: „Die physikalischen Prinzipien der Quantentheorie“, Leipzig 1944
Heisenberg, Werner: „Wandlungen in den Grundlagen der Naturwissenschaft“, Leipzig 1944, Stuttgart 1947
Heisenberg, Werner: „Die Einheit des naturwissenschaftlichen Weltbildes“, 1942
Heisenberg, Werner: „Das Naturbild der heutigen Physik“, Hamburg 1955
Heisenberg, Werner: „Die moderne Atomtheorie“, Leipzig 1934
Jordan, Pascual: „Physikalisches Denken in der neuen Zeit“, Berlin 1935
Jordan, Pascual: „Anschauliche Quantentheorie“, Berlin 1936
Jordan, Pascual: „Verdrängung und Komplementarität“, Hamburg 1947
Jordan, Pascual: „Das Bild der modernen Physik“, 1947
Jordan, Pascual: „Physik des XX. Jahrhunderts“, Braunschweig 1949
Jordan, Pascual: „Der gescheiterte Aufstand“, Frankfurt/M. 1957
Klaus, Georg: „Jesuiten, Gott, Materie“, Berlin 1957
Klohr, Olof: „Naturwissenschaft, Religion und Kirche“, Berlin 1958
Korch, Helmut: „Zur Kritik des physikalischen Idealismus C. F. v. Weizsäckers“, Berlin 1959
Kraft, Victor: „Der Wiener Kreis“, Wien 1950
Kropp, Gerhard: „Die philosophische Verantwortung der Physik“, Berlin-Hannover 1948
Kropp, Gerhard: „Das Außenweltproblem in der modernen Atomphysik“, Berlin 1948
Korsunski, M. I.: „Der Atomkern“, Halle 1955
Lankenau, Ehrfried: „Max Planck und die Philosophie“, Bonn 1957
v. Laue, Max: „Geschichte der Physik“, Bonn 1950
v. Laue, Max: „Max Planck“ in „Berühmte Erfinder“ (Physiker und Ingenieure), Genf 1951
Lenin, W. I.: „Materialismus und Empiriokritizismus“, Berlin 1952
Lenin, W. I.: „Aus dem philosophischen Nachlaß“, Berlin 1954
Lenin, W. I.: „Über die Religion“, Berlin 1957
Lwow, W. I.: „Albert Einstein. Leben und Werk“, Leipzig-Jena 1957
Mach, Ernst: „Die Geschichte und die Wurzel des Satzes von der Erhaltung der Arbeit“, Leipzig 1909
Mach, Ernst: „Analyse der Empfindungen und das Verhältnis vom Physischen zum Psychischen“, 1906

March, Arthur: „Das neue Denken der modernen Physik", Hamburg 1957
Oppenheimer, Robert: „Wissenschaft und allgemeines Denken", Hamburg 1955
Owtschinnikow, N. F.: „Die Materialität der Welt und die Gesetzmäßigkeit der Entwicklung der sich bewegenden Materie", Berlin 1955
Papst Pius XII „Die Gottesbeweise im Lichte der modernen Naturwissenschaft" (Rede v. 22. 11. 1951), Morus-Verlag, Berlin
Planck, Max: „Vorträge und Erinnerungen", Stuttgart 1949
Planck, Max: „Über den zweiten Hauptsatz der mechanischen Wärmetheorie", München (Diss.) 1879
Planck, Max: „Gleichgewichtszustände isotroper Körper in verschiedenen Temperaturen", München Habilitationsschrift 1880
Planck, Max: „Das Prinzip der Erhaltung der Energie", Leipzig 1887
Planck, Max: „Vorlesungen über Thermodynamik", Leipzig 1897
Planck, Max: ‚Wissenschaftliche Selbstbiographie", Leipzig 1948
Planck, Max: „Max Planck in seinen Akademieansprachen", Berlin 1948
Planck, Max: Wissenschaftliche Artikel in Wiedemanns Annalen
Planck, Max: Wissenschaftliche Artikel in den Annalen der Physik
Planck, Max: Vorträge aus den Sitzungsberichten der Preußischen Akademie der Wissenschaften
Reichenbach, Hans: „Ziele und Wege der heutigen Naturphilosophie", 1931
Reichenbach, Hans: „Philosophische Grundlagen der Quantenmechanik", Basel 1949
Schaff, Adam: „Zu einigen Fragen der marxistischen Theorie der Wahrheit", Berlin 1954
Schöndorfer, Ulrich: „Philosophie der Materie", Graz 1954
Schrödinger, Erwin: „Naturwissenschaft und Humanismus", Wien 1951
Schrödinger, Erwin: „Über Indeterminismus in der Physik" Leipzig 1932
Schrödinger, Erwin: „Die Natur und die Griechen. Kosmos und Physik", Hamburg 1956
Stern, Victor: „Zu einigen Fragen der marxistischen Philosophie", Berlin 1954
Stern, Victor: „Erkenntnistheoretische Probleme der modernen Physik", Berlin 1952
Suworow, S. G.: „Die Leninsche Erkenntnistheorie – die philosophische Grundlage der Entwicklung der Physik", Berlin 1952
Unsöld, Albrecht: „Max Planck – Physik und Historie", Kiel 1958
v. Weizsäcker, Karl-Friedrich: „Zum Weltbild der Physik", Leipzig 1945
v. Weizsäcker, Karl-Friedrich: „Die Geschichte der Natur", Göttingen 1948
Wenzl, Alois: „Die philosophischen Grenzfragen der modernen Naturwissenschaft", Stuttgart 1954
Wetter, G. A.: „Der dialektische Materialismus", Wien 1956
Zimmer, Ernst: „Umsturz im Weltbild der Physik", 2. Auflage 1932 und 10. Auflage München 1954
Zweiling, Klaus: „Dialektischer Materialismus und theoretische Physik", Berlin 1950
Zweiling, Klaus: „Der Leninsche Materiebegriff und seine Bestätigung durch die moderne Atomphysik", Berlin 1956
Zweiling, Klaus: „Freiheit und Notwendigkeit", Berlin 1956
Zweiling, Klaus und andere Autoren „Die deutsche bürgerliche Philosophie seit 1917", Berlin 1958
Max Planck Festschrift 1958. Berlin 1959
Sammelband „Der zeitgenössische subjektive Idealismus" (kritische Beiträge), Moskau 1957 (russ.)

II

Alexandrow, A. D.: „Dialektik und Wissenschaft" in „Sowjetwissenschaft" (Naturwiss. Reihe, Nr. 1/1958)
Arsenjew, A. S.: „Das Korrespondenzprinzip in der modernen Physik" in „Woprossy Filosofii", Heft 4/1958 (russ.)
Blochinzew, D. I.: „Kritik der philosophischen Anschauungen der sog. 'Kopenhagener Schule' in der Physik" in „Sowjetwissenschaft" (Naturwiss. Reihe, Nr. 4/1953)
Bohr, Niels: „Komplementarität und Kausalität" in „Erkenntnis", Bd. 6, 1936
Bohr, Niels: „On the Notions of Causality and Complementarity", Dialectica 7/8/1948
Born, Max: „Voraussagbarkeit in der klassischen Mechanik" in „Physikalische Blätter", Heft 8/1959
Born, Max: „Die Physik und die Ismen", in „Physikalische Blätter", Heft 4/1960
Broglie, Louis de: „Wird die Quantenphysik indeterministisch bleiben?" in „Physikalische Blätter", Heft 11-22/1953
Fock, W. A.: „Kritik der Anschauungen Bohrs über die Quantenmechanik" in „Sowjetwissenschaft" (Naturwiss. Reihe, Nr. 1/1952)
Frank, Philipp: „Die Bedeutung der physikalischen Erkenntnislehre Machs für das Geistesleben der Gegenwart" in „Naturwissenschaften", 1917
Frank, Philipp: „Philosophische Deutungen und Mißdeutungen der Quantentheorie" in „Erkenntnis", Bd. 6, 1936
v. Frankenberg, Gerhard: „M. Planck und der christliche Gottesbegriff" in „Freigeistige Aktion", Nr. 5/1957
Frühauf, Hans: „Max Planck als beständiger Sekretar" im Mitteilungsblatt der Deutschen Akademie der Wissenschaften zu Berlin, Heft 4-5/1958
Gerhards, Karl: „Zur Kontroverse Planck-Mach" in „Vierteljahresschrift f. wissenschaftliche Philosophie und Soziologie", 36/1912
Gorski; D. P., Burchard, A. I.: „Die Lösung der Grundfrage der Philosophie im Neopositivismus" in „Woprossy Filosofii", Heft 3/1956 (russ.)
Havemann, Robert: „Rückantworten an die Hauptverwaltung 'Ewige Wahrheiten'" im „Sonntag" Nr. 44/1956
Havemann, Robert: „Bemerkungen zur quantenmechanischen Komplementarität" in „Physikalische Blätter", 1957 (S. 289 ff.)
Heisenberg, Werner: „50 Jahre Quantentheorie" in „Die Naturwissenschaft", Nr. 3/1951
Heisenberg, Werner: „Die Entwicklung der Deutung der Quantentheorie" in „Physikalische Blätter", Nr. 7/1956
Heisenberg, Werner: „Atomphysik im Denken unserer Zeit" in „Die Welt", Nr. 119 (24. 5. 1958)
Heisenberg, Werner: „Die Plancksche Entdeckung und die philosophischen Grundfragen der Atomlehre" in „Die Naturwissenschaften", Heft 10/1958
Herneck, Friedrich: „Max Planck. Zum 10. Todestag" in „Wissenschaft und Fortschritt", Heft 9/1957
Herneck, Friedrich: „Eine unveröffentlichte Selbstbiographie E. Machs" in „Wissenschaftliche Zeitschrift der Humboldt-Universität zu Berlin", Mathematisch-Naturwissenschaftl. Reihe, Heft 3/1956/57
Jacob, Günter: „Naturwissenschaft und Religion", in „Die Kirche", Nr. 4/5/6/1957
Janossy, L.: „Die philosophischen Ansichten Plancks in der Physik" (Max-Planck-Festschrift 1958)

Kick, W.: „Max Planck und die Religion“ in „Licht und Weg“, Nr. 6/1953
Klohr, Olof: „Max Planck – Naturwissenschaft – Religion“ in Wissenschaftliche Zeitschrift der Martin-Luther-Universität Halle-Wittenberg, Mathematisch-Naturwissenschaftliche Reihe, Nr. 2/1957
Korch, Helmut: „Lenins Auffassungen über die Krise in der Physik“ in Wissenschaftliche Zeitschriftder Friedrich-Schiller-Universität Jena, Mathematisch-Naturwissenschaftliche Reihe, Nr. 4/5/1954/55
Kropp, Gerhard: „Die philosophischen Gedanken Max Plancks“ in „Zeitschrift für philosophische Forschung“, Nr. VI/1951/52
Kusnezow, I. W.: „Max Planck und sein Kampf für eine wissenschaftliche Weltanschauung in der Naturwissenschaft“ in „Woprossy Filosofii“ Nr. 5/58 (russ.)
Kwassow, A.: „Max Plancks Weg zu philosophischer Erkenntnis“ ın „Neue Welt“, Nr. 13/1949
Lamla, Ernst: „Max Planck“ in „Forscher und Wissenschaftler im heutigen Europa“, Hamburg 1955
Laue, Max v.: „Zu Max Plancks 100. Geburtstag“ (Die Naturwissenschaften, Heft 10/1958)
Ludloff, R.: „Der Aufenthalt deutscher Hochschullehrer in Moskau und Leningrad 1925“ in Wissenschaftliche Zeitschrift der Friedrich-Schiller-Universität Jena, Nr. 6/1956/57.
Mach, Ernst: „Die Leitgedanken meiner naturwissenschaftlichen Erkenntnislehre und ihre Aufnahme durch die Zeitgenossen“ in „Physikalische Zeitschrift“, Jahrgang 1910
Müller, Alois: „Naturwissenschaft und reale Außenwelt“ in „Naturwissenschaften“, 1940
Mschwenigeradse, W. W.: „Die Philosophie des Neopositivismus“ in „Sowjetwissenschaft“, Gesellschaftswissenschaftliche Reihe, Nr. 10/1957
Omeljanowski, M. E.: „Über das Buch von W. Heisenberg ‘Philosophische Probleme der Atomphysik’“ in „Woprossy Filosofii“, Nr. 1/1956 (russ.)
Omeljanowski, M. E.: „Die moderne Physik und der dialektische Materialismus“ in „Sowjetwissenschaft“, Naturwiss. Reihe, Nr. 8/1956
Omeljanowski, M. E.: „Das Realitätsproblem in der Quantenphysik“ in „Deutsche Zeitschrift für Philosophie“, Heft 3/1960
Ostwald, Wilhelm: „Wissenschaftlicher Briefwechsel.“ Im Auftrage der Deutschen Akademie der Wissenschaften unter Mitwirkung v. Grete Ostwald, herausgegeben v. H. G. Körber, Teil I (Briefwechsel mit Boltzmann, Planck u. a.), Berlin 1961
Planck, Max: „Gegen die neuere Energetik“ in „Wiedemanns Annalen“ 1896
Planck, Max: „Über die mechanische Bedeutung der Temperatur und der Entropie“ in „Boltzmann-Festschrift“, Leipzig 1904
Planck, Max: „Helmholtz’ Leistungen auf dem Gebiet der theoretischen Physik“ in „Allgemeine deutsche Biographien“, Nr. 51/1906
Planck, Max: „Zur Machschen Theorie der physikalischen Erkenntnis. Eine Erwiderung“ in „Vierteljahresschrift für wissenschaftliche Philosophie und Soziologie“, 1910
Planck, Max: „Die Bohrsche Atomtheorie“ in „Naturwissenschaften“, Nr. 11/1923
Planck, Max: „Die physikalische Realität der Lichtquanten. Mitteilung an das Franklin-Institut in Philadelphia“, in „Naturwissenschaften“, 1927
Planck, Max: „Hendrik Anton Lorentz“, Gedächtnisrede in „Naturwissenschaften“, 1928
Planck, Max: „Naturwissenschaft und reale Außenwelt“ in „Naturwissenschaften“, 1940
Planck, Max: „Wissenschaftliche Streitfragen“ in „Forschungen und Fortschritte“, 1945
Planck, Max: „Gottfried Wilhelm Leibniz. Zur 100. Wiederkehr seines Geburtstages (1. Juli 1946)“, in „Zeitschrift für Naturforschungen“, Nr. 1/1946
Planck, Max: „Mein Besuch bei Adolf Hitler“ in „Physikalische Blätter“, Nr. 3/1947

Planck, Max: „Ansprache gehalten in der öffentlichen Sitzung zur Feier des Geburtstages des Kaisers und des Jahrestages König Friedrich II." in „Sitzungsbericht der Preußischen Akademie der Wissenschaften", 1917

Planck, Max: Rede anläßlich der Rektoratsübergabe der Berliner Universität im Jahre 1914, in „Rektoratsübergabe der Friedrich-Wilhelm-Universität zu Berlin", Berlin 1914

Schlick, Moritz: „Quantentheorie und Erkennbarkeit der Natur" in „Erkenntnis", Bd. 6. 1936

Westphal, W.: „Max Planck als Mensch" in „Die Naturwissenschaften", Nr. 10/1958

Wonsowski/Kursanow: „Über den Zusammenhang der dynamischen und statistischen Ge setzmäßigkeiten in den atomaren Erscheinungen" in „Deutsche Zeitschrift für Philosophie", Heft 1/1958

Zweiling, Klaus: „Naturwissenschaft und dialektischer Materialismus" in „Mathematik und Naturwissenschaft in der neuen Schule", Nr. 7/1950

Zweiling, Klaus: „Der dialektische Materialismus – die einzige wissenschaftliche Grundlage für die Befreiung der Wissenschaft (zum 100. Geburtstag Max Plancks)" in „Einheit", Heft 4/1958

Zweiling, Klaus: „Zum Tode von Max Planck" in „Einheit", Heft 11/1947

„Einer der größten Naturforscher" Adresse des ZK der SED anläßlich des 100. Geburtstages von Max Planck, in „Neues Deutschland" vom 23. 4. 1958

Akten im Akademiearchiv Berlin. (Personalakte Plancks, Protokolle der Sitzungen des Jahres 1925 und Akte betr. d. Intern. Assoziat. d. Akad. 1923/25. VI. a 17 Bd. 7)

Bestände der Planck-Bibliothek im Magnus-Haus, Berlin, Am Kupfergraben

Max-Planck-Heft der „Physikalischen Blätter", Nr. 4/1948

Gedenkartikel zu Plancks 100. Geburtstag aus der Zeitschrift und den Tageszeitungen:

„Wissen und Leben", Nr. 14/1958
„Sonntag"
„Forum"
„Junge Welt"
„BZ am Abend
„Der Morgen"
„Demokrat"
„Neue Zeit"
„Vorwärts" (SPD)
„Frankfurter Allgemeine Zeitung'
„Die Kirche"
„Mecklenburgische Kirchenzeitung"

Planck-Konferenz am 23. April 1958 an der Friedrich-Schiller-Universität Jena:

H. Korch: „Max Planck und seine erkenntnistheoretischen Auffassungen"

L. Hess: „Max Plancks Stellung zur Willensfreiheit"

G. Mende: „Max Planck und die Religion" in Wissenschaftliche Zeitschrift der Friedrich-Schiller-Universität Jena, Nr. 2/3/1957/58

Erschienen im Akademie-Verlag GmbH, Berlin W 8, Leipziger Straße 3-4
Lizenz-Nr. 202 · 100/14/61
Satz, Druck und Bindung: IV/2/14 · VEB Werkdruck Gräfenhainichen · 1473
Bestellnummer 5417
Printed in Germany
ES 3 B 5 · 18 A

FSC
www.fsc.org
MIX
Papier | Fördert gute Waldnutzung
FSC® C083411

Kolibri 360 GmbH
Ferdinand-Jühlke-Straße 7
99095 Erfurt, Deutschland
produktsicherheit@kolibri360.de